studien — text

Physik

studien — text

Physik

Grawert, G.: Quantenmechanik
5. Aufl., VIII, 346 Seiten, 22 Abb., kart., DM 29,80, ISBN 3-923944-40-3

Großmann, S.: Fuktionalanalysis im Hinblick auf Anwendungen in der Physik
4., korr.Aufl. 317 Seiten, 11 Abb., kart., DM 36,80, ISBN 3-89104-479-8

Heber, G.: Einführung in die Theorie des Magnetismus
172 Seiten, 53 Abb., kart., DM 29,80, ISBN 3-923944-46-2

Jelitto, R.: Mechanik I (Theoretische Physik 1)
3., korr. Aufl., 273 Seiten, 85 Abb., kart., DM 29,80, ISBN 3-89104-512-3

Jelitto, R.: Mechanik II (Theoretische Physik 2)
3., vollst. neu bearb. Aufl., VIII, 351 S., 73 Abb., kart., DM 29,80, ISBN 3-923944-96-9

Jelitto, R.: Elektrodynamik (Theoretische Physik 3)
3., vollst. neu bearb. Aufl., 382 S., 106 Abb., kart., DM 39,80, ISBN 3-89104-568-9

Jelitto, R.: Quantenmechanik I (Theoretische Physik 4)
3., korr.Aufl., X, 380 Seiten, 54 Abb., kart., DM 36,80, ISBN 3-89104-547-6

Jelitto, R.: Quantenmechanik II (Theoretische Physik 5)
2., korr.Aufl., VI, 458 Seiten, 52 Abb., kart., DM 36,80, ISBN 3-89104-468-2

Jelitto, R.: Thermodynamik und Statistik (Theoretische Physik 6)
2., korr. Aufl. XII, 440 Seiten, 82 Abb., kart., DM 36,80, ISBN 3-89104-469-0

Kassing, R.: Physikalische Grundlagen der elektronischen Halbleiterbauelemente
unter Mitarbeit von B.-C.Halstrup
VIII/277 Seiten, 141 Abb., 4 Tabellen, Kt., DM 39,80, ISBN 3-89104-598-0

Schmelzer, J.: Repetitorium der klassischen theoretischen Physik
Theoretische Mechanik, Elektrodynamik und Thermodynamik.
Formelsammlung, wesentliche Resultate und Kontrollfragen.
XII, 206 Seiten, 91 Abb., kart., DM 29,80, ISBN 3-89104-534-4

Schmelzer, J.: Ulbricht, H., Mahnke, R.: **Aufgabensammlung zur klassischen theoretischen Physik.**
Aufgaben mit Lösungen und Lösungshinweisen.
1994, XII/399 Seiten, zahlr. Abb., kart., DM 34,80, ISBN 3-89104-545-X

Zimmermann, P.: Einführung in die Atom- und Molekülphysik
VIII, 115 Seiten, 61 Abb., kart., DM 19,80, ISBN 3-923944-76-4

Preisänderungen vorbehalten

Rainer Kassing

Physikalische Grundlagen der elektronischen Halbleiterbauelemente

unter Mitarbeit von Bernhard-Christoph Halstrup

Mit 141 Abbildungen
und 4 Tabellen

AULA-Verlag Wiesbaden

Prof. Dr. Rainer Kassing
Fachbereich 18: Technische Physik
Universität Kassel
Heinrich-Plett-Str. 40
34132 Kassel

Die Deutsche Bibliothek - CIP-Einheitsaufnahme

Kassing, Rainer:
Physikalische Grundlagen der elektronischen
Halbleiterbauelemente / Rainer Kassing. [Unter Mitarb. von
B.-C. Halstrup]. - Wiesbaden : Aula-Verl., 1997
(Studien-Texte : Physik)
ISBN 3-89104-598-0

1. Auflage 1997

Druck und Verarbeitung: Allgäuer Zeitungsverlag, Kempten
Printed in Germany / Imprimé en Allemagne

ISSN 0170-6969
ISBN 3-89104-598-0

Inhaltsverzeichnis

Symbolverzeichnis

h	Plancksches Wirkungsquantum ($\hbar := h/2\pi$)
$\Psi(\vec{r}), \psi(\vec{r})$	Zustandsfunktion (Kap. 1 und 11)
c_n, c_p	Einfangkoeffizienten für Elektronen und Löcher (außer Kap. 10.2)
d_{OX}	Dicke einer Isolatorschicht
e_n, e_p	Emissionskoeffizienten für Elektronen und Löcher
ϵ_0	Dielektrizitätskonstante des Vakuums
ϵ_{HL}	Dielektrizitätskonstante eines Halbleitermaterials
ϵ_{ox}	Dielektrizitätskonstante einer Oxidschicht
ϵ_i	Dielektrizitätskonstante einer Isolatorschicht
C_g	geometrische Kapazität
C_G	Gate-Kapazität
C_{st}	statische Kapazität
C_D	differentielle Kapazität
C_{OX}	Kapazität einer Oxid- bzw. Isolatorschicht
C_{HF}	Hochfrequenzkapazität
C_{NF}	Niederfrequenzkapazität
N_A	Akzeptorkonzentration
N_D	Donatorkonzentration
N_T	Trapkonzentration
N_C	effektive Zustandsdichte im Leitungsband
N_V	effektive Zustandsdichte im Valenzband
N_{SS}	Grenzflächenzustandsdichte
$n, (n_0)$	Konzentration der Elektronen (im Gleichgew.)
$p, (p_0)$	Konzentration der Löcher (im Gleichgew.)
n_1, p_1	reduzierte effektive Zustandsdichten von Elektronen und Löchern
$n_{0,H}$	Gleichgewichtskonz. der Elektronen im Halbleiterinnern
$p_{0,H}$	Gleichgewichtskonz. der Löcher im Halbleiterinnern
n_i	Intrinsic-Konzentration
$n_T, n_{T,0}$	Konzentration der Elektronen in den Störstellen (im Gleichgew.)
l_D	Debyelänge
l_i	Dicke der Inversionsschicht
V_T	Temperaturspannung ($= k_B T/q$)
V_D	Diffusionsspannung
E_C	Energieniveau des Leitungsbandes
E_V	Energieniveau des Valenzbandes
E_G	Energie der Bandlücke
E_i	Intrinsic-Niveau der Energie
E_F	Fermi-Energie
E_{F_n}, E_{F_p}	Quasi-Ferminiveaus für Elektronen und Löcher
E_D	Energieniveau der flachen Donatorstörstellen
E_A	Energieniveau der flachen Akzeptorstörstellen

E_T	Energieniveau der tiefen Störstellen
$f(E)$	Fermi-Verteilungsfunktion
$G(T,p,N)$	Gibbs' freie Enthalpie
$H(S,p,N)$	Enthalpie
$F(T,V,N)$	freie Energie
r_B, r_C, r_E	Basis-, Kollektor- und Emitterwiderstand
C_{Di}, G_{Di}	Diodenkapazität und -leitwert
C_{Sp}, G_{Sp}	Sperrschichtkapazität und -leitwert
Y_s, Y_p	komplexer Leitwert bei Serien- und Parallelschaltung
m_{eff}^n, m_{eff}^p	effektive Massen für Elektronen und Löcher
Q_{SC}	Ladung in der Raumladungszone
Q_M	Ladung auf der Metallelektrode
Q_s	Grenzflächenladung
G, R	Generations- und Rekombinationsüberschuß
σ	Wirkungsquerschnitt
τ_{c_n}	Einfangzeitkonstante
τ_{e_n}	Emissionszeitkonstante
$\mathcal{E}$	elektrisches Feld
q	elektrische Elementarladung
j	elektrische Stromdichte
I	elektrischer Strom
μ_n, μ_p	Elektronen- und Löcherbeweglichkeit
D_n, D_p	Diffusionskonstanten für Elektronen und Löcher
Φ_M, Φ_H	Austrittsarbeiten von Metall und Halbleiter
Φ_{MH}	Differenz der Austrittsarbeiten von Metall und Halbleiter
$\Psi(x), \Psi_s$	Bandverbiegung am Ort x und an der Grenzfläche (Kap. 4 bis 10)
$\rho(x)$	elektrische Ladungsdichte
G_I, G_V, G_P	Strom-, Spannungs- und Leistungsverstärkung
S	Steilheit
L_n, L_p	Diffusionslängen im n- und p-Gebiet
X	Entropiefaktor
a_n	n-ter Sinus-Koeffizient
b_n	n-ter Cosinus-Koeffizient
c_n	n-ter komplexer Fourier-Koeffizient (nur Kap. 10.2)
c_n^D	n-ter diskreter Fourier-Koeffizient (nur Kap. 10.2)

Vorwort

Dieses Buch ist aus Vorlesungen über die physikalischen Grundlagen der Halbleiterbauelemente hervorgegangen, die sowohl als Dienstleistung des Fachbereichs Physik für den Fachbereich Elektrotechnik an der Universität Gesamthochschule Kassel als auch für Absolventen des Diplomstudiengangs Physik gehalten wurden.
Da auf der einen Seite die Elektrotechniker mit den Grundlagen der Quantenmechanik und Thermodynamik nicht hinreichend vertraut sind und auf der anderen Seite die Physiker im allgemeinen über eine umfassende Kenntnis der konkreten Anwendungen nicht in ausreichendem Maße verfügen, müssen die benötigten Zusammenhänge dargestellt werden. Es ist jedoch nicht möglich, auf wenigen Seiten eine ausführliche, dem Gang der historischen Entwicklung folgende Einführung in die Quantenmechanik zu geben. Deshalb wird in einem eigenen Kapitel ein axiomatischer Zugang gewählt, der auf direktem Wege zur Schrödingergleichung als Differentialgleichung zweiter Ordnung führt. Der an der Quantenmechanik weniger interessierte Leser kann die Lektüre bei der Lösung dieser Differentialgleichung beginnen.
Im vorliegenden Buch wird die Schrödingergleichung für folgende, fundamentale Probleme betrachtet:

- freies Teilchen
- Teilchen im Potentialtopf und im Oszillatorpotential
- Teilchen im Coulombpotential (Atom)
- Teilchen im periodischen Gitter (Festkörper).

Im Anschluß an diese Einführung in die Quantenmechanik werden diejenigen theoretischen Zusammenhänge dargestellt, die zum Verständnis der Eigenschaften von Bauelementen benötigt werden. In den weiteren Kapiteln werden diese Grundlagen dann zur Erklärung grundlegender elektronischer Bauelemente wie MOS-Kondensator, Metall-Halbleiterkontakt, pn-Übergang sowie Feldeffekt- und Bipolar-Transistor herangezogen.
Es wird besonderer Wert darauf gelegt, daß gerade diejenigen Zusammenhänge ausführlich dargestellt werden, die für die Entwicklung neuer Bauelementegenerationen entscheidend sind, indem sie einerseits ein grundsätzliches Verständnis vermitteln sowie andererseits die Möglichkeit zu eigener Entwicklungsarbeit eröffnen.

Dabei wird zugleich auf moderne Anwendungen hingewiesen. Insbesondere werden in einem eigenen Kapitel solche Phänomene vorgestellt, die die 'Welleneigenschaften' der Elektronen deutlich sichtbar machen. Effekte dieser Art finden in jüngster Zeit immer stärkeres Interesse, da sie durch die Mikroelektronik und Mikrosystemtechnik mit ihrer fulminanten Entwicklung zu immer kleineren Dimensionen bis in den Sub-μm-Bereich hinein in zunehmendem Maße in Bauelementen realisiert werden können.
Zur Beschreibung der physikalischen Eigenschaften von Halbleiterbauelementen sind die Mechanismen des Transports von Ladungsträgern durch das Halbleitermaterial entscheidend. Daher dient gewissermaßen als roter Faden durch den ersten Teil des Buches die Bestimmung der Orts- und Zeitabhängigkeit der Ladungsträgerkonzentration. Da diese Konzentration bestimmt wird, indem man über das Produkt aus Zustandsdichte und Besetzungswahrscheinlichkeit integriert, müssen die Dichte der elektronischen Zustände im Festkörper und deren Besetzung gemäß der Fermi-Diracverteilung betrachtet werden. Dazu wird über die Quantenmechanik hinaus auch die statistische Thermodynamik benötigt, deren Grundlagen daher ebenfalls vorgestellt werden.

Es ist den Autoren eine besondere Freude, an dieser Stelle allen zu danken, die das Manuskript ganz oder in Teilen gelesen und durch ihre konstruktiven — oft auch kritischen — Anmerkungen einen Beitrag zum Gelingen des Buches geleistet haben.

Rainer Kassing

Bernhard-Christoph Halstrup

Einleitung

Die Beschäftigung mit der Physik der Halbleiter gewinnt ihre große Bedeutung aus der Mikroelektronik. Die Mikroelektronik ist eine Schlüsseltechnologie, die bereits in nahezu alle Bereiche des täglichen Lebens ihren Einzug gehalten hat und ohne die die Entwicklung unserer Gesellschaft zu einer Informationsgesellschaft nicht denkbar wäre. Die Mikroelektronik ist jedoch eine verhältnismäßig junge Wissenschaft und Technologie.
Mit der 'Erfindung' des Bipolar-Transistors 1947/1948 begann eine bis dahin nie dagewesene rasante Entwicklung. Schon Mitte der fünfziger Jahre erschien der erste aus diskreten Bauelementen realisierte Computer. Man erkannte sehr schnell, daß dem Aufbau von Systemen aus diskreten Bauelementen aus wissenschaftlichen und technologischen Gründen enge Grenzen gesetzt sind.

- Aufgrund der endlichen Signalgeschwindigkeit ($\leq$ Lichtgeschwindigkeit) ist die Signallaufzeit nur durch Verrringerung der Laufstrecken, d. h. durch Verkleinerung der Distanzen innerhalb eines Bauelements zu verkürzen.

- Temperaturschwankungen und Alterung der Einzeltransistoren bilden die wesentliche Ursache für Drift- und Offsetspannungen. Durch Differenzverstärker werden diese Schwankungen verringert, da dort nur die Differenz der Schwankungen der einzelnen Komponenten einer Schaltung zur Wirkung kommt. Eine Minimierung von Drift und Offset ist also durch kompakte Bauweise (homogene Temperaturverteilung) und identische Fertigung der Einzelkomponenten zu erreichen.

- Ferner machen sich die Gehäusekosten für den Einzeltransistor sowie große Systemabmessungen gravierend bemerkbar.

Die Lösung dieser Probleme war die Realisierung der Integrierten Schaltungen (IC) zu Beginn der sechziger Jahre. Diese Entwicklung führte dann über die sogenannte Small Scale Integration (SSI), die Medium Scale Integration (MSI) und die Large Scale Integration (LSI) schließlich zur Very LSI (VLSI) und Ultra LSI (ULSI) mit der Integration von einigen Millionen Transistoren auf einem Chip von ca. $1\,\mathrm{cm}^2$ Fläche (s. a. [1, 2]).
Allerdings zeichnete sich Ende der sechziger Jahre ein Dilemma ab. Zwar konnte eine ständig steigende Anzahl von Transistoren und Funktionen auf einem Chip integriert werden, jedoch mußten die Funktionen immer detaillierter festgelegt werden,

was den Nutzerkreis außerordentlich einschränkte, da aus Kostengründen nur große Stückzahlen sinnvoll waren.
Es bestand daher die Aufgabe, eine 'Schaltung' zu entwickeln, die den hohen und stetig wachsenden Integrationsgrad nutzte und die von einem nahezu beliebigen Anwenderkreis verwendet werden konnte. Die Lösung dieses Problems bildete Anfang der siebziger Jahre der **Mikroprozessor**. Dieser erlaubte es, die Zentraleinheit eines Computers auf einem Chip zu realisieren und damit Hardware durch Software zu ersetzen. Der Anwender konnte nun durch die Software, das Programm, die Eigenschaften der Schaltung bestimmen. Damit war der großen Verbreitung der Mikroelektronik in Form der Personal Computer (**PC**) Tür und Tor geöffnet. Diese Entwicklung hält bis heute an.
Die großen Erfolge der Mikroelektronik, insbesondere der damit einhergehende technologische Fortschritt, legen es nahe, diese Methoden auch auf andere Gebiete auszudehnen. Man kann vereinfacht nahezu jedes beliebige System in drei Bereiche einteilen — dies gilt sogar für das komplizierte System 'Mensch' — **Sensorik** (Sinnesorgan), **Informationsverarbeitung** (Gehirn), **Aktuatorik** (Muskeln). Die Informationsverarbeitung profitiert bereits von den Erfolgen der Mikroelektronik. Überträgt man diese erfolgreiche Technologie auch auf die Sensorik und Aktuatorik, so gelangt man zu der überall propagierten Mikrosystemtechnik (s. a. [3]), deren Ziel die Vereinigung der drei Bereiche Sensorik, Informationsverarbeitung und Aktuatorik auf einem Chip ist.
Ein weiterer Trend zeichnet sich ab. Dadurch, daß sehr kleine, mit der mittleren freien Weglänge bzw. der de-Broglie-Wellenlänge der Ladungsträger vergleichbare Abmessungen realisierbar sind, machen sich Quanteneffekte bemerkbar, die wiederum für Bauelemente der Mikroelektronik und Mikrosystemtechnik nutzbar sind.
Daher werden in einem eigenen Kapitel solche Effekte vorgestellt und ihre Umsetzung in Halbleiterbauelemente diskutiert. Dabei wird besonderer Wert auf die sorgfältige Ausarbeitung der physikalischen Grundlagen gelegt.

Kapitel 1

Kurze Einführung in die Quantenmechanik des Festkörpers

Die Halbleiterphysik ist ein Teil der Festkörperphysik und ohne die Quantenmechanik nicht verständlich. Da die Kenntnis der Quantenmechanik somit eine Voraussetzung für das Verständnis der folgenden Darstellungen ist, diese Kenntnis beim Leser jedoch nicht vorausgesetzt werden soll, ist eine Einführung notwendig. Der gebotenen Kürze wegen soll der formale Zugang zur Quantenmechanik über die Operatorendarstellung gewählt werden. Für eine umfassende Darstellung sei auf die entsprechende Literatur verwiesen [4, 5, 6].

1.1 Prinzipien der Quantenmechanik

1.1.1 Vektorräume und Operatoren

Im dreidimensionalen Raum ist ein Vektor durch 3 Zahlen, seine Komponenten, gegeben. Bildet man zwei Vektoren aufeinander ab, so geschieht dies im allgemeinen durch die 'Operationen' Verschiebung, Dehnung (Stauchung) und Drehung, s. Abb. 1.1.

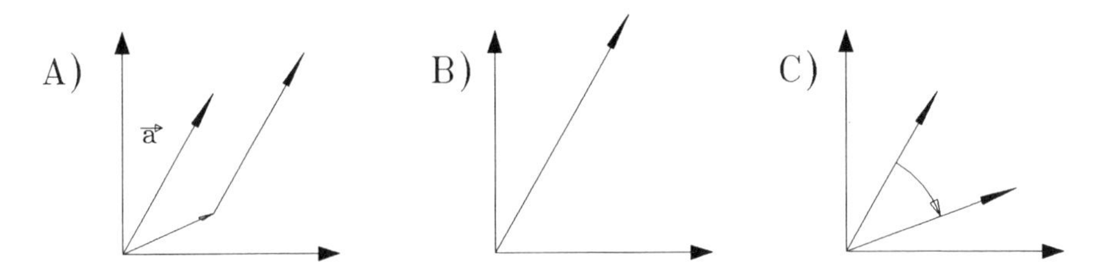

Abbildung 1.1: Verschiebung (A), Dehnung (Stauchung) (B) und Drehung (C) von Vektoren im dreidimensionalen Raum

Die mathematische Beschreibung dieser Operationen erfolgt jeweils durch eine 3×3-Matrix $\mathcal{D}$:

$$\vec{a} = \mathcal{D} \cdot \vec{b}. \tag{1.1}$$

Die Abbildung des dreidimensionalen Raumes auf sich geschieht also durch Matrizen oder allgemeiner durch **Operatoren**. Die entsprechenden Matrizen $\mathcal{D}$ stellen in den einzelnen Fällen den Operator dar, der den Vektor $\vec{b}$ in den Vektor $\vec{a}$ überführt. Für die Vektoren kann man eine Addition definieren; diese ist kommutativ und assoziativ, d. h. es gilt

$$\vec{a} + \vec{b} = \vec{b} + \vec{a} \qquad \text{und} \qquad (\vec{a} + \vec{b}) + \vec{c} = \vec{a} + (\vec{b} + \vec{c}). \tag{1.2}$$

Man kann Vektoren mit einem Skalar multiplizieren und diese Multiplikation ist distributiv, d. h. es gilt

$$\alpha(\vec{a} + \vec{b}) = \alpha\vec{a} + \alpha\vec{b}. \tag{1.3}$$

Ferner kann man eine Abbildung definieren, die je zwei Vektoren $\vec{a}$ und $\vec{b}$ eine reelle Zahl r zuordnet, das sog. **Skalarprodukt**, das in beiden Argumenten linear ist, und i. a. durch einen Punkt '$\cdot$' symbolisiert wird:

$$(\alpha\vec{a}) \cdot (\beta\vec{b}) = \alpha\beta \; \vec{a} \cdot \vec{b}. \tag{1.4}$$

Objekte mit diesen Eigenschaften bilden einen **Vektorraum**. Diese Betrachtung kann man auf n-dimensionale Vektoren übertragen, ja sogar auf Funktionen $f(x)$ oder $g(z)$ von reellen oder komplexen Zahlen. Diese stellen einen Vektorraum mit unendlicher (überabzählbarer) Dimension dar. Jeder Funktionswert $f(x_i)$ für ein gegebenes x_i bildet eine 'Komponente' des Vektors, der durch die Funktion f repräsentiert wird.
Die Quantenmechanik stellt nun eine Korrespondenz zwischen physikalischen Größen und den mathematischen Eigenschaften eines speziellen Vektorraums, des sog. **Hilbertraums**, her:

1. Ein physikalisches System wird durch einen Vektor im Hilbertraum, den **Zustandsvektor** oder die **Zustandsfunktion** $|\boldsymbol{\Psi}>$, beschrieben[1].

2. Den zu **messenden Größen** eines Systems, wie z. B. Geschwindigkeit, Energie, Impuls, Drehimpuls etc. , entspricht ein (hermitescher) **Operator**.

3. Die **möglichen Meßwerte** der interessierenden physikalischen Größen sind durch die **Eigenwerte** des entsprechenden Operators gegeben.

[1] Die — allgemein übliche — Bezeichnung des Zustandsvektors mit dem Symbol $|\Psi>$ geht auf P. Dirac zurück und gestattet eine elegante und kompakte Formulierung der betrachteten physikalischen Zusammmenhänge. Für weitere Einzelheiten muß auf die Literatur verwiesen werden ([4, 6]).

Im folgenden werden die wesentlichen[2] Eigenschaften des Hilbertraums dargestellt: Ein Hilbert-Raum ist ein **linearer Vektorraum** über dem Körper der komplexen Zahlen. Es gelten also das Kommutativgesetz und das Assoziativgesetz für die Addition von Vektoren. Insbesondere bilden, wie an dieser Stelle nicht im einzelnen gezeigt werden soll, die komplexwertigen integrablen Funktionen $\psi(\vec{r})$ des Ortsvektors $\vec{r}$ einen Hilbertraum.
Mit Hilfe des Integrals über den Ortsraum kann für zwei Funktionen $\psi(\vec{r})$ und $\phi(\vec{r})$ ein komplexwertiges Skalarprodukt[3] definiert werden:

$$\int dV \; \psi^*(\vec{r})\phi(\vec{r}) =: <\psi|\phi> . \tag{1.5}$$

Aus der Definition 1.5 folgt für zwei beliebige Hilbertraumvektoren $|\psi>$ und $|\phi>$ mit beliebigen komplexen Zahlen α und β:

$$<\alpha\psi|\beta\phi> \;=\; \alpha^*\beta <\psi|\phi> \tag{1.6}$$
$$<\psi|\phi> \;=\; <\phi|\psi>^* \tag{1.7}$$
$$<\psi|\psi> \;=\; <\psi|\psi>^* \tag{1.8}$$

Wie die Gleich. 1.8 zeigt, ist das Skalarprodukt einer Funktion mit sich selbst stets reell.

1.1.2 Operatoren im Hilbertraum

Ein linearer Operator $\hat{\mathcal{A}}$ ist definiert als eine Abbildung des Hilbertraums auf sich:

$$\hat{\mathcal{A}}(\alpha|\psi> +\beta|\phi>) = \alpha\hat{\mathcal{A}}|\psi> +\beta\hat{\mathcal{A}}|\phi> . \tag{1.9}$$

Das Produkt $\hat{\mathcal{A}}\hat{\mathcal{B}}$ zweier Operatoren $\hat{\mathcal{A}}$ und $\hat{\mathcal{B}}$ ist gegeben durch

$$\hat{\mathcal{A}}\hat{\mathcal{B}}|\psi> := \hat{\mathcal{A}}(\hat{\mathcal{B}}|\psi>). \tag{1.10}$$

Diese Produktschreibweise ist so zu verstehen, daß zunächst der Operator $\hat{\mathcal{B}}$ auf den Vektor $|\psi>$ angewandt wird und anschließend der Operator $\hat{\mathcal{A}}$ auf den Vektor $\hat{\mathcal{B}}|\psi>$. Im allgemeinen gilt $\hat{\mathcal{A}}\hat{\mathcal{B}} \neq \hat{\mathcal{B}}\hat{\mathcal{A}}$. Daher ist die Definition des **Kommutators** $[\hat{\mathcal{A}}, \hat{\mathcal{B}}]$ sinnvoll:

$$[\hat{\mathcal{A}}, \hat{\mathcal{B}}] := \hat{\mathcal{A}}\hat{\mathcal{B}} - \hat{\mathcal{B}}\hat{\mathcal{A}}. \tag{1.11}$$

Falls $[\hat{\mathcal{A}}, \hat{\mathcal{B}}] = 0$ gilt, sagt man, die Operatoren $[\hat{\mathcal{A}}$ und $\hat{\mathcal{B}}]$ **vertauschen** miteinander. Ein Operator $\hat{\mathcal{A}}^+$ heißt **adjungiert** zu $\hat{\mathcal{A}}$, wenn für beliebige Vektoren $|\phi>$ und $|\psi>$ gilt:

[2] Für eine vollständige Beschreibung des Hilbertraumbegriffs möge der Leser die mathematische Literatur studieren.

[3] Die abstrakte Darstellung des Skalarprodukts als $<\psi|\phi>$ geht wiederum auf Dirac zurück.

$$< \psi|\hat{\mathcal{A}}|\phi > = < \phi|\hat{\mathcal{A}}^+|\psi >^* . \tag{1.12}$$

Ein Operator $\hat{\mathcal{A}}$ heißt **hermitesch** oder selbstadjungiert, wenn gilt:

$$\hat{\mathcal{A}}^+ = \hat{\mathcal{A}}. \tag{1.13}$$

Da die Eigenwerte (s. u.) von hermiteschen Operatoren reell sind, werden diese zur Beschreibung physikalischer Größen in der Quantenmechanik herangezogen. Dadurch ist gewährleistet, daß die physikalischen Meßwerte, die notwendigerweise reell sein müssen, dies auch wirklich sind.

1.1.3 Eigenvektoren und Eigenwerte

Ist a eine komplexe Zahl und gilt

$$\hat{\mathcal{A}}|\psi > = a|\psi >, \tag{1.14}$$

so nennt man a den Eigenwert und $|\psi >$ den Eigenvektor von $\hat{\mathcal{A}}$. Sind a und b Eigenwerte der Operatoren $\hat{\mathcal{A}}$ und $\hat{\mathcal{B}}$ zur gleichen Eigenfunktion $|\psi >$, so gilt:

$$\begin{aligned} \hat{\mathcal{A}}\hat{\mathcal{B}}|\phi > &= \hat{\mathcal{A}}(\hat{\mathcal{B}}|\psi >) = b\hat{\mathcal{A}}|\psi > = ba|\psi > \\ \hat{\mathcal{B}}\hat{\mathcal{A}}|\psi > &= \hat{\mathcal{B}}(\hat{\mathcal{A}}|\psi >) = a\hat{\mathcal{B}}|\psi > = ab|\psi > = \hat{\mathcal{A}}\hat{\mathcal{B}}|\psi > \end{aligned} \tag{1.15}$$

Haben zwei Operatoren $\hat{\mathcal{A}}$ und $\hat{\mathcal{B}}$ alle Eigenvektoren gemeinsam, so ist ihr Kommutator $[\hat{\mathcal{A}}, \hat{\mathcal{B}}]$ gleich Null.
Es läßt sich zeigen, daß die Eigenvektoren $|\psi_j >$ eines hermiteschen Operators ein vollständiges System linear unabhängiger, orthogonaler Vektoren bilden, so daß man jeden Zustandsvektor $|\psi >$ durch

$$|\psi > = \sum_j c_j|\psi_j > \tag{1.16}$$

darstellen kann. Aufgrund der Orthogonalität, d. h. mit $< \psi_k|\psi_j > = \delta_{kj}$, kann man die Entwicklungskoeffizienten c_j leicht berechnen. Nach skalarer Multiplikation der Gleich. 1.16 mit $|\psi_k >$ folgt:

$$< \psi_k|\psi > = \sum_j c_j < \psi_k|\psi_j > = \sum_j c_j\delta_{kj} = c_k. \tag{1.17}$$

Die Eigenwerte von hermiteschen Operatoren sind reell! Einerseits gilt für den Eigenvektor $|\psi_a >$ eines Operators $\hat{\mathcal{A}}$ mit dem zugehörigen Eigenwert a:

$$< \psi_a|\hat{\mathcal{A}}|\psi_a > = < \psi_a|a|\psi_a > = a < \psi_a|\psi_a > . \tag{1.18}$$

Andererseits gilt für hermitesche Operatoren:

$$< \psi_a|\hat{\mathcal{A}}|\psi_a > \; = \; < \psi_a|\hat{\mathcal{A}}^+|\psi_a >^* = < \psi_a|\hat{\mathcal{A}}|\psi_a >^* =$$
$$= \; a^* < \psi_a|\psi_a >^* = a^* < \psi_a|\psi_a > . \quad (1.19)$$

Damit folgt $a = a^*$, der Eigenwert ist reell.

1.1.4 Einführung der Schrödingergleichung

Zu der Schrödingergleichung, die die Grundlage für das weitere Vorgehen bildet, kann man durch folgende Überlegung gelangen. Sei $|\psi(t_0)>$ der Zustand des Systems zur Zeit t_0 und $|\psi(t)>$ derjenige zur Zeit t, dann müssen die beiden Zustände, da sie Vektoren im Hilbertraum sind, durch einen Operator $\hat{\mathcal{U}}(t-t_0)$ verknüpft sein:

$$|\psi(t)>= \hat{\mathcal{U}}(t-t_0)|\psi(t_0)>, \quad (1.20)$$

wobei $\hat{\mathcal{U}}$ ein sogenannter unitärer Operator ist, für den $\hat{\mathcal{U}}^+ = \hat{\mathcal{U}}^{-1}$ gilt. Unter unitären Transformationen bleiben alle algebraischen Relationen erhalten!
Die unitäre Transformation $\hat{\mathcal{U}}(t-t_0)$ muß als Folge des Superpositionsprinzips linear sein und für $t = t_0$ muß $\hat{\mathcal{U}}(t-t_0) = \hat{\mathcal{U}}(0) = \hat{E}$ mit dem Einsoperator $\hat{E}$ gelten. Differenziert man Gleich. 1.20 nach der Zeit t, so findet man:

$$\frac{\partial|\psi(t)>}{\partial t} = \frac{\partial\hat{\mathcal{U}}(t-t_0)}{\partial t}|\psi(t_0)> . \quad (1.21)$$

Für den Operator $\frac{\partial\hat{\mathcal{U}}(t-t_0)}{\partial t}$ gilt, wie an dieser Stelle nicht im einzelnen gezeigt werden kann (s. [4]):

$$\frac{\partial\hat{\mathcal{U}}(t-t_0)}{\partial t} = -\frac{i}{\hbar}\hat{\mathcal{H}}. \quad (1.22)$$

Der Operator $\hat{\mathcal{H}}$ wird als **Hamiltonoperator** des Systems bezeichnet. Damit erhält man aus Gleich. 1.21

$$-\frac{\hbar}{i}\frac{\partial|\psi(\vec{r},t)>}{\partial t} = \hat{\mathcal{H}}|\psi(\vec{r},t)>, \quad (1.23)$$

die bekannte zeitabhängige Schrödingergleichung.
Hängt der Hamiltonoperator $\hat{\mathcal{H}}$ nicht explizit von der Zeit ab, so kann man $|\psi(\vec{r},t)>$ in ein Produkt $f(t)\cdot|\psi(\vec{r})>$ separieren. Setzt man diesen Ausdruck in die Schrödingergleichung ein, so erhält man

$$i\hbar\frac{\partial f(t)}{\partial t} \; = \; Ef(t)$$
$$\hat{\mathcal{H}}|\psi(\vec{r})> \; = \; E|\psi(\vec{r})>, \quad (1.24)$$

wobei die Separationskonstante E der Eigenwert des Operators $\hat{\mathcal{H}}$ ist.
Die Lösung für $f(t)$ erhält man sofort zu

$$f(t) = c\exp\left(-\frac{i}{\hbar}Et\right) = c\exp(-i\omega t). \quad (1.25)$$

Dabei[4] gilt: $E = \hbar\omega$.
Damit reduziert sich Gleich. 1.23 auf die stationäre Schrödingergleichung:

$$\hat{\mathcal{H}}|\psi(\vec{r})>= E|\psi(\vec{r})> . \quad (1.26)$$

Die quantenmechanischen Operatoren werden gemäß dem Bohrschen Korrespondenzprinzip konstruiert. Dieses legt fest, daß die quantenmechanische Beschreibung eines Systems beim Übergang zur klassischen Beschreibung die seit langem bekannten Ergebnisse der klassischen Physik reproduzieren muß. Daher stellt der Operator $\hat{\mathcal{H}}$ den Operator der Gesamtenergie dar, $\hat{\mathcal{H}} = \hat{\mathcal{T}} + \hat{\mathcal{V}}$ mit $\hat{\mathcal{T}}$ als Operator für die kinetische und $\hat{\mathcal{V}}$ als Operator für die potentielle Energie. In der klassischen Physik gilt

$$T = \frac{m\vec{v}^{\,2}}{2} = \frac{\vec{p}^{\,2}}{2m}, \quad (1.27)$$

wobei m die Masse, $\vec{v}$ die Geschwindigkeit und $\vec{p}$ den Impuls bezeichnen. Quantenmechanische Operatoren lassen sich meist als Differentialoperatoren[5] darstellen, so erhält z. B. man für den Impulsoperator den Ausdruck $\hat{\mathcal{P}} = -i\hbar\nabla$. Der Operator der potentiellen Energie $\hat{\mathcal{V}}$ wird durch das ortsabhängige Potential $V(\vec{r})$ selbst gegeben. Somit folgt für den Hamiltonoperator:

$$\hat{\mathcal{H}} = -\frac{\hbar^2}{2m}\triangle + V(\vec{r}). \quad (1.28)$$

Damit wird die stationäre Schrödingergleichung zu einer linearen Differentialgleichung zweiter Ordnung:

$$\boldsymbol{\left[-\frac{\hbar^2}{2m}\triangle + V(\vec{r})\right]\psi(\vec{r}) = E\psi(\vec{r}).} \quad (1.29)$$

Im folgenden wird der Zustandsvektor $|\psi(\vec{r},t)>$ bei stationären Problemen durch das Produkt $\psi(\vec{r})\cdot f(t)$ dargestellt.
Fassen wir noch einmal zusammen: Die mathematische Grundlage der Quantenmechanik bildet der Hilbertraum. Dabei gelten folgende Korrespondenzen:

1. **Das physikalische System wird durch einen Vektor im Hilbertraum beschrieben.**

---

[4]Manche Autoren, insbesondere Elektrotechniker, verwenden den Buchstaben 'j' zur Kennzeichnung der imaginären Einheit und definieren eine Kreisfrequenz ω' gemäß: $\omega' := -\omega$.
[5]Wer an den Details der Konstruktion quantenmechanischer Operatoren aus den klassischen Größen interessiert ist, kann diese der Literatur entnehmen.

2. **Die physikalischen Größen werden durch hermitesche Operatoren repräsentiert.**

3. **Die Eigenwerte dieser hermiteschen Operatoren sind reell und stellen die möglichen Meßwerte der zugeordneten physikalischen Größen dar.**

4. **Die zeitliche Entwicklung eines physikalischen Systems wird ebenfalls durch Vektoren im Hilbertraum dargestellt, wobei diese Vektoren durch unitäre Transformationen auseinander hervorgehen.**

Diese Darstellung ermöglicht den Übergang zur Schrödingergleichung. Die Schrödingergleichung ist eine lineare Differentialgleichung zweiter Ordnung:

$$\Big\{-\frac{\hbar^2}{2m}\triangle + V(\vec{r})\Big\}\psi(\vec{r}) = E\psi(\vec{r}). \tag{1.30}$$

Im folgenden wird ausschließlich diese Gleichung benötigt und verwendet.

1.1.5 Physikalische Bedeutung der Wellenfunktion

In den nächsten Abschnitten sollen die wesentlichen Eigenschaften der Schrödingergleichung dargestellt und diese für die folgenden Fälle betrachtet werden:

1. $V(x) = 0$, d. h. es existiert keine Wechselwirkung, man hat ein sog. freies Teilchen.

2. $V(x) = 0$ für $|x| > L/2$ und $V(x) = -V_0$ für $|x| < L/2$, d. h. das Teilchen befindet sich in einem sog. **Potentialtopf** der Tiefe $-V_0$ und der Breite L. Als Sonderfall wird der Potentialtopf mit unendlich hohen Wänden behandelt.

3. $V(x) \sim x^2$, das Teilchen befindet sich in einem Oszillatorpotential.

4. $V(\vec{r}) \sim 1/r$, d. h. die Wechselwirkung wird durch das Coulombpotential vermittelt (Atome).

5. $V(\vec{r})$ besitzt dreidimensionale Periodizität, d. h. die Wechselwirkung ist periodisch (Kristalle, Transporttheorie).

Die Schrödingergleichung ist eine lineare, homogene partielle Differentialgleichung 2. Ordnung. In der Zeit ist sie jedoch nur von 1. Ordnung und unterscheidet sich dadurch z. B. von den aus den Maxwellgleichungen ableitbaren Wellengleichungen für das elektrische und magnetische Feld vom Typ

$$\Big(\triangle - \frac{1}{c^2}\frac{\partial^2}{\partial t^2}\Big)\vec{E}(\vec{r},t) = 0. \tag{1.31}$$

Im Gegensatz zu solchen Wellengleichungen ist die Schrödingergleichung jedoch keine Differentialgleichung mit konstanten Koeffizienten, sondern über das Potential $V(\vec{r},t)$ hängt der Koeffizient von $\psi(\vec{r},t)$ i. a. vom Ort und der Zeit ab. Dadurch und durch das Auftreten der imaginären Einheit $\boldsymbol{i}$ erhält man meist andere Lösungen als im Falle der Wellengleichung.
Die Linearität der Schrödingergleichung hat jedoch zur Folge, daß, wenn $\psi_1(\vec{r},t)$ und $\psi_2(\vec{r},t)$ Lösungen sind, auch $\alpha\psi_1(\vec{r},t)+\beta\psi_2(\vec{r},t)$ wieder eine Lösung darstellt, mit beliebigen komplexen Koeffizienten α und β. Es gilt also das Superpositionsprinzip, wie es für die Operatoren im Hilbertraum schon beschrieben wurde.
Welche Bedeutung hat nun die Wellenfunktion $\psi(\vec{r},t)$? Im Rahmen der Beschreibung im Hilbertraum stellt der Zustandsvektor $|\psi(\vec{r},t)>$ das physikalische System dar. Im Rahmen der sogenannten 'Kopenhagener Deutung' wurde schon 1927 das Betragsquadrat der Wellenfunktion als Maß für die Aufenthaltswahrscheinlichkeit des beschriebenen Quantenobjekts interpretiert. Dieses Postulat ist seither stets bestätigt worden, so daß man die folgende statistische Deutung der Wellenfunktion als gesichert ansehen kann:
Das Betragsquadrat der Wellenfunktion $|\psi(\vec{r},t)|^2$ ist proportional zur Aufenthaltswahrscheinlichkeit eines 'Teilchens' am Ort $\vec{r}$ zur Zeit t .
Die Wahrscheinlichkeit, das 'Teilchen' in einem infinitesimalen Volumen dV am Ort $\vec{r}$ zur Zeit t anzutreffen, ist durch das Produkt $|\psi(\vec{r},t)|^2 dV$ gegeben. Die Aufenthaltswahrscheinlichkeit P_V innerhalb eines bestimmten Volumens V erhält man durch Integration

$$P_V = \int_V dV\,|\psi(\vec{r},t)|^2 \tag{1.32}$$

Daher wird $\rho(\vec{r},t) := |\psi(\vec{r},t)|^2 = \psi(\vec{r},t)\psi^*(\vec{r},t)$ auch als Wahrscheinlichkeitsdichte bezeichnet. Da sich das betreffende Teilchen an irgendeinem Ort des zur Verfügung stehenden Raumes V_∞ aufhalten **muß**, gilt:

$$P_{V_\infty} := \int_{V_\infty} dV\,\rho(\vec{r},t) = \int_{V_\infty} dV\,\psi^*(\vec{r},t)\psi(\vec{r},t) = <\psi|\psi> = 1. \tag{1.33}$$

Falls $P_{V_\infty} = a \neq 1$ ist, so kann die Zustandsfunktion durch Multiplikation mit dem Faktor $1/\sqrt{a}$ normiert werden
Betrachtet man die Zeitabhängigkeit von $\rho(\vec{r},t)$, so erhält man

$$\frac{\partial\rho(\vec{r},t)}{\partial t} = \frac{\partial}{\partial t}[\psi(\vec{r},t)\psi^*(\vec{r},t)] = \psi^*(\vec{r},t)\frac{\partial\psi(\vec{r},t)}{\partial t} + \psi(\vec{r},t)\frac{\partial\psi^*(\vec{r},t)}{\partial t}. \tag{1.34}$$

Setzt man aus der zeitabhängigen Schrödingergleichung 1.23 für die zeitlichen Ableitungen der Wellenfunktion die entsprechenden Ausdrücke ein, so findet man:

$$\frac{\partial\rho(\vec{r},t)}{\partial t} = \frac{1}{i\hbar}[\psi(\vec{r},t)\hat{\mathcal{H}}^*\psi^*(\vec{r},t) - \psi^*(\vec{r},t)\hat{\mathcal{H}}\psi(\vec{r},t)] =$$

$$= -\psi\frac{1}{i\hbar}[-\frac{\hbar^2}{2m}\Delta + V(\vec{r})]\psi^* + \psi^*\frac{1}{i\hbar}[-\frac{\hbar^2}{2m}\Delta + V(\vec{r})]\psi =$$

$$= \frac{\hbar}{2mi}(\psi\Delta\psi^* - \psi^*\Delta\psi) = \frac{\hbar}{2mi}\nabla\cdot(\psi\nabla\psi^* - \psi^*\nabla\psi). \quad (1.35)$$

Definiert man

$$\vec{j}(\vec{r},t) := \frac{i\hbar}{2m}(\psi\nabla\psi^* - \psi^*\nabla\psi), \quad (1.36)$$

so gilt

$$\boldsymbol{\frac{\partial\rho(\vec{r},t)}{\partial t} + \nabla\cdot\vec{j}(\vec{r},t) = 0.} \quad (1.37)$$

Die soeben erhaltene Beziehung 1.37 stellt eine Kontinuitätsgleichung dar, wobei $\vec{j}(\vec{r},t) = \frac{i\hbar}{2m}(\psi\nabla\psi^* - \psi^*\nabla\psi)$ als Wahrscheinlichkeitsstromdichte zu deuten ist. Differenziert man Gleich. 1.33 nach der Zeit, so findet man unter Verwendung des Satzes von Gauß:

$$0 = \frac{dP_{V_\infty}}{dt} = \int_{V_\infty} dV\ \frac{\partial\rho(\vec{r},t)}{\partial t} = -\int_{V_\infty} dV\ \nabla\cdot\vec{j}(\vec{r},t) = -\oint_{\partial V_\infty} d\vec{A}\cdot\vec{j}(\vec{r},t). \quad (1.38)$$

Das Verschwinden des Oberflächenintegrals in Gleich. 1.38 beschreibt die Tatsache, daß die Bewegung des Teilchens auf das Volumen V_∞ beschränkt ist.

1.2 Einteilchenprobleme

1.2.1 Lösung der Schrödingergleichung für freie Teilchen

Für ein freies Teilchen der Masse m lautet die Schrödingergleichung

$$-\frac{\hbar^2}{2m}\Delta\psi(\vec{r},t) = E\psi(\vec{r},t). \quad (1.39)$$

Gelöst wird diese Gleichung durch den Ansatz

$$\psi(\vec{r},t) = \psi_0 \exp i(\vec{k}\cdot\vec{r} - \omega t). \quad (1.40)$$

Durch Einsetzen in Gleich. 1.39 ergibt sich:

$$\hbar\omega = \frac{\hbar^2k^2}{2m} = E. \quad (1.41)$$

Man erhält als Lösung ebene Wellen (Welle-Teilchen-Dualismus) mit dem Ausbreitungsvektor $\vec{k}$ und der Kreisfrequenz ω sowie der Energie E. Wegen der Linearität der Schrödingergleichung gilt das Superpositionsprinzip, so daß jede beliebige Überlagerung von ebenen Wellen wieder eine Lösung darstellt:

$$\Psi(\vec{r},t) = \int d^3\vec{k} A(\vec{k}) \exp i(\vec{k}\cdot\vec{r} - \omega t); \tag{1.42}$$

$A(\vec{k})$ ist die Amplitude der Teilwelle mit dem Wellenvektor $\vec{k}$. Es wäre reizvoll, an dieser Stelle den Zusammenhang mit der Fouriertransformation und der Methode der Greenschen Funktionen zu verfolgen, jedoch kann hier nur auf die Literatur verwiesen werden [4]. Der Gleich. 1.41 entnimmt man, daß gemäß $E = \vec{p}^2/(2m)$ der Zusammenhang $\vec{p} = \hbar\vec{k}$ gilt und daß der Impulsoperator $\hat{\mathcal{P}} = -i\hbar\nabla$ korrekt 'erraten' wurde. Ferner erkennt man einen quadratischen Zusammenhang $E(\vec{k}) = \hbar^2\vec{k}^2/(2m)$ oder $\omega = \hbar\vec{k}^2/(2m)$. In Analogie zur Optik bezeichnet man eine solche Beziehung als Dispersionsrelation, da ω von $k = 2\pi/\lambda$, also von der Wellenlänge λ, abhängt. Für ein freies Teilchen findet man damit eine parabolische Dispersionsrelation, für jede Energie existiert eine Ausbreitungsgeschwindigkeit und -richtung.

1.2.2 Das Teilchen im Potentialtopf

Ein freies Teilchen, das keinerlei Einschränkungen oder Wechselwirkungen unterliegt, wird durch eine ebene Welle als Wellenfunktion (Lösung der zugehörigen Schrödingergleichung) beschrieben. Wird nun ein solches 'Teilchen' in einen Potentialtopf mit unendlich hohen Wänden eingesperrt, so treten neue Effekte auf.
Die Betrachtung dieses Problems liefert zugleich die Grundlage für die anschließenden thermodynamischen Überlegungen zur Einführung der Fermi-Verteilung und insbesondere zum Verständnis neuester Bauelemente, die auf sog. **quantum dots**, **quantum wires** und **quantum wells** beruhen, und Einschränkungen der Teilchenbewegung in drei, zwei oder einer Dimension ausnutzen (s. Kap. 11).
Zunächst soll der eindimensionale Potentialtopf betrachtet werden. Das mechanische Analogon ist ein Teilchen in einem Kasten mit unendlich hohen Wänden. Das Teilchen besitzt eine Energie $E = mv^2/2$ und kann den Kasten nicht verlassen. Es wird an den Wänden reflektiert, ohne dabei Energie zu verlieren. Alle Energiewerte $< \infty$ sind dabei möglich. Das optische Analogon einer ebenen Welle zwischen zwei Spiegeln mit dem Reflexionskoeffizienten 1 entspricht schon dem quantenmechanischen Ergebnis. Da an den Spiegeln Knoten vorliegen müssen, können nur ganzzahlige Vielfache der halben Wellenlänge als stationäre Lösungen in dem Spiegelkasten auftreten, d. h. es sind nicht mehr alle Energiewerte möglich, es treten **Quanteneffekte** auf.
Die Schrödingergleichung für dieses eindimensionale Problem lautet:

$$\frac{-\hbar^2}{2m}\frac{d^2\psi}{dx^2} + \Big(V(x) - E\Big)\psi = 0. \tag{1.43}$$

Die Randbedingungen sind $\psi(0) = 0$ und $\psi(L) = 0$, da die Aufenthaltswahrscheinlichkeit für $x < 0$ und $x > L$ verschwindet und die Wellenfunktion $\psi(x)$ an den Grenzen des Potentialtopfs stetig sein muß. Die Lösung dieser Gleichung lautet $\psi(x) = 0$ für $x < 0$ und $x > L$ sowie

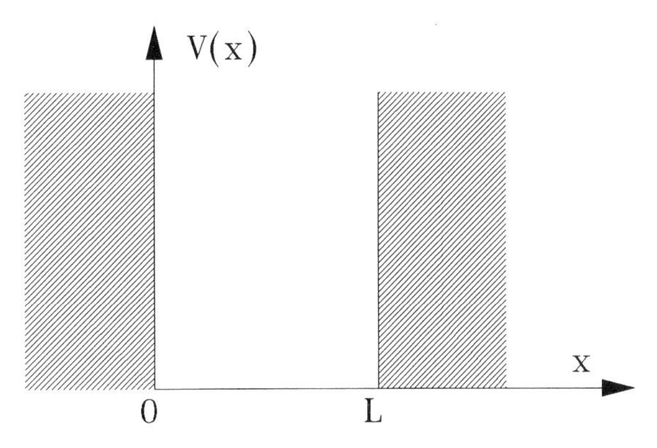

Abbildung 1.2: Potentialtopf mit unendlich hohen Wänden; $V(x) = 0$ für $0 < x \leq L$, $V(x) = \infty$ sonst.

$$\psi(x) = \psi_0 \sin(kx) \tag{1.44}$$

im Inneren des Kastens mit

$$k = n\frac{\pi}{L}, \qquad n = 1, 2, 3, \ldots \tag{1.45}$$

und

$$E_n = \frac{\hbar^2(\pi/L)^2}{2m} \cdot n^2. \tag{1.46}$$

Die Energie und der Ausbreitungsvektor k nehmen nur noch bestimmte Werte an, sind also gequantelt. Die Dispersionsrelation ist zwar wieder quadratisch, besteht jedoch nur noch aus einzelnen Punkten, s. Abb. 1.3.

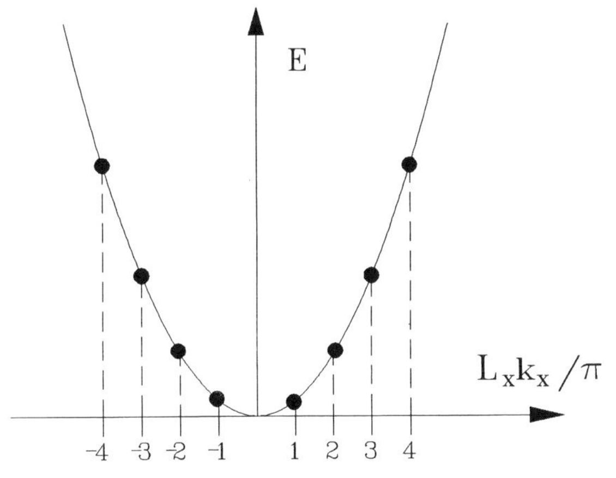

Abbildung 1.3: Dispersionsrelationen für ein freies Teilchen (durchgezogene Kurve) sowie für ein Teilchen im Potentialtopf mit unendlich hohen Wänden (Punkte)

Dieses Ergebnis kann man sich anhand der Analogie eines schwingenden Seiles, das zwischen zwei Wänden mit dem Abstand L eingespannt ist, veranschaulichen. Die Auslenkung eines solchen Seiles muß eine Differentialgleichung vom Typ der Gleich. 1.43 erfüllen, wobei wegen der Einspannung an den Enden auch die entsprechenden Randbedingungen vorliegen. Auch in diesem Fall sind nur ganze Vielfache von $\lambda/2$ als Schwingungen möglich, mit der maximalen Wellenlänge $\lambda = 2L$.
Dieses Resultat läßt sich auf drei Dimensionen übertragen. Potential und Schrödingergleichung lassen sich in die drei Koordinaten x,y und z separieren und man erhält:

$$\begin{aligned} \psi(x,y,z) &= \psi_0 \sin(k_x x)\sin(k_z z)\sin(k_z z) \\ k_x &= n_x \frac{\pi}{L_x}; \qquad k_y = n_y \frac{\pi}{L_y}; \qquad k_z = n_z \frac{\pi}{L_z} \\ E_{n_x,n_y,n_z} &= \frac{\hbar^2(\pi/L)^2}{2m}(n_x^2 + n_y^2 + n_z^2). \end{aligned} \tag{1.47}$$

Dabei wurden ohne Einschränkung der Allgemeinheit in dem Ausdruck für E_{n_x,n_y,n_z} die Periodenlängen $L_x = L_y = L_z = L$ gewählt.
Man erkennt, daß alle Kombinationen der n_i mit gleicher Summe $\sum n_i^2$ denselben Energiewert besitzen. Man bezeichnet diesen Fall als Entartung.
Ein Beispiel möge das erläutern. Die $\sum n_i^2$ =26 ergibt sich durch $n_x = 4$, $n_y = 3$ und $n_z = 1$ sowie die zugehörigen Permutationen. Man erhält also $3! = 6$ Möglichkeiten, demnach ist das zugehörige Energieniveau E_{26} sechsfach entartet. $\sum n_i^2$ =27 erhält man durch $n_x = 5$, $n_y = 1$ und $n_z = 1$ und die zugehörigen Permutationen. Da $n_y = n_z = 1$ ergibt sich als Anzahl der Realisierungsmöglichkeiten $3!/2! = 3$. Die Quadratsumme 27 läßt sich aber auch durch $n_x = n_y = n_z = 3$ darstellen, daher besitzt E_{27} eine vierfache Entartung. Man bezeichnet allgemein die Anzahl g_k der Möglichkeiten, ein Energieniveau E_k durch verschiedene Quantenzustände zu realisieren als Entartungsgrad des Niveaus. Das umfassende Verständnis dieses Phänomens, der Entartung, ist eine Voraussetzung für die Einführung des Entropiebegriffs auf statistischer Grundlage (s. Abschn. 1.3.6).
Bisher wurde angenommen, daß die Wände des Potentialtopfs unendlich hoch seien. Läßt man diese Annahme fallen und geht zu realistischen, endlichen Wandhöhen über, so erhält man Ergebnisse, die auch für ein periodisches Potential — also die Besetzung von Energiezuständen im Kristall — von entscheidender Bedeutung sind. Der eindimensionale Fall eines solchen Potentialtopfs ist in Abb. 1.4 dargestellt.
Die Schrödingergleichung nimmt für die Bereiche I und III sowie II folgende Form an:

$$\begin{aligned} \psi''(x) + \alpha^2\psi(x) &= 0 \quad \text{für I und III mit} \quad \alpha^2 = \frac{2m}{\hbar^2}E \\ \psi''(x) + \beta^2\psi(x) &= 0 \quad \text{für II mit} \quad \beta^2 = \frac{2m}{\hbar^2}(V_0 + E). \end{aligned} \tag{1.48}$$

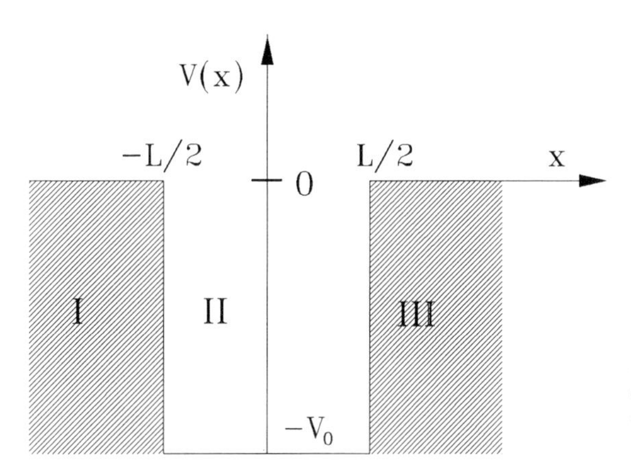

Abbildung 1.4: Potentialtopf mit endlich hohen Wänden; $V(x) = -V_0$ für $|x| \leq L/2$, $V(x) = 0$ für $|x| > L/2$.

Man erkennt, daß beide Gleichungen die gleiche Struktur und somit entsprechende Lösungen der Form $a\exp(i\mu x) + b\exp(-i\mu x)$ besitzen.
Allerdings interessiert nur der Bereich des Teilchens innerhalb des Kastens, also mit $E < 0$ und $|E| < V_0$. Dann weist die erste Gleichung — für die Bereiche I und III — wegen des negativen Wertes für α^2 gedämpfte Lösungen von folgender Form auf:

$$\psi_{I,III}(x) = A\exp(\alpha x) + B\exp(-\alpha x) \tag{1.49}$$

mit $\alpha^2 = -2m|E|/\hbar^2$, während sich für die periodische Lösung im Bereich II

$$\psi_{II}(x) = C\exp(ikx) + D\exp(-ikx) \tag{1.50}$$

mit $k^2 = 2m(V_0+E)/\hbar^2$ ergibt, da wegen $|E| < V_0$ der Ausdruck $2m(V_0+E)/\hbar^2$ stets größer als Null ist. Mit den Randbedingungen $\psi_I(-\infty) = 0$ und $\psi_{III}(\infty) = 0$, sowie der Stetigkeit von $\psi(x)$ und $\psi'(x)$ lassen sich die Konstanten A bis D bestimmen. Man erhält dann eine transzendente Beziehung zwischen α und k, die nur numerisch gelöst werden kann. Es ergeben sich die beiden Bedingungen:

$$\alpha = k\tan(kL/2) \qquad \text{und} \qquad \alpha = -k\cot(kL/2), \tag{1.51}$$

aus denen unter Berücksichtigung von $\alpha^2 + k^2 = 2mV_0/\hbar^2$ die Dispersionsrelation ermittelt werden kann. Wir wollen hier darauf verzichten und dieses für den allein interessierenden Fall eines periodischen Potentials — der Bandstruktur eines Kristalls — nachholen. Es soll lediglich betont werden, daß ein in einem Potentialtopf endlicher Höhe befindliches Teilchen auch außerhalb des Potentialtopfs eine endliche Aufenthaltswahrscheinlichkeit besitzt. Fällt also das Potential nach einer Strecke W wieder auf den Wert $-V_0$ ab (s. Abb. 1.5), so besteht damit eine endliche Wahrscheinlichkeit, das Teilchen an dieser Stelle anzutreffen, auch dann wenn es eine Gesamtenergie $E < 0$ besitzt, so daß es nach den Gesetzen der klassischen Physik den Potentialtopf nicht verlassen könnte.

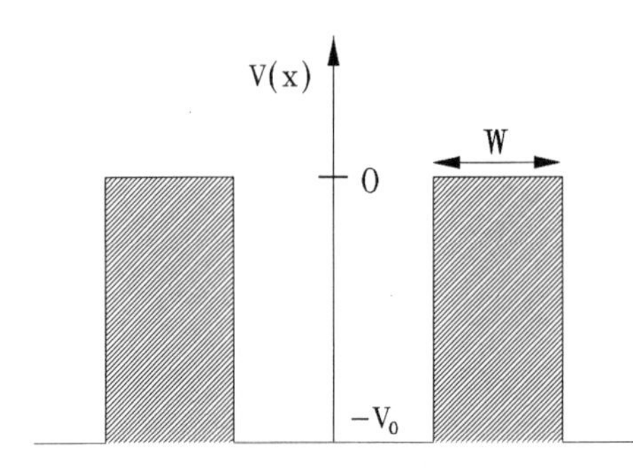

Abbildung 1.5: Potentialwall der 'Höhe' $-V_0$ und der Weite W; auch Teilchen mit negativer Gesamtenergie können den Potentialwall 'durchtunneln'.

Diese Erscheinung bezeichnet man als **quantenmechanischen Tunneleffekt**. Ein Teilchen — eine ebene Welle — in einem Kasten endlicher Tiefe wird nicht nur an den Wänden reflektiert, sondern auch zum Teil transmittiert. Die Wahrscheinlichkeit dafür hängt exponentiell von der Breite W des Potentialwalls und der Wurzel aus dessen Höhe V_0 ab (s. [4]).
Als wesentliche Ergebnisse bleiben festzuhalten:

1. In einem Potentialtopf endlicher Tiefe existieren Lösungen für die Wellenfunktion in den Bereichen I und III, also gilt $|\psi| \neq 0$ außerhalb des Kastens. Da $|\psi|^2$ proportional zur Aufenthaltswahrscheinlichkeit — d. h. zur Teilchendichte — ist, besitzt ein in einem Potentialtopf endlicher Höhe befindliches Teilchen auch außerhalb des Potentialtopfs eine endliche Aufenthaltswahrscheinlichkeit.

2. Die Anzahl n der Eigenwerte in einem Potentialtopf endlicher Tiefe $-V_0$ ergibt sich aus der Beziehung

$$n\pi \leq L\sqrt{\frac{2mV_0}{\hbar^2}} \leq (n+1)\pi. \tag{1.52}$$

3. Aus den oben genannten Gründen kann man in einem dreidimensionalen Potentialtopf endlicher Tiefe das Potential und somit die Schrödingergleichung für die drei Raumrichtungen nicht separieren, wie im Fall des Potentialtopfs unendlicher Tiefe.

Diesen Abschnitt soll eine qualitative Betrachtung noch einmal zusammenfassen. Ein freies Teilchen wird durch eine ebene Welle repräsentiert. Aus der Dispersionsrelation Gleich. 1.41 errechnet man mit $E \approx 1$ eV für λ etwa 1 nm. Damit wird verständlich, daß bei Beschränkung einer ebenen Welle in einer, zwei oder drei Dimensionen auf einer nm-Skala Quanteneffekte beobachtet werden können. Da nm-Strukturen technisch inzwischen realisierbar sind, besteht ein großes experimentelles Interesse an diesen Ergebnissen. Sie bilden den Ausgangspunkt für den Einstieg in eine Nano- und Mikrosystemtechnik.

1.2.3 Teilchen im Oszillatorpotential

Aufgrund seiner weitreichenden Bedeutung soll an dieser Stelle auch das Potential des harmonischen Oszillators ($V(x) \sim x^2$) behandelt werden. Die außerordentliche Bedeutung dieses speziellen Potentials liegt darin begründet, daß sich jede beliebige potentielle Energie $V(x)$ für kleine Auslenkungen δx aus einer Ausgangslage x_0 in eine Taylorreihe entwickeln läßt:

$$V(x_0 + \delta x) = V(x_0) + \sum_{n=1}^{\infty} \frac{1}{n!} \frac{d^n V}{dx^n}\bigg|_{x_0} (\delta x)^n. \tag{1.53}$$

Handelt es sich bei x_0 um eine Gleichgewichtslage, so verschwindet die erste Ableitung des Potentials am Ort x_0 und das Potential kann folgendermaßen angenähert werden:

$$V(x_0 + \delta x) - V(x_0) \approx \frac{1}{2} \frac{d^2 V}{dx^2}\bigg|_{x_0} (\delta x)^2. \tag{1.54}$$

Im folgenden wird es in der Form $V(x) = kx^2/2$ verwendet werden. Die eindimensionale Schrödingergleichung lautet somit für ein Teilchen im Oszillatorpotential:

$$\frac{-\hbar^2}{2m} \frac{d^2\psi}{dx^2} + \frac{1}{2} kx^2 \psi = E\psi. \tag{1.55}$$

Nach Einführung der Kreisfrequenz $\omega = \sqrt{k/m}$ des Oszillators und Normierung der Längen und Energien auf dimensionslose Größen

$$\xi := x \cdot \sqrt{\frac{m\omega}{\hbar}} \qquad \text{und} \qquad \eta := \frac{2E}{\hbar\omega} \tag{1.56}$$

folgt aus Gleich. 1.55

$$\frac{d^2\psi}{d\xi^2} + \left(\eta - \xi^2\right) \psi = 0. \tag{1.57}$$

Für $\eta = 1$ wird die Gleich. 1.57 durch die Funktion $\exp(-\xi^2/2)$ gelöst. Daher wählt man für $\psi(x)$ den Ansatz:

$$\psi(x) = f(\xi) \exp\left(- \frac{\xi^2}{2}\right). \tag{1.58}$$

Mit diesem Ansatz folgt aus Gleich. 1.57:

$$\frac{d^2 f}{d\xi^2} - 2\xi \frac{df}{d\xi} + (\eta - 1) f = 0. \tag{1.59}$$

Für die Funktion f macht man den Reihenansatz $f(\xi) = \sum\limits_{k=0}^{\infty} \alpha_k \xi^k$, setzt diesen in die Gleich. 1.59 ein und findet damit eine Rekursionsgleichung für die Koeffizienten α_k:

$$\alpha_{k+2} = \frac{2k+1-\eta}{(k+2)(k+1)}\alpha_k. \tag{1.60}$$

Die Normierungsbedingung $\int dx \; |\psi|^2 = 1$ verlangt den Abbruch der Reihe bei einem endlichen Wert für k, da eine unendliche Reihe nicht integrierbar wäre. Die Abbruchbedingung legt für ein festes $k \in \{1, 2, 3, \ldots\}$ gemäß Gleich. 1.60 den Energieeigenwert E_k fest:

$$\eta_k = 2k+1 \qquad \Rightarrow \qquad E_k = \hbar\omega\left(k+\frac{1}{2}\right). \tag{1.61}$$

Man findet also äquidistante Energieniveaus im Abstand $\hbar\omega$ und eine minimale Energie von $\hbar\omega/2$.

1.2.4 Teilchen in einem Zentralfeld (Coulombpotential)

Wie bereits in den vorhergehenden Abschnitten können auch hier nur die wesentlichen Ergebnisse referiert werden. Sie werden jedoch im folgenden für das Verständnis des Aufbaus der Atome sowie der Wechselwirkung zwischen ihnen und zur Darstellung des Periodensystems der Elemente benötigt. Die stationäre Schrödingergleichung für ein Elektron im zentralsymmetrischen Coulombpotential $V(r) = -Ze^2/r$ lautet:

$$\Big(-\frac{\hbar^2}{2m_0}\triangle - \frac{Ze^2}{r}\Big)\psi(\vec{r}) = E\psi(\vec{r}). \tag{1.62}$$

Aufgrund der Symmetrie ist es sinnvoll, den Laplace-Operator $\triangle$ statt in kartesischen in Kugelkoordinaten r, θ, ϕ darzustellen.
Bevor dies geschieht, soll zur Vorbereitung ein anderes, einfacheres Problem betrachtet werden, der Rotator mit starrer Achse, s. Abb 1.6.
Zwei gleiche Massen m_0 bewegen sich um eine starre Achse im Abstand $2R$. Da keine rücktreibenden Kräfte existieren, handelt es sich also ebenfalls um ein Problem mit verschwindendem Potential ($V(r) = 0$), wie beim freien Teilchen. Allerdings besitzt die beschriebene Anordnung Rotationssymmetrie um die Drehachse. Aufgrund der Zentralsymmetrie ist es geschickt, die zugehörige Schrödingergleichung in Kugelkoordinaten darzustellen und zu lösen.
Die Schrödingergleichung des starren Rotators lautet:

$$-\frac{\hbar^2}{4m_0}\triangle\psi(\vec{r}) = E\psi(\vec{r}). \tag{1.63}$$

Da bei raumfester, starrer Achse das Problem nur von einer Winkelkoordinate ϕ abhängt, schreibt sich der Laplace-Operator und damit die Schrödingergleichung einfach:

$$\frac{1}{R^2}\frac{\partial^2}{\partial\psi^2}\psi(\phi) + \frac{4m_0}{\hbar^2}E\psi(\phi) = 0. \tag{1.64}$$

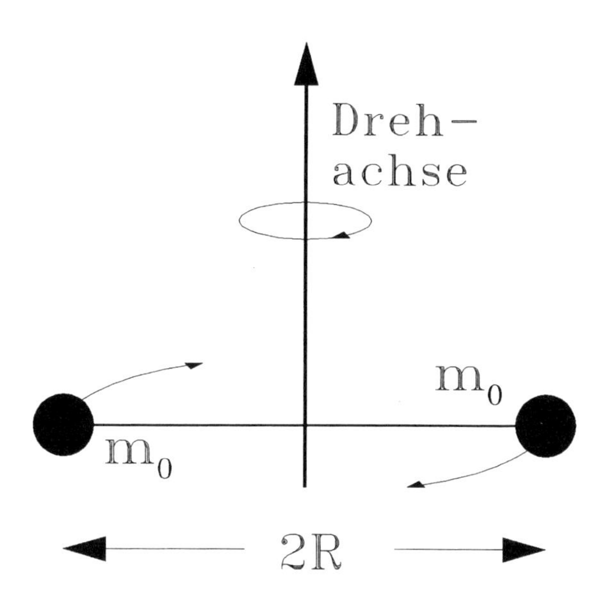

Abbildung 1.6: Starrer Rotator

Mit dem Trägheitsmoment $\Theta = \int r^2 dm = 2m_0 R^2$ erhält man

$$\frac{\partial^2}{\partial \psi^2}\psi(\phi) + \frac{2\Theta}{\hbar^2}E\psi(\phi) = 0 \tag{1.65}$$

oder

$$\frac{\partial^2}{\partial \psi^2}\psi(\phi) + m^2\psi(\phi) = 0 \tag{1.66}$$

mit $m^2 := 2\Theta E/\hbar^2$. Die Lösung ist durch $\psi(\phi) \sim \exp(im\phi)$ gegeben. Wegen der Eindeutigkeit der Lösung muß $\exp(im\phi) = \exp(im(\phi + 2\pi))$ gelten; diese Bedingung erlaubt nur ganzzahlige Werte für m:

$$m_k = \pm k \qquad \text{mit} \quad k = 0, 1, 2, 3, \ldots, \tag{1.67}$$

so daß nur die entsprechenden Funktionen $\exp(im_k\phi)$ Lösungen der Gleich. 1.66 sind. Läßt man nun zu, daß die bisher starre Achse sich frei drehen kann, so muß man eine weitere variable Winkelkoordinate θ einführen. Für die Schrödingergleichung erhält man dann, wenn man den Laplace-Operator von ϕ und θ abhängig wählt:

$$\left[\frac{1}{\sin\theta}\frac{\partial}{\partial\theta}\left(\sin\theta\frac{\partial}{\partial\theta}\right) + \frac{1}{\sin^2\theta}\frac{\partial^2}{\partial\phi^2}\right]\psi(\theta,\phi) + \frac{2\Theta}{\hbar^2}E\psi(\theta,\phi) = 0. \tag{1.68}$$

Indem man Gleich. 1.68 mit $\sin^2\theta$ multipliziert, erkennt man, daß ein Term in der rechteckigen Klammer nur von θ, der andere nur von ϕ abhängig ist, so daß man die Gleichung durch den Separationsansatz $\psi(\theta,\phi) = f(\theta)\cdot g(\phi)$ lösen kann. Man erhält:

$$\frac{\sin\theta}{f(\theta)}\frac{\partial}{\partial\theta}\left(\sin\theta\frac{\partial f(\theta)}{\partial\theta}\right)+\alpha\sin^2\theta=-\frac{1}{g(\phi)}\frac{\partial^2 g(\phi)}{\partial\phi^2}=:K^2 \tag{1.69}$$

mit $\alpha := 2\Theta E/\hbar^2$.
Da beide Seiten unabhängig voneinander sind, kann man sie beide einer Konstanten K^2 gleichsetzen und erhält für die beiden Gleichungen:

$$\begin{aligned}\frac{\partial^2 g(\phi)}{\partial\phi^2}+K^2 g(\phi) &= 0\\ \frac{1}{\sin\theta}\frac{\partial}{\partial\theta}(\sin\theta\frac{\partial f(\theta)}{\partial\theta})+(\alpha-K^2)f(\theta) &= 0.\end{aligned} \tag{1.70}$$

Die erste Gleichung entspricht der des starren Rotators mit fester Achse und man erhält als Bedingung: $K = 0, \pm1, \pm2, \ldots$; die Lösung der zweiten Gleichung existiert nur für Werte von $\alpha = l(l+1)$ mit $l = 0, 1, 2, \ldots$, man erhält also auch für den zweiten Winkel θ eine Quantenbedingung.
Zur vollständigen Beschreibung des Teilchens im Coulombpotential ist die Berücksichtigung der Abhängigkeit der Wechselwirkung vom Abstand r zum Kraftzentrum erforderlich.
Schreibt man nun die Schrödingergleichung für ein Teilchen mit Coulombfeld nieder, indem man den Laplace-Operator in Kugelkoordinaten darstellt, folgt die gleiche Winkelabhängigkeit wie für den freien Rotator. Man kann daher für $\psi(r,\theta,\phi)$ den Ansatz $R(r)\cdot f(\theta)\cdot g(\phi)$ wählen. Für die Winkelabhängigkeit erwarten wir also zwei Quantenbedingungen. Jedoch auch in radialer Richtung wird die Energie gequantelt sein, da durch das Potential $\sim 1/r$ ebenfalls eine Einschränkung existiert.
Die exakte Lösung der Schrödingergleichung soll hier nicht angegeben werden; sie hat die Struktur:

$$\psi(r,\theta,\phi)=R_{nl}(r)\cdot Y_{lm}(\theta,\phi). \tag{1.71}$$

Dabei beschreibt $R_{nl}(r)$ die Abhängigkeit vom Abstand r zum Kraftzentrum - sie wird von den Quantenzahlen n sowie l bestimmt. Die $Y_{lm}(\theta,\phi)$ sind die bekannten Kugelflächenfunktionen, die die Winkelabhängigkeit beschreiben und von den Quantenzahlen l und m abhängig sind. Diese sind die Eigenfunktionen des Operators $\hat{\mathcal{L}}^2$ des Drehimpulsquadrates sowie des Operators $\hat{\mathcal{L}}_z$ der z-Komponente des Drehimpulses :

$$\hat{\mathcal{L}}^2 Y_{lm}=\hbar^2 l(l+1)Y_{lm} \qquad \text{und} \qquad \hat{\mathcal{L}}_z Y_{lm}=\hbar m Y_{lm}. \tag{1.72}$$

Betrachtet man die Bewegung eines Teilchens bei festem Radius r, so gilt für die kinetische Energie T als Funktion des Drehimpulses $\vec{L}$:

$$T=\frac{\vec{L}^2}{2mr^2}=\frac{\vec{L}^2}{4\Theta^*} \tag{1.73}$$

mit Θ^* als Trägheitsmoment des einzelnen Teilchens. Die zugehörige Schrödingergleichung lautet ($V = 0$):

$$\hat{\mathcal{L}}^2 \psi(\theta, \phi) + 4\Theta^* \psi(\theta, \phi) = E\psi(\theta, \phi). \tag{1.74}$$

Werden die Freiheitsgrade der Teilchenbewegung weiter eingeschränkt ($\theta = \pi/2$), so kann dieses sich nur noch auf einem Kreis mit dem Radius r bewegen, der senkrecht zur z-Achse orientiert ist. Die Schrödingergleichung 1.74 vereinfacht sich zu:

$$\hat{\mathcal{L}}_z^2 \psi(\phi) + 4\Theta^* \psi(\phi) = E\psi(\phi). \tag{1.75}$$

Berücksichtigt man, daß für die Trägheitsmomente des einzelnen Teilchens und des früher betrachteten Rotators $\Theta = 2 \cdot \Theta^*$ gilt, so erkennt man, daß die Gleichn. 1.74 und 1.75 mit den Gleichn. 1.68 und 1.65 des freien bzw. starren Rotators identisch sind. Zwischen den drei Quantenzahlen bestehen folgende Zusammenhänge:

- $n = 1, 2, 3, \ldots$ heißt **Hauptquantenzahl** und beschreibt die Gesamtenergie,
- $l = 0, 1, 2, \ldots, n-1$ ist die **Drehimpulsquantenzahl**,
- $m = 0, \pm 1, \pm 2, \ldots, \pm l$ ist die **magnetische**[6] **Quantenzahl**.

Daraus entnimmt man, daß für einen festen Wert von n die Entartung der Zustände gleicher Energie durch

$$\sum_{l=0}^{n-1} (2l + 1) = n^2 \tag{1.76}$$

gegeben ist. Für die Energiewerte erhält man wie in der semiklassischen Betrachtung beim Bohr'schen Atommodell

$$\boldsymbol{E_n = -\frac{1}{2}\frac{m_0 q^4}{\hbar^2} \cdot \frac{1}{n^2} = -\frac{1}{2}\frac{q^2}{r_1} \cdot \frac{1}{n^2}}, \tag{1.77}$$

wobei $r_1 = \hbar^2/(m_0 q^2)$ den Radius der ersten Bohr'schen Bahn in der Größe von 0,56 Å bezeichnet. Die Differenz $E_1 - E_\infty$ stellt gleichzeitig die Ionisierungsenergie dar, für die man erhält:

$$E_1 = -\frac{1}{2}\frac{m_0 q^4}{\hbar^2} = 13{,}56 \text{ eV}. \tag{1.78}$$

Die zu E_1 gehörige Radialwellenfunktion ist — wegen $l = 0$ — kugelsymmetrisch und hat die Form

[6]Durch ein äußeres Magnetfeld $\vec{B}$ kann die Beschränkung der Teilchenbewegung auf eine Kreisbahn erzwungen werden. Wie der starre Rotator besitzt auch diese Anordnung Rotationssymmetrie um eine Achse, eben die Richtung des Magnetfelds.

$$R_1(r) \sim \frac{1}{\sqrt{r_1^3}} \exp(-r/r_1). \tag{1.79}$$

Damit kann das Elektron mit etwa 75%-iger Wahrscheinlichkeit innerhalb einer Kugel mit dem Durchmesser $2r_1$ gefunden werden.
Die bisher betrachtete Bewegung eines Teilchens im Zentralfeld beschreibt z. B. die Bewegung eines Elektrons im Coulombpotential des positiv geladenen Atomkerns — das Wasserstoffatom. Genauer gesagt, beschreiben die Lösungen der Schrödingergleichung die dreidimensionale Bewegung des Elektrons im Raum. Die Ergebnisse experimenteller Untersuchungen machen die Einführung einer weiteren Quantenzahl notwendig, des **Spins** oder des Eigendrehimpulses des Elektrons. Der Spin kann die Werte $\pm\hbar/2$ annehmen, daher führt man die Spinquantenzahl $s = \pm 1/2$ ein. Das bedeutet, jeder der bisher mit n, l, m gekennzeichneten Zustände kann durch Elektronen mit $s = \pm 1/2$ besetzt werden, so daß sich die Gesamtzahl der Elektronen mit E_n, also der Entartungsgrad, auf $2n^2$ erhöht.
Mit Hilfe dieser Ergebnisse — der Quantenzahlen n, l, m, s — läßt sich im Prinzip der Aufbau des **Periodensystems der Elemente** erklären. Man muß noch das sog. **Pauli-Prinzip** berücksichtigen, das besagt, daß Teilchen mit **nicht** ganzzahligem Spin, sog. **Fermionen**, also etwa Elektronen mit $s = \pm 1/2$, nicht in allen 4 Quantenzahlen übereinstimmen dürfen. In einem Atom müssen daher die einzelnen möglichen Zustände, gemäß der Quantenzahlen, in der Reihenfolge steigender Energie aufgefüllt werden. Aus historischen Gründen bezeichnet man die möglichen Energieniveaus als **Schalen**, $n = 1$ bezeichnet die sog. K-Schale, $n = 2$ die L-Schale, $n = 3$ die M-Schale. Gleichzeitig sortiert man noch nach der Drehimpuls-Quantenzahl l und bezeichnet $l = 0$ als s-, $l = 1$ als p-, $l = 2$ als d- sowie $l = 3$ als f-Unterschale.
Danach besitzt das Wasserstoffatom mit einer positiven Kernladung aus Neutralitätsgründen im Grundzustand ein Elektron in der 1s-Schale, also in der K-Schale und mit $l = 0$, d. h. im s-Zustand. Die 1s-Schale kann jedoch gemäß $2n^2 = 2$ genau zwei Elektronen mit unterschiedlichem Spin aufnehmen, daher ist erst beim Helium mit zwei positiven Kernladungen und demgemäß zwei Elektronen die 1s-Schale voll besetzt. Wegen der vollbesetzten Schale ist Helium chemisch inert und daher ein Edelgas.
Das im folgenden als **Standard**-Halbleiter betrachtete Silizium besitzt mit einer Ordnungs- oder Kernladungszahl 14 auch 14 Elektronen, die sich gemäß Tab. 1.1, in der die Kombination der Quantenzahlen bis n = 4 dargestellt sind, wie folgt auf die Schalen sukzessive aufteilen:

- volle K- und L-Schalen sowie **zwei** 3s-Elektronen und **zwei** 3p-Elektronen.

Für die Materialien Gallium bzw. Arsen erhält man mit den Ordnungszahlen 31 für Ga und 33 für As:

- Ga: volle K-, L-, M-Schalen sowie **zwei** 4s-Elektronen und **ein** 4p-Elektron,

Edelgase	n	l	m	s	Zahl der Elektronen	Schale
He	1	0	0	$\pm 1/2$	zwei 1s-Elektronen	**K-Schale**
	2	0	0	$\pm 1/2$	zwei 2s-Elektronen	
	2	1	0	$\pm 1/2$		**L-Schale**
	2	1	+1	$\pm 1/2$	sechs 2p-Elektronen	8 Elektronen
Ne	2	1	−1	$\pm 1/2$		
	3	0	0	$\pm 1/2$	zwei 3s-Elektronen	
	3	1	0	$\pm 1/2$		
	3	1	+1	$\pm 1/2$	sechs 3p-Elektronen	
	3	1	−1	$\pm 1/2$		
	3	2	0	$\pm 1/2$		**M-Schale**
	3	2	+1	$\pm 1/2$		18 Elektronen
	3	2	−1	$\pm 1/2$	zehn 3d-Elektronen	
	3	2	+2	$\pm 1/2$		
Ar	3	2	−2	$\pm 1/2$		
	4	0	0	$\pm 1/2$	zwei 4s-Elektronen	
	4	1	0	$\pm 1/2$		
	4	1	+1	$\pm 1/2$	sechs 4p-Elektronen	
	4	1	−1	$\pm 1/2$		
	4	2	0	$\pm 1/2$		
	4	2	+1	$\pm 1/2$		
	4	2	−1	$\pm 1/2$	zehn 4d-Elektronen	
	4	2	+2	$\pm 1/2$		
	4	2	−2	$\pm 1/2$		**N-Schale**
	4	3	0	$\pm 1/2$		32 Elektronen
	4	3	+1	$\pm 1/2$		
	4	3	−1	$\pm 1/2$		
	4	3	+2	$\pm 1/2$	vierzehn 4f-Elektronen	
	4	3	−2	$\pm 1/2$		
	4	3	+3	$\pm 1/2$		
Kr	4	3	−3	$\pm 1/2$		

Tabelle 1.1: Elektronenkonfiguration der K-,L-M- und N-Schale

- As: volle K-, L-, M-Schalen und **zwei** 4s-Elektronen sowie **drei** 4p-Elektronen.

Die entsprechende Konfiguration wie beim As ergibt sich auch für Phosphor mit einer Ordnungszahl 15, während sich für das Indium mit der Ordnungszahl 49 eine Besonderheit ergibt:

- P: volle K-, L-Schale und **zwei** 3s-Elektronen sowie **drei** 3p-Elektronen,

- In: volle K-, L-, M-Schale und volle 4s-, 4p-, 4d-N-Unterschalen; statt mit den verbleibenden drei Elektronen die 4f-Unterschale zu besetzen, werden **zwei** Elektronen in die 5s- und **eines** in die 5p-Unterschale eingebaut.

Die Verbindungen von Ga und As zu GaAs sowie In und P zu InP liefern mit ihren Kombinationen, die durch den kontinuierlichen Austausch der dreiwertigen bzw. der fünfwertigen Komponenten entstehen können, $Ga_xIn_{1-x}As$, $Ga_xIn_{1-x}P$, $Ga_xIn_{1-x}As_yP_{1-y}$, die wesentlichen Vertreter der sogenannten III-V-Verbindungshalbleiter,s. auch Kap. 11.

1.3 Vielteilchenprobleme

1.3.1 Bindungsarten im Kristall

Heteropolare oder ionische Bindung

Man entnimmt der Tabelle 1.1, daß immer dann, wenn die s- und p-Schalen gefüllt sind, ein chemisch wenig reaktives Element, ein Edelgas, vorliegt. Die übrigen Elemente haben aus energetischen Gründen das Bestreben, die äußeren s- und p-Schalen durch Elektronentransfer mit acht Elektronen zu füllen. Betrachtet man daher z. B. Natrium und Chlor, so besitzt Natrium mit der Ordnungszahl 11 eine gefüllte K- und L-Schale und nur ein 3s-Elektron in der M-Schale, wogegen Chlor mit der Ordnungszahl 17 eine gefüllte K- und L-Schale sowie zwei 3s-Elektronen und fünf 3p-Elektronen in der M-Schale aufweist und nur noch ein 3p-Elektron in der M-Schale zur Komplettierung dieser Schale benötigt. Die beiden Elemente gehen daher eine Verbindung ein und bilden eine geordnete Struktur. Diese wird als **Ionenkristall** bezeichnet, da die Bindung rein elektrostatischer Natur ist. Durch die Kristallbildung muß insgesamt Energie gewonnen werden, andernfalls würde sie nicht eintreten. Die Energiebilanz des Vorgangs zeigt dies deutlich. Um dem Na sein 3s-Elektron zu nehmen, muß die Ionisierungsenergie aufgewandt werden. Da das 3s-Elektron relativ schwach gebunden ist, ist diese — gemessen an der des Wasserstoffs mit 13,56 eV — gering und beträgt nur 5,14 eV. Das Chlor besitzt eine große Elektronenaffinität, es gewinnt durch das Auffüllen seiner Schale 3,71 eV. Nun stehen zwei entgegengesetzt geladene Ionen Na^+ und Cl^- zur Verfügung, die sich anziehen. In einem NaCl-Kristall herrschen zwischen den unterschiedlich geladenen Ionen anziehende und den gleichnamigen Ladungen abstoßende Kräfte. Insgesamt beträgt die Differenz zwischen der anziehenden und der abstoßenden Energie etwa 8 eV pro Ionenpaar, so daß sich für den NaCl-Kristall eine Bindungsenergie in einer Größe von $(8 + 3{,}7 - 5{,}1)$ eV $= 6{,}6$ eV pro Ionenpaar ergibt.

Homöopolare oder kovalente Bindung

Neben der Ionenbindung existiert ein weiterer Bindungstyp, der einen anderen Grenzfall darstellt, die homöopolare oder kovalente Bindung, die dadurch zustande kommt, daß zwei Atome ihre Elektronen in gewisser Weise gemeinsam nutzen. Bei der Betrachtung eines Teilchens (Elektrons) im Potentialtopf ergab sich für die Energieniveaus

$$E_n = n^2 \frac{\hbar^2}{2m} \left(\frac{\pi}{L}\right)^2 . \tag{1.80}$$

Das bedeutet, daß mit zunehmender Breite L des Potentialtopfs die Energie abgesenkt wird, also ein Energiegewinn auftritt. Bringt man daher z. B. zwei Silizium-Atome näher zusammen, so daß sich die 'Bahnen' der 3p-Elektronen überlappen, dann befinden sich die Elektronen in einem gemeinsamen breiteren Potentialtopf, der durch beide Atome gebildet wird, und es tritt ein Energiegewinn auf.
Nähert man die Atome einander weiter an, so entsteht zunächst ein wachsender Überlapp der Wellenfunktionen, d. h. es befinden sich viele Elektronen in einem Potentialtopf, der über die sog. **Austauschwechselwirkung** zu einem Energiegewinn führt. Bei weiterer Annäherung wächst allerdings die Kernabstoßung an und dominiert schließlich. Es wird also einen optimalen Abstand geben, in dem der Energiegewinn maximal ist. Beachtet man nun noch, daß wegen der Linearität der Schrödingergleichung das Superpositionsprinzip für die Lösungen gilt, d. h. mit ψ_1 und ψ_2 ist auch jede Linearkombination $\alpha\psi_1 + \beta\psi_2$ eine Lösung, so läßt sich so auch der Aufbau des Siliziumkristalls erklären. Die äußeren 3s- und 3p-Wellenfunktionen repräsentieren Elektronen annähernd gleicher Energie, da sie dieselbe Hauptquantenzahl aufweisen. Sie lassen sich daher mit einem geringen Energieaufwand bei der Vereinigung von Siliziumatomen zu einem Kristall gemäß dem Superpositionsprinzip so zu vier neuen Wellenfunktionen kombinieren, daß die Bindungsenergie des Kristalls maximal wird. Diesen Vorgang nennt man **Hybridisierung**, da ein s-Orbital und drei p-Orbitale beteiligt sind, genauer sp^3-Hybridisierung. Genau wie im Silizium (s. Abb. 1.7) liegt in einer Modifikation des Kohlenstoffs, im Diamantgitter, diese sp^3-Hybridisierung vor.
Die vier sp^3-Hybridorbitale weisen eine Tetraederkonfiguration auf und erlauben eine dreidimensione Vernetzung der hybridisierten Atome. In der graphitischen Modifikation des Kohlenstoffs liegt eine sp^2-Hybridisierung vor, d. h. es sind ein s-Orbital und zwei p-Orbitale beteiligt. Die drei sp^2-Hybridorbitale liegen in einer Ebene und führen damit zu einer planaren Vernetzung der Kohlenstoffatome. Hierdurch wird das abweichende mechanische und elektrische Verhalten des Graphits verständlich.
Zusammenfassend läßt sich sagen:
Im Fall der **Ionenbindung** wechseln aufgrund der geringen Ionisierungsenergie eines Partners und der großen Elektronenaffinität des anderen Partners Elektronen von einem zum anderen Partner und es entstehen Ionen, an deren Ort die Ladung stark lokalisiert ist. Die Bindungsenergie des Kristalls setzt sich zusammen aus der Differenz der Elektronenaffinität des einen Bindungspartners und der Ionisierungsenergie des anderen zuzüglich der Coulombschen Wechselwirkungsenergie der Ionen. Die große Differenz zwischen Ionisierungsenergie und Elektronenaffinität rührt von der extrem unterschiedlichen Besetzung der äußeren s- und p-Schalen der Partner

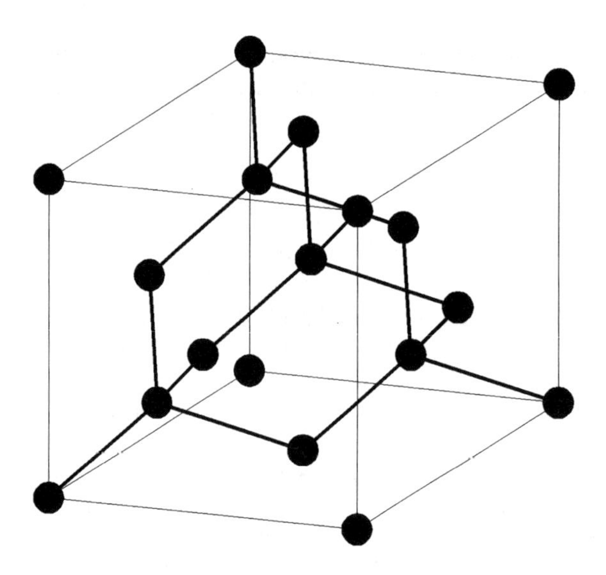

Abbildung 1.7: Siliziumgitter

her (Na: **1** Elektron, Cl: **7** Elektronen).
Die **kovalente** Bindung tritt in ihrer reinen Form bei Partnern mit gleicher Besetzung der äußeren s- und p-Schalen auf, da dann für beide Partner Ionisierungsenergie und Elektronenaffinität gleich sind, nämlich im Fall vierfach besetzter s- und p-Schale, wie z. B. bei Si, Ge oder C. Der Energiegewinn erfolgt ausschließlich durch den sog. 'Ladungsaustausch', d. h. dadurch, daß die zwei s- und zwei p-Elektronen sich in einem gemeinsamen 'Potentialtopf' größerer Abmessung befinden. Oder anders ausgedrückt, die vier äußeren s- und p-Elektronen werden so zwischen den Ionenrümpfen angeordnet, daß die Coulombabstoßung überkompensiert wird. Im Kristall geschieht dies durch die Hybridisierung, die die optimale Ladungsanordnung möglich macht. Zwischen diesen beiden Extremen — Ionenbindung und kovalenter Bindung — gibt es kontinuierliche Übergänge, die insbesondere für die Halbleiter eine große Bedeutung besitzen.
Bringt man statt der I-VII-Materialien (Na(I), Cl(VII)) solche, die aus der II-Gruppe des periodischen Systems der Elemente stammen und somit 2 Elektronen in der äußeren Schale besitzen, mit denen aus der VI-Gruppe mit 6 äußeren Elektronen zusammen, so erhält man die wichtigen II-VI-Halbleiter, wie etwa CdS, CdSe oder CdTe. Entsprechend kann man auch III-V-Verbindungen herstellen, indem Elemente der III-Gruppe mit denen der V-Gruppe zusammengeführt werden, z. B. Ga(III) und As(V) zu GaAs oder In(III) und P(V) zu InP. Auf diese Weise erhält man neben den IV-IV-Verbindungen, den Elementhalbleitern Si und Ge, die z. Z. interessantesten Halbleitermaterialien. Besonders erwähnenswert ist, daß durch Variation der Konzentrationsverhältnisse sowohl binäre, ternäre als auch quaternäre (GaInAsP)-Verbindungen mit nahezu kontinuierlich einstellbaren Eigenschaften herstellbar sind (s. auch Kap. 11). Es ist nach dem bisher Gesagten verständlich, daß die Ionizität

von den I-VII- zu den IV-IV-Verbindungen ab- und der kovalente Anteil zunimmt. Für die kovalente Bindung läßt sich aus der sp^3-Hybridisierung auch der Bindungswinkel errechnen, wobei sich die bekannte Diamant-Gitterstruktur ergibt, wie sie in Abb. 1.7 für Silizium dargestellt ist. Schematisiert man die Abb. 1.7, indem man sie in die Ebene projiziert, erhält man die in Abb. 1.8 dargestellte periodische Atomanordnung.

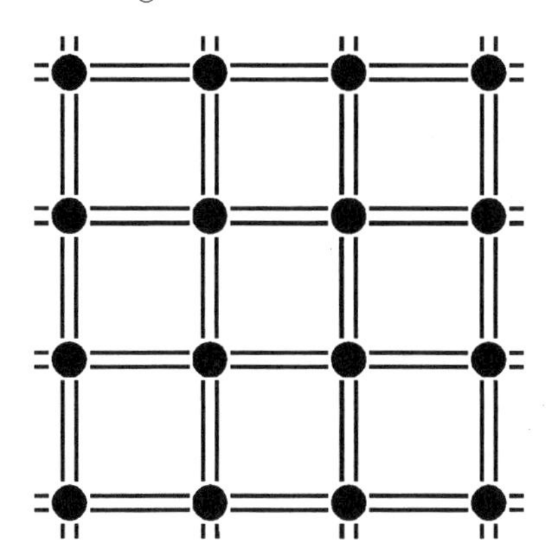

Abbildung 1.8: Stark vereinfachte Projektion des Gitters auf eine Ebene

Es gilt nun, die Energiezustände der Ladungsträger in einer solchen periodischen Anordnung zu beschreiben.

1.3.2 Periodisches Potential und Bandstruktur

Die folgenden Ausführungen bilden die Grundlage für die Dynamik der Elektronen in kristallinen Materialien und sind damit eine wesentliche Voraussetzung zur Beschreibung des Ladungstransports in Festkörpern.
Wir hatten bisher die Dispersionsrelation $E(k)$ für ein freies Teilchen bzw. für ein Teilchen im Potentialtopf berechnet. Bringt man nun ein solches Teilchen in einen Kristall, der ein **dreidimensional periodisches Potential** repräsentiert, dann stellt sich die Frage, wie der $E(k)$-Verlauf dort aussieht. Im folgenden soll nicht der exakte, materialabhängige Potentialverlauf untersucht werden — die Ermittlung des korrekten Verlaufs ist Gegenstand numerischer Bandstrukturrechnungen — sondern nur eine qualitative Betrachtung durchgeführt werden. Eine solche liefert bereits alle für das Folgende wichtigen Ergebnisse. Die Abb. 1.9 gibt den qualitativen Potentialverlauf wieder, dabei wurde nur auf die Periodizität Wert gelegt. Der Potentialverlauf wurde zum einen rechteckig gewählt, da dann auf die Ergebnisse der Berechnung des Teilchens im Potentialtopf mit endlich hohen Wänden zurückgegriffen werden kann. Zum anderen wurde ein δ-impulsförmiges Potential betrachtet, da dann die Gleichungen noch einfacher werden. Diese Beschreibung wird als sog. Kronig-Penney-Modell bezeichnet. Im Bereich zwischen 0 und $a + b$ ist die Schrödingergleichung für dieses spezielle periodische Potential identisch mit den Gleichn. 1.48 für den Potentialtopf mit endlich hohen Wänden:

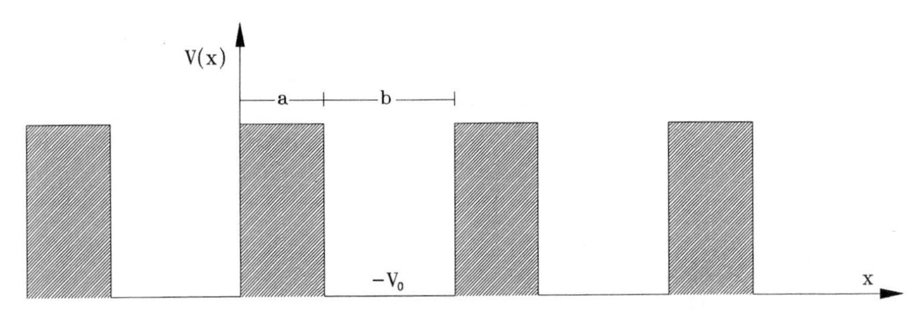

Abbildung 1.9: Eindimensionales periodisches Potential

$$\begin{aligned} \psi''(x) + \frac{2mE}{\hbar^2}\psi(x) &= 0 \qquad \text{für} \quad 0 \leq x < a \\ \psi''(x) + \frac{2m}{\hbar^2}(V_0 + E)\psi(x) &= 0 \qquad \text{für} \quad a \leq x < a + b \end{aligned} \tag{1.81}$$

Die Breite eines einzelnen Potentialtopfs ist b, der Abstand zweier aufeinander folgender Potentialtöpfe beträgt a, die Periodenlänge ist daher $a + b$. Die Differentialgleichungen 1.81 lassen sich analog zu denen für den Potentialtopf lösen, wenn man sog. **periodische** Randbedingungen:

$$|\psi(0)| = |\psi(a + b)| \tag{1.82}$$

wählt und die Stetigkeit von $\psi(x)$ und $\psi'(x)$ bei $x = 0$ und $x = a$ berücksichtigt. Die Randbedingung 1.82 beschreibt die Invarianz des Systems gegenüber Verschiebungen um eine Strecke $a + b$ entlang der x-Richtung. Dann erhält man — wie beim Potentialtopf — eine transzendente Gleichung, die sich nur numerisch lösen läßt:

$$\frac{\beta^2 - \alpha^2}{2\alpha\beta} \cdot \sinh(\beta b)\sin(\alpha a) + \cosh(\beta b)\cos(\alpha a) = \cos\left(k(a + b)\right). \tag{1.83}$$

Dabei sind α und β entsprechend dem Potentialtopfmodell gewählt:

$$\alpha^2 = \frac{2m}{\hbar^2}E \qquad \beta^2 = \frac{2m}{\hbar^2}(V_0 + E). \tag{1.84}$$

Wählt man das Potential δ-impulsförmig, erhält man die noch einfachere Gleichung:

$$P \cdot \frac{\sin(\alpha a)}{\alpha a} + \cos(\alpha a) = \cos(ka), \qquad \text{mit} \quad P = \frac{\beta^2 ab}{2}. \tag{1.85}$$

In Abb. 1.10 ist die Funktion $P\sin(\alpha a)/(\alpha a) + \cos(\alpha a)$ für $P = 4$ graphisch dargestellt.

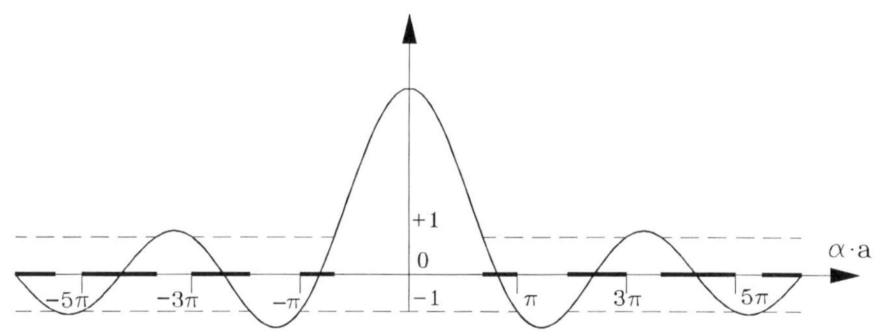

Abbildung 1.10: Darstellung der transzendenten Gleichung zur Ermittlung der Dispersionsrelation für das Kronig-Penney-Modell; die erlaubten k-Bereiche sind schwarz unterlegt.

Man erkennt, es handelt sich bei Gleich. 1.85 um eine transzendente Gleichung der Form $f(\alpha a) = g(ka)$, deren rechte Seite nur Werte zwischen $-1 \leq \cos(ka) \leq +1$ annehmen kann. Die linke Seite der Gleichung ist eine oszillierende Funktion, die Größe P hängt von der Breite und Höhe des Potentials ab und ist hier ein wählbarer Parameter. Auf der Abszisse sind diejenigen Bereiche, in denen die Gleich. 1.85 eine reelle Lösung besitzt, schwarz unterlegt. Man erkennt, daß in Teilbereichen der Abszisse keine reelle Lösung existiert. Die entsprechenden k-Werte sind imaginär: $k = iq$, so daß die zugehörigen Wellenfunktionen mit $\exp(-qx)$ exponentiell gedämpft sind. Trägt man E gegen ka auf, so erhält man einen Verlauf, wie ihn Abb. 1.11 darstellt.

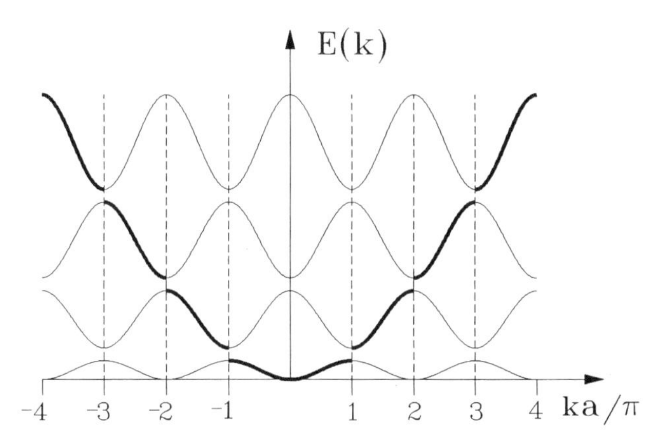

Abbildung 1.11: Dispersionsrelation für ein Elektron in einem eindimensionalen periodischen Potential

Der Abb. 1.11 entnimmt man, daß es sog. **erlaubte** $E(k)$-Bereiche und sog. **verbotene** $E(k)$-Bereiche gibt, in denen zu gegebener Energie kein Impuls $\hbar k$ existiert; diese Bereiche nennt man **verbotene Bänder** oder **Energielücken**. Ferner erkennt man, daß die Strukturen periodisch sind, so daß man sich z. B. auf einen Bereich $-\pi/a \leq k < \pi/a$ beschränken kann, die sogenannte **1. Brillouin-Zone**, s. Abb. 1.11. Der gesamten Darstellung bisher ist also zu entnehmen:

Bewegt sich ein Ladungsträger in einem eindimensionalen periodischen Potential, so gibt es in der Dispersionsrelation $E(k)$ erlaubte und verbotene Bereiche; nicht zu allen Energien existieren Impulse, bei denen die Ladungsträger ausbreitungsfähig sind. Im Wellenbild bedeutet dies, daß die Elektronen am periodischen Gitter eine Bragg-Reflexion erleiden.
Um nun die Dispersionsrelation für ein dreidimensionales periodisches Potential berechnen zu können, wählt man folgenden Ansatz[7] für die Wellenfunktion:

$$\boldsymbol{\psi(\vec{x}) = u(\vec{x}) \exp\left(i\vec{k} \cdot \vec{x}\right).} \tag{1.86}$$

Diese Funktion beschreibt eine ebene Welle $\exp\left(i\vec{k} \cdot \vec{x}\right)$ mit einer ortsabhängigen Amplitude $u(\vec{x})$ und wird als **Bloch-Funktion** bezeichnet. Der Parameter $\vec{k} = (k_x, k_y, k_z)$ stellt einen dreikomponentigen Wellenvektor dar. Setzt man diesen Ansatz in die Schrödingergleichung ein, so findet man unter Beachtung von $\triangle = \nabla \cdot \nabla$ eine Differentialgleichung für $u(\vec{x})$:

$$\triangle u + 2i\vec{k} \cdot \nabla u + \left(\tfrac{2m(E-V(\vec{x}))}{\hbar^2} - \vec{k}^2\right) u = 0. \tag{1.87}$$

Der nächste Schritt besteht nun darin, die Symmetrie des Potentials $V(\vec{x})$ auszunutzen, indem man dieses in eine **dreidimensionale** Fourierreihe entwickelt:

$$V(\vec{x}) = \sum_{\vec{g}} \tilde{V}_{\vec{g}} \exp\left(i\vec{g} \cdot \vec{x}\right). \tag{1.88}$$

Die Reihe wird über die Vektoren $\vec{g}$ des reziproken Gitters aufsummiert. Dieses ist bei gegebenem Kristallgitter eindeutig festgelegt (s. a. [9, 8, 10]). Die Durchführung der Rechnung liefert schließlich die Energie E des Kristallelektrons in Abhängigkeit vom Wellenzahlvektor $\vec{k}$. So wie im Fall des eindimensionalen Gitters nur ein Wellenzahlbereich zwischen $-\pi/a$ und π/a betrachtet werden mußte, so kann im dreidimensionalen Fall die Betrachtung des $E(\vec{k})$-Verlaufs auf die Elementarzelle des reziproken Gitters, die erste Brillouin-Zone, beschränkt werden (s. Abb. 1.12). Aufgrund der Symmetrieeigenschaften des Kristallgitters muß der $E(\vec{k})$-Verlauf nur entlang bestimmter Richtungen zwischen Punkten hoher Symmetrie innerhalb der Brillouin-Zone berechnet werden . Es treten auch im dreidimensionalen Fall erlaubte Energiebereiche — **Bänder** — und verbotene Bereiche — **Bandlücken** — nebeneinander auf. Zwei Fälle müssen unterschieden werden: Es kann der Fall auftreten, daß Energien, zu denen in einer bestimmten Ausbreitungsrichtung (z. B. k_x) kein ausbreitungsfähiger k–Wert existiert, in einer anderen Richtung (z. B. k_y) dennoch

[7] Tatsächlich ist der Ausdruck $u(\vec{x}) \exp\left(i\vec{k} \cdot \vec{x}\right)$ mehr als ein geschickt 'erratener' Ansatz für die Wellenfunktion. Aufgrund der dreidimensionalen Periodizität des Potentials vertauschen der Hamiltonoperator des Problems und die Symmetrieoperatoren des Kristallgitters und besitzen daher ein gemeinsames System von Eigenfunktionen. Die Eigenfunktionen der Translationsoperatoren des Kristallgitters sind, wie sich zeigen läßt, von der Form 1.86. Daher sind diese auch gleichzeitig Eigenfunktionen des Hamiltonoperators (s. [7, 8]).

ausbreitungsfähig sind, so daß insgesamt **keine** Bandlücken existieren. Andererseits kann aber ein Energiebereich der Breite E_g vorliegen, innerhalb dessen kein, wie auch immer orientierter, ausbreitungsfähiger Vektor $\vec{k}$ existiert. Dieser Bereich wird als **Bandlücke** bezeichnet. Zu den Materialien mit dieser Eigenschaft gehören die Halbleiter. Wie noch gezeigt werden wird (s.Kap. 2), sind für die elektronischen Eigenschaften eines Halbleiters nur zwei Energiebänder von Bedeutung. Es sind handelt sich dabei um das Band direkt unterhalb der Bandlücke — das **Valenzband** — sowie das unmittelbar oberhalb der Bandlücke gelegene, sog. **Leitungsband**.

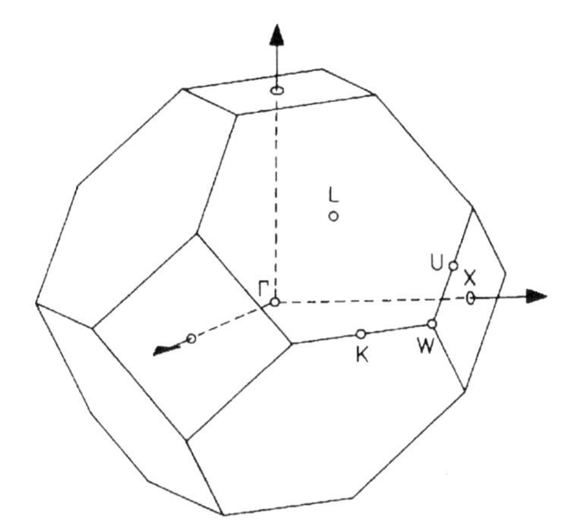

Abbildung 1.12: Brillouin-Zone des kubisch flächenzentrierten Gitters: Die Punkte hoher Symmetrie sind hervorgehoben.

Die Abbn. 1.13 und 1.14 zeigen Bandstrukturberechnungen für Galliumarsenid und Silizium. Im GaAs tritt der minimale Bandabstand am Γ-Punkt auf, d. h. bei $\hbar k = 0$. Man bezeichnet diese Art des Bandverlaufs als **direkt**.

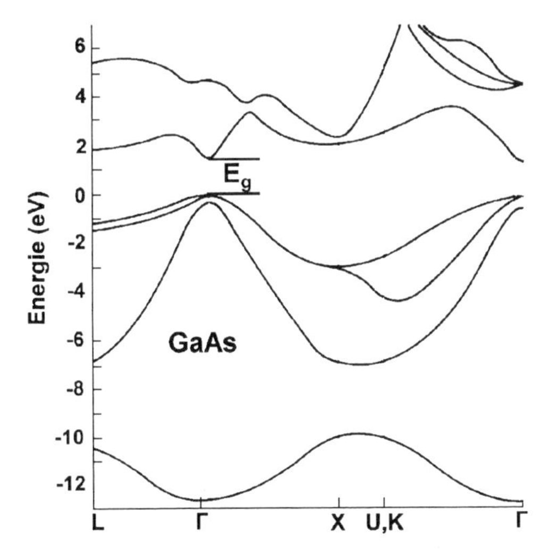

Abbildung 1.13: Bandstruktur von GaAs; der $E(\vec{k})$-Verlauf wurde jeweils entlang der Verbindungsstrecken der in Abb. 1.12 gekennzeichneten Punkte berechnet.

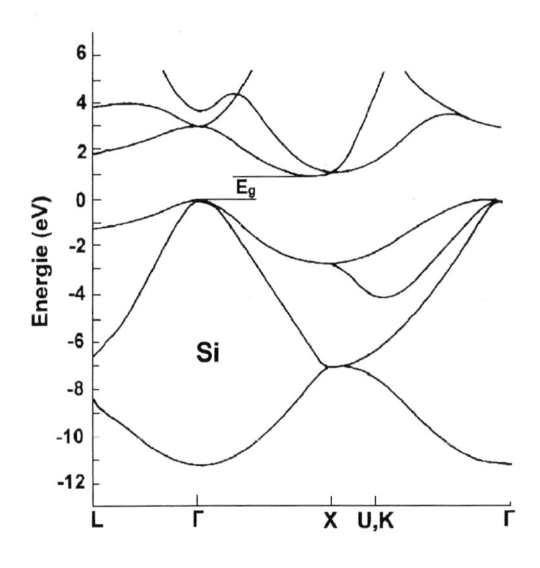

Abbildung 1.14: Bandstruktur von Si

Im Si tritt der minimale Bandabstand bei einem bestimmten Impuls $\hbar k_0 > 0$ auf (s. Abb. 1.14). Diese Art des Bandverlaufs wird als **indirekt** bezeichnet.

Dieser Unterschied hat weitreichende Konsequenzen für Bauelemente aus den beiden Materialien. Findet ein Ladungsträgerübergang von einem Band in ein anderes statt, so müssen der Energie- und Impulssatz erfüllt sein. Da Lichtquanten einen Impuls von nahezu Null besitzen, kann nur in einem direkten Halbleiter der Übergang zwischen den Bändern beim minimalen Bandabstand durch Photonenaufnahme oder -abgabe geschehen, nicht jedoch im indirekten Halbleiter. Daher bilden direkte Halbleiter die Basismaterialein für die **Optoelektronik**, wogegen das Silizium als indirekter Halbleiter in diesem Bereich nur eine untergeordnete Rolle spielt.

Beschränkt man sich auf die Darstellung des Leitungs- und des Valenzbands längs einer Richtung zwischen dem Γ- und dem X-Punkt, so erhält man für Silizium und Galliumarsenid die folgenden, stark vereinfachten $E(k)$-Verläufe, s. Abb. 1.15.

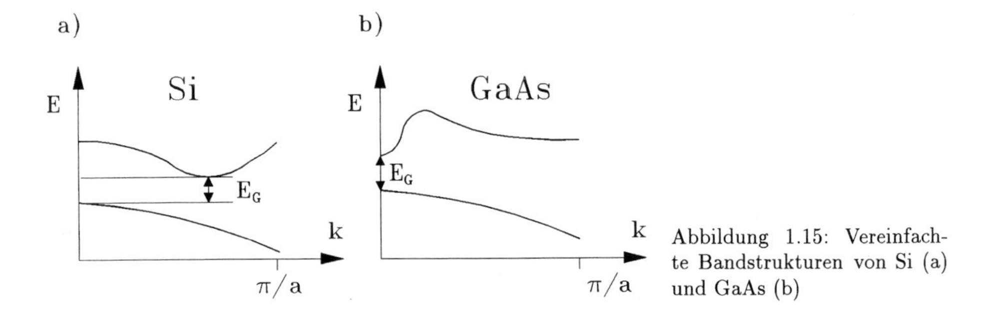

Abbildung 1.15: Vereinfachte Bandstrukturen von Si (a) und GaAs (b)

1.3.3 Effektive Masse

Für ein freies Teilchen gilt, wie gezeigt wurde, folgende Dispersionsrelation zwischen Energie E und Wellenzahl k:

$$\boldsymbol{E(k)} = \frac{\boldsymbol{p}^2}{2\boldsymbol{m}_0} = \frac{\boldsymbol{\hbar}^2\boldsymbol{k}^2}{2\boldsymbol{m}_0}. \quad (1.89)$$

In der Gleich. 1.89 trägt die Masse den Index 0, um deutlich zu machen, daß es sich um die Masse des freien Teilchens handelt. Der $E(k)$-Verlauf stellt eine Parabel dar. Differenziert man die Dispersionsrelation zweifach nach der Wellenzahl k, so findet man

$$\frac{\partial^2 E}{\partial k^2} = \frac{\hbar^2}{m_0} \qquad \text{oder} \qquad m_0 = \hbar^2\left(\frac{\partial^2 E}{\partial k^2}\right)^{-1}. \quad (1.90)$$

Die Masse ergibt sich also aus der Krümmung des $E(k)$-Verlaufs.
Betrachtet man nun reale $E(k)$-Verläufe, z. B. jene von Si und GaAs in Abb. 1.13, so erkennt man, daß diese in Teilbereichen — in der Umgebung der Extrema — ebenfalls einen quadratischen Verlauf aufweisen, oder genauer, daß dort eine Taylor-Entwicklung mit einem kleinen Fehler nach dem quadratischen Glied abgebrochen werden kann. Das bedeutet, daß die Dispersionskurve in diesen Bereichen den gleichen funktionalen Zusammenhang aufweist wie diejenige eines freien Teilchens. Die Krümmungen stimmen jedoch nicht notwendigerweise überein, daher kann man eine **effektive Masse $\boldsymbol{m_{eff}}$** in folgender Weise definieren:

$$\boldsymbol{m_{eff}} := \boldsymbol{\hbar}^2\left(\frac{\partial^2 \boldsymbol{E}}{\partial \boldsymbol{k}^2}\right)^{-1}. \quad (1.91)$$

Für ein freies Teilchen ergibt diese Definition wiederum m_0. Der Einfluß des Kristallgitters auf das Teilchen wird somit in die effektive Masse gesteckt, so daß das Elektron als freies Teilchen[8] mit dieser Masse m_{eff} betrachtet werden kann. Das Gitterpotential taucht in dieser Näherung nicht mehr auf.
Aufgrund des Vektorcharakters von $\vec{k} = (k_x, k_y, k_z)$ muß man i. a. die Krümmungen in unterschiedlichen Kristallrichtungen betrachten, so daß m_{eff} richtungsabhängig wird. Es gibt neun verschiedene Möglichkeiten, zweite Ableitungen der Energie E nach den Komponenten[9] von $\vec{k}$ zu bilden:

$$m_{eff,il} := \hbar^2\left(\frac{\partial^2 E}{\partial k_i \partial k_l}\right)^{-1} \qquad \text{mit} \quad i, l = 1, 2, 3. \quad (1.92)$$

[8] Um den Einfluß des Kristallgitters hervorzuheben, werden Elektronen im Kristall gern als 'quasi-frei' bezeichnet.

[9] Die Ableitungen nach den Komponenten k_i des Wellenvektors sind am Ort des betrachteten Extremums zu nehmen.

Diese neun Komponenten bilden den Tensor der effektiven Masse. In kubischen Kristallen wie Silizium oder Germanium entartet dieser Tensor zu einem Skalar, so daß die effektive Masse nicht von der Richtung, wohl aber von dem betrachteten Energieband abhängt.
Zum besseren Verständnis des Begriffs der effektiven Masse mag das folgende mechanische Analogon dienen: In der Mechanik gilt Kraft = Masse × Beschleunigung. Daher kann man die Masse, z. B. eines PKW's, dadurch bestimmen, daß man bei Krafteinwirkung die Beschleunigung mißt. Wird auf den PKW jedoch auf verschiedenen Unterlagen (Eis oder Morast) die gleiche Kraft ausgeübt, wird die Beschleunigung bei unveränderter Masse des PKW verschieden sein. Man kann jedoch den Unterlageneinfluß in eine effektive Masse stecken.
Einen formal korrekten Zugang zum Begriff der effektiven Masse findet man in den einschlägigen Lehrbüchern der Festkörperphysik (s. [9, 8, 10]).
Man entnimmt dem $E(k)$-Verlauf, daß in der Umgebung eines Minimums m_{eff} positiv ist, in der Umgebung eines Maximums ist m_{eff} negativ. Ein Elektron mit negativer effektiver Masse verhält sich wie ein positiver Ladungsträger mit positiver effektiver Masse.
Im Wendepunkt des $E(k)$-Verlaufes ist der Krümmungsradius unendlich groß, bzw. die Krümmung Null und somit $m_{eff} = \infty$. Im Wellenbild entspricht dies der sog. Bragg-Reflexion.

1.3.4 Allgemeine Bemerkungen

Das Ziel dieses Buches ist es, die physikalischen Grundlagen von Halbleiterbauelementen darzustellen. Dazu ist die Kenntnis der Quantenmechanik, wie erwähnt, unerläßlich. Daher wurde zunächst eine formale Einführung in die Quantenmechanik gegeben und die Schrödingergleichung für die elementaren Probleme: freies Teilchen, Teilchen im Potentialtopf, im Oszillatorpotential und im Zentralfeld diskutiert.
Die wesentlichen Eigenschaften von Bauelementen beruhen jedoch auf den Transporteigenschaften der Ladungsträger, so daß Orts- und Zeitabhängigkeit der Ladungsträgerkonzentrationen in Kristallen berechnet werden müssen. Entsprechend den Energieniveaus im Atom, in denen die Elektronen untergebracht werden, liefert der $E(k)$-Verlauf im Kristall die erlaubten und verbotenen Energieniveaus. Denkt man sich diese Energiebänder bei der Temperatur $T = 0\,\mathrm{K}$ sukzessiv mit Elektronen aufgefüllt, so findet man bei den Halbleitern ein letztes gefülltes Band und über der nächsten verbotenen Zone ein leeres Band. Man nennt das letzte besetzte Band in Anlehnung an die Chemie das Valenzband, da diese Valenzelektronen die Kristallbindung (kovalente Bindung) verursachen. Hebt man ein Elektron aus dem letzten besetzten Band durch Energiezufuhr 'über' die verbotene Zone in das nächste leere Band, so hat man eine Kristallbindung aufgebrochen und das entsprechende Elektron kann sich quasi frei (mit der effektiven Masse) im Kristall bewegen. Da es bei Anlegen einer Spannung Ladung transportiert, also zur elektrischen Leitung beiträgt, bezeichnet man das Elektron als **Leitungs**elektron und das zugehörige

energetische Niveau als **Leitungs**band. Mit dem Aufbrechen einer Gitterbindung entsteht neben dem Leitungselektron auch ein freier Platz im Valenzband — ein Loch. Dieses Loch kann ebenfalls im elektrischen Feld wandern. Man kann zeigen, daß sich ein freier Platz — ein **Loch** — in einem ansonsten vollbesetzten Band ebenso verhält wie ein Elektron im sonst leeren Leitungsband, wenn man das Vorzeichen von Ladung und Geschwindigkeit umkehrt. Das bedeutet, daß Elektron und Loch praktisch den gleichen Strom tragen können. Nach diesen Überlegungen können wir den gesamten $E(k)$-Verlauf auf zwei Energiewerte reduzieren, nämlich den Wert der Energie an der Oberkante des Valenzbandes E_V und den Wert der Energie an der Unterkante des Leitungsbandes $\boldsymbol{E_C}$ (**$\boldsymbol{C}$** von **c**onduction band). Die Differenz $E_C - E_V$ ist die Breite der verbotenen Zone, s. Abb. 1.16.

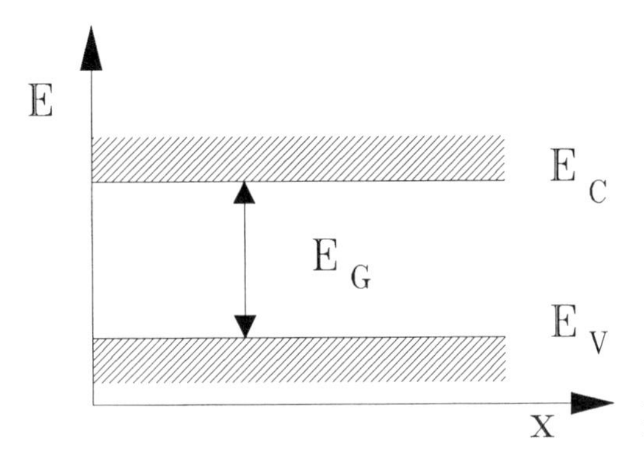

Abbildung 1.16: Vereinfachtes Bänderschema

Dann wird nur noch die Zahl der Elektronen im Leitungsband bzw. der Löcher im Valenzband benötigt, um die Transporteigenschaften der Ladungsträger und damit der Bauelemente zu bestimmen. Es ist also wichtig zu wissen, wieviele Elektronen im Leitungsband (LB) bzw. wieviele Löcher im Valenzband (VB) untergebracht werden können. Dazu benötigt man die Kenntnis der Anzahl der Zustände, die die Elektronen einnehmen können und die Wahrscheinlichkeit, mit der diese Zustände besetzt werden können, um berechnen zu können, wieviele Ladungsträger sich in den Bändern befinden. Beschreibt man die möglichen Zustände durch ihre Zustandsdichte $D(E)dE$, das ist die Anzahl der Zustände pro Volumeneinheit im Energieintervall $E, E + dE$, und die zugehörige Besetzungswahrscheinlichkeit mit $f(E)$, so kann man die Gesamtzahl der Ladungsträger pro Volumeneinheit im thermodynamischen Gleichgewicht aus

$$\begin{aligned} \boldsymbol{n_0} &= \int_{\boldsymbol{LB}} \boldsymbol{dE\ D(E) f(E)} \\ \boldsymbol{p_0} &= \int_{\boldsymbol{VB}} \boldsymbol{dE\ D(E)\,(1 - f(E))} \end{aligned} \tag{1.93}$$

bestimmen. Die Zustandsdichte $D(E)$ ergibt sich aus der mittels der Quantenmechanik, der Schrödingergleichung, bestimmten Bandstruktur, dem $E(k)$-Verlauf. Bei hinreichend geringer Ladungsträgerkonzentration — wie sie in den hier zu besprechenden Halbleiterbauelementen vorliegt — wird sich zeigen, daß die Integrale in den Gleichn. 1.93 sich einfach analytisch lösen lassen, und daß die Ladungsträgerkonzentration sich aus einer klassischen Formel — einem Boltzmannfaktor — gewinnen läßt.

Die bisherigen Überlegungen lassen sich noch einmal wie folgt zusammenfassen:
Die Quantenmechanik wurde eingeführt, um die Schrödingergleichung zu begründen. Diese wurde anschließend als lineare Differentialgleichung zweiter Ordnung mit variablen Koeffizienten betrachtet und für verschiedene Beispiele gelöst. Dazu war die Betrachtung des quantenmechanischen Hintergrunds nicht mehr notwendig. Ein wichtiges Beispiel ist das periodische Potential. Die Lösung der Schrödingergleichung für das reale Kristallpotential liefert den vollständigen $E(k)$-Verlauf. Aus diesem entnimmt man als wesentliche Information die Art des Halbleiters (direkt oder indirekt) sowie die Energien E_C und E_V, die die Unterkante des Leitungsbandes sowie die Oberkante des Valenzbandes kennzeichnen, das sog. Bänderschema, als Resultat der umfangreichen quantenmechanischen Betrachtungen. Die Bestimmung der zugehörigen Ladungsträgerkonzentrationen läßt sich anschließend ebenfalls auf einen rein klassisch zu verstehenden Zusammenhang zurückführen.

1.3.5 Zustandsdichte

Bei der Berechnung des $E(k)$-Verlaufs wurde eine drastische Vereinfachung des Modells vorgenommen. Eigentlich hätte man die Schrödingergleichung für etwa 10^{23} wechselwirkende Elektronen und Atomrümpfe pro cm^3 des Kristallvolumens lösen müssen. Dieses offensichtlich unlösbare Problem wurde durch Einführung der Ein-Elektronen-Näherung vereinfacht. Dabei wurde ein Elektron im periodischen Potential der von den übrigen Elektronen abgeschirmten Atomrümpfe betrachtet. Der $E(k)$-Verlauf ergibt dann die für das Elektron möglichen Zustände. Diese werden sukzessiv — unter Beachtung des Pauli-Prinzips (ein Elektron pro Zustand) — mit Elektronen aufgefüllt.

Zur Berechnung der möglichen Zustände im Energieintervall $E, E + dE$, der **Zustandsdichte**, wird nun noch eine weitere Vereinfachung vorgenommen. Im folgenden wird sich zeigen, daß diese Näherung für die Beschreibung der wesentlichen Bauelementeigenschaften ausreichend ist.

Der $E(k)$-Verlauf weist in der Umgebung der Bandkanten einen parabolischen Verlauf auf, der die Einführung einer effektiven Masse nahelegt, so daß die Ladungsträger als quasifreie Teilchen mit der Masse m_{eff} betrachtet werden können. Die Dispersionsrelation lautet demnach

$$E(k) = E_C + \frac{\hbar^2 k^2}{2m^n_{eff}} \tag{1.94}$$

für das Leitungsband und

$$E(k) = E_V - \frac{\hbar^2 k^2}{2m^p_{eff}} \tag{1.95}$$

für das Valenzband, wobei die effektiven Massen m^n_{eff} und m^p_{eff} von Elektronen und Löchern unterschiedliche Werte besitzen.

Zur Ableitung der Zustandsdichte bedient man sich häufig sog. periodischer Randbedingungen: $\psi(r_i) = \psi(r_i + L_i)$ $(i = x, y, z)$. Man betrachtet also das Elektron in einem Volumen V_0 der Größe $L_x L_y L_z$, das viele Elementarzellen des Kristallgitters umfaßt. Dieser Kunstgriff ermöglicht eine Quantisierung des Wellenvektors:

$$k_x = \frac{2\pi}{L_x} n_x, \quad k_y = \frac{2\pi}{L_y} n_y, \quad k_z = \frac{2\pi}{L_z} n_z, \tag{1.96}$$

wobei die n_i natürliche Zahlen sind.

Man erkennt, daß der Abstand zwischen zwei k-Werten $\Delta k_i = 2\pi / L_i$ beträgt. Damit nimmt ein Zustand im k-Raum das Volumen

$$\Phi := \frac{2\pi}{L_x} \cdot \frac{2\pi}{L_y} \cdot \frac{2\pi}{L_z} \tag{1.97}$$

ein. Kennt man das Gesamtvolumen, das alle Zustände zusammen einnehmen, so erhält man die Gesamtzahl der Zustände, indem man dieses Gesamtvolumen durch das Volumen Φ dividiert, ähnlich wie man die Zahl der Reiskörner in einem Sack Reis im Prinzip ermitteln kann, indem man das Gesamtvolumen des Sacks durch das mittlere Volumen eines einzelnen Kornes dividiert. Das Gesamtvolumen aller Zustände läßt sich mit der Annahme quasifreier Teilchen und der Relation $E(k) = \hbar^2 k^2 / (2m_{eff})$ leicht bestimmen. Nimmt man einen maximalen k-Vektor vom Betrag k_m an, so füllen die Spitzen aller Impulse mit $\hbar k \leq \hbar k_m$ eine Kugel im k-Raum mit dem Gesamtvolumen $\Phi_m = 4\pi k_m^3 / 3$. Damit erhält man die Gesamtzahl der Zustände in diesem Volumen aus:

$$\frac{\Phi_m}{\Phi} = \frac{4\pi k_m^3 / 3}{(2\pi)^3 / V_0} = \frac{1}{6\pi^2} \cdot k_m^3 \cdot V_0. \tag{1.98}$$

Indem man durch das willkürlich gewählte Volumen V_0 dividiert, gelangt man zur Anzahl der auf die Volumeneinheit bezogenen Zustände im k-Raum. Da jedoch nicht die Zustandsdichte im k-Raum, sondern die **energetische** Zustandsdichte interessiert, muß die Gleich. 1.98 nach k differenziert und das Resultat mittels $E = \hbar^2 k^2 / (2m_{eff})$ sowie $dE = (\hbar^2 k / m_{eff}) dk$ als Funktion von E dargestellt werden. Als Resultat erhält man die Zustandsdichte:

$$D(E) dE = 2 \frac{(2m_{eff})^{3/2}}{4\pi^2 \hbar^3} \sqrt{E} dE = \frac{1}{2\pi^2} (\frac{2m_{eff}}{\hbar^2})^{3/2} \sqrt{E} dE. \tag{1.99}$$

Mit dem Faktor 2 vor dem Bruchstrich wurde berücksichtigt, daß jeder Zustand gemäß dem Pauliverbot mit zwei Elektronen unterschiedlichen Spins besetzt werden kann.

Bisher wurde die Zustandsdichte ausschließlich für drei Dimensionen betrachtet. Für spätere Zwecke ist jedoch auch die Betrachtung für zwei Dimensionen und eine Dimension interessant. Mit den entsprechenden Größen im k-Raum (F bezeichnet jeweils eine 'Fläche' entsprechender Dimension)

$$\begin{aligned} \text{2 Dimensionen:} \quad F &= \pi k^2, \quad dF = 2\pi k dk, \quad \Delta k_x \cdot \Delta k_y = \frac{(2\pi)^2}{L^2} \\ \text{1 Dimension:} \quad F &= k, \quad dF = dk, \quad \Delta k = \frac{2\pi}{L} \end{aligned} \tag{1.100}$$

erhält man bei Umrechnung auf die Energie E:

$$\begin{aligned} \text{2 Dimensionen:} \quad D(E)dE &= \frac{1}{\pi}\frac{m_{eff}}{\hbar^2}dE \\ \text{1 Dimension:} \quad D(E)dE &= \frac{2}{h}\sqrt{\frac{m}{2}}\frac{1}{\sqrt{E}}dE. \end{aligned} \tag{1.101}$$

Man erkennt, daß im zweidimensionalen Fall die Zustandsdichte unabhängig von der Energie E ist.

1.3.6 Besetzung elektronischer Zustände

Nachdem die Zustandsdichte $D(E)$ nun bekannt ist, soll jetzt die Besetzungswahrscheinlichkeit $f(E)$ der Zustände betrachtet werden, so daß anschließend die Ladungsträgerkonzentration gemäß $\int D(E)f(E)dE$ berechnet werden kann. Die Berechnung von $f(E)$ ist ein Problem der statistischen Physik und der Thermodynamik.

Betrachtet man 1 cm^3 eines idealen Gases, so befinden sich in diesem Volumen unter Normalbedingungen etwa 10^{19} Teilchen. Eine vollständige Charakterisierung des Zustandes erforderte im Fall der klassischen Beschreibung die Angabe der Orts- und Impulsvektoren $\vec{r_i}$ und $\vec{p_i}$ aller Teilchen zu einem bestimmten Zeitpunkt. Für eine quantenmechanische Beschreibung wäre die Kenntnis der zugehörigen Wellenfunktion $\psi(\ldots\vec{r_i}\ldots)$ mit etwa 10^{19} unabhängigen Variablen erforderlich. Einen solchen Satz von Koordinaten zur vollständigen Beschreibung eines Systems bezeichnet man als **Mikrozustand**. Die Erfassung eines Mikrozustands ist aufgrund der vorliegenden Teilchenzahl prinzipiell vollkommen ausgeschlossen.

Es besteht jedoch gar kein Interesse daran, bei derartig großen Zahlen die 'Einzelschicksale' von Teilchen zu verfolgen. Man beschreibt solch ein System daher durch sogenannte **Makrozustände**. Diese umfassen lediglich makroskopische Variable wie Druck, Volumen, Gesamtenergie, Magnetisierung, Polarisation und Temperatur. Solche Größen sind dann als statistische Mittelwerte[10] definiert. So ist etwa der Druck

[10] Die relativen Schwankungen der makroskopischen Variablen um diese Mittelwerte sind in Systemen von N Teilchen proportional zu $1/\sqrt{N}$. Diese Tatsache hat zur Folge, daß in großen Systemen für alle praktischen Zwecke die Schwankungen vernachlässigt und die Mittelwerte zur eindeutigen Klassifizierung des Makrozustands verwendet werden können.

der zeitliche Mittelwert über alle Kraftstöße, die die Teilchen auf die Einheit der Wandfläche ausüben.
Ein bestimmter Makrozustand $\tilde{M} = (U, V, N, T, \ldots)$ — mit der Energie U, dem Volumen V, der Teilchenzahl N, der Temperatur T usw. — kann also durch eine i. a. große Zahl $W(\tilde{M})$ von Mikrozuständen[11] realisiert werden. Im Laufe seiner zeitlichen Entwicklung durchläuft ein System alle Mikrozustände mit gleicher Wahrscheinlichkeit. Ein Beobachter nimmt jedoch nur den entsprechenden Makrozustand wahr. Derjenige Makrozustand $\tilde{M}_{max}$, für den W ein Maximum annimmt, muß nun ermittelt werden. Denn dieser ist es, der vom externen Beobachter wahrgenommen wird.
Ein solcher Beobachter hat, wie erwähnt, in der Regel keine Kenntnis davon, in welchem der möglichen Mikrozustände sich das System gerade befindet. Diese Unkenntnis wird von der Verteilung der Mikrozustände auf die Makrozustände, d. h. von $W(\tilde{M})$ abhängen. Die Informationstheorie gestattet es, den Grad der Unkenntnis zu quantifizieren und ein Maß dafür einzuführen, das auch im Falle großer Teilchenzahlen eine bequeme mathematische Handhabung gestattet. Man läßt sich dabei von folgender Vorstellung leiten, die am Beispiel einer Lotterie verständlich gemacht werden kann:
Liegen n Lose vor, unter denen sich ein Gewinn befindet, so sei die Unkenntnis eine Funktion $J(n)$ der Anzahl n der Lose. Es ist sinnvoll, an $J(n)$ die folgenden Bedingungen zu stellen:

1. Mit der Anzahl der Lose nimmt der Grad der Unkenntnis zu: $J(n) \geq J(m)$ für $n \geq m$.

2. Liegt lediglich ein Los vor, welches dann das Gewinnlos sein muß, besteht keinerlei Unkenntnis: $J(1) = 0$.

3. Im Fall einer Lotterie mit m Kästen zu je n Losen, aber insgesamt nur einem Gewinn, besteht eine Unbestimmtheit $J(m)$ hinsichtlich der Zahl der Kästen sowie eine Unbestimmtheit $J(n)$ hinsichtlich der Zahl der Lose, die beide durch die Funktion J beschrieben werden müssen. Reduziert man die Zahl der Kästen auf $m = 1$, so folgt $J = J(n)$. Enthält andererseits jeder Kasten nur ein Los ($n = 1$), so gilt $J = J(m)$. Daher erhält man die gesamte Unbestimmtheit J_G durch Addition der einzelnen Beiträge: $J_G = J(m) + J(n)$. Schüttet man alle Lose in einen Kasten, der dann $n \cdot m$ Lose enthält, muß J_G erhalten bleiben:

$$J(n \cdot m) = J(n) + J(m).$$

Die Funktion, die die soeben aufgezählten Bedingungen erfüllt, ist eindeutig bestimmt:

$$J(n) = k \ln(n) \tag{1.102}$$

[11] Die Funktion $W(\tilde{M})$ wird häufig auch als thermodynamische 'Wahrscheinlichkeit' des Makrozustands $\tilde{M}$ bezeichnet.

mit einer dimensionslosen Konstanten k. Diese Betrachtung kann man zwanglos auf die Physik übertragen. Die Thermodynamik weist die Äquivalenz dieser Funktion mit der **Entropie S** nach:

$$\boldsymbol{S = k_B \ln(W)}, \tag{1.103}$$

wobei k_B die Boltzmann-Konstante[12] ($k_B = 1{,}3806 \cdot 10^{-23}\,\mathrm{J/K}$) bezeichnet und W die Anzahl der möglichen Mikrozustände ist, die einen Makrozustand realisieren (thermodynamische Wahrscheinlichkeit). Die Entropie gehört zu den wichtigsten Größen der gesamten Physik.
Erhöht man also die Anzahl W der für das System möglichen oder erreichbaren Zustände, so erhöht sich seine Entropie. Es gilt die Zahl W für die verschiedenen Fälle anzugeben. Dabei hat man jedoch zu berücksichtigen:

1. In der klassischen Physik sind die Teilchen unterscheidbar, können also numeriert werden.

2. In der Quantenmechanik sind die Teilchen ununterscheidbar, können daher nicht numeriert werden. Ferner sind in der Quantenmechanik noch zwei Fälle zu unterscheiden:

   (a) Für **Fermionen** gilt das Pauliverbot: Jeder Zustand ist maximal mit einem Teilchen besetzbar (Fermionen sind Teilchen mit nicht ganzzahligem Spin, z. B. Elektronen oder Protonen).

   (b) Für **Bosonen** gilt das Pauliverbot **nicht**: Jeder Zustand kann mit beliebig vielen Teilchen besetzt werden (Bosonen sind Teilchen mit Spin 0 oder ganzzahligem Spin, z. B. Photonen oder Cooper-Paare in Supraleitern).

Diese wichtigen Unterschiede müssen sich auch in der Statistik widerspiegeln. Zur Bestimmung der Entropie S eines gegebenen Makrozustands muß die Zahl der zugehörigen Mikrozustände W berechnet werden. Im Gleichgewicht wird das System dann in dem Makrozustand mit der größten Anzahl mikroskopischer Realisierungsmöglichkeiten zu finden sein. Dieser ist durch $dS = 0$ zu ermitteln.
Bei der Berechnung der Zustände im Potentialtopf sowie derjenigen im Atom trat der Fall auf, daß zu gegebener Energie E mehrere Zustände (Entartung) existierten; so war etwa E_{26} im Potentialtopf sechsfach entartet und die Energieniveaus E_n im Wasserstoffatom sind $2n^2$-fach entartet. Alle diese Zustände sind bei der Berechnung von W getrennt zu zählen.
Zunächst soll nun die Verteilungsfunktion $f(\epsilon_k)$ von Fermionen auf die Energieniveaus ϵ_k ermittelt werden. Wir betrachten ein physikalisches System mit einem

[12] Diese Konstante wurde von M. Planck eingeführt, der sie zur theoretischen Begründung der Strahlungsformel nutzte.

Spektrum ϵ_k ($k = 1, 2, 3, \ldots$) möglicher Energieniveaus, von denen jedes g_k-fach entartet sei, d. h. mit maximal g_k Fermiteilchen besetzt werden kann. Ein Mikrozustand entspricht nun einer Verteilung $(n_1, n_2, n_3, \ldots, n_k, \ldots)$ von N Fermiteilchen auf die vorhandenen Energieniveaus ϵ_k, wobei jedes Niveau mit $n_k \leq g_k$ Teilchen besetzt wird. Der zugehörige Makrozustand ist durch die vorgegebene Gesamtteilchenzahl $N = \sum n_k$ und die ebenfalls vorgegebene Gesamtenergie $E = \sum n_k \epsilon_k$ gekennzeichnet. Die Berechnung der Anzahl $w(n_k, g_k)$ der Möglichkeiten, n_k Fermiteilchen auf g_k Plätze zu verteilen, ist ein Standardproblem der Kombinatorik (s. Abb. 1.17).

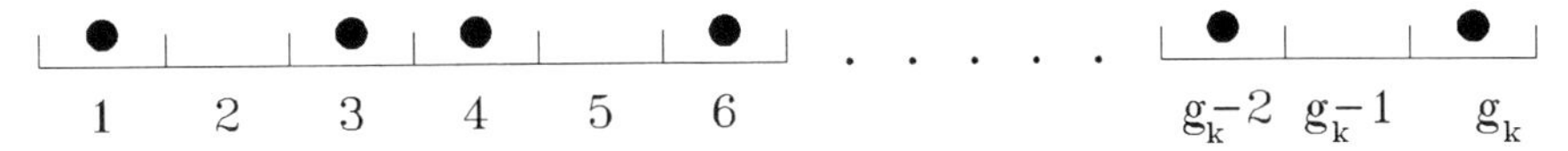

Abbildung 1.17: Mögliche Verteilung von n_k Fermionen auf ein g_k-fach entartetes Energieniveau ϵ_k ($n_k \leq g_k$)

Hierzu stelle man sich vor, die n_k Teilchen würden nacheinander auf die g_k Plätze verteilt. Dem ersten Teilchen stehen g_k Plätze zur Verfügung. Da wegen des Pauli-Verbots jeder Platz nur einfach besetzt werden kann, findet das zweite Teilchen nur noch $g_k - 1$ freie Plätze vor, das dritte noch $g_k - 2$ und das n_k-te und letzte Fermion hat noch $g_k - n_k + 1$ Möglichkeiten, einen freien Platz zu besetzen. Damit erhält man $g_k \cdot (g_k - 1) \cdot \ldots \cdot (g_k - n_k + 1)$ Möglichkeiten, die betrachtete Verteilung herzustellen. Aufgrund der Nichtunterscheibarkeit der Teilchen hat jedoch die Reihenfolge, in der die Teilchen ihre Plätze einehmen, keinerlei Bedeutung. Um dieser Tatsache Rechnung zu tragen, muß man den soeben erhaltenen Ausdruck noch durch die Anzahl $n_k!$ der möglichen Permutationen der n_k Teilchen dividieren. Damit erhält man den gesuchten Zusammenhang:

$$w(n_k, g_k) = \frac{g_k \cdot (g_k - 1) \cdot \ldots \cdot (g_k - n_k + 1)}{n_k!} = \frac{g_k!}{n_k!(g_k - n_k)!}. \tag{1.104}$$

Die Gesamtzahl $W(N, E)$ der Realisierungsmöglichkeiten des betrachteten Makrozustands ist nun durch das Produkt der $w(n_k, g_k)$ gegeben:

$$W(N, E) = \prod_k w(n_k, g_k) = \prod_k \frac{g_k!}{n_k!(g_k - n_k)!}. \tag{1.105}$$

Die Entropie $S(N, E)$ beträgt nach Gleich. 1.103:

$$S(N, E) = k_B \ln\left(W(N, E)\right) = k_B \sum_k \ln\left(\frac{g_k!}{n_k!(g_k - n_k)!}\right). \tag{1.106}$$

Mit Hilfe der Stirling'schen Näherungsformel

$$ln(a!) \approx a \cdot \ln a - a \tag{1.107}$$

läßt sich Gleich. 1.106 umformen:

$$S(N,E) = k_B \sum_k \left(g_k \ln g_k - n_k \ln n_k - (g_k - n_k)\ln(g_k - n_k)\right). \tag{1.108}$$

Zur Ermittlung der Verteilungsfunktion $f(\epsilon_k) := n_k/g_k$ hat man das Maximum der Entropie S als Funktion der n_k unter Berücksichtigung der Nebenbedingungen

$$N = \sum_k n_k \qquad \text{und} \qquad E = \sum_k n_k \epsilon_k \tag{1.109}$$

zu berechnen. Hierzu benutzt man die Methode der Lagrange'schen Multiplikatoren. Man ermittelt das Maximum der Funktion $S(N,E) + \alpha N + \beta E$, welche die Nebenbedingungen (Gleichn. 1.109) über die Lagrange'schen Multiplikatoren α und β enthält:

$$d(S + \alpha N + \beta E) = 0. \tag{1.110}$$

Es folgt

$$\sum_k \left[\frac{\alpha + \beta\epsilon_k}{k_B} + \ln\left(\frac{g_k - n_k}{n_k}\right)\right] dn_k = 0 \tag{1.111}$$

und damit schließlich

$$f(\epsilon_k) = \frac{n_k}{g_k} = \frac{1}{1 + \exp\left(-(\alpha + \beta\epsilon_k)/k_B\right)}. \tag{1.112}$$

Die Bedeutung der Parameter α und β wird durch den Vergleich von Gleich. 1.110

$$dE = -\frac{1}{\beta}dS - \frac{\alpha}{\beta}dN \tag{1.113}$$

mit dem ersten Hauptsatz der Thermodynamik deutlich:

$$dE = TdS + \mu dN. \tag{1.114}$$

In dieser Gleichung bedeuten T die Temperatur des Systems und $\boldsymbol{\mu}$ sein **chemisches Potential**; dieses ist definiert als diejenige Energie, die erforderlich ist, um die Teilchenzahl des Systems um **ein** Teilchen zu erhöhen: $\boldsymbol{\mu := (\partial E/\partial N)_{S,V}}$. Der Vergleich ergibt $\beta = -1/T$ sowie $\alpha = \mu/T$. Damit lautet die gesuchte Verteilungsfunktion für Fermiteilchen, die sogenannte **Fermi-Dirac-Verteilung** :

$$\boldsymbol{f_{FD}(\epsilon_k) = \frac{1}{1 + \exp\left((\epsilon_k - \mu)/k_B T\right)}}. \tag{1.115}$$

Geht man von Fermionen zu Bosonen über, so entfällt das Pauli-Verbot und jeder energetische Zustand ϵ_k ist mit einer beliebigen Anzahl Teilchen besetzbar ($n_k = 0, 1, 2, 3, \ldots$). Aus dieser Tatsache resultiert eine vom Fall der Fermionen deutlich unterschiedene Verteilungsfunktion.

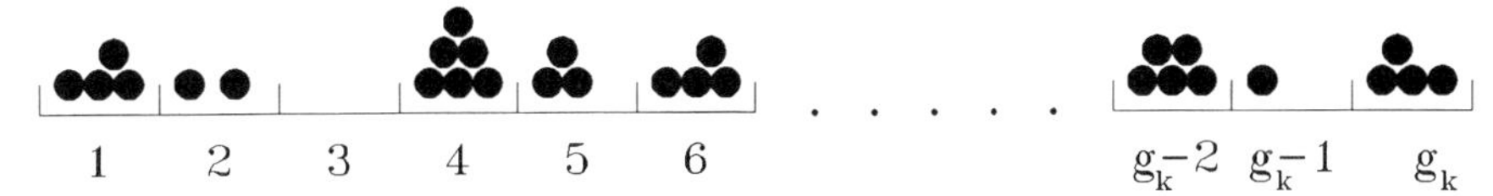

Abbildung 1.18: Mögliche Verteilung von n_k Bosonen auf ein g_k-fach entartetes Energieniveau ϵ_k

Die Abb. 1.18 zeigt eine mögliche Verteilung von n_k Bosonen auf ein g_k-fach entartetes Energieniveau ϵ_k.
Die Anzahl $w'(n_k, g_k)$ der Möglichkeiten, ein g_k-fach entartetes Energieniveau ϵ_k mit n_k Bosonen zu besetzen, ist durch folgenden Ausdruck gegeben:

$$w'(n_k, g_k) = \frac{(n_k + g_k - 1)!}{n_k!(g_k - 1)!}. \tag{1.116}$$

Durch eine zum Fall der Fermionen analoge Berechnung gelangt man schließlich zur **Bose-Einstein-Verteilungsfunktion**:

$$f_{BE}(\epsilon_k) = \frac{1}{1 - \exp((\epsilon_k - \mu)/k_B T)}. \tag{1.117}$$

Im folgenden wird nur die Fermiverteilung weiter verwendet.

Einfluß der Umgebung auf das System Der Begriff der Energie bedarf noch einer näheren Betrachtung. Die Entropie $S(E, N, V, \ldots)$ ist, wie gezeigt, eine eindeutige Funktion der Energie E, der Teilchenzahl N, des Volumens V und anderer makroskopischer Variablen. Bei Verwendung dieser unabhängigen Variablen ist das Gleichgewicht des Systems durch die Bedingung $dS = 0$ gegeben. Der funktionelle Zusammenhang zwischen S und E ist jedoch umkehrbar, d. h. die Energie kann als Funktion von S, N, V dargestellt werden: $E = E(S, N, V, \ldots)$.
Durch äußere Einflüsse können sich verschiedene Parameter des betrachteten Systems ändern:

- die Gesamtteilchenzahl N
- die Gesamtenergie E
- das Energiespektrum ϵ_k bei Zuführung von Energie oder Arbeit
- die Temperatur T.

Um solche äußeren Einflüsse beschreiben zu können, ist in manchen Fällen ein Wechsel der unabhängigen Variablen zweckmäßig. So verwendet man vielfach die intensiven Größen T, p statt der extensiven Variablen S, V. Durch Definition sogenannter thermodynamischer Potentiale gelingt eine leichte Umformulierung der Gleichgewichtsbedingungen. Hier seien nur folgende Fälle erwähnt:

- Der Wechsel von der Variablen 'Entropie S' zur Variablen 'Temperatur T' ist sinnvoll, wenn das System in thermischen Kontakt mit der Umgebung kommt, und erfordert die Einführung der **freien Energie F** :

$$F := E - TS. \tag{1.118}$$

Die Gleichgewichtsbedingung lautet dann:

$$dF = 0. \tag{1.119}$$

- Ist ein Austausch von (Volumen-)Arbeit δA $(= -pdV)$ zwischen dem System und der Umgebung möglich, so wechselt man zweckmäßig von der Variablen 'Volumen V' zur Variablen 'Druck p' und führt die **Enthalpie H** ein:

$$H := E + pV. \tag{1.120}$$

Die Gleichgewichtsbedingung lautet dann:

$$dH = 0. \tag{1.121}$$

- Durch Zusammenfassung beider Fälle gelangt man zur **freien Enthalpie G** :

$$G := F + pV = H - TS = E - TS + pV. \tag{1.122}$$

Die Gleichgewichtsbedingung lautet dann:

$$dG = 0. \tag{1.123}$$

Besetzung von Störstellen Die Ermittlung der Besetzungswahrscheinlichkeit von Störstellen, wie sie im Kap. 3.3 betrachtet wird, verlangt eine im Vergleich zur soeben durchgeführten Herleitung modifizierte Behandlung. Zunächst sei der Fall einer Anzahl von N_D Donatorstörstellen der Energie E_D betrachtet, von denen N_D^+ je ein Elektron an das Leitungsband abgegeben haben mögen, so daß noch $N_D^0 = N_D - N_D^+$ Elektronen auf die N_D Störstellen verteilt werden müssen. Hierzu bestehen, wie der Vergleich mit Gleich. 1.104 zeigt, $w(N_D, N_D^0)$ Möglichkeiten:

$$w(N_D, N_D^0) = \frac{N_D!}{N_D^0!(N_D - N_D^0)!}. \tag{1.124}$$

In Gleich. 1.124 ist jedoch der Elektronenspin bislang nicht berücksichtigt. Im Fall der bislang betrachteten 'quasi-freien' Elektronen konnte jeder Quantenzustand von zwei Elektronen besetzt werden, was durch einen Faktor 2 in der Zustandsdichte $D(E)$ berücksichtigt wurde. Bei der Besetzung von Donatorstörstellen liegen die Verhältnisse anders. Aufgrund der Coulombabstoßung kann an eine besetzte Donatorstörstelle kein weiteres Elektron angelagert werden, so daß ein ungepaartes Elektron verbleibt. Die N_D^0 ortsfesten Elektronen besitzen daher jeweils zwei Möglichkeiten, ihren Spin zu einer vorgegebenen Richtung zu orientieren. Damit resultiert für die Anzahl $w_{Don}(N_D, N_D^0)$ der Möglichkeiten, N_D^0 Elektronen auf N_D Plätzen anzuordnen:

$$w_{Don}(N_D, N_D^0) = 2^{N_D^0} \frac{N_D!}{N_D^0!(N_D - N_D^0)!}. \tag{1.125}$$

Die weitere Herleitung verläuft analog zum Fall der freien Elektronen und ergibt die Verteilungsfunktion für Donatoren:

$$f_{Don}(E_D) = \frac{1}{1 + \frac{1}{2}\exp\left((E_D - \mu)/k_B T\right)}. \tag{1.126}$$

Die Verteilungsfunktion für N_A Akzeptoren der Energie E_A kann in ähnlicher Weise berechnet werden. Die Anzahl der ionisierten Akzeptoren betrage N_A^-. In diesem Fall tragen die $N_A^* = N_A - N_A^-$ nicht ionisierten Störstellen je ein ungepaartes Elektron und erhöhen die Zahl der Verteilungsmöglichkeiten von N_A^- Elektronen auf N_A ortsfeste Akzeptorstörstellen um einen Faktor $2^{N_A - N_A^-}$:

$$w_{Akz}(N_A, N_A^-) = 2^{N_A - N_A^-} \frac{N_A!}{N_A^-!(N_A - N_A^-)!}. \tag{1.127}$$

Die übliche Rechnung liefert:

$$f_{Akz}(E_A) = \frac{1}{1 + 2\exp\left((E_A - \mu)/k_B T\right)}. \tag{1.128}$$

Bisher wurde nicht spezifiziert, welches der thermodynamischen Potentiale E, F, H oder G zur Beschreibung der Störstellenenergien E_D oder E_A, bzw. beide Fälle umfassend: E_T, herangezogen werden soll.
Insbesondere bei den — später ausführlich behandelten — tief im verbotenen Band eines Halbleiters liegenden Niveaus, den sog. 'tiefen Niveaus', ist die Verwendung der freien Energie F oder der freien Enthalpie G zweckmäßig. In beiden Fällen kann man im Nenner der Verteilungsfunktion einen Faktor $\exp(S/k_B)$, den sog. 'Entropiefaktor', aus der Exponentialfunktion abspalten:

$$f_T(F) = \frac{1}{1 + g\exp(S/k_B)\exp\left((E - \mu)/k_B T\right)} \tag{1.129}$$

oder

$$f_T(G) = \frac{1}{1 + g\exp(S/k_B)\exp\left((H - \mu)/k_B T\right)}. \tag{1.130}$$

Der sog. Spinentartungsfaktor g kann die Werte 2 oder 1/2 annehmen (s. o.). Das Produkt $g\exp(S/k_B)$ faßt man meist zu einem Entropiefaktor X zusammen. Das chemische Potential μ wird in der Halbleiterphysik mit E_F, der temperaturabhängigen Fermienergie identifiziert.

Kapitel 2

Anwendungen auf Halbleiter

Die bisherigen Betrachtungen gelten im wesentlichen allgemein und insbesonders für Festkörper. Im folgenden werden wir uns allein auf Halbleiter beschränken. Teilte man die Festkörper lediglich nach ihrer Leitfähigkeit ein:

Leiter	Halbleiter	Nichtleiter (Isolatoren)
Cu, Ag, Au	Ge, Si, GaAs	SiO_2, Si_3N_4, Al_2O_3
10^6 $(\Omega cm)^{-1}$	10^3-10^{-8} $(\Omega cm)^{-1}$	10^{-10} $(\Omega cm)^{-1}$

so ergäbe sich, daß auch Ionenleiter zu den Halbleitern zählen würden. Man definiert daher als **Halbleiter** nur jene Festkörper, die bei **tiefen Temperaturen Isolatoreigenschaften** und bei **höheren** Temperaturen eine meßbare **elektronische** Leitfähigkeit aufweisen.
In dem vorliegenden Lehrbuch soll immer das Silizium als typischer Halbleiter betrachtet werden.
Im Atom ist der positiv geladene Kern von einer Hülle aus negativ geladenen Elektronen umgeben, in der sich die Elektronen auf 'Schalen' bewegen. Eine Schale mit der Hauptquantenzahl n kann, wie im vorigen Kapitel gezeigt wurde, maximal $2n^2$ Elektronen aufnehmen und damit einen energetisch besonders günstigen Zustand erreichen. Es ist daher das Bestreben der Atome, in Verbindungen ihre äußersten Schalen aufzufüllen. Ein Silizium-Atom kann z. B. vier Elektronen abgeben oder aufnehmen, um seine Schalen zu füllen, es ist daher vierwertig.
Im Kristallverband, der periodischen Anordnung von Silizium-Atomen, wird dies verwirklicht. Die Schalen werden aufgefüllt, indem jedes Silizium-Atom mit jedem seiner vier nächsten Nachbarn jeweils zwei Elektronen gemeinsam nutzt, so daß durch diesen Elektronenaustausch zeitweise die Schalen aller Atome des Kristallverbands gefüllt sind, s. Abb. 1.8 und Kap. 1. Dadurch, daß alle Elektronen für die Bindung benötigt werden und nicht zum Stromtransport zur Verfügung stehen, ist das Si bei tiefen Temperaturen ein **Isolator**. Bei Erhöhung der Temperatur kommt

es jedoch vor, daß Elektronen durch thermische Anregung aus der Gitterbindung herausgelöst werden, vom Valenzband ins Leitungsband wechseln und somit zum Stromtransport beitragen können. Der Kristall leitet also mit zunehmender Temperatur besser. Materialien, die die Eigenschaft besitzen, bei tiefen Temperaturen zu isolieren und mit steigender Temperatur den Strom besser zu leiten, nennt man, wie erwähnt, Halbleiter. Neben dem soeben dargestellten Silizium (Si) sind die bekanntesten Halbleitermaterialien Germanium (Ge) sowie die sogenannten binären III-V-Verbindungen, wie Galliumarsenid (GaAs), Indiumphosphid (InP) und deren Kombinationen, die ternären und quaternären Verbindungshalbleiter, z. B. InGaAsP.

Bringt man in einen Silizium-Kristall auf einen Silizium-Platz z. B. ein Phosphoratom, das fünf Elektronen in der M-Unterschale besitzt, also eines mehr als für die Bindung im Silizium benötigt wird, so ist dieses zusätzliche Elektron im Kristall praktisch frei beweglich und kann zum Strom beitragen, d. h. der Si-Kristall ist auch bei tieferen Temperaturen noch leitfähig. Man nennt diese Art des Ladungstransports, bei der die Ladungsträger von zusätzlich eingebrachten Störstellen herrühren, auch **Störstellenleitung** und im vorliegenden Fall der Dotierung mit Elektronen spendenden Störstellen, sog. **Donatoren**, spricht man von **n-Leitung** (n von **n**egativ), s. Abb. 2.1a.

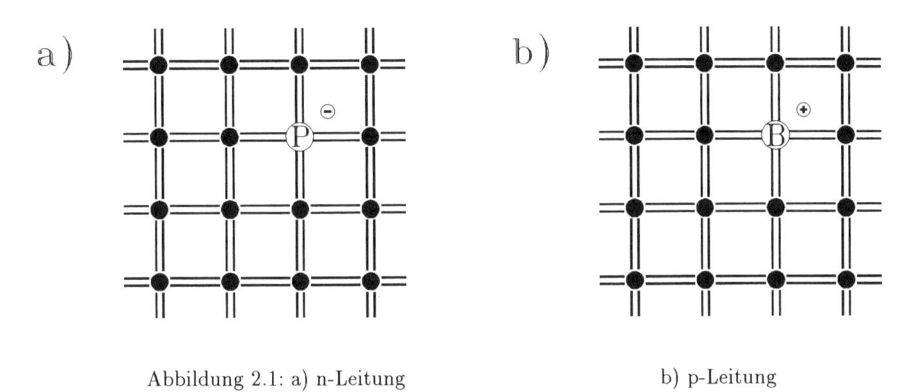

Abbildung 2.1: a) n-Leitung   b) p-Leitung

Bringt man dagegen in einen Siliziumkristall auf einem Si-Platz z. B. ein Boratom unter, das nur drei Elektronen in der L-Schale besitzt, also eines weniger als für die Si-Bindung benötigt wird, so fehlt an dieser Stelle im Kristall ein Elektron, s. Abb. 2.1b. Diese fehlende Ladung kann von einem Nachbar-Si-Atom ersetzt werden, so daß diese Ladung dann an anderer Stelle im Kristall fehlt. In dem streng periodischen Kristallgitter (s. Abb. 2.2) bewegt sich diese fehlende Elektronen-Ladung, dieses Loch, bei angelegter Spannung wie ein Elektron mit **positiver** Ladung. Man bezeichnet diese Art des Ladungstransports daher auch als **Löcher-Leitung** oder p-Leitung (p von **p**ositiv). Störstellen, die sich in der soeben geschilderten Weise verhalten, bezeichnet man als **Akzeptoren**.

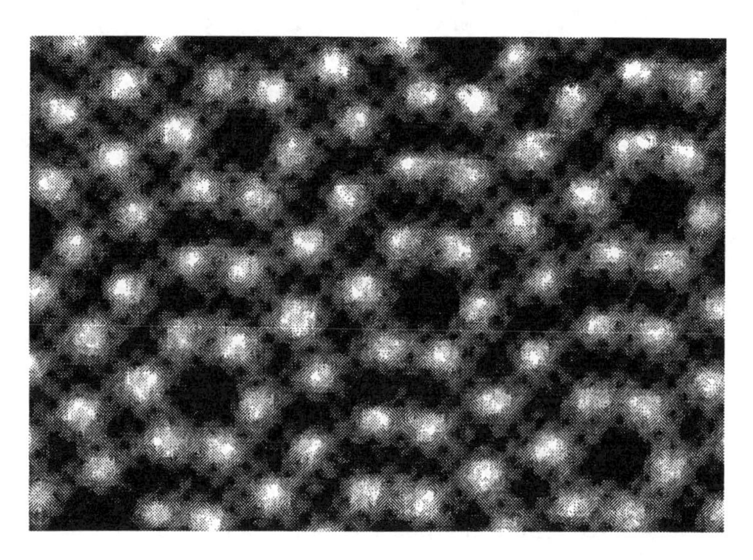

Abbildung 2.2: Auf dieser tunnelmikroskopischen Aufnahme der Oberfläche eines Siliziumkristalls erkennt man die periodische Anordnung der einzelnen Atome.

Die große Bedeutung der Halbleiter beruht darauf, daß man durch die **Dotierung** ihre Leitfähigkeit nicht nur dem Betrag nach in weiten Grenzen, sondern vor allem dem Vorzeichen nach (Elektronen- **und** Löcherleitung, n- **und** p-Leitung) ändern kann.
Damit werden Bauelemente wie z. B. Dioden und Transistoren bis hin zum Mikroprozessor realisierbar, und man kann die Elektronenröhre mit ihren großen Abmessungen durch kleinere Festkörper-Bauelemente ersetzen. Somit ist die Grundlage für eine **Mikro**elektronik geschaffen.
Im folgenden werden nun die Eigenleitung, die Störstellenleitung sowie die zugehörigen dynamischen Prozesse näher besprochen.

2.1 Eigenleitung

Nachdem nun die Zustandsdichte und die Besetzungswahrscheinlichkeit bekannt sind (s. Gleichn. 1.99 und 1.115), kann man die Anzahl der Ladungsträger im Leitungs- und Valenzband gemäß $\int D(E)f(E)dE$ berechnen.
Man erhält die folgende Elektronenkonzentration $n_0 :=$ Teilchenzahl/Volumen für das Leitungsband:

$$n_0 = 2 \cdot \frac{(2m_{eff})^{3/2}}{4\pi^2\hbar^3} \int_{E_C}^{\infty} dE \, \sqrt{E - E_C} \cdot \frac{1}{1 + \exp(\frac{E-E_F}{k_B T})}, \tag{2.1}$$

sowie die Löcherkonzentration p_0 für das Valenzband durch die entsprechende Integration über dieses Band. In Gleich. 2.1 ist der Entropiefaktor $X = 1$ gesetzt worden. Normiert man die Energie auf die mittlere thermische Energie k_BT und setzt $\eta := (E - E_C)/k_BT$, so folgt:

$$n_0 = 2 \cdot \left(\frac{m_{eff} k_B T}{2\pi\hbar^2}\right)^{3/2} \frac{2}{\sqrt{\pi}} \cdot \int_0^\infty d\eta \cdot \frac{\sqrt{\eta}}{1 + \exp\eta \exp(\frac{E_C - E_F}{k_B T})}. \tag{2.2}$$

Dabei wurde noch, aus anschließend ersichtlichen Gründen, ein Faktor $2/\sqrt{\pi}$ abgespalten sowie die Identität $E - E_F = (E - E_C) + (E_C - E_F)$ benutzt.

Die Größe $2 \cdot \left(\frac{m_{eff} k_B T}{2\pi\hbar^2}\right)^{3/2}$ kürzt man durch N_C ab und bezeichnet sie als **effektive Zustandsdichte**. Der Grund für diese Namenswahl wird später deutlich werden. Die effektive Zustandsdichte ist gemäß

$$N_C = 2,5 \cdot 10^{19} \left(\frac{m_{eff}}{m_0} \cdot \frac{T}{300\ \text{K}}\right)^{3/2} \quad \text{cm}^{-3} \tag{2.3}$$

temperaturabhängig. Dabei wurde für k_BT bei 300 K ein Wert von 0,0259 eV, für $2\pi\hbar$ der Wert $6{,}625 \cdot 10^{-28}$ (eVs) und für die Masse m_0 schließlich die Ruhemasse des Elektrons $9{,}11 \cdot 10^{-31}$ kg eingesetzt.

Man erkennt aus Gleich. 2.2, daß n_0/N_C eine Funktion des Parameters $(E_C - E_F)$ ist. Die Gleich. 2.2 läßt sich nicht analytisch lösen. Man kann jedoch zwei Näherungen betrachten, für die eine geschlossene Lösung möglich ist [11]:

1. $(E_C - E_F) \gg k_BT$

   In diesem Fall ist der Nenner des Integrals groß gegen 1, so daß gilt:

$$\begin{aligned} \frac{n_0}{N_C} &\approx \frac{2}{\sqrt{\pi}} \int_0^\infty d\eta\ \sqrt{\eta} \exp(-\eta) \exp(-\frac{E_C - E_F}{k_B T}) = \\ &= \frac{2}{\sqrt{\pi}} \exp(-\frac{E_C - E_F}{k_B T}) \int_0^\infty d\eta\ \sqrt{\eta} \exp(-\eta). \end{aligned} \tag{2.4}$$

   Da der Wert des Integrals $\int_0^\infty d\eta\ \sqrt{\eta}\exp(-\eta) = \sqrt{\pi}/2$ beträgt, ergibt sich

$$\frac{n_0}{N_C} \approx \exp(-\frac{E_C - E_F}{k_B T}). \tag{2.5}$$

   Man erkennt nun, warum der Faktor $2/\sqrt{\pi}$ in Gleich. 2.2 abgespalten wurde. Um zu Gleich. 2.5 zu gelangen, war $E_C - E_F \gg k_BT$ angenommen worden. Das bedeutet, daß $n_0 \ll N_C$ sein muß.

   Da man für N_C (bei Zimmertemperatur) mit $m_{eff} \approx m_0$ (entspricht der Masse freier Elektronen) einen Wert von

$$N_C = 2,51 \cdot 10^{19} \text{cm}^{-3} \tag{2.6}$$

berechnet, ist diese Bedingung bei den üblichen Halbleiterdotierungen bis etwa 10^{17} cm^{-3} recht gut erfüllt. Damit erhält man als erste fundamentale Gleichung:

$$\boldsymbol{n_0 = N_C \exp\left(-\frac{E_C - E_F}{k_B T}\right)}. \tag{2.7}$$

2. Liegt das Ferminiveau innerhalb des Leitungsbandes, so ist $(E_C - E_F)/k_BT$ negativ und man kann das Integral gut durch

$$\frac{n_0}{N_C} \approx \frac{2}{\sqrt{\pi}} \int_0^{-\frac{E_C-E_F}{k_BT}} d\eta \, \sqrt{\eta} = \frac{2}{\sqrt{\pi}} \frac{2}{3} \left(-\frac{E_C - E_F}{k_BT}\right)^{3/2} \tag{2.8}$$

ersetzen.

Für den Grenzfall sehr hoher Dotierung mit $n_0 \gg N_C$ erhält man also:

$$-(E_C - E_F) = \left(\frac{3}{4}\right)^{2/3} \pi^{1/3} k_BT \left(\frac{n_0}{N_C}\right)^{2/3}. \tag{2.9}$$

Eine numerische Auswertung des Integrals liefert das folgende Ergebnis, s. Abb. 2.3.

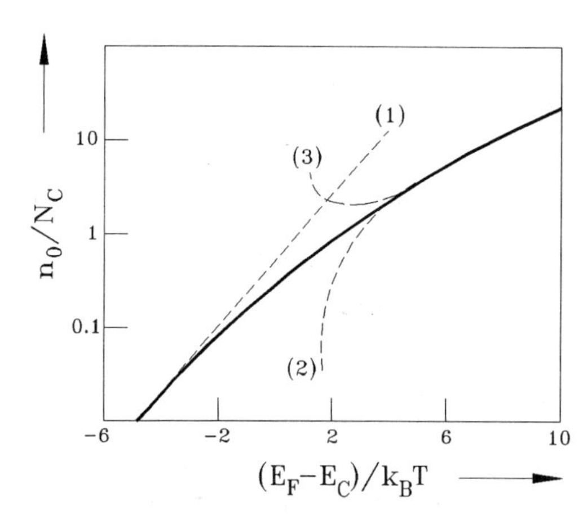

Abbildung 2.3: Numerische Berechnung des Integrals der Gleich. 2.2 (durchgezogene Kurve). Näherungen:
(1) $n_0/N_C = \exp((E_C - E_F)/K_BT)$;
(2) $n_0/N_C \approx (E_C - E_F)/k_BT$;
(3) $n_0/N_C \approx ((E_C - E_F)/k_BT)^{3/2} + \alpha (E_C - E_F)/k_BT)^{-1/2}$

Man erkennt, daß die angegebene Approximation [Kurve (1) in Abb. 2.3]

$$n_0 = N_C \exp(-\frac{E_C - E_F}{k_BT}) \tag{2.10}$$

für $\frac{E_C - E_F}{k_B T} \gg 1$ bis $n_0 \approx 0,1 N_C$ sehr gut erfüllt ist.
Die Gleich. 2.7 erlaubt nun auch, eine anschauliche Erklärung für die Bezeichnung **effektive Zustandsdichte** zu geben. Bei hinreichender Verdünnung ($n_0 \ll N_C$) verhält sich das Elektronengas wie ein ideales Gas, für das die Boltzmannstatistik anwendbar ist.
Das Kontinuum der besetzbaren Zustände im Leitungsband verhält sich effektiv so, als wären diese Zustände in einer Konzentration N_C auf dem einheitlichen Energieniveau E_C lokalisiert.
Man kann nun die analoge Betrachtung für die Löcher im Valenzband anstellen. Hier soll jedoch nur das Ergebnis angegeben werden, für $(E_F - E_V)/k_B T \gg 1$ erhält man:

$$\boldsymbol{p_0 = N_V \exp\left(-\frac{E_F - E_V}{k_B T}\right)}. \tag{2.11}$$

Die effektive Zustandsdichte im Valenzband N_V kann einen anderen Wert haben als diejenige des Leitungsbands, da in N_C und N_V die effektiven Elektronen- bzw. Löchermassen eingehen und diese durch die Krümmung der entsprechenden Bereiche des $E(k)$-Verlaufs bestimmt sind.
Multipliziert man p_0 mit n_0, so addieren sich die Exponenten und man erkennt an den Gleichn. 2.7 und 2.11, daß die Fermienergie E_F herausfällt, so daß folgt:

$$\begin{aligned} n_0 \cdot p_0 &= N_C N_V \exp(-\frac{E_C - E_V}{k_B T}) \\ &\text{oder} \\ n_0 \cdot p_0 &= N_C N_V \exp(-\frac{E_G}{k_B T}), \end{aligned} \tag{2.12}$$

wobei $E_C - E_V =: E_G$ den Bandabstand bezeichnet. Gleich. 2.12 enthält nur Halbleitermaterialeigenschaften und die Temperatur, daher schreibt man

$$\boldsymbol{n_0 \cdot p_0 = n_i^2 = const(T)} \tag{2.13}$$

und nennt $\boldsymbol{n_i}$ die **Intrinsic-** oder **Eigenleitungs-Konzentration**.
Da im Intrinsic-Halbleiter immer $n_0 = p_0$ gelten muß, denn die Elektronen im Leitungsband stammen ja aus dem Valenzband, hinterlassen dort also die gleiche Anzahl Löcher, erhält man im thermischen Gleichgewicht:

$$n_0 = p_0 = n_i = \sqrt{N_C N_V} \exp(-\frac{E_G}{2 k_B T}). \tag{2.14}$$

Anhand von Gleich. 2.14 kann n_0 bzw. p_0 bei bekanntem Bandabstand E_G und bekannten effektiven Elektronen- und Löchermassen berechnet werden. Damit ist die Lage von E_F jedoch noch nicht bekannt. Da diese jedoch von ausschlaggebender

Bedeutung für den im Anschluß zu besprechenden Fall des Störstellenhalbleiters ist, soll auch die energetische Lage von E_F ermittelt werden. Dies geschieht durch Vergleich der Gleichn. 2.7 bzw. 2.11 mit 2.14. Man erhält

$$n_0 = N_C \exp\left(-\frac{E_C - E_F}{k_B T}\right) = \sqrt{N_C N_V} \exp\left(-\frac{E_G}{2k_B T}\right). \tag{2.15}$$

Damit gilt

$$E_C - E_F = \frac{E_G}{2} + \frac{1}{2}k_B T \ln\left(\frac{N_C}{N_V}\right) = \frac{E_G}{2} + \frac{3}{4}k_B T \ln\left(\frac{m^n_{eff}}{m^p_{eff}}\right). \tag{2.16}$$

Für Silizium erhält man mit $m^n_{eff}/m_0 = 1{,}18$ und $m^p_{eff}/m_0 = 0.5$

$$\begin{aligned} N_C &= 3.22 \cdot 10^{19}\text{cm}^{-3}\ (T = 300\text{K}) \\ N_V &= 0.89 \cdot 10^{19}\text{cm}^{-3}\ (T = 300\text{K}), \end{aligned} \tag{2.17}$$

so daß sich für Zimmertemperatur

$$E_C - E_F = 1/2 E_G + 13,1 \text{ meV} \tag{2.18}$$

ergibt.

Das Ferminiveau liegt für eigenleitendes Silizium also etwa 13,1 meV ($\approx 1/2\ k_B T$ bei Zimmertemperatur) **unterhalb** der Bandmitte. Man nennt das Ferminiveau im Intrinsic-Halbleiter auch **Intrinsic-Niveau E_i**. Damit kann man auch schreiben

$$\begin{aligned} n_i &= N_C \exp(-\frac{E_C - E_i}{k_B T}) = \sqrt{N_C N_V} \exp(-\frac{E_G}{2k_B T}) \\ &\text{oder} \\ n_i &= N_V \exp(-\frac{E_i - E_V}{k_B T}). \end{aligned} \tag{2.19}$$

Bei Zimmertemperatur beträgt n_i für Silizium mit einem Bandabstand von 1,12 eV

$$n_i = 6,88 \cdot 10^9 \text{cm}^{-3}, \tag{2.20}$$

also etwa 10^{10} cm^{-3}. Man entnimmt der bisherigen Betrachtung: Wenn das Valenzband das Reservoir für Ladungsträger ist, liegt das Ferminiveau etwa in der Mitte der Bandlücke. Mit zunehmender Temperatur verschiebt es sich, für $N_C > N_V$ zum Valenzband und für $N_C < N_V$ zum Leitungsband hin. Bei $T = 0$ liegt es exakt in der Mitte des verbotenen Bandes.

Es ist noch interessant, auf die Struktur der Gleich. 2.16 für $E_C - E_F$ hinzuweisen. Es gilt

$$E_C - E_F = \frac{E_G}{2} + \frac{1}{2}k_B T \ln\left(\frac{N_C}{N_V}\right). \tag{2.21}$$

Im Kap. 1 wurde gezeigt, daß dieser Ausdruck eine freie Energie $F = U - TS$ darstellt. Damit beschreibt

$$S = -\frac{1}{2} k_B \ln\left(\frac{N_C}{N_V}\right) \tag{2.22}$$

den entsprechenden Entropieterm. Dies ist verständlich, da N_C und N_V ja Entartungszahlen sind, die den Entartungsgrad von E_C und E_V angeben.

2.2 Störstellenleitung

Wird in das 4-wertige Silizium auf einen Substitutionsplatz ein 5-wertiges Element, z. B. P oder Sb gebracht, so ist das 5. Elektron nur locker gebunden. Man kann die Größe der Bindungsenergie relativ genau im Rahmen des Wasserstoffmodells abschätzen. Für den Radius r_n der n. Bohrschen Bahn und für die Ionisierungsenergie E_{ion} ergibt sich:

$$\begin{aligned} r_n &= \frac{\hbar^2}{mq^2} n^2 = r_1 n^2 \\ E_{ion} &= -\frac{mq^4}{2\hbar^2} = -\frac{q^2}{2r_1}, \end{aligned} \tag{2.23}$$

wobei q die elektrische Elementarladung und r_1 den Radius der ersten Bohrschen Bahn bezeichnet, s. Kap. 1.2.4.
Da im Silizium das umgebende Medium jedoch nicht das Vakuum ist, muß die Abschirmung der positiven Ladung durch die Elektronen der Umgebung berücksichtigt werden. Aus folgender Abschätzung ergibt sich, daß diese Abschirmung durch Einführung der makroskopischen Dielektrizitätskonstanten ϵ_{si} erfaßt werden kann. Aus der Betrachtung der s-Wellenfunktion

$$\frac{1}{\sqrt{\pi r_1^3}} \exp\left(-\frac{r}{r_1}\right) \tag{2.24}$$

mit dem Bohrschen Radius r_1 folgt, daß das Elektron mit etwa 75%-iger Wahrscheinlichkeit in einem Volumen $V_{3/4}$ von

$$V_{3/4} = \frac{4\pi}{3}(2r_1)^3 \tag{2.25}$$

gefunden werden kann. Mit Berücksichtigung der Dielektrizitätskonstanten ϵ vergrößert sich der Bahnradius um den Faktor ϵ und die Kernladung wird um den Faktor $1/\epsilon$ herabgesetzt. Damit erhält man für die Energie

$$E_{ion} = \frac{1}{\epsilon^2} E_{ion_{Wasserstoff}} = \frac{1}{(11,6)^2} \cdot 13,56\text{eV} \approx 100\,\text{meV} \tag{2.26}$$

und für das Volumen $V_{3/4}$

$$V_{3/4} = \frac{4\pi}{3}(2\epsilon r_1)^3. \qquad (2.27)$$

Da die Kantenlänge $a =$ 0,543 nm der kubischen Elementarzelle des Siliziumgitters zehn Bohrschen Radien entspricht und diese zwei Atome enthält, befinden sich im Volumen $V_{3/4}$ bei einer Dielektrizitätskonstanten ϵ_{Si} von 11.6 etwa

$$2\frac{V_{3/4}}{a^3} = 2 \cdot \frac{4\pi}{3} \cdot \left(\frac{2\epsilon_{Si} \cdot 0,53}{5,43}\right)^3 \approx 100 \text{ Atome}, \qquad (2.28)$$

beim Germanium mit $\epsilon \approx 16$ sind es sogar etwa 270 Atome. Das überzählige Valenzelektron des Donatoratoms bewegt sich also in einem Volumen, das eine große Zahl von Atomen enthält, so daß die durchgeführte Näherung gerechtfertigt ist. Unter Berücksichtigung der effektiven Masse in Gleich. 2.26 erhält man für E_{ion} etwa 50 meV, also die richtige Größenordnung, s. Tabelle 2.1.

	Li	P	Sb	As
$E_C - E_D$ (meV)	33	39	44	49
$E_A - E_V$ (meV)	45	57		
	B	Al		

Tabelle 2.1: Typische Bindungsenergien für E_D Donatoren (obere Zeile) und E_A für Akzeptoren (untere Zeile) in Silizium

Da die Bindungsenergien $E_C - E_D$ und $E_A - E_V$ bei Zimmertemperatur in der Größenordnung k_BT liegen, ist zu erwarten, daß die Störstellen praktisch vollständig ionisiert sind, d. h. daß die Donatoren ihr Elektron an das Leitungsband abgegeben haben und die Akzeptoren je ein Elektron aus dem Valenzband aufgenommen haben. Im folgenden soll nun der Besetzungs- bzw. Ionisierungsgrad quantitativ berechnet werden. Gegeben seien Donatoren der Gesamtkonzentration N_D. Dann sind $N_D \cdot f(E_D) = N_D^0$ Donatoren mit einem Elektron besetzt und $N_D \cdot (1 - f(E_D)) = N_D^+$ **nicht** mit einem Elektron besetzt, also ionisiert. Man erhält also:

$$\begin{aligned} N_D^0 &= N_D \frac{1}{1+\exp(\frac{E_D-E_F}{k_BT})} \\ N_D^+ &= N_D\left(1 - \frac{1}{1+\exp(\frac{E_D-E_F}{k_BT})}\right) \\ &= N_D \frac{\exp(\frac{E_D-E_F}{k_BT})}{1+\exp(\frac{E_D-E_F}{k_BT})} = N_D \frac{1}{1+\exp(-\frac{E_D-E_F}{k_BT})}. \end{aligned} \qquad (2.29)$$

Die Spinentartung wird hier nicht berücksichtigt, da der Entropiefaktor X, wie erwähnt, gleich eins gesetzt worden ist.

Man erkennt die folgende Eigenschaft der Funktion $f(\xi)$, der sog. **Fermifunktion**:

$$1 - f(\xi) = f(-\xi). \tag{2.30}$$

An dieser Stelle soll gleichzeitig auf eine weitere Eigenschaft dieser Funktion aufmerksam gemacht werden:

$$\frac{df(\xi)}{d\xi} = \frac{d}{d\xi}\frac{1}{1+\exp\xi} = -\frac{\exp\xi}{(1+\exp\xi)^2} = -f(\xi)\,(1-f(\xi)) = -f(\xi)f(-\xi), \tag{2.31}$$

so daß gilt:

$$\frac{df(E)}{dE} = -\frac{1}{k_BT}f(E)\,(1-f(E)) \tag{2.32}$$

oder

$$-k_BT\frac{df(E)}{dE} = f(E)\cdot f(-E). \tag{2.33}$$

Damit lassen sich Integrale der Form

$$\int f(E)\cdot(1-f(E))\,dE = \int f(E)\cdot f(-E)dE \tag{2.34}$$

umformen in $\int df(E)$, s. auch Kap. 4.
Die Gleich. 2.29 liefert die Elektronenkonzentration im Leitungsband, die von den ionisierten Donatoren stammt. Die Gesamtkonzentration n_0 der Elektronen im Leitungsband setzt sich zusammen aus den Beiträgen der Donatoren (N_D^+) und des Valenzbands (p_0):

$$n_0 = p_0 + N_D^+ = \frac{n_i^2}{n_0} + N_D^+, \tag{2.35}$$

wie man der Neutralitätsbedingung $qn_0 = qp_0 + qN_D^+$ und Gleich. 2.13 entnimmt. Da n_i bei Zimmertemperatur etwa 10^{10} cm^{-3} beträgt, kann man die Intrinsic-Konzentration bei den üblichen Dotierungen $10^{13} \leq N_D \leq 10^{18}$ cm^{-3} in diesem Fall vernachlässigen.
Man erhält

$$n_0 = N_D^+ = N_D\frac{1}{1+\exp(-\frac{E_D-E_F}{k_BT})}. \tag{2.36}$$

Bei gegebener Lage des Ferminiveaus kann N_D^+ bestimmt werden. Aus Gleich. 2.36 ist die Temperaturabhängigkeit der Elektronenkonzentration n_0 jedoch noch nicht zu ermitteln, da sich mit T auch E_F ändert. Um $n_0(T)$ zu erhalten, muß E_F aus Gleich. 2.36 eliminiert werden. Das geschieht mit Hilfe von Gleich. 2.7:

$$\frac{n_0}{N_C} = \exp(-\frac{E_C - E_F}{k_BT}). \tag{2.37}$$

Ersetzt man in Gleich. 2.36 $-(E_D - E_F)$ durch $(E_C - E_D) - (E_C - E_F)$, so erhält man zunächst

$$n_0 = N_D \frac{1}{1 + \exp(\frac{E_C - E_D}{k_B T}) \exp(-\frac{E_C - E_F}{k_B T})} \tag{2.38}$$

und mit Gleich. 2.37 folgt

$$n_0 = N_D \frac{1}{1 + \frac{n_0}{N_C} \exp(\frac{E_C - E_D}{k_B T})}. \tag{2.39}$$

Es ergibt sich

$$\boldsymbol{n_0 = N_D \frac{1}{1 + \frac{n_0}{n_1}}} \tag{2.40}$$

mit

$$\boldsymbol{n_1 = N_C \exp(-(E_C - E_D)/k_B T).} \tag{2.41}$$

Berücksichtigt man die Löcherkonzentration gemäß der allgemeinen Gleich. 2.35, so findet man

$$n_0 = \frac{n_i^2}{n_0} + N_D \frac{1}{1 + \frac{n_0}{n_1}}. \tag{2.42}$$

Man kann anhand der Gleich. 2.41 der Größe n_1 eine unmittelbare Bedeutung zuschreiben: **n_1 ist die Konzentration der Elektronen im Leitungsband, die sich ergibt, wenn das Ferminiveau mit dem Störniveau zusammenfällt.** Dann sind E_D und E_F identisch.
Da in Gleich. 2.41 N_C mit einem Boltzmannfaktor versehen ist, nennt man n_1 auch die auf das Störniveau **reduzierte effektive Zustandsdichte**.
Dieser Zusammenhang wird jedoch bei der Betrachtung der dynamischen Vorgänge noch deutlicher, s. auch die Diskussion von Gleich. 3.25.
Die Größe n_1 hängt nur von der Temperatur ab, ist bei gegebener Temperatur also eine Konstante. Für die bisher betrachteten Störstellen hat sie bei Zimmertemperatur einen Wert von $\approx 10^{19}$ cm^{-3}, s. Tab. 2.2.

	Li	Sb	P
$E_C - E_D$ (meV)	33	39	44
n_1 [10^{19}cm^{-3}]	1,6	1,2	1,0

Tabelle 2.2: Bindungsenergien und reduzierte effektive Zustandsdichten für typische Donatoren

Für diese sog. **flachen Störzentren**, das sind solche, deren Energieniveau sich dicht unterhalb der Bandkante befindet, liegt n_1 in der Größenordnung von N_C. Da allen Überlegungen $n_0/N_C \ll 1$ und auch $n_0 \ll n_1$ zugrunde lag, entnimmt man der

Gleich. 2.40, daß $n_0 \approx N_D$ ist, daß also nahezu alle Störzentren ionisiert sind. Wenn aber nahezu alle Störzentren ionisiert sind, dann muß das Ferminiveau mehrere Vielfache von k_BT unterhalb E_D liegen. Damit kann die Fermiverteilung angenähert werden durch $f(E_C) \approx \exp(-(E_C - E_F)/k_BT)$ und aus

$$N_D \approx N_D^+ \approx n_0 = N_C \exp(-(E_C - E_F)/k_BT) \tag{2.43}$$

erhält man

$$E_C - E_F \approx k_BT \ln\left(\frac{N_C}{N_D}\right). \tag{2.44}$$

Die Tabelle 2.3 gibt einige Werte für $E_C - E_F$ wieder.

N_D cm^{-3}	$E_C - E_F$ (eV) in Silizium
10^{11}	0,47
10^{13}	0,38
10^{14}	0,32
10^{15}	0,25
10^{16}	0,20
10^{17}	0,15

Tabelle 2.3: Energetischer Abstand $E_C - E_F$ als Funktion von N_D ($N_C = 2{,}51 \cdot 10^{19}$cm^{-3} bei Zimmertemperatur)

Man kann sich merken: $E_C - E_F \approx 0{,}25$ eV für die typische Dotierung von 10^{15}cm^{-3}. Man erkennt, $E_C - E_F$ ist immer einige k_BT größer als $E_C - E_D$ und in diesem Fall praktisch ausschließlich durch TS, also die Entropie, bestimmt.
Bei der obigen Betrachtung war $n_0 \ll n_1 \approx N_C$ vorausgesetzt, wie es bei flachen Störniveaus bei Zimmertemperatur der Fall ist. Die Größe n_1 ist jedoch stark temperaturabhängig, wie die Tabelle 2.4 zeigt.

T (K)	n_1 (cm^{-3})	k_BT (meV)
300	$1{,}2 \cdot 10^{19}$	25,9
100	$3 \cdot 10^{17}$	8,62
50	$3{,}3 \cdot 10^{15}$	4,3
20	$4 \cdot 10^{9}$	1,7
10	0,63	0,86

Tabelle 2.4: Temperaturabhängigkeit von n_1 für phosphordotiertes Silizium ($E_C - E_D = 0{,}44$ eV)

Man entnimmt dieser Tabelle, daß in dem angegebenen Temperaturbereich nicht immer $n_1 \gg n_0$ erfüllt zu sein braucht. Um die Temperaturabhängigkeit von n_0 zu ermitteln, hat man die quadratische[1] Gleich. 2.40 zu lösen:

$$n_0^2 + n_1 n_0 - n_1 N_D = 0. \tag{2.45}$$

Man erhält:

$$n_0 = -\frac{n_1}{2} \pm \sqrt{\frac{n_1^2}{4} + n_1 N_D}. \tag{2.46}$$

Da n_0 stets positiv sein muß, scheidet das negative Vorzeichen vor der Wurzel aus physikalischen Gründen aus. So folgt

$$\frac{n_0}{N_D} = \frac{n_1}{2N_D}\left(\sqrt{1 + 4\frac{N_D}{n_1}} - 1\right). \tag{2.47}$$

Ist $4N_D/n_1 \ll 1$, kann die Wurzel entwickelt werden und man erhält $n_0 \approx N_D$, d. h. praktisch alle Störzentren sind ionisiert.
Ist $4N_D/n_1 \gg 1$, z. B. bei niedrigen Temperaturen, so können die 1 in der Wurzel und die 1 in der Klammer vernachlässigt werden, und es ergibt sich

$$\frac{n_0}{N_D} = \frac{1}{2}\frac{n_1}{N_D} 2\sqrt{\frac{N_D}{n_1}} \tag{2.48}$$

und damit

$$n_0 = \sqrt{n_1 N_D} = \sqrt{N_C N_D} \exp\left(-\frac{E_C - E_D}{2k_B T}\right). \tag{2.49}$$

Man erhält also eine ganz analoge Temperaturabhängigkeit wie im Fall der Intrinsic-Leitung. Die Störstellen sind weitgehend besetzt und fungieren mit zunehmender Temperatur als Reservoir für die Emission von Elektronen. Das Ferminiveau liegt — ganz analog zum Fall der Intrinsic-Leitung — bei $T = 0$K in der Mitte zwischen dem Niveau des Elektronen spendenden Reservoirs und dem Leitungsband (s. auch Gleich. 2.16):

$$E_C - E_F = \frac{1}{2}(E_C - E_D) + \frac{1}{2}k_B T \ln\left(\frac{N_C}{N_D}\right). \tag{2.50}$$

Für eine typische Dotierung von 10^{15} cm^{-3} liegt E_F jedoch etwa 5 $k_B T$ (≈ 130 meV bei Zimmertemperatur) unterhalb der Mitte von $E_C - E_D$.
Das entsprechende Ergebnis für die Löcherkonzentration erhält man, wenn man n_0 durch p_0, E_D durch E_A und N_C durch N_V ersetzt. Zusammenfassend läßt sich sagen: In einem dotierten Halbleiter sind die Störstellen bei tiefen Temperaturen nahezu vollständig besetzt und das Ferminiveau liegt (je nach Größe der Dotierung) nahe $1/2(E_C - E_D)$. Man spricht in diesem Fall von **Störstellenreserve**. Mit ansteigender Temperatur emittieren im zeitlichen Mittel immer mehr Störzentren Elektronen. Dadurch steigt die Konzentration n_0 im Leitungsband an und das Ferminiveau verschiebt sich zur Bandmitte hin. Bei weiter zunehmender Temperatur wird der

[1] Falls auch die Eigenleitung berücksichtigt werden soll, so muß die kubische Gleich. 2.42 gelöst werden: $n_0^3 + n_1 n_0^2 - (n_i^2 + n_1 N_D)n_0 - n_i^2 n_1 = 0$, aus der die Gleich. 2.45 für $n_i = 0$ folgt.

Zustand erreicht, bei dem das Reservoir der Störstellen erschöpft ist. Man spricht dann von **Störstellenerschöpfung**. Die Elektronenkonzentration im Leitungsband kann nur noch weiter ansteigen, wenn die Temperatur so groß wird, daß die Eigenleitung über die Störleitung dominiert. Man erwartet also einen Verlauf für die Temperaturabhängigkeit der Elektronenkonzentration, wie ihn die Abb. 2.4 zeigt, ganz entsprechend natürlich auch für die Löcherkonzentration im p-Leiter.

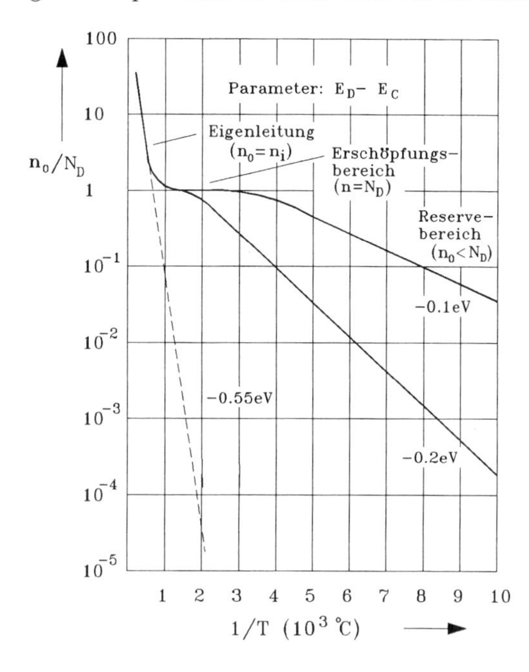

Abbildung 2.4: Temperaturabhängigkeit der Elektronenkonzentration n_0 mit der energetischen Lage $E_D - E_C$ der Donator-Niveaus als Parameter; im Reservebereich ist n_0 proportional zu $\sqrt{N_D}\exp(-(E_C - E_F)/(2k_BT))$. Im Erschöpfungsbereich ist die Elektronenkonzentration gleich N_D.

Aus den einzelnen Temperaturbereichen kann man die energetische Lage der Störzentren und den Bandabstand ermitteln. Man erkennt, daß nur in einem bestimmten Temperaturbereich die Konzentration n_0 annähernd temperaturunabhängig ist. Da die Eigenschaften von Halbleiter-Bauelementen im allgemeinen jedoch temperaturunabhängig sein sollen, interessieren die Grenzen dieses Temperaturbereichs.

Zu hohen Temperaturen wird die Grenze erreicht, wenn n_i in die Größenordnung von N_D kommt. Legt man fest, daß diese Grenze erreicht ist, wenn $n_i = \alpha \cdot N_D$ mit $\alpha \approx 1$ ist, dann erhält man

$$n_i = \sqrt{N_C N_V}\exp\left(-\frac{E_C - E_V}{2k_B T_\infty}\right) = \alpha N_D. \tag{2.51}$$

Daraus ergibt sich für die obere Temperaturgrenze T_∞:

$$T_\infty(\alpha) = \frac{E_G}{k_B \ln\left(\frac{N_C N_V}{\alpha^2 N_D^2}\right)}. \tag{2.52}$$

Für Silizium mit einer Bandlücke $E_G = 1{,}12$ eV, $N_D = 10^{15}$ cm^{-3} und $\alpha = 0{,}1$ ergibt sich somit $\ln(N_C N_V/(\alpha N_D)^2) \approx 24$ und $T_\infty \approx 540$ K oder 240 °C (für $\alpha = 1{,}1$ errechnet man für $T_\infty = 372$ ° C).
Man erkennt an Gleich. 2.52, daß die obere Temperaturgrenze mit zunehmender Donatorkonzentration N_D ansteigt. Wenn ein Bauelement noch bei 200 °C betrieben werden soll, muß die Dotierung mindestens 10^{16} cm^{-3} betragen. Ferner erkennt man den Einfluß des Bandabstandes: je größer der Bandabstand, um so größer T_∞.
Die untere Temperaturgrenze wird erreicht, wenn n_0 in die Größenordnung von N_D kommt. Daher wird zur Ermittlung von T_0 die Relation $n_0 = \beta N_D$ agenommen, wobei $\beta = 1 - \epsilon$ und $0 < \epsilon \ll 1$ gilt. Man erhält in diesem Fall mit Gleich. 2.49:

$$n_0 = \sqrt{N_C N_D} \exp\left(-\frac{E_C - E_D}{2k_B T_0}\right) = \beta N_D \tag{2.53}$$

und daraus

$$T_0 = \frac{E_D - E_C}{k_B \ln\left(\frac{N_C}{\beta^2 N_D}\right)}, \tag{2.54}$$

eine Gleichung, die genau die gleiche Struktur hat wie Gleich. 2.52. Man erkennt, daß T_0 um so kleiner ist, je kleiner $E_C - E_D$ ist (möglichst flache Störniveaus) und je kleiner N_D ist. Für Silizium mit $E_C - E_D = 0{,}044$ eV (Phosphor) und $N_D = 10^{15}$ cm^{-3} erhält man für $\beta = 0,1$:

$$T_0 = 34\,\mathrm{K}. \tag{2.55}$$

Setzt man $\alpha = \beta = 1$ und $N_C \approx N_V$, findet man

$$T_\infty - T_0 = \frac{E_G - 2(E_C - E_D)}{2k_B \ln\left(\frac{N_C}{N_D}\right)} \quad \text{und} \quad \frac{T_\infty}{T_0} = \frac{E_G}{E_C - E_D}. \tag{2.56}$$

Um ein großes Temperaturintervall zu erhalten, in dem die Ladungsträgerkonzentration annähernd temperaturunabhängig ist, sollte

1. der Bandabstand E_G **groß**

2. $E_C - E_D$ **klein**

3. und die Donatorkonzentration N_D **groß** sein.

Diese Informationen kann man natürlich auch unmittelbar der Abb. 2.4 entnehmen.
Faßt man die Ergebnisse dieses Kapitels noch einmal zusammen, so erhält man:
Ist die Ladungsträgerkonzentration im Leitungs- oder Valenzband des Halbleiters klein gegen die jeweilige effektive Zustandsdichte N_C oder N_V — diese Voraussetzung ist meist erfüllt —, so gilt generell:

$$
\begin{aligned}
n_0 &= N_C \exp\left(-\frac{E_C - E_F}{k_B T}\right) \\
p_0 &= N_V \exp\left(-\frac{E_F - E_V}{k_B T}\right).
\end{aligned}
\tag{2.57}
$$

Dabei sind n_0, p_0 sowie $E_C - E_F$ und $E_F - E_V$ temperaturabhängig. Im eigenleitenden Halbleiter sind die Elektronen- und Löcherkonzentrationen gleich, da die Elektronen im Leitungsband aus aufgebrochenen Gitterbindungen stammen und somit die gleiche Zahl an freien Plätzen im Valenzband hinterlassen.
Für die Temperaturabhängigkeit der Ladungsträgerkonzentration und des Fermi-Niveaus E_i im Eigenleiter erhält man:

$$
n_i = p_i = \sqrt{N_C N_V} \exp\left(-\frac{E_C - E_V}{2 k_B T}\right) \tag{2.58}
$$

$$
E_C - E_i = \frac{1}{2}(E_C - E_V) + \frac{1}{2} k_B T \ln\left(\frac{N_C}{N_V}\right). \tag{2.59}
$$

Für den Störstellenhalbleiter erhält man entsprechend — da hier das Reservoir, aus dem die Elektronen stammen, nicht das Valenzband, sondern das Störniveau ist —, wenn man N_V durch N_D und E_V durch E_D ersetzt, für die Temperaturabhängigkeit:

$$
n_0 = \sqrt{N_C N_D} \exp\left(-\frac{E_C - E_D}{2 k_B T}\right) \tag{2.60}
$$

$$
E_C - E_F = \frac{1}{2}(E_C - E_D) + \frac{1}{2} k_B T \ln\left(\frac{N_C}{N_D}\right). \tag{2.61}
$$

Dieses Ergebnis hätte man auch ohne explizite Berechnung allein durch sinngemäße Übertragung der Ergebnisse für die Eigenleitung auf den Fall der Störleitung gewinnen können. Für die Ermittlung der Löcherkonzentration hat man n_0 durch p_0, N_C durch N_V sowie E_D durch E_A zu ersetzen.
Vergleicht man noch einmal die Gleichgewichtselektronenkonzentration n_i im Eigenhalbleiter mit derjenigen n_0 im dotierten Material:

$$
\begin{aligned}
n_i &= N_C \exp\left(-\frac{E_C - E_i}{k_B T}\right) \\
n_0 &= N_C \exp\left(-\frac{E_C - E_F}{k_B T}\right)
\end{aligned}
\tag{2.62}
$$

und berücksichtigt, daß im Fall der Störstellenerschöpfung $n_0 \approx N_D^+ \approx N_D$ gilt, so findet man für die Differenz der Ferminiveaus folgenden Ausdruck:

$$
E_F - E_i = k_B T \ln\left(\frac{N_D}{n_i}\right). \tag{2.63}
$$

Kapitel 3

Dynamische Prozesse

Als Resultat der bisherigen Überlegungen erhielten wir die Abhängigkeit der Gleichgewichtskonzentration $n_0(N_D, E_D)$ der Elektronen im Leitungsband (bzw. die Konzentration p_0 der Löcher im Valenzband) von der Konzentration N_D und der energetischen Lage E_D der Störstellen sowie von der Temperatur T. Es konnte gezeigt werden, daß sich die Ladungsträger bei höheren Temperaturen bevorzugt im Leitungs- bzw. Valenzband aufhalten und sich bei tiefen Temperaturen bevorzugt in den Störniveaus befinden. Diese Aussagen gelten jedoch nur für das Gleichgewicht, also im zeitlichen Mittel. Durch Betrachtung der dynamischen Vorgänge müssen sich die gewonnenen Ergebnisse als zeitliche Mittelwerte bestätigen und darüberhinaus weitere Informationen gewinnen lassen. Die dem folgenden zugrundeliegenden Betrachtungen gehen auf Shockley, Read und Hall zurück und werden als SRH-Modell bezeichnet (s. [12],[13]).

3.1 Transportvorgänge

Die in einem Volumen V zum Zeitpunkt t enthaltene Elektronenzahl $N_e(t)$ läßt sich durch Integration der Elektronendichte $n(\vec{r}, t)$ über V gewinnen:

$$N_e(t) = \int_V dV \; n(\vec{r}, t). \tag{3.1}$$

Die zeitliche Änderung dN_e/dt der Elektronenzahl N_e folgt einerseits durch Differentiation der Gleich. 3.1:

$$\frac{dN_e}{dt} = \int_V dV \; \frac{\partial n(\vec{r}, t)}{\partial t}, \tag{3.2}$$

andererseits kann sich N_e nur durch zwei physikalisch grundsätzlich verschiedene Prozesse ändern. Elektronen können entweder über die Oberfläche ∂V des betrachteten Volumens ein- oder austreten oder aber sie können innerhalb von V erzeugt — etwa durch thermische oder Photogeneration — und auch vernichtet werden,

z. B. durch Rekombination mit Löchern. Bezeichnet man die Elektronenstromdichte durch die Oberfläche[1] mit $\vec{s}_n$ und die Generations- bzw. die Verlustraten mit g_n und v_n (in $\mathrm{cm}^{-3}\mathrm{s}^{-1}$), so läßt sich die gesamte Änderung der Elektronenzahl erfassen:

$$\int_V dV \, \frac{\partial n(\vec{r},t)}{\partial t} = -\int_{\partial V} d\vec{A} \cdot \vec{s}_n + \int_V dV \, (g_n - v_n). \tag{3.3}$$

Nutzt man den Gaußschen Satz aus, so findet man folgende Bilanzgleichung für die Elektronendichte n:

$$\frac{\partial n(\vec{r},t)}{\partial t} = -\nabla \cdot \vec{s}_n + g_n - v_n. \tag{3.4}$$

Für die Löcherdichte p läßt sich eine entsprechende Bilanz aufstellen:

$$\frac{\partial p(\vec{r},t)}{\partial t} = -\nabla \cdot \vec{s}_p + g_p - v_p. \tag{3.5}$$

Liegt ein elektrisches Feld $\vec{\mathcal{E}}$ vor, so setzt sich der Teilchenstrom aus einem Diffusionsanteil und einem Driftanteil zusammen. Für die beiden Teilchensorten gilt:

$$\vec{s}_n = n\vec{v}_{n,D} - D_n \nabla n = -\mu_n n\vec{\mathcal{E}} - D_n \nabla n \tag{3.6}$$

$$\vec{s}_p = p\vec{v}_{p,D} - D_p \nabla p = \mu_p p\vec{\mathcal{E}} - D_p \nabla p \tag{3.7}$$

mit der Elektronenbeweglichkeit μ_n und der Diffusionskonstante der Elektronen D_n sowie den entsprechenden Größen μ_p und D_p für Löcher.
Die Ladungsstromdichten $\vec{j}_n$ und $\vec{j}_p$ erhält man hieraus durch Multiplikation mit der Elementarladung $-q$ bzw. q:

$$\vec{j}_n := -q\vec{s}_n = q\mu_n n\vec{\mathcal{E}} + qD_n \nabla n$$

$$\vec{j}_p := q\vec{s}_p = q\mu_p p\vec{\mathcal{E}} - qD_p \nabla p.$$

Die Bilanzgleichungen 3.4 und 3.5 lauten mit den Beziehungen 3.6 und 3.7:

$$\boldsymbol{\frac{\partial n}{\partial t} = \mu_n \nabla \cdot n\vec{\mathcal{E}} + D_n \triangle n + g_n - v_n} \tag{3.8}$$

$$\boldsymbol{\frac{\partial p}{\partial t} = -\mu_p \nabla \cdot p\vec{\mathcal{E}} + D_p \triangle p + g_p - v_p.} \tag{3.9}$$

In den folgenden Abschnitten werden nun verschiedene Spezialfälle der Gleichn. 3.8 und 3.9 behandelt.

[1] Da die Flächenormale $\vec{n} := d\vec{A}/|d\vec{A}|$ aus dem Innern des Volumens nach außen weist, ein Teilchenstrom aus dem Volumen heraus jedoch als Verlust gezählt wird, tritt in Gleich. 3.3 ein Minuszeichen vor das Oberflächenintegral.

3.2 Intrinsic-Halbleiter

In diesem und dem nächsten Abschnitt wird ein homogener Halbleiter betrachtet, so daß alle Ortsableitungen in den Gleichn. 3.5 und 3.8 verschwinden: $\nabla \cdot \vec{\mathcal{E}} = 0$ und $\triangle n = \triangle p = 0$. Damit kann die partielle Differentiation nach der Zeit ($\partial/\partial t$) mit der totalen Zeitableitung (d/dt) gleichgesetzt werden.

In einem Halbleiter ohne Störstellen, einem **Intrinsic**-Halbleiter, kann sich die Konzentration der Elektronen im Leitungsband ändern, indem durch thermische Neuerzeugung Elektronen aus dem Valenzband ins Leitungsband gelangen — man nennt diesen Vorgang **Generation** — , oder dadurch, daß Elektronen des Leitungsbands in freie Plätze des Valenzbands übergehen — dieser Vorgang heißt **Rekombination**. Die Abb. 3.1 zeigt diese Übergänge schematisch. Die Erzeugung bzw. Vernichtung von Elektronen im Leitungsband und Löchern im Valenzband sind also in einem Intrinsic-Halbleiter unmittelbar miteinander verbunden; die Generation eines Elektrons ist stets von der Erzeugung eines Loches begleitet, ebenso wie die Vernichtung eines Elektrons nicht ohne den Verlust eines Loches vonstatten gehen kann.

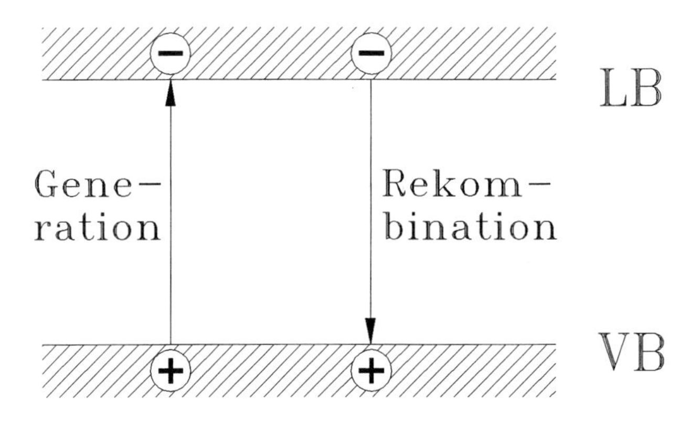

Abbildung 3.1: Generation und Rekombination

Man kann die Dynamik dieser Vorgänge in Anlehnung an die Kinetik chemischer Reaktionen beschreiben, wobei Elektronen und Löcher die Rolle der beteiligten Reaktionspartner spielen. Die Rekombination hängt ab von der Konzentration n der Elektronen im Leitungsband als einem der Reaktionspartner und von der Konzentration p der freien Plätze im Valenzband, der Löcherkonzentration, als dem anderen Reaktionspartner. Die Generation der Ladungsträger dagegen hängt als rein thermischer Prozeß nicht von den Konzentrationen, sondern nur von der Temperatur ab. Da eine Zunahme der Elektronenkonzentration einer Zunahme der Löcherkonzentration quantitativ entspricht, erhält man als einfachsten Ansatz für den homogenen Halbleiter[2] aus den Gleichn. 3.8 und 3.9:

[2]Die räumliche Homogenität hat das Verschwinden aller Ortsableitungen in den Gleichn. 3.8 und 3.9 zur Folge.

$$\frac{dn}{dt} = \frac{dp}{dt} = g - r \cdot n \cdot p. \tag{3.10}$$

Dabei ist $g = g_n = g_p$ die temperaturabhängige Generationsrate und $r \cdot n \cdot p = v_n = v_p$ der einfachste Ansatz für die Rekombination in Form eines Massenwirkungsgesetzes. In der Literatur wird meist der **Rekombinationsüberschuß *R*** verwendet:

$$-\frac{dn}{dt} = R := r \cdot n \cdot p - g. \tag{3.11}$$

Die Größe R gibt an, um wieviel die Rekombinationsrate größer oder kleiner als die Generationsrate ist. Da die Generation als rein thermischer Prozeß konzentrationsunabhängig ist und nur in Form eines Boltzmannfaktors $\exp(-(E_C - E_V)/k_BT)$ von der Temperatur abhängt, wie im folgenden noch gezeigt wird, kann man g für irgendeine Konzentration ermitteln und kennt g damit dann für alle Konzentrationen. Betrachtet man etwa das thermische Gleichgewicht, so müssen Generations- und Rekombinationsrate übereinstimmen, so daß mit den Gleichgewichtskonzentrationen $n = n_0$ und $p = p_0$ gilt:

$$R = 0 = rn_0p_0 - g.$$

Damit ist die Generationsrate bestimmt: $g = rn_0p_0$. Da im thermischen Gleichgewicht $n_0p_0 = n_i^2$ ist, kann man Gleich. 3.11 folgendermaßen umformen:

$$R = r(np - n_i^2). \tag{3.12}$$

Dies ist der allgemeinste physikalisch sinnvoll zu begründende Rekombinationsansatz für die betrachteten 'bimolekularen' Prozesse. Es wird sich herausstellen, daß auch im Störstellenleiter der Zusammenhang 3.12 für R, allerdings mit konzentrationsabhängigem r, Gültigkeit besitzt. Es ist für das Weitere sinnvoll, die Abweichungen δn und δp vom Gleichgewicht gemäß $\delta n := n - n_0$ und $\delta p := p - p_0$ einzuführen. Stört man den stationären Zustand im Halbleiter, dann wird sich das Gleichgewicht durch Generations- bzw. Rekombinationsprozesse wieder einstellen. Anhand von Gleich. 3.12 kann dann die zugehörige Zeitkonstante ermittelt werden. Ist die Störung nur klein, d. h. gilt $\delta n \ll n_0$, $\delta p \ll p_0$ und ist $\delta n \cdot \delta p$ vernachlässigbar, so folgt aus Gleich. 3.12:

$$\begin{aligned} R = -\frac{d(n_0 + \delta n)}{dt} &= r\left((n_0 + \delta n) \cdot (p_0 + \delta p) - n_i^2\right) \\ &= r\left(n_0p_0 - n_i^2 + n_0\delta p + p_0\delta n\right). \end{aligned} \tag{3.13}$$

Werden die Ladungsträger z. B. durch Einstrahlung eines Lichtpulses erzeugt, so gilt $\delta n = \delta p$, und wegen $n_0p_0 = n_i^2$ erhält man:

$$R = -\frac{d\delta n}{dt} = r(n_0 + p_0)\delta n \qquad \Rightarrow \qquad \delta n(t) \sim \exp(-t/\tau). \tag{3.14}$$

Die Überschußkonzentration δn weist eine exponentielle Zeitabhängigkeit auf, für deren Zeitkonstante τ gilt:

$$\tau = \frac{1}{r(n_0 + p_0)}. \tag{3.15}$$

Da zunächst ein Intrinsic-Halbleiter vorausgesetzt worden war, ist $n_0 = p_0 = n_i$, so daß gilt:

$$\tau = \frac{1}{2rn_i}. \tag{3.16}$$

3.3 Halbleiter mit Störstellen

Sind in einem Halbleiter Störniveaus vorhanden, so halten sich die Elektronen im Leitungs- und im Valenzband sowie an den Störatomen auf. Es können nun zusätzlich zu den Band-Band-Übergängen auch noch Übergänge vom Störniveau zu den Bändern und umgekehrt auftreten. Die möglichen Prozesse sind in Abb. 3.2 zusammengefaßt.

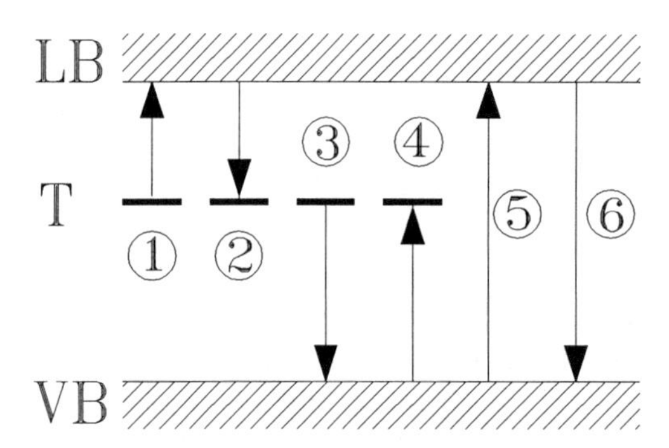

Abbildung 3.2: Übergänge zwischen Leitungs- und Valenzband sowie den Störniveaus

Dabei bedeuten die Prozesse 1 - 6:

1. Elektronen werden aus dem Störniveau in das Leitungsband emittiert: **Elektronenemission**.

2. Elektronen des Leitungsbands werden vom Störniveau eingefangen: **Elektroneneinfang**.

3. Elektronen gehen aus dem Störniveau in freie Plätze im Valenzband über. Im Störniveau bleiben freie Plätze ('Defektelektronen' oder 'Löcher') zurück. Das Störniveau fängt also Löcher aus dem Valenzband ein: **Locheinfang**.

4. Elektronen des Valenzbands werden thermisch in das Störniveau emittiert und besetzen dort freie Plätze (Löcher) im Störniveau. Die Löcher, die sich vorher im Störniveau befanden, sind nun im Valenzband. Das Störniveau hat also Löcher emittiert: **Lochemission**.

Die Prozesse 5 und 6 sind die bereits betrachteten Rekombinations- und Generationsprozesse als Band-Band-Übergänge.
Im folgenden sollen zunächst nur die Übergänge 1 und 2, also nur die Wechselwirkungen des Störniveaus mit dem Leitungsband, betrachtet werden.
Für die zeitliche Änderung dn/dt der Konzentration der Elektronen im Leitungsband, ergibt sich in diesem Fall:

$$\boldsymbol{R = -\frac{dn}{dt}} = \textbf{Einfangrate - Emissionsrate.} \tag{3.17}$$

Die Einfangrate wird proportional zur Konzentration n der Elektronen im Leitungsband als einem Reaktionspartner und proportional zur Konzentration der freien Plätze im Störniveau als zweitem Reaktionspartner sein. Bezeichnet man die Gesamtkonzentration der Störzentren mit N_T, die Konzentration der Elektronen in den Störzentren mit n_T und die Konzentration der freien Plätze im Störniveau (Löcherkonzentration im Störniveau) mit $(N_T - n_T) = p_T$, so erhält man für die Einfangrate:

$$c_n n(N_T - n_T) = c_n n p_T. \tag{3.18}$$

Dabei wurde der Proportionalitätsfaktor mit c_n (**capture of electrons**) bezeichnet. Die Größe c_n hat genau wie r die Dimension $cm^3 \cdot s^{-1}$. Die Emissionsrate wird proportional zur Konzentration n_T der mit Elektronen besetzten Störzentren sein, wobei der Proportionalitätsfaktor als $\boldsymbol{e_n}$(für **emission of electrons**) bezeichnet wird.
Insgesamt erhält man somit:

$$\boldsymbol{R = -\frac{dn}{dt} = c_n n p_T - e_n n_T.} \tag{3.19}$$

Die Bezeichnung mit einem Index T (= Trap) wurde gewählt, um eine Festlegung auf Donatoren oder Akzeptoren zu vermeiden. Die Überlegungen gelten für jede Art von Störniveau, sofern es **nur** mit dem Leitungsband wechselwirkt. Ein solches Niveau nennt man im angelsächsischen Sprachgebrauch **Trap** (d. h. Falle). Im Gegensatz dazu wird ein Störniveau, das mit beiden Bändern wechselwirkt, **Rekombinationszentrum** genannt.
In Analogie zum Intrinsic-Halbleiter kann der Zusammenhang zwischen e_n und c_n aus Gleich. 3.19 im thermischen Gleichgewicht ermittelt werden. Für die Gleichgewichtskonzentrationen n_0, n_{T0} und p_{T0} muß gelten:

$$0 = R = -\frac{dn_0}{dt} = c_n n_0 p_{T0} - e_n n_{T0}. \tag{3.20}$$

Daraus folgt:

$$e_n = c_n n_0 \frac{p_{T0}}{n_{T0}} = c_n n_0 \frac{N_T - n_{T0}}{n_{T0}} = c_n n_0 \left(\frac{N_T}{n_{T0}} - 1\right) \tag{3.21}$$

und man erhält

$$\frac{n_{T0}}{N_T} = \left(1 + \frac{e_n}{c_n \cdot n_0}\right)^{-1} \qquad \text{und} \qquad \frac{p_{T0}}{N_T} = \left(1 + \frac{c_n \cdot n_0}{e_n}\right)^{-1}. \tag{3.22}$$

Da die Traps nur mit dem Leitungsband wechselwirken, muß $n_0 = p_{T0}$ gelten, solange die thermische Generation von Ladungsträgern vernachlässigt werden kann. Somit kann der zweite Term in Gleich. 3.22 umformuliert werden zu:

$$\frac{n_0}{N_T} = \left(1 + \frac{c_n \cdot n_0}{e_n}\right)^{-1}. \tag{3.23}$$

Für die Elektronenkonzentration n_0 im Gleichgewicht war im vorigen Kapitel die Gleich. 2.40 hergeleitet worden:

$$n_0 = N_D \left(1 + \frac{n_0}{n_1}\right)^{-1}. \tag{3.24}$$

Dort war der Fall einer Dotierung mit Elektronendonatoren der Konzentration N_D betrachtet worden. Setzt man nun N_D und N_T aus Gleich. 3.23 gleich, so ergibt der Vergleich die Identitäten $e_n/c_n = n_1$ oder $e_n = c_n \cdot n_1$. Mit diesem Ergebnis schreibt sich Gleich. 3.19:

$$R = c_n(np_T - n_1 n_T), \tag{3.25}$$

und aus Gleich. 3.22 folgt

$$\frac{n_0}{n_1} = \frac{n_{T0}}{p_{T0}}. \tag{3.26}$$

Man erkennt an Gleich. 3.25 noch einmal die Analogie zur Gleich. 3.12, die den Fall des Intrinsic-Halbleiters beschreibt. Auch die Interpretation von Gleich. 3.25 ist äquivalent:

- Beim Elektroneneinfang 'reagiert' ein Elektron des Leitungsbands mit einem freien Platz im Störniveau. Die Elektroneneinfangrate ist daher proportional zum Produkt der Konzentrationen der Reaktionspartner - der Konzentration n der Elektronen im Leitungsband und der Konzentration p_T der freien Plätze im Störniveau.

- Die Emissionsrate ist ebenfalls proportional zu einem Produkt zweier Konzentrationen: der Elektronenkonzentration n_T im Störniveau und der **effektiven** Konzentration n_1 an freien Plätzen im Leitungsband. Damit erhält die reduzierte effektive Zustandsdichte $n_1 = N_C \exp(-(E_C - E_T)/k_B T)$ eine gewisse Anschaulichkeit, s. auch Diskussion von Gleich. 2.41. Der Emissionsvorgang kann daher als Reaktion zwischen einem Elektron in einem Störniveau und einem freien Platz im Leitungsband aufgefaßt werden, wobei die Konzentration der freien Plätze über einen Faktor $\exp(-(E_C - E_T)/k_B T)$ vom energetischen Abstand zwischen Leitungsband und Störniveau abhängt.

Betrachtet man auch hier eine kleine Störung des stationären Zustands, indem man z. B. die Konzentration der Elektronen im Leitungsband erhöht, so erhält man aus Gleich. 3.25, wenn die Terme zweiter Ordnung vernachlässigt werden:

$$R = -\frac{d\delta n}{dt} = c_n \left(n_0 p_{T0} - n_1 n_{T0} + p_{T0}\delta n + n_0 \delta p_T - n_1 \delta n_T \right). \tag{3.27}$$

Da im thermischen Gleichgewicht $n_0 p_{T0} - n_1 n_{T0} = 0$ gelten muß, folgt:

$$R = c_n \left(p_{T0}\delta n + n_0 \delta p_T - n_1 \delta n_T \right). \tag{3.28}$$

Nun kann man verschiedene Grenzfälle unterscheiden:

1. Falls die relative Änderung der Trap-Besetzung aufgrund des Elektroneneinfangs gering ist, d. h. falls $\boldsymbol{\delta p_T / N_T = -\delta n_T / N_T \approx 0}$ gilt, so ist der Beitrag der Emission zur Änderung der Elektronenkonzentration im Leitungsband ebenfalls vernachlässigbar. In diesem Fall gilt: $R = c_n p_{T0} \cdot \delta n$ und man erhält die zugehörige **Elektroneneinfangzeitkonstante** $\tau_{c_n} = \delta n / R$ zu

$$\tau_{c_n} = \frac{1}{c_n p_{T0}}. \tag{3.29}$$

2. Im Fall eines nahezu leeren Leitungsbands gilt $\boldsymbol{n_0 \approx \delta n \approx 0}$. Damit ist der Elektroneneinfang vernachlässigbar und die Änderung der Elektronenkonzentration im Leitungsband wird allein durch die Emission aus den Störstellen verursacht.

   In diesem Falle gilt: $R = -d\delta n/dt = d\delta n_T/dt = -c_n n_1 \delta n_T$ und man erhält die zugehörige **Emissionszeitkonstante**:

$$\tau_{e_n} = \frac{1}{c_n n_1}. \tag{3.30}$$

   Zur Bestimmung der Emissionszeitkonstanten τ_{e_n} wurde die zeitliche Änderung der Konzentration n_T der mit Elektronen besetzten Störzentren betrachtet, zur Bestimmung der Einfangzeitkonstanten τ_{c_n} wurde dagegen die zeitliche Abnahme der Konzentration n der Elektronen im Leitungsband betrachtet.

3. Man kann eine weitere Einfangzeitkonstante definieren, indem man nicht die zeitliche Abnahme der Elektronenzahl im Leitungsband betrachtet, sondern die damit verbundene zeitliche Zunahme der Konzentration der Elektronen im Störniveau. In diesem Fall ist dann die Konzentration der Elektronen im Leitungsband durch geeignete Maßnahmen konstant zu halten. Man erhält in diesem Fall aus Gleich. 3.28 mit $\delta n = 0$:

$$R = -\frac{dn}{dt} = \frac{dn_T}{dt} = -\frac{dp_T}{dt} = c_n n_0 \delta p_T - c_n n_1 \delta n_T = c_n (n_0 + n_1) \delta p_T \tag{3.31}$$

und für die entsprechende Zeitkonstante

$$\tau_{c_n}^{pT} = \frac{1}{c_n(n_0 + n_1)}. \qquad (3.32)$$

Damit hat man zwei verschiedene Zeitkonstanten für den Ladungsträgereinfang definiert, die je nach den experimentellen Bedingungen ermittelt werden können. Die Zeitkonstante τ_{c_n} in Gleich. 3.29 wird gemessen, wenn die zeitliche Änderung der Elektronen im Leitungsband, also die zeitliche Änderung der Stroms, verfolgt wird. Die Zeitkonstante $\tau_{c_n}^{pT}$ in Gleich. 3.32 wird gemessen, indem die zeitliche Änderung der Ladungsträger im Störniveau, z. B. als Kapazitätsänderung verfolgt wird, s. Kap. 4.

3.3.1 Wirkungsquerschnitt des Einfangvorgangs

In die Betrachtung der dynamischen Vorgänge, des Einfangs- und des Emissionsprozesses, muß außer der energetischen Lage und der Konzentration der Störzentren, die sich schon aus der Betrachtung des thermischen Gleichgewichts ergaben, noch eine weitere Eigenschaft dieser Störzentren eingehen, nämlich ihr **Wirkungsquerschnitt σ**. Man ordnet den Störatomen einen bestimmten Querschnitt σ zu, der dadurch definiert ist, daß Ladungsträger, die sich innerhalb dieses Bereiches befinden, eingefangen werden. Damit kann man dem Einfangkoeffizienten c_n eine anschauliche[3] Bedeutung geben: Die Elektronen driften mit ihrer mittleren thermischen Geschwindigkeit $\bar{v}_{th}$ durch den Kristall und treffen dabei auf die ortsfesten Störatome, s. Abb. 3.3.

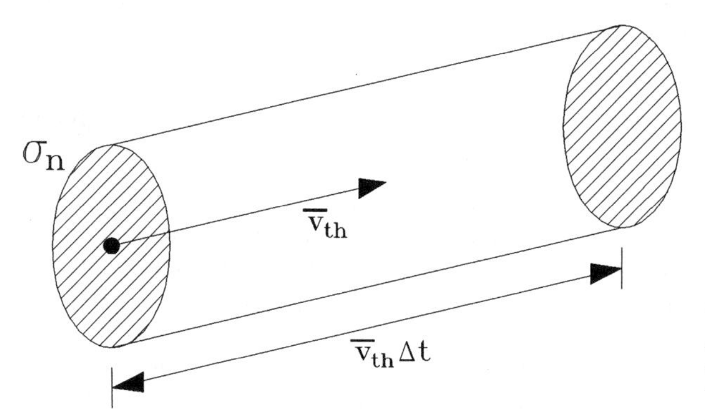

Abbildung 3.3: Zur Definition des Wirkungsquerschnitts σ_n beim Elektroneneinfang durch eine Störstelle

Sind diese gerade nicht von einem Elektron besetzt, können sie eines dieser driftenden Elektronen einfangen. In einem Gedankenexperiment kann man einmal annehmen — da es nur auf die Relativgeschwindigkeit zwischen dem Störatom und dem Elektron

[3] Die folgende Betrachtung erfolgt in Analogie zur kinetischen Gastheorie.

ankommt — das Elektron ruhe, und das Atom bewege sich mit der mittleren Geschwindigkeit $\bar{v}_{th}$ durch den Kristall. In der Zeiteinheit δt überstreicht dann dessen Wirkungsquerschnitt σ_n ein Volumen $\delta V = \bar{v}_{th}\sigma_n\delta t$. In diesem Volumen befinden sich $n\bar{v}_{th}\sigma_n\delta t$ Elektronen, die eingefangen werden können. Bei einer Konzentration p_T unbesetzter Störstellen ergibt sich für die Abnahme $-\delta n$ der Elektronenkonzentration im Leitungsband aufgrund des Elektroneneinfangs

$$-\delta n = p_T n \bar{v}_{th}\sigma_n \delta t. \tag{3.33}$$

Man erkennt also, daß der Einfangkoeffizient c_n aus Gleich. 3.19 sich ausdrücken läßt als:

$$c_n = \bar{v}_{th}\sigma_n. \tag{3.34}$$

Eine entsprechende Überlegung für Löcher führt zu:

$$c_p = \bar{v}_{th}\sigma_p. \tag{3.35}$$

Je größer der Wirkungsquerschnitt der Störatome ist, desto mehr Elektronen werden pro Zeiteinheit eingefangen:

$$-\frac{dn}{dt} = \sigma_n \bar{v}_{th} p_T \cdot n. \tag{3.36}$$

Die mittlere thermische Geschwindigkeit ergibt sich aus $m_{eff}\bar{v}_{th}^2/2 = 3k_BT/2$ zu:

$$\bar{v}_{th} = \sqrt{\frac{3k_BT}{m_{eff}}}. \tag{3.37}$$

Man erhält mit $m_0 = 9{,}109\cdot 10^{-31}$ kg für die mittlere thermische Geschwindigkeit

$$\bar{v}_{th} = 1{,}168 \cdot 10^7 \ \frac{\text{cm}}{\text{s}} \cdot \left(\frac{T}{300\ \text{K}} \cdot \frac{m_{eff}}{m_0}\right)^{1/2}, \tag{3.38}$$

mit $m_{eff} \approx m_0$ und bei Raumtemperatur einen Wert von etwa 10^7 cm/s. Nach diesen Überlegungen ist es also möglich, anhand der Einfang- und der Emissionszeitkonstanten und deren Temperaturabhängigkeit alle interessierenden Parameter der Störzentren, nämlich die energetische Lage $(E_C - E_T)$, die Konzentrationen N_T, p_T und n_T sowie den Wirkungsquerschnitt σ_n und dessen Temperaturabhängigkeit zu ermitteln.

Man mißt dazu zunächst die Emissionszeitkonstante τ_{e_n} und deren Temperaturabhängigkeit. Dann ermittelt man aus $\ln(\tau_{e_n})$ als Funktion von $1/T$ die energetische Lage von $(E_C - E_T)$. Mit $(E_C - E_T)$ ist die reduzierte effektive Zustandsdichte n_1 bekannt und σ_n kann anhand von $\tau_{e_n} = (\sigma_n \bar{v}_{th} n_1)^{-1}$ bestimmt werden. Damit ist auch der Einfangkoeffizient $c_n = \sigma_n \bar{v}_{th}$ bekannt. Mittels der Einfangzeitkonstanten

$\tau_{c_n} = (c_n p_{T0})^{-1}$ kann bei bekanntem c_n die Konzentration der Löcher in dem Störniveau ermittelt werden, und schließlich erhält man aus $p_{T0}/N_T = 1/(1 + n_0/n_1)$ (s. Gleich. 3.22 ff.) bei aus Leitfähigkeitsmessungen bekanntem n_0 die Konzentrationen N_T und n_{T0}.
Aus folgender Abschätzung lassen sich die Größenordnungen der Einfang- und Emissionszeitkonstanten gewinnen: Setzt man als Wirkungsquerschnitt einmal den Atomquerschnitt ein, der sich aus einem Atomradius von $r \approx 0{,}15$ nm zu $\sigma_n = 6{,}5 \cdot 10^{-16}\text{cm}^2 \approx 10^{-15}\text{cm}^2$ ergibt, und für $\bar{v}_{th}$ einen Wert von 10^7 cm/s, so findet man $c_n \approx 10^{-8}$ cm^3/s. Mit der Annahme, alle Störstellen seien vollständig ionisiert (flaches Störniveau, Raumtemperatur), und es sei $N_D = 10^{15}\text{cm}^{-3}$, erhält man

$$\tau_{c_n} = \frac{1}{c_n p_{T0}} \approx \frac{1}{c_n N_D} \approx 10^8 \cdot 10^{-15}\text{s} \approx 0.1\,\mu\text{s}. \tag{3.39}$$

Für $N_D = 10^{13}$ cm^{-3} erhält man

$$\tau_{c_n} = 10\ \mu\text{s}, \tag{3.40}$$

also Werte, die mit gewöhnlichen Oszillographen meßbar sind.
Für die Emissionszeitkonstante τ_{e_n} findet man bei flachen Störniveaus mit $n_1 \approx N_C \approx 10^{19}\text{cm}^{-3}$:

$$\tau_{e_n} = \frac{1}{c_n n_1} \approx 10^8 \cdot 10^{-19}\text{s} \approx 10^{-11}\text{s} = 10^{-2}\text{ns}. \tag{3.41}$$

Zusammenfassend kann festgestellt werden:

1. nur τ_{c_n} enthält direkt die Konzentration N_D und

   nur τ_{e_n} enthält die energetische Lage $(E_C - E_T)$ und die Temperatur.

   Dabei wird vorausgesetzt, daß ein Temperaturbereich gewählt wird, in dem noch Störstellenerschöpfung vorliegt, so daß $p_{T0} \approx N_D$ gesetzt werden darf aufgrund der vollständigen Ionisierung der Störzentren.

2. Bei flachen Störniveaus ist τ_{e_n} sehr klein, d. h. die Ladungsträger werden eingefangen, jedoch instantan in das Leitungsband reemittiert.

Damit ist die mittlere Verweildauer der Ladungsträger im Leitungsband um einige Größenordnungen höher als diejenige im Störniveau.
Die Ionisierungsgrade N_D^+/N_D und p_{T0}/N_T der flachen bzw. tiefen Störzentren,

$$\frac{N_D^+}{N_D} = \frac{N_D - N_D^0}{N_D} = 1 - \frac{N_D^0}{N_D} \qquad \text{und} \qquad \frac{p_{T0}}{N_T} = \frac{1}{1 + \frac{n_0}{n_1}}, \tag{3.42}$$

lassen sich auch durch die mittleren Verweilzeiten der Ladungsträger im Leitungsband bzw. Störniveau ausdrücken.

Da bei annähernd vollständiger Ionisation der Donatorstörstellen zum einen $n_0 \approx N_D^+ \approx N_D$ gilt, zum anderen aus den Gleichn. 3.39 und 3.41

$$\frac{\tau_{e_n}}{\tau_{c_n}} = \frac{N_D}{n_1} \tag{3.43}$$

folgt, erhält man aus Gleich. 3.42:

$$\frac{N_D^+}{N_D} = 1 \quad \text{und} \quad \frac{p_{T0}}{N_T} = \frac{1}{1 + \frac{\tau_{e_n}}{\tau_{c_n}}} = \frac{\tau_{c_n}}{\tau_{e_n} + \tau_{c_n}} \quad (\approx 1 \text{ für } \tau_{e_n} \ll \tau_{c_n}) . \tag{3.44}$$

Mit $N_T = n_{T0} + p_{T0}$ kann man noch in folgender Weise umformen:

$$\frac{p_{T0}}{n_{T0}} = \frac{n_1}{n_0} = \frac{\tau_{c_n}}{\tau_{e_n}}. \tag{3.45}$$

3.3.2 Energetisch tiefliegende Zentren

In der bisherigen Diskussion war stets $n_1 \approx N_C$ und somit $n \ll n_1$ angenommen worden. Wegen der starken Temperaturabhänigkeit von n_1 (s. Tabelle 2.4) ist diese Bedingung bei tiefen Temperaturen jedoch nicht mehr erfüllt, sobald der Bereich der Störstellenreserve erreicht ist. Bei einer Temperaturänderung um eine Größenordnung ändert sich n_1 um fast 5 Größenordnungen, und mit n_1 auch die Emissionszeitkonstante. Damit wird die mittlere Verweilzeit der Elektronen im Störniveau schließlich größer als diejenige der Elektronen im Leitungsband. Da $n_1 \sim \exp(-(E_C - E_T)/k_B T)$ ist, läßt sich der gleiche Effekt auch bei Zimmertemperatur erzielen, wenn Störzentren eingebracht werden, deren energetische Niveaus tiefer im verbotenen Band des Halbleiters liegen. Man nennt solche Störniveaus, für die die Bedingung $E_C - E_T \gg k_B T$ schon bei Zimmertemperatur erfüllt ist, **tiefe Niveaus**.
Daß die mittlere Verweilzeit der Ladungsträger in tiefen Niveaus und damit die Emissionszeitkonstante stark vergrößert wird, bedeutet:

1. daß tiefe Niveaus bei Zimmertemperatur nicht mehr vollständig ionisiert sind und daher Ladungsträger aufnehmen. Dadurch wird die Leitfähigkeit herabgesetzt. Man sagt, tiefe Störstellen **kompensieren** die Leitfähigkeit, die von den flachen Zentren herrührt.

2. daß der Relaxationsprozeß, hervorgerufen durch Einfang und Emission von Ladungsträgern durch tiefe Störstellen, einen Frequenzgang der Parameter von Bauelementen in einem meßbaren Frequenzbereich verursacht.

3. daß tiefe Niveaus die Lebensdauer der Ladungsträger beeinflussen. Dies liegt daran, daß sie mit beiden Bändern, dem Leitungs- **und** dem Valenzband, wechselwirken können.

Bisher wurden nur die Wechselwirkungen mit einem der Bänder berücksichtigt. Im folgenden sollen jedoch Ladungsträger beiderlei Vorzeichens zugelassen sein. Dann gilt für die Änderung der Trapbesetzung

$$\frac{dn_T}{dt} = \frac{dp}{dt} - \frac{dn}{dt}. \tag{3.46}$$

Die Elektronenkonzentration n_T im Störniveau nimmt also zu, wenn die Elektronenkonzentration n im Leitungsband ab- und die Löcherkonzentration p im Valenzband zunimmt. Man erhält mit Gleich. 3.25 und der analogen Beziehung für Löcher

$$\frac{dn_T}{dt} = c_n(np_T - n_1 n_T) - c_p(pn_T - p_1 p_T). \tag{3.47}$$

Im stationären Zustand, d. h. für $dn_T/dt = 0$, ergibt sich, wenn man nach n_T/N_T und p_T/N_T auflöst und dabei $N_T = n_T + p_T$ berücksichtigt,

$$\frac{n_T}{N_T} = \frac{c_n n + c_p p_1}{c_n(n+n_1) + c_p(p+p_1)} \tag{3.48}$$

$$\frac{p_T}{N_T} = \frac{c_p p + c_n n_1}{c_n(n+n_1) + c_p(p+p_1)}. \tag{3.49}$$

Für n_T/p_T erhält man:

$$\frac{n_T}{p_T} = \frac{c_n n + c_p p_1}{c_p p + c_n n_1}. \tag{3.50}$$

Ersetzt man in Gleich. 3.19 und der analogen Beziehung für Löcher n_T und p_T durch die Konzentrationen der beweglichen Ladungsträger n und p gemäß Gleichn. 3.48 und 3.49, so erhält man für den Rekombinationsüberschuß, sowohl für Elektronen als auch für Löcher:

$$R = -\frac{dn}{dt} = \frac{dp}{dt} = N_T \frac{c_n c_p (np - n_1 p_1)}{c_n(n+n_1) + c_p(p+p_1)}. \tag{3.51}$$

Im stationären Zustand muß diese Bedingung offensichtlich erfüllt sein. Unter Benutzung der Tatsache, daß $n_1 p_1 = n_i^2$ ist, und mit den Abkürzungen $\tau_{n_0} = 1/(c_n N_T)$ und $\tau_{p_0} = 1/(c_p N_T)$ gelangt man zu:

$$R = \frac{np - n_i^2}{\tau_{p_0}(n+n_1) + \tau_{n_0}(p+p_1)}. \tag{3.52}$$

In Gleich. 3.52 bedeutet τ_{p_0} die Einfangszeitkonstante für Löcher, falls alle Störzentren mit Elektronen besetzt sind. Die Einfangszeitkonstante für Elektronen ist τ_{n_0}, falls alle Störzentren mit Löchern besetzt sind. Aus Gleich. 3.52 kann man eine Hochinjektions- und eine Niederinjektions-Lebensdauer gewinnen.

Im **Hochinjektionsfall** gilt $\delta n \gg n_0$, $\delta p \gg p_0$ und $\delta n \approx \delta p$, und man erhält eine gemeinsame Lebensdauer τ_h für beide Ladungsträgersorten

$$\frac{\delta n}{R} = \tau_{p_0} + \tau_{n_0} = \left(\frac{c_p \cdot c_n}{c_p + c_n} N_T \right)^{-1} = \tau_h. \tag{3.53}$$

Diese Zeitkonstante hängt nicht mehr von der Konzentration der beweglichen Ladungsträger ab, sondern nur noch von der Gesamtkonzentration der Störzentren N_T und deren Wirkungsquerschnitten σ_n und σ_p.
Im **Niederinjektionsfall** gilt $\delta n = \delta p \ll n_0,\ p_0,\ n_1,\ p_1$; das Produkt $\delta n \cdot \delta p$ ist vernachlässigbar. Man erhält in diesem Falle

$$R = \frac{(n_0 + p_0)\delta n}{\tau_{p_0}(n_0 + n_1) + \tau_{n_0}(p_0 + p_1)} \tag{3.54}$$

und damit für die entsprechende Lebensdauer $\tau_n = \delta n / R$

$$\tau_n = \tau_{p_0} \frac{n_0 + n_1}{n_0 + p_0} + \tau_{n_0} \frac{p_0 + p_1}{n_0 + p_0}, \tag{3.55}$$

so daß sich die folgende Abhängigkeit der Lebensdauer von n_0, p_0, n_1 und p_1 ergibt (s. Abb. 3.4).

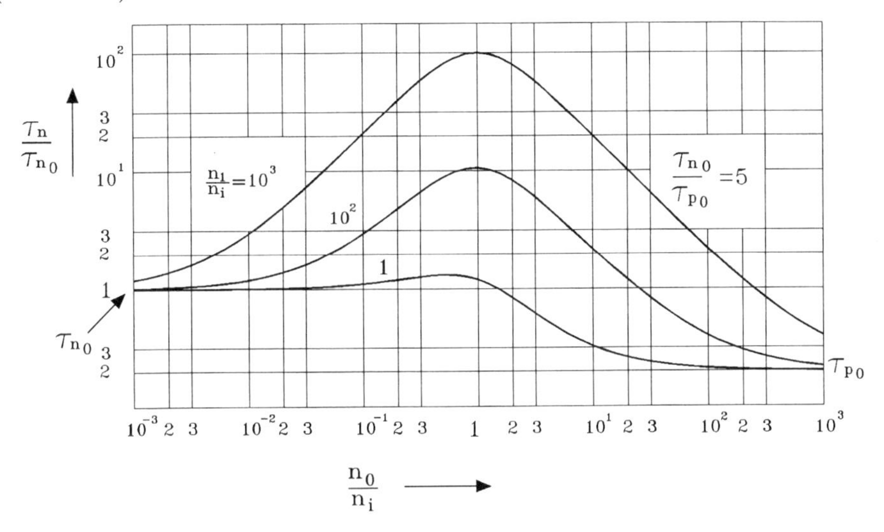

Abbildung 3.4: Abhängigkeit der Lebensdauern von n_0, p_0, n_1 und p_1

Dabei wurde die Konzentration auf n_i normiert, so daß sich für n_1/n_i und n_0/n_i ergibt:

$$\frac{n_1}{n_i} = \frac{N_C \exp\left(-\frac{E_C - E_T}{k_B T}\right)}{N_C \exp\left(-\frac{E_C - E_i}{k_B T}\right)} = \exp\left(\frac{E_T - E_i}{k_B T}\right) \tag{3.56}$$

$$E_T - E_i = k_B T \ln\left(\frac{n_1}{n_i}\right)$$

und

$$\begin{aligned}\frac{n_0}{n_i} &= \frac{N_C \exp\left(-\frac{E_C - E_F}{k_B T}\right)}{N_C \exp\left(-\frac{E_C - E_i}{k_B T}\right)} = \exp\left(\frac{E_F - E_i}{k_B T}\right) \\ E_F - E_i &= k_B T \ln\left(\frac{n_0}{n_i}\right).\end{aligned} \tag{3.57}$$

Ferner beschreibt $n_0/n_i \gg 1$ die Situation im Fall eines n-Leiters und $n_0/n_i \ll 1$ die Situation im Fall eines p-Leiters. Die Kurven für $n_1/n_i = 10^3$, 10^2, 1 entsprechen also denen für Störniveaus mit einem energetischen Abstand zum Intrinsic-Niveau in der Bandmitte von $E_T - E_i = 0{,}18$ eV, 0,12 eV oder 0 eV.
Man erkennt, daß im n-Leiter $\tau_n \approx \tau_{p_0} = 1/(c_p N_T)$ und im p-Leiter $\tau_n \approx \tau_{n_0} = 1/(c_n N_T)$ gilt. Aus dem Verhältnis dieser **Minoritätsträgerlebensdauern** läßt sich das Verhältnis σ_p/σ_n der Wirkungsquerschnitte für den Löcher- und Elektroneneinfang ermitteln.

3.4 Messung der Zeitkonstanten

Nach den Überlegungen zu den dynamischen Vorgängen bei der Wechselwirkung von Störzentren mit dem Leitungs- und Valenzband soll nun eine Methode diskutiert werden, mit der die Zeitkonstanten experimentell ermittelt werden können.
Diese Methode hat zwar heute keine besondere Bedeutung mehr zur Bestimmung der Störstellenparameter — sie wurde vom Deep-Level-Transient-Verfahren (DLTS) und seinen Varianten abgelöst, s. Kap. 10 —, besitzt aber großen didaktischen Wert, da sie das Verständnis der grundlegenden Zusammenhänge vertieft und wesentliche Einsichten in die Funktionsweise der Halbleiterbauelemente liefert, s. Kap. 4 bis 8, insbesondere für das folgende Kapitel über den MOS-Kondensator.
Zunächst wird ein mit Phosphor dotierter Siliziumkristall betrachtet. Die Donatorkonzentration soll $2 \cdot 10^{13}\text{cm}^{-3}$ betragen. Phosphor liefert ein Donatorniveau bei $E_C - E_D = 0{,}044$ eV, so daß die Störzentren bei Zimmertemperatur nahezu vollständig ionisiert sind. Der Siliziumkristall besitzt in diesem Fall einen spezifischen Widerstand von ca. 200 Ωcm. Nun werden zusätzlich ca. $4 \cdot 10^{13}\text{cm}^{-3}$ Goldatome auf Siliziumplätzen substituiert. Da jedes Goldatom statt der notwendigen vier Elektronen nur **ein** Valenzelektron zur Bindung beiträgt, müßte es zur Absättigung seiner äußeren Schale drei Elektronen aufnehmen, wobei es sich jedoch negativ aufladen würde. Das Gold kann somit als Elektronenakzeptor wirken, falls genügend Elektronen zur Verfügung stehen, z. B. in einem n-leitenden Siliziumkristall. Allerdings lagert das Goldatom nicht drei Elektronen an, sondern nur eines, da aufgrund der Coulomb-Abstoßung keine weiteren Elektronen aufgenommen werden können. Das

elektronische Niveau der Goldatome liegt etwa in der Mitte des verbotenen Bandes des Siliziums, bei $E_C - E_{Au} = 0{,}55$ eV $\approx 20\,k_BT$, ist also ein **tiefes Niveau**. Da tiefe Niveaus bei Zimmertemperatur nur teilweise ionisiert sind, muß ein wesentlicher Teil der Goldatome mit Elektronen besetzt sein. Diese Elektronen stammen aus dem Leitungsband, das durch diesen Einfangprozeß fast vollständig geleert wird, da die Konzentration der tiefen Störstellen diejenige der Donatoren um einen Faktor zwei übertrifft. Der Siliziumkristall wird daher aufgrund des Kompensationseffekts der tiefen Zentren sehr hochohmig; der spezifische Widerstand beträgt nur noch etwa 150 kΩcm. Zusammenfassend kann man sagen: durch Einbringen von Goldatomen in genügend großer Zahl auf Si-Substitutionsplätzen kann ein zunächst gut leitender Kristall sehr hochohmig werden.
Im folgenden sollen zunächst die elektrischen Eigenschaften eines solchen hochohmigen Kristalls quantitativ für den Fall betrachtet werden, daß das Goldstörniveau nur mit dem Leitungsband wechselwirkt.
Aus der Gleich. 3.22 kann man die Konzentrationen n_{T0} der Elektronen und p_{T0} der freien Plätze im Goldniveau berechnen. Bei Raumtemperatur findet man zunächst

$$n_1 = N_C \exp\left(-\frac{E_C - E_{Au}}{k_BT}\right) = 2{,}51 \cdot 10^{19} \exp\left(-\frac{0{,}55}{0{,}0259}\right)\ \mathrm{cm}^{-3} \approx 2{,}2 \cdot 10^{10}\mathrm{cm}^{-3}$$

und mit der Neutralitätsbedingung $N_D \approx N_D^+ = n_{T0} + n_0$ (die flachen Störzentren geben ihre Elektronen an das Leitungsband **und** an die Goldzentren ab) gelangt man über Gleich. 3.26 schließlich zu

$$n_0 = \frac{n_{T0}}{p_{T0}} n_1 = \frac{N_D - n_0}{N_T - N_D + n_0} \cdot n_1 \approx \frac{N_D}{N_T - N_D} \cdot n_1 \approx 2{,}5 \cdot 10^{10}\mathrm{cm}^{-3} \approx n_1. \qquad (3.58)$$

Die Konzentrationen n_1 und n_0 sind also nahezu gleich, daher gilt:

$$\frac{n_{T0}}{N_T} = \left(1 + \frac{n_1}{n_0}\right)^{-1} \approx \frac{1}{2} \qquad \text{und} \qquad \frac{p_{T0}}{N_T} = \left(1 + \frac{n_0}{n_1}\right)^{-1} \approx \frac{1}{2}. \qquad (3.59)$$

Das bedeutet also, daß im vorliegenden Fall etwa die Hälfte der $4 \cdot 10^{13}\mathrm{cm}^{-3}$ Goldzentren mit einem Elektron besetzt und die andere Hälfte unbesetzt ist und somit praktisch alle $2 \cdot 10^{13}\mathrm{cm}^{-3}$ Elektronen aus dem Leitungsband von den Goldatomen eingefangen worden sind. Die Rechnung bestätigt also die anschauliche Erklärung, die in der Einleitung zu diesem Abschnitt gegeben wurde.

3.4.1 Raumladungsbegrenzte Ströme

In diesem Abschnitt wird der Ladungstransport unter Berücksichtigung der Rückwirkung der transportierten Ladung auf die vorliegende Spannung betrachtet. Diese Erscheinung ist unter dem Begriff **Raumladungsbegrenzung** des Stroms bekannt.

Versieht man also einen, auf die soeben diskutierte Weise hochohmig gemachten Kristall mit Kontakten, die in der Lage sind, Elektronen zu liefern, sog. **ohmschen** Kontakten, s. Kap. 5, so erhält man für den Strom I bei angelegter Spannung U den im folgenden abgeleiteten $I(U)$-Zusammenhang. Zur Berechnung geht man von einer Anordnung aus, wie sie Abb. 3.5 zeigt, wobei zunächst angenommen wird, zwischen Anode und Kathode befinde sich Vakuum.

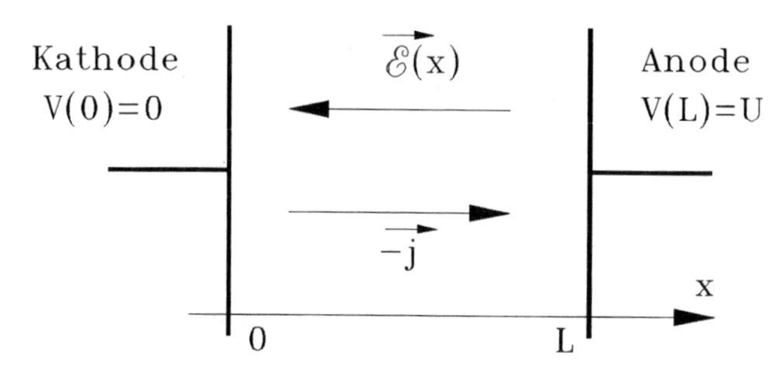

Abbildung 3.5: Elektrisches Feld $\vec{\mathcal{E}}$ und Stromdichte $\vec{j}$ zwischen den ohmschen Kontakten

Nun kann man die $I(U)$-Kennlinie aus einer stark vereinfachten Betrachtung gewinnen, die jedoch schon alles Wesentliche wiedergibt und für später außerordentlich nützlich ist. Dazu betrachtet man die Anordnung als Plattenkondensator. Die Ladung Q auf den Platten ist durch die Kapazität C und die angelegte Spannung U eindeutig bestimmt:

$$Q = CU. \tag{3.60}$$

Fließt diese Ladung nun innerhalb der Laufzeit T von einer Platte zur anderen, erhält man einen Strom I:

$$I = \frac{Q}{T} = \frac{CU}{T}. \tag{3.61}$$

Mit der Ladungsträgergeschwindigkeit $v = L/T$ erhält man

$$I = \frac{CU}{L}v = \frac{\epsilon_0 F}{L^2}U \cdot v, \tag{3.62}$$

mit dem Plattenabstand L und der Fläche F. Diese Beziehung ist analog zu $j = \rho v$, wobei im hier diskutierten Fall die Ladungsdichte ρ proportional zur Spannung U ist. Setzt man voraus, daß die Elektronen mit einer Anfangsgeschwindigkeit $v_0 = 0$ bei $x = 0$ starten, und durch die Spannung $U(x)$ beschleunigt werden, kann die Geschwindigkeit $v(x)$ nach Durchlaufen der Strecke x mittels des Energiesatzes

$$\frac{mv(x)^2}{2} = qU(x) \tag{3.63}$$

zu

$$v(x) = \sqrt{\frac{2q}{m}} \cdot \sqrt{U(x)} \tag{3.64}$$

berechnet werden, so daß man für die $I(U)$-Kennlinie bei $x = L$ erhält:

$$I = \frac{\epsilon_0 F}{L^2} \sqrt{\frac{2q}{m}} \cdot U^{3/2} \sim U^{3/2}. \tag{3.65}$$

Dieser Zusammenhang ($I \sim U^{3/2}$) ergibt sich in der soeben durchgeführten, vereinfachten Betrachtung, da die Ladungsdichte proportional zu U und die Geschwindigkeit proportional zu $\sqrt{U}$ ist. Ersetzt man nun das Vakuum durch einen Halbleiter, so bleibt diese Betrachtung ebenfalls gültig, lediglich für die Geschwindigkeit gilt, wie anschließend begründet wird:

$$v = \mu \mathcal{E} = \mu \frac{U}{L}, \tag{3.66}$$

also $v \sim U$ statt $\sim \sqrt{U}$, wie im Vakuum. Darüberhinaus wird die Dielektrizitätskonstante des Vakuums durch diejenige des Halbleitermaterials, $\epsilon_{HL}\epsilon_0$, ersetzt. So erhält man

$$I = \frac{\epsilon_{HL}\epsilon_0 F}{L^3} \mu \cdot U^2. \tag{3.67}$$

Man bezeichnet die Gleichn. 3.65 und 3.67 als **Child-Langmuir-Gleichungen**. Bei den soeben durchgeführten Überlegungen wurde jedoch die Ortsabhängigkeit des elektrischen Feldes und damit auch der Geschwindigkeit vernachlässigt, denn das elektrische Feld $\mathcal{E} = U/L$ und die Geschwindigkeit $v = \mu U/L$ bzw. $v \sim \sqrt{U}$ wurden als konstant angesehen. Diese Annahme ist nicht gerechtfertigt. Wie sich zeigen wird, liefert die Berücksichtigung der Ortsabhängigkeit jedoch lediglich die Korrekturfaktoren 4/9 (im Vakuum) oder 9/8 (im Halbleiter). Bevor die vollständige Berechnung durchgeführt wird, soll zunächst, wie bereits angekündigt, der Zusammenhang $v = \mu\mathcal{E}$ beleuchtet werden. Im Kristall bewegen sich die Ladungsträger mit ihrer effektiven Masse im elektrischen Feld frei, bis sie an Störungen des periodischen Gitters gestreut werden und dabei ihre im elektrischen Feld aufgenommene zusätzliche Energie wieder abgeben. Als Streuzentren wirken im wesentlichen Störzentren und Gitterschwingungen, sog. **Phononen**. Der Streuprozeß wird als isotrop vorausgesetzt, d. h. für die Elektronen sind nach dem Stoß alle Richtungen gleich wahrscheinlich. Die Zeit, die zwischen zwei Stößen im Mittel verstreicht, bezeichnet man als **mittlere Stoßzeit τ** . Zwischen zwei Stößen werden die Elektronen gemäß der Bewegungsgleichung

$$\frac{dv}{dt} = -\frac{q\mathcal{E}}{m_{eff}} \tag{3.68}$$

beschleunigt, so daß sie zum Zeitpunkt des Stoßes eine Geschwindigkeit

$$v = v_0 - \frac{q\mathcal{E}}{m_{eff}} \cdot \tau \tag{3.69}$$

aufweisen. Als Folge der Isotropie des Stoßvorgangs übt die Anfangsgeschwindigkeit v_0 keinen Einfluß aus und die mittlere Geschwindigkeit $\bar{v}$ der Elektronen im elektrischen Feld ist durch

$$\bar{v} = \frac{q}{m_{eff}}\tau\mathcal{E} = \frac{q}{m_{eff}}\frac{l}{\bar{v}_{th}}\mathcal{E} = \mu\mathcal{E} \tag{3.70}$$

gegeben, wenn man noch die **mittlere freie Weglänge $l = \bar{v}_{th}\tau$**einführt. Man erhält damit in dieser einfachen Betrachtung, die auf P. Drude zurückgeht, einen Zusammenhang $v \sim \mathcal{E}$, und für den Proportionalitätsfaktor führt man $\mu = q\tau/m_{eff} = ql/(m_{eff}\bar{v}_{th})$, die sog. **Beweglichkeit** ein, die in der Beziehung $\sigma = qn\mu$ die Materialeigenschaften beschreibt. Über den Streuprozess ist μ temperaturabhängig[4].

Nach dieser Zwischenbetrachtung[5] kehren wir nun zur Kennlinienberechnung für die skizzierte Kondensatoranordnung im Vakuum und in ohmschen Materialien zurück. Will man die Ortsabhängigkeit der Spannung $U(x)$ berücksichtigen, die durch die Ortsabhängigkeit der Konzentration $n(x)$ der transportierten Elektronen verursacht wird, so muß man von der Poissongleichung ausgehen:

$$\frac{d^2U(x)}{dx^2} = -\frac{dE(x)}{dx} = -\frac{\rho(x)}{\epsilon\epsilon_0} = \frac{qn(x)}{\epsilon\epsilon_0} = \frac{|j_n(x)|}{\epsilon\epsilon_0|v(x)|}. \tag{3.71}$$

Hierin ist die Definition der Elektronenstromdichte $j_n(x) = -qn(x)v(x)$ benutzt worden. Für die hier betrachteten stationären Vorgänge folgt aus der Bilanzgleichung 3.4 bei verschwindendem Rekombinationsüberschuß ($g_n - v_n = 0$) unter Berücksichtigung von $j_n = -qs_n$ unmittelbar die Konstanz der Stromdichte:

$$|j_n(x)| = j_0. \tag{3.72}$$

Damit erhält man aus Gleich. 3.71:

$$\frac{d^2U(x)}{dx^2} = \frac{j_0}{\epsilon\epsilon_0|v(x)|}. \tag{3.73}$$

Sobald der Zusammenhang zwischen der Spannung $U(x)$ und der Geschwindigkeit $v(x)$ ermittelt worden ist, kann Gleich. 3.73 integriert werden. In der hier diskutierten Kondensatoranordnung lauten die Randbedingungen $U(0) = 0$ sowie $dU/dx|_{x=0} = 0$. Für das Vakuum erhält man mit Gleich. 3.64 aus Gleich. 3.73:

[4]Für tiefe Temperaturen, bei denen die Phononen 'einfrieren', überwiegt die Streuung an Störstellen und man erhält annähernd $\mu \sim T^{3/2}$. Bei höheren Temperaturen überwiegt die Streuung an den Phononen und man erhält $\mu \sim T^{-3/2}$.

[5]Diese Überlegungen wurden durchgeführt, da sie für die später folgende Betrachtung zweidimensionaler Quantengase von Bedeutung sind.

$$\frac{d^2U(x)}{dx^2} = \frac{j_0}{\epsilon_0}\sqrt{\frac{m}{2q}}\frac{1}{\sqrt{U(x)}}. \tag{3.74}$$

Multipliziert man die Gleich. 3.74 mit dU/dx und nutzt weiterhin die Relation

$$\frac{dU}{dx} \cdot \frac{d^2U}{dx^2} = \frac{1}{2}\frac{d}{dx}\left(\frac{dU}{dx}\right)^2$$

aus, so ergibt die Integration über x mit den obigen Randbedingungen folgendes Resultat:

$$\frac{dU}{dx} = 2 \cdot \sqrt{\frac{j_0}{\epsilon_0}\sqrt{\frac{m}{2q}}} \cdot U^{1/4}. \tag{3.75}$$

Erneute Integration über x liefert den Zusammenhang zwischen j_0 und U:

$$j_0 = \frac{4}{9}\epsilon_0\sqrt{\frac{2q}{m_0}}\frac{U^{3/2}}{L^2}. \tag{3.76}$$

Für einen Halbleiter gilt folgender Zusammenhang (s. Gleich. 3.70):

$$v(x) = \mu \cdot \mathcal{E}(x) = -\mu \cdot \frac{dU}{dx} \quad \Rightarrow \quad |v(x)| = \mu \cdot \frac{dU}{dx}. \tag{3.77}$$

Weiterhin wird angenommen, daß alle injizierten Elektronen frei im Leitungsband beweglich sind und die Raumladungsverteilung bestimmen. Man findet somit aus Gleich. 3.73:

$$\frac{d^2U(x)}{dx^2} = \frac{j_0}{\epsilon_{HL}\epsilon_0\mu}\left(\frac{dU(x)}{dx}\right)^{-1}. \tag{3.78}$$

Durch Integration der Gleich. 3.78 mit der Randbedingung $dU/dx|_{x=0} = 0$ erhält man das Resultat:

$$\frac{dU(x)}{dx} = \sqrt{\frac{2j_0}{\epsilon_{HL}\epsilon_0\mu}} \cdot x. \tag{3.79}$$

Die Spannung $U(x)$ ergibt sich dann durch erneute Integration mit der Randbedingung $U(0) = 0$:

$$U(x) = \sqrt{\frac{2j_0}{\epsilon_{HL}\epsilon_0\mu}} \cdot \frac{2}{3}\sqrt{x^3} \tag{3.80}$$

Damit bekommt man bei vorgegebenem Strom $I = j_0 \cdot F$ (F = Kontaktfläche) eine $I(U)$-Kennlinie der Form:

$$I(U) = \frac{9}{8}F\epsilon_{HL}\epsilon_0\mu\frac{U^2}{L^3}. \tag{3.81}$$

Der Strom wächst also quadratisch mit der Spannung und proportional zu L^{-3}.

Genauer hätte die Gleich. 3.71 in folgender Form geschrieben werden müssen:

$$\frac{d\mathcal{E}(x)}{dx} = -\frac{q}{\epsilon_{HL}\epsilon_0}\left(n(x) - n_0\right), \tag{3.82}$$

indem die Gleichgewichtskonzentration n_0 der Ladungsträger ebenfalls berücksichtigt wird. Die Gleich. 3.81 stellt den Grenzfall für $n \gg n_0$, die sog. starke Injektion, dar. Für $n \ll n_0$, den Grenzfall der geringen Injektion folgt $d\mathcal{E}/dx = 0$ und $j \sim U$. Somit ergibt sich für einen realen hochohmigen Halbleiter in erster Näherung eine $I(U)$-Kennlinie der Form:

$$I = F\left(q\mu n_0 \frac{U}{L} + \frac{9}{8}\epsilon_{HL}\epsilon_0 \mu \frac{U^2}{L^3}\right) = Fq\mu n_0 \frac{U}{L}\left(1 + \frac{9}{8}\frac{\epsilon_{HL}\epsilon_0}{q n_0 L}\frac{U}{L}\right). \tag{3.83}$$

Der in U quadratische Anteil der Gleich. 3.83 kann sehr anschaulich interpretiert werden. Für die Geschwindigkeit der Elektronen in einem konstanten elektrischen Feld ergibt sich, wenn man mit T die Laufzeit der Ladungsträger zwischen Anode und Kathode bezeichnet,

$$v = \frac{L}{T} = \mu\mathcal{E} = \mu\frac{U}{L} \qquad \text{bzw.} \qquad T = \frac{L^2}{\mu U}. \tag{3.84}$$

Setzt man diesen Zusammenhang in Gleich. 3.81 ein, erhält man mit $F \cdot \epsilon_{HL}\epsilon_0/L =$ als geometrischer Kapazität C_g der Probe die Relation

$$I = \frac{C_g \cdot U}{T} = \frac{Q}{T}. \tag{3.85}$$

Die hochohmige Probe verhält sich ähnlich wie ein Plattenkondensator, es fließt eine Ladung $Q \sim U$ auf die Platten. Im Gegensatz zum Kondensator fließt diese Ladung in das Dielelektrikum hinein, wird jedoch auf den Platten instantan ersetzt, so daß sich in dem Plattenkondensator im zeitlichen Mittel immer die gleiche Ladungsmenge befindet. Die in den hochohmigen Si-Kristall hineinfließenden Ladungsträger bewegen sich in der Laufzeit T von der Kathode zur Anode und rufen so den Strom Q/T hervor. Da die reziproke Laufzeit und die Ladungsträgerkonzentration proportional zu U sind, nimmt der Strom quadratisch mit der Spannung zu.
Diese anschauliche Ableitung der Gleich. 3.85 hat den Faktor 9/8 (s. Gleich. 3.81) nicht reproduziert. Dieser Faktor hat seine Ursache darin, daß das elektrische Feld nicht räumlich konstant ist, sondern $\sim \sqrt{x}$ ortsabhängig ist. Damit erhält man für die Kapazität gemäß

$$C = \frac{Q}{U} = \frac{F \cdot \int_0^L \rho(x)dx}{\int_0^L \mathcal{E}(x)dx} = \frac{F \cdot \epsilon_{HL}\epsilon_0 \int_0^L \mathcal{E}'(x)dx}{\int_0^L \mathcal{E}(x)dx} = \frac{F \cdot \epsilon_{HL}\epsilon_0 \left(\mathcal{E}(L) - \mathcal{E}(0)\right)}{\mathcal{E}(L)\int_0^L \frac{\mathcal{E}(x)}{\mathcal{E}(L)}dx} \tag{3.86}$$

mit $\mathcal{E}(0) = 0$ und $f(y) := \mathcal{E}(x)/\mathcal{E}(L)$, $y := x/L$ folgenden Ausdruck:

$$C = \frac{\epsilon_{HL}\epsilon_0 F}{L}\left(\int_0^1 f(y)dy\right)^{-1} = C_g \cdot \left(\int_0^1 f(y)dy\right)^{-1}. \tag{3.87}$$

Die Kapazität C wird somit nur durch die Form der Raumladungs**verteilung** bestimmt. Mit $\mathcal{E}(x) \sim \sqrt{x}$, d. h. $f(y) = \sqrt{y} = \sqrt{x/L}$ erhält man nach Gleich. 3.87 schließlich $C = 3/2\ C_g$.
Ferner ändert sich gemäß

$$T = \int_0^L \frac{dx}{v(x)} = \int_0^L \frac{dx}{\mu\mathcal{E}(x)} = \frac{4}{3}\frac{L^2}{\mu U} \tag{3.88}$$

auch die Laufzeit, so daß sich in Gleich. 3.81 der Faktor 9/8 ergibt. Der Gleich. 3.83 entnimmt man für die **Knickspannung U_K**, das ist diejenige Spannung, bei der der lineare Stromanteil gleich dem quadratischen ist, den Wert:

$$U_K = \frac{8}{9}\frac{qn_0L^2}{\epsilon_{HL}\epsilon_0}. \tag{3.89}$$

Aus dem linearen Teil der statischen $I(U)$-Kennlinie und der Knickspannung läßt sich also die Elektronenkonzentration ermitteln und aus dem quadratischen Teil der Kennlinie erhält man die Beweglichkeit μ, so daß bei einer solchen Messung n_0 und μ getrennt bestimmt werden können.
In den bisherigen Betrachtungen spielten die Störzentren noch gar keine Rolle, denn es wurde angenommen, daß alle injizierten Ladungsträger frei im Leitungsband zum Stromtransport zur Verfügung stehen. Schätzt man einmal ab, wieviele Ladungsträger injiziert werden, ergibt sich wegen $I \sim n(x) \cdot \mathcal{E}(x)$ und somit $n(x) \sim I/\mathcal{E}(x)$ für die injizierte Flächenladungsdichte Q_i:

$$Q_i = \frac{1}{L} \cdot q \cdot \int_0^L n(x)dx = \frac{3}{2}\frac{C_gU}{F}. \tag{3.90}$$

Da die geometrische Kapazität der Probe Werte um 10 pF erreicht, werden etwa 10^9 Elektronen/cm^3 pro Volt injiziert, bei 100 V also etwa 10^{11} Elektronen. Diese Zahl ist immer noch klein gegen die der freien Plätze in den tiefen Störniveaus der Goldatome von etwa $2 \cdot 10^{13}$cm^{-3}, so daß nahezu alle injizierten Elektronen eingefangen werden können und **nicht** mehr dem Stromtransport zur Verfügung stehen. **Daher wird man bei Anwesenheit von tiefen Zentren großer Konzentration im stationären Zustand keinen quadratischen, sondern einen linearen $I(U)$-Zusammenhang messen.** Legt man jedoch keine Gleichspannung an die Probe, sondern Spannungspulse mit einer Anstiegszeit, die klein gegen die Einfangszeitkonstante τ_{c_n} ist, dann sind die injizierten Ladungsträger während der Zeit $0 \leq t \ll \tau_{c_n}$ im Leitungsband frei beweglich, und es fließt ein hoher Strom. Man erhält also einen quadratischen $I(U)$-Zusammenhang, wenn der Strom für $t \ll \tau_{c_n}$ gemessen wird und einen linearen Zusammenhang, wenn der stationäre Strom ($t \gg \tau_{c_n}$) gemessen wird. Insgesamt resultiert ein $I(U)$-Zusammenhang, wie ihn Abb. 3.6 zeigt, und eine zeitliche Änderung des Stroms wie in Abb. 3.7 angegeben.

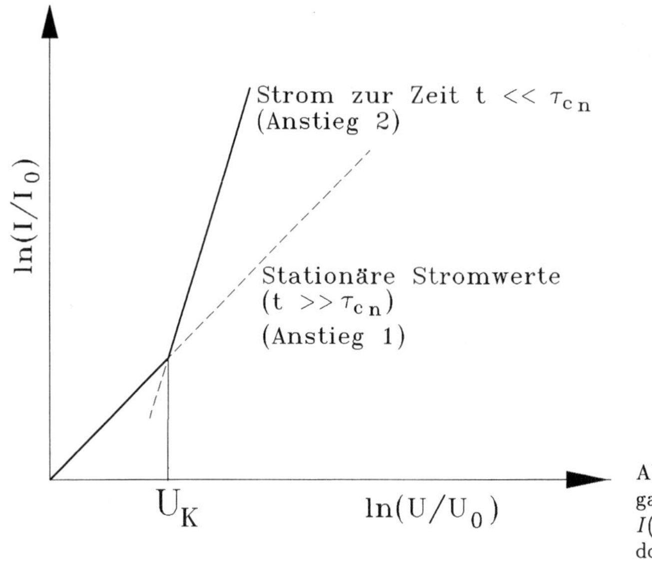

Abbildung 3.6: Doppelt logarithmische Darstellung der $I(U)$-Kennlinie einer mit Gold dotierten Siliziumprobe

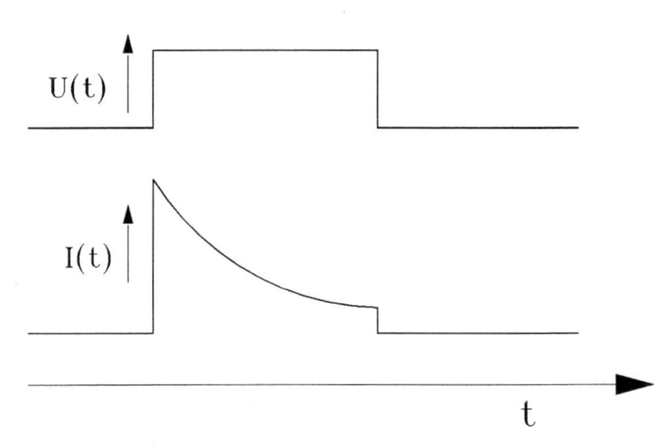

Abbildung 3.7: Zeitlicher Verlauf von Spannung U und Strom I in einer mit Gold dotierten Siliziumprobe

Aus der zeitlichen Änderung des Stroms $I(t) \sim n(t) \cdot \mathcal{E}(t)$ kann wegen der Zeitabängigkeit $n(t) \sim \exp(-t/\tau_{c_n})$ die Einfangzeitkonstante τ_{c_n} ermittelt werden, sofern $\mathcal{E}(t)$ bekannt oder $\mathcal{E}$ zeitlich konstant ist. Da sich das elektrische Feld bei gegebener Spannung U nur ändern kann, wenn sich die Raumladungsverteilung ändert, ist $\mathcal{E}$ zeitunabhängig. Auf die angegebene Weise kann somit τ_{c_n} ermittelt werden.
Auf ähnliche Weise kann auch die Emissionszeitkonstante τ_{e_n} bestimmt werden. Die Abb. 3.7 zeigt, daß am Ende des Spannungspulses praktisch alle injizierten

Ladungsträger eingefangen sind und nur noch ein geringer Strom fließt, der durch die Ladungsträger, die schon im thermischen Gleichgewicht vorhanden sind, getragen wird. Wird nun am Ende des ersten Pulses die Anordnung kurzgeschlossen, so werden die beweglichen Ladungsträger aus dem Leitungsband rasch abfließen. Daher entsteht folgende Situation: **ein an Ladungsträgern nahezu freies Leitungsband und mit Elektronen überbesetzte Störzentren**. Die Störzentren werden sich also mit dem Leitungsband dadurch ins Gleichgewicht setzen, daß sie die überschüssigen Elektronen emittieren. Ein auf das Ende des ersten Pulses nach der Zeit t' folgender zweiter Puls füllt die inzwischen in der Zeit des Kurzschlusses (t' Sekunden) abgeflossene Ladung wieder auf, denn die Spannung bestimmt die Gesamtladung in der Kondensatoranordnung. Variiert man nun den zeitlichen Abstand t' des zweiten Impulses vom Ende des ersten Impulses, so kann man aus der Einhüllenden der Stromspitzen die Emissionszeitkonstante bestimmen, s. Abb. 3.8. Mißt man τ_{e_n} für verschiedene Temperaturen, kann aus $\ln(\tau_{e_n})$ gegen $1/T$ die energetische Lage $E_C - E_T$ des Störniveaus bestimmt werden, so daß alle wesentlichen Störstellenparameter bekannt sind.

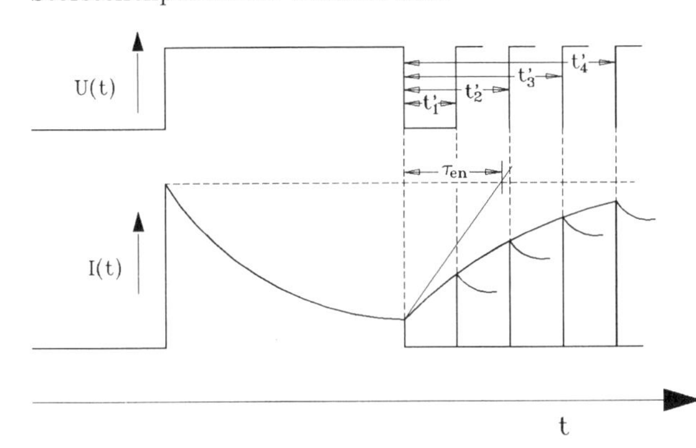

Abbildung 3.8: Bestimmung der Emissionszeitkonstanten aus den Einhüllenden der Stromspitzen

In den vorangegangenen Überlegungen wurden die statischen und dynamischen Vorgänge bei der Wechselwirkung von Störzentren mit dem Leitungs- oder Valenzband betrachtet und Experimente diskutiert, die diese Zusammenhänge noch einmal veranschaulichen und die wesentlichen Parameter zu messen gestatten. Im folgenden sollen diese Ergebnisse bei der Betrachtung der physikalischen Grundlagen der wichtigsten elektronischen Bauelemente wie MOS-Kondensator und Feldeffekttransistor, Schottky- und pn-Diode sowie Bipolar-Transistor verwendet werden.

Dem MOS-Kondensator liegt folgende Idee zugrunde, die der Physiker Julius Lilienfeld schon 1926 patentieren ließ und auf die Oscar Heil, ebenfalls Physiker, 1934 ein britisches Patent erhielt:

Legt man an die metallischen Elektroden eines Plattenkondensators eine Spannung U, so laden sich diese gemäß $Q = C_g U$ auf, wobei $C_g = \epsilon\epsilon_0 F/d$ die Kapazität dieses Kondensators darstellt, sofern der Plattenabstand d klein gegen den Durchmesser der Plattenfläche F ist. Auf den beiden Platten befinden sich betragsmäßig gleiche Ladungen, die aber unterschiedliches Vorzeichen besitzen. Die untere Platte möge die positive Ladung tragen. Da in einem Metall lediglich Elektronen als **bewegliche** Ladungsträger zur Verfügung stehen, kann diese positive Ladung nur dadurch erzeugt werden, daß durch Influenz die negativen Ladungsträger von der Metalloberfläche in das Innere des Materials zurückgedrängt werden. Die Idee von Lilienfeld und Heil war nun, daß eine solche Änderung der Ladungsträgerkonzentration als Widerstandsänderung an der unteren Kondensatorplatte meßbar sein sollte, so daß durch die Kondensatorspannung U, bzw. das zugehörige elektrische Feld, die Leitfähigkeit der Anordnung gesteuert werden könnte. Auf diese Weise hätte man einen Feldeffekt-Transfer-Resistor, kurz als Feldeffekt-Transistor oder noch kürzer als **FET** bezeichnet, realisiert. Der Weg dahin war jedoch noch weit, wie das folgende Kapitel zeigt.

Kapitel 4

Der MOS-Kondensator

4.1 Prinzip des MOS-Kondensators

Ein MOS-Kondensator besteht aus einer Schichtenfolge **M**etall-**O**xid- (**I**solator)-**S**emiconductor (MOS oder MIS), wie sie die Abb. 4.1 zeigt:

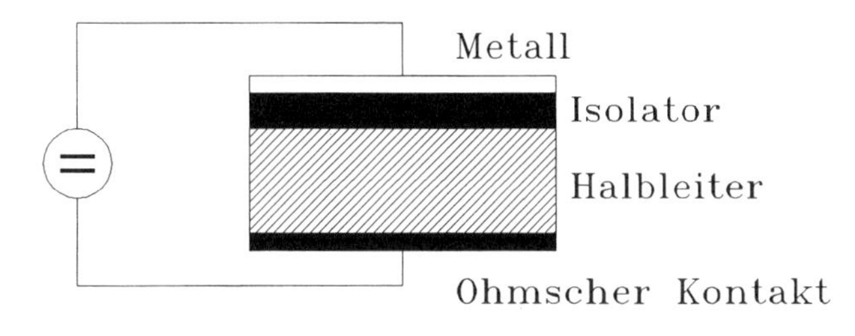

Abbildung 4.1: Aufbau eines MOS-Kondensators

Legt man an eine solche Anordnung eine Gleichspannung, so kann kein Gleichstrom fließen, da der Isolator dies verhindert (der Isolator verhalte sich ideal). Eine solche Anordnung stellt einen spannungsabhängigen Kondensator dar. Ein qualitatives Verständnis der Eigenschaften dieses Bauelements liefert die folgende Betrachtung. Wird der positive Pol der Gleichspannungsquelle mit dem Metallkontakt verbunden (der negative mit dem 'ohmschen' Unterseitenkontakt, s. Kap. 5.3.3) und ist der Halbleiter ein Elektronenleiter, so befinden sich auf der Metallelektrode positive und im Halbleiter negative Ladungen. Da sich die Elektronen im n-Halbleiter frei bewegen können, driften sie an die Halbleiter-Isolatorgrenzfläche. Die Anordnung stellt also einen Plattenkondensator dar (in diesem eindimensionalen Modell), bei dem sich die positive Ladung auf der Metallelektrode befindet und die betragsmäßig gleichgroße negative Ladung auf der fiktiven zweiten Platte an der Halbleiter-Isolator-Phasengrenze. Die zugehörige Kapazität ist die geometrische Kapazität $C_{OX} = F_K \epsilon_0 \epsilon_{ox} / d_{ox}$, die sich aus der Isolierschichtdicke d_{ox}, der Dielektrizitätskonstanten ϵ_{ox} des Isolators und der Kontaktfläche F_K berechnen läßt. Die Eigenschaften dieser Anordnung werden von dem Zwang zur Erfüllung der Ladungsbilanz

$$-Q_M = Q_{HL} \qquad \text{bzw.} \qquad -dQ_M = dQ_{HL} \qquad (4.1)$$

bestimmt. Die Beträge der Raumladung Q_{HL} im Halbleiter — bzw. von deren Änderung dQ_{HL} — und der Flächenladung $-Q_M$ auf der Metallelektrode — oder der entsprechenden Änderung $-dQ_M$ — müssen einander gleich sein.
Polt man die Spannung um, so daß sich auf der Metallelektrode negative Ladungsträger ansammeln, so muß der n-Halbleiter die betragsmäßig gleichgroße positive Ladung zur Verfügung stellen. In einem n-Halbleiter gibt es jedoch kaum **bewegliche** positive Ladungsträger (Löcher), so daß innerhalb des Halbleiters die positive Ladung durch die ortsfesten positiv geladenen Donatoren zur Verfügung gestellt werden muß. Dazu müssen die Elektronen von der Grenzfläche verdrängt werden. Die folgende einfache Abschätzung mag dies verdeutlichen. Im thermischen Gleichgewicht gilt $p_0 n_0 = n_i^2(T)$. Da bei Raumtemperatur im Silizium die Intrinsic-Konzentration n_i etwa 10^{10} cm^{-3} beträgt, folgt also $n_i^2 \approx 10^{20}$ cm^{-6}. Ist $n_0 \approx N_D^+ \approx 10^{15}$ cm^{-3}, so beträgt die Gleichgewichtskonzentration an Löchern $p_0 \approx 10^5$ cm^{-3}, ist also um 10 (!) Größenordnungen kleiner und gegen die Konzentration der positiv geladenen, ortsfesten Donatoren von $N_D^+ \approx 10^{15}$ cm^{-3} vernachlässigbar. Bringt man daher z. B. negative Ladungen, Elektronen, in einer Dichte von 10^{15} cm^{-2} auf die Metallelektrode, so müssen im Halbleiter 10^{15} ortsfeste Donatoren als positive Ladungen zur Verfügung gestellt werden. Hierzu wäre eine Verschiebung der Elektronen innerhalb des Halbleiters um eine Strecke von einem Zentimeter Länge erforderlich. Wegen der vergleichsweise geringen Donatorkonzentration ist also der Bereich, aus dem die Elektronen verdrängt werden müssen, groß, so daß sich die fiktive zweite Kondensatorplatte in das Halbleiterinnere verschiebt. Dadurch nimmt der effektive Plattenabstand zu und die Kapazität ab.
Beginnt man daher mit einer positiven Ladung auf der Metallelektrode ($U > 0$), so ist die effektive Kapazität durch $C_{OX} = F\epsilon_{ox}\epsilon_0/d_{ox}$ gegeben. Im Experiment beobachtet man, daß mit abnehmender positiver Spannung bis hin zu negativen Spannungen die Kapazität der MOS-Diode bis zu einem Minimalwert abnimmt und dann wieder ansteigt (s. Abb. 4.2). Die Abnahme ist durch die soeben geschilderte Verdrängung der Elektronen von der Halbleiter-Isolator-Grenzfläche begründet, die eine Erhöhung des Plattenabstands und damit eine Verringerung der Gesamtkapazität zur Folge hat. Der Wiederanstieg läßt sich auf folgende Weise veranschaulichen. An jedem Ort im Halbleiter besteht im stationären Zustand ein Gleichgewicht zwischen Generation und Rekombination; daher gilt im thermischen Gleichgewicht, wie bereits diskutiert, $n_0 \cdot p_0 = n_i^2$. Da die Generation nur von der Temperatur abhängt, ist die Generationsrate bei gegebener Temperatur konstant. Für die vorliegende Betrachtung bedeutet das, daß an der Grenzfläche Elektronen-Lochpaare mit einer konstanten Rate erzeugt werden, die Elektronen jedoch 'sofort' von der Grenzfläche abfließen und daher nicht wieder mit den Löchern rekombinieren. An der Grenzfläche entsteht also ein Löcherüberschuß. Wenn mit wachsender negativer Spannung so viele Elektronen von der Grenzfläche abgesogen werden, daß aufgrund der Generation die an der Grenzfläche angesammelte Löcherkonzentration als **be-**

wegliche positive Ladung in die gleiche Größenordnung gelangt wie die **ortsfeste** positive Ladungsdichte durch die ionisierten Donatoren, dann verschiebt sich die zweite fiktive Kondensatorplatte wieder zur Grenzfläche und die Kapazität steigt wieder auf die Kapazität $C_{OX} = F_K \epsilon_0 \epsilon_{ox}/d_{ox}$ an, da die Ladungsbilanz im Halbleiter nun auch durch die positiven beweglichen Ladungsträger, die Löcher, erfüllt werden kann. Die Ladungsträgeränderung dQ_{HL} findet an der Grenzfläche zwischen Isolator und Halbleiter statt. Da sich im Gegensatz zum Halbleiterinneren, wo die Elektronendichte groß gegen die Löcherdichte ist, an der Halbleiter-Isolator-Grenzfläche mehr Löcher als Elektronen befinden, ist dort aus einem n-Leiter ein p-Leiter geworden. Man nennt diese Schicht, in der der Leitfähigkeitstyp invertiert ist, wo also $p \gg n_{0,H}$ ($n_{0,H}$ ist die Elektronenkonzentration im thermischen Gleichgewicht im Halbleiterinneren) gilt, **Inversionsschicht**. Das soeben geschilderte Verhalten ist in der Abb. 4.2 als statische oder Niederfrequenz-(NF)-Kurve bezeichnet. Der Aufbau der Inversionsschicht ist an die thermische Generation von Ladungsträgern geknüpft. Dieser Vorgang ist jedoch relativ langsam und kann durch eine Generationszeitkonstante τ_g beschrieben werden. Ändert man die angelegte Spannung daher in einer Zeit, die klein gegen diese Zeitkonstante ist, z. B. impulsförmig, so kann sich die Inversionsschicht nicht aufbauen und der Wiederanstieg der Kapazität bleibt aus, die Kapazität nimmt mit zunehmender negativer Spannung weiterhin ab, die Ladungsänderung findet nur am Ende der Raumladungszone statt. Man erwartet damit einen Kapazitäts-Spannungsverlauf, wie er in Abb. 4.2 als Pulskurve gekennzeichnet ist.

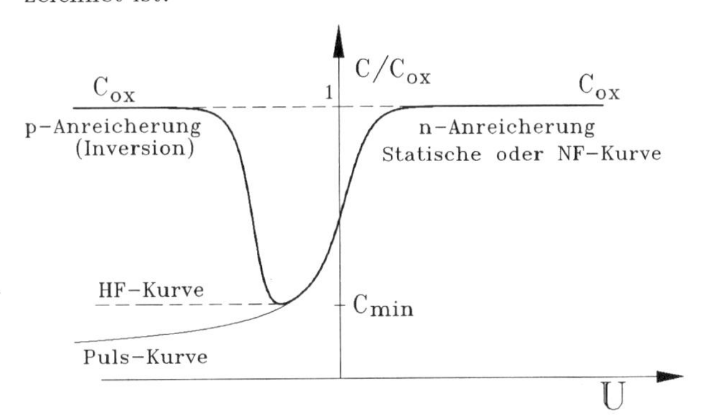

Abbildung 4.2: $C(U)$-Kurven eines MOS-Kondensators; die hervorgehobene Linie stellt die statische oder Niederfrequenz-(NF)-Kurve dar. Ferner sind noch die Hochfrequenz-(HF)-Kurve und die Pulskurve abgebildet.

Zusätzlich eingezeichnet ist noch die Hochfrequenz-(HF-)-Kurve. Diese erwartet man, wenn die Kapazität mit einer Meßbrücke gemessen wird, indem einer Gleichspannung $U < 0$ eine Wechselspannung mit kleiner Amplitude und einer Frequenz $f \gg \tau_g^{-1}$ überlagert wird. Dann stellt sich bezüglich der Gleichspannung die Inversionsladung ein, aber eine Änderung dieser Ladung im Rhythmus der Wechselspannung findet nicht statt, so daß die Ladungsänderung dQ_{HL} im Halbleiter am Ende der Raumladungszone erfolgt. Da die Weite dieser Raumladungszone jedoch durch die Gleichspannung bestimmt wird, ändert sich diese nicht, denn mit zunehmender negativer Gleichspannung wächst lediglich die Inversionsladung an der Grenzfläche.

Da die Ladungsänderung im Rhythmus der angelegten hochfrequenten Wechselspannung also am Ende der spannungs**un**abhängigen Raumladungszone stattfindet, ist die differentielle Kapazität $C_D = dQ/dU$ von dieser bestimmten Spannung an konstant.

Im folgenden soll diese qualitative Betrachtung a) durch diejenige des Bandverlaufs und insbesondere b) durch die Berechnung des $C(U)$-Verlaufs vertieft und ergänzt werden. Dazu betrachten wir zunächst das Bänderschema des MOS-Kondensators genauer.

Die Beziehung

$$n_0 = N_C \exp\left(-\frac{E_C - E_F}{k_B T}\right) \tag{4.2}$$

wurde für das thermische Gleichgewicht abgeleitet. Sie gibt einen Zusammenhang zwischen dem Abstand des Leitungsbands vom Ferminiveau, $E_C - E_F$, und der Elektronenkonzentration n_0 an. Legt man, wie geschildert, eine externe, zeitabhängige Spannung an den MOS-Kondensator, so stellt sich ebenfalls ein Gleichgewichtszustand ein, der jedoch vom thermischen Gleichgewicht abweicht und daher im folgenden als **nicht-thermisches** Gleichgewicht bezeichnet wird. Man kann einen ähnlich einfachen Zusammenhang, wie ihn Gleich. 4.2 für das thermische Gleichgewicht darstellt, auch im nicht-thermischen Gleichgewicht erhalten, wenn man sog. **Quasiferminiveaus** E_{F_n} für die Elektronen und entsprechend E_{F_p} für die Löcher einführt (im angelsächsischen Sprachgebrauch auch **imref** genannt, d. h. 'Fermi' rückwärts gelesen). Da die Einstellung eines Gleichgewichtszustands **innerhalb** des Leitungs- oder Valenzbandes typischerweise mit einer Relaxationszeit von einigen 10^{-13} s erfolgt, kann man annehmen, daß Elektronen und Löcher für sich betrachtet im Gleichgewicht sind, sofern die Periodendauer einer externen Wechselspannung groß gegen die Relaxationszeit ist. Die Einstellung eines Gleichgewichts **zwischen** Leitungs- und Valenzband erfolgt dagegen mit Relaxationszeiten, die je nach Art des Generations- oder Rekombinationsmechanismus' im Bereich einiger μs bis ms (s. Kap. 3) liegen können, so daß häufig schon bei zeitabhängigen externen Spannungen mit Frequenzen im kHz- oder MHz-Bereich die Einstellung eines Gleichgewichts zwischen Leitungs- und Valenzband und damit die Ausbildung eines gemeinsamen Ferminiveaus unmöglich wird.

Die Abstände $(E_C - E_{F_n})(x)$ und $(E_{F_p} - E_V)(x)$ stellen dann jeweils ein logarithmisches Maß für die lokale Elektronen- oder Löcherkonzentration dar:

$$n(x) = N_C \exp\left(-\frac{(E_C - E_{F_n})(x)}{k_B T}\right) \quad ; \quad p(x) = N_V \exp\left(-\frac{(E_{F_p} - E_V)(x)}{k_B T}\right). \tag{4.3}$$

Für das nicht-thermische Gleichgewicht folgt dann statt der Beziehung $n_0 p_0 = n_i^2$ unter Benutzung der Gleich. 4.3 die Relation:

$$np = n_i^2 \exp\left(-\frac{E_{F_n} - E_{F_P}}{k_B T}\right). \tag{4.4}$$

Differenziert man die Elektronenkonzentration $n(x)$ gemäß Gleich. 4.3 nach dem Ort x, so erhält man

$$\frac{dn(x)}{dx} = -\frac{n(x)}{k_B T}\left(\frac{dE_C(x)}{dx} - \frac{dE_{F_n}(x)}{dx}\right). \quad (4.5)$$

Da E_C die potentielle Energie der Elektronen darstellt, kann man dE_C/dx auch als

$$\frac{dE_C(x)}{dx} = -q\frac{dV(x)}{dx} \quad (4.6)$$

schreiben, wobei $V(x)$ das elektrische Potential der Elektronen ist. Nach Multiplikation mit der Beweglichkeit μ_n erhält man aus Gleich. 4.5

$$\mu_n n(x)\frac{dE_{F_n}(x)}{dx} = -\mu_n n(x) q\frac{dV(x)}{dx} + \mu_n k_B T\frac{dn(x)}{dx}. \quad (4.7)$$

Der erste Term auf der rechten Seite von Gleich. 4.7 stellt wegen der Beziehung $-dV/dx = \mathcal{E}(x)$ den Elektronenfeldstrom dar, während der zweite Term den Diffusionsstrom beschreibt. Daher gilt für die Gesamtelektronenstromdichte $j_n(x)$ (= Feldstromdichte + Diffusionsstromdichte)

$$j_n = \mu_n n(x)\frac{dE_{F_n}}{dx}. \quad (4.8)$$

In einem n-Halbleiter gilt $n \gg p$, so daß der Elektronenstrom in guter Näherung mit dem Gesamtstrom identifiziert werden kann, und dieser somit proportional zum Gradienten des Quasiferminiveaus dE_{F_n}/dx ist.
In einem MOS-Kondensator kann aufgrund der Isolatorschicht im stationären Zustand kein Strom fließen. In solchen Bereichen, in denen die Elektronenkonzentration $n(x)$ **nicht** verschwindet und darüberhinaus $\mu_n \neq 0$ gilt, folgt aus der Stromlosigkeit und Gleich. 4.8 die Identität $dE_{F_n}/dx = 0$ und daraus die Konstanz des Quasiferminiveaus. Man kann eine analoge Betrachtung für die Löcher in einem p-dotierten Gebiet durchführen und findet, daß $dE_{F_p}/dx = 0$ gelten muß, falls die Bedingungen $\mu_p \neq 0$ und $p \neq 0$ erfüllt sind und die Stromdichte j_p verschwindet. Treten beide Ladungsträgersorten auf, so ist die Gesamtstromdichte j durch die Summe $j_n + j_p$ gegeben. Im stationären Zustand muß $j = 0$ erfüllt sein. Das bedeutet für den MOS-Kondensator, in dem im stationären Zustand $dE_{F_n}/dx = dE_{F_p}/dx = 0$ gilt, daß die Quasiferminiveaus zu **einem** Ferminiveau E_F zusammenfallen und ortsunabhängig horizontal durch den Halbleiter hindurchgehen. Ist jedoch die Elektronenstromdichte $j_n = 0$, so muß dennoch nicht notwendig $dE_{F_n}/dx = 0$ gelten, falls etwa n oder μ_n verschwinden.
Der Gleich. 4.7 entnimmt man ferner durch Vergleich mit dem 1. Fick'schen Gesetz die sog. Einsteinbeziehung $\mu_n k_B T = qD_n$, denn der Diffusionsstrom wird üblicherweise als $qDdn/dx$ geschrieben, wobei D_n der Diffusionskoeffizient ist (s. auch Kap. 3.1). Man erhält dann

$$\frac{\boldsymbol{k_B T}}{\boldsymbol{q}} = \frac{\boldsymbol{D_n}}{\boldsymbol{\mu_n}} =: \boldsymbol{V_T}, \tag{4.9}$$

eine Formel, die von allgemeiner Bedeutung ist, insbesondere für die Diskussion der pn-Diode und des Transistors (s. Kap. 7 und 8). Die soeben definierte Spannung V_T wird auch als **Temperaturspannung** bezeichnet.
Zur Beschreibung des Bänderschemas des MOS-Kondensators geht man von der Modellvorstellung des Potentialtopfes aus. Die Abb. 4.3 gibt die Potentialtöpfe für ein Metall und einen Halbleiter wieder, die sich auf gleichem Nullpotential, aber noch nicht im thermischen Gleichgewicht befinden, da die Ferminiveaus auf verschiedener Höhe liegen.

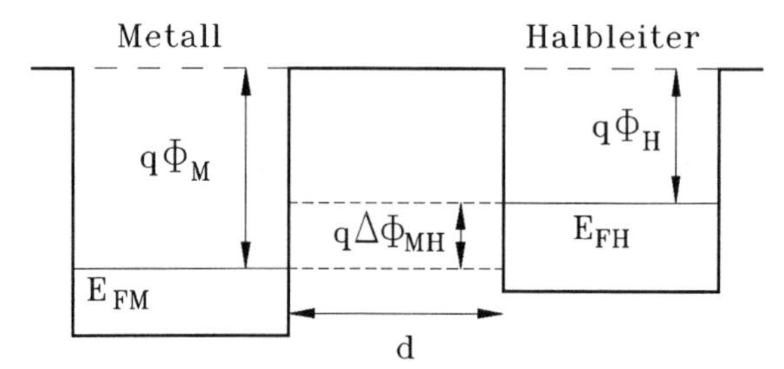

Abbildung 4.3: Potentialtopfmodell des MOS-Kondensators

Dabei wurde angenommen, daß die Austrittsarbeit des Halbleiters $q\Phi_H$ kleiner ist als die des Metalls $q\Phi_M$. Als Austrittsarbeit definiert man diejenige Energie, die aufgewendet werden muß, um ein Elektron aus einem Material zu lösen und auf das Potentialniveau Null, also ins Unendliche zu bringen. Da im thermischen Gleichgewicht die Ferminiveaus von Metall und Halbleiter auf gleicher Höhe liegen müssen, fließen Ladungsträger (Elektronen) vom Halbleiter in das Metall, da sie dort eine geringere potentielle Energie besitzen. Dieser Ladungsausgleich findet so lange statt, bis die Ferminiveaus sich angeglichen haben. Befinden sich die Potentialtöpfe im Abstand d, so geht pro Flächeneinheit die Ladung

$$Q = \frac{\epsilon_{ox}\epsilon_0}{d}\Delta\Phi_{MH} = C \cdot \Delta\Phi_{MH} \tag{4.10}$$

vom Halbleiter in das Metall über, wobei C die Kapazität pro Flächeneinheit bezeichnet. Die Abb. 4.4 gibt diese Situation für einen Gold-SiO_2-n-Silizium MOS-Kondensator wieder.
Die Differenz der Austrittsarbeiten $q\Phi_{MH}$ fällt in diesem Fall über der Isolatorschicht **und** dem Halbleiter ab. Da Elektronen vom Halbleiter ins Metall übertreten, fehlen sie im Silizium, so daß dort als Folge der Beziehung $n(x) = N_C \exp(-\frac{E_C(x)-E_F}{k_B T})$ der Abstand $E_C - E_F$ durch Anheben der Energie E_C vergrößert werden muß, da die Fermienergie E_F im Gleichgewicht ortsunabhängig konstant ist. Je dünner die Oxidschicht ist, desto mehr Ladungsträger gehen vom Halbleiter ins Metall über, und desto größer ist auch die Bandverbiegung. Verschwindet die Isolierschicht völlig,

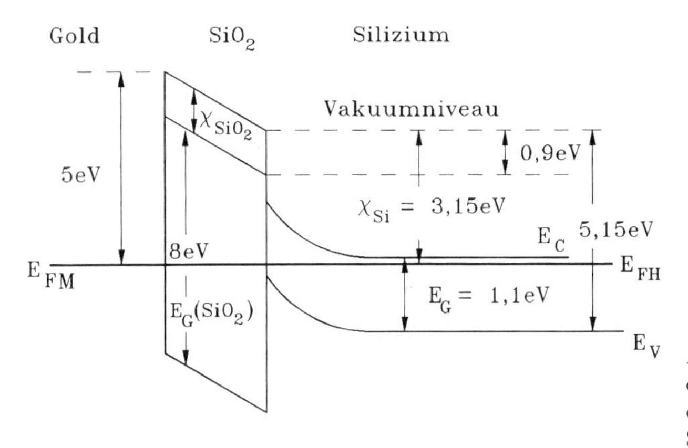

Abbildung 4.4: Angleichung der Ferminiveaus durch Ladungsausgleich in einem Gold-SiO_2-Si-MOS-Kondensator

wird also die Metallschicht direkt auf den Halbleiter aufgebracht, so fällt $q\Phi_{MH}$ vollständig über dem Halbleiter ab und es liegt eine Schottky-Diode vor, s. Kap. 5. Legt man eine externe Spannung U an die Anordnung, so erscheint diese im Bänderschema als Differenz der Ferminiveaus E_{F_H} im Halbleiter und E_{F_M} im Metall. Die Abb. 4.5 zeigt diesen Fall für eine Spannungsquelle, deren negativer Pol am Metall liegt.

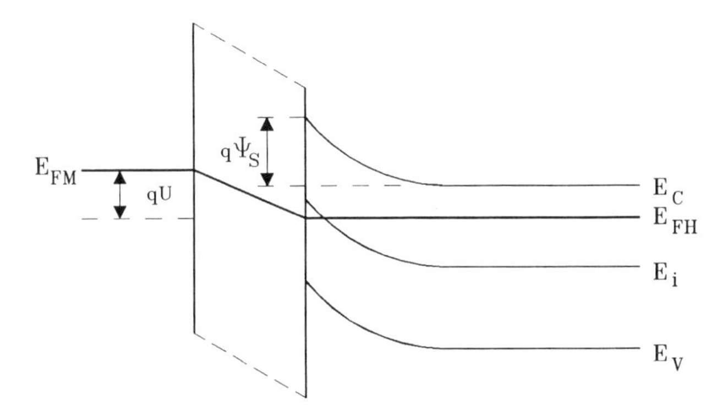

Abbildung 4.5: MOS-Kondensator unter externer Spannung

Mit Hilfe der Poisson-Gleichung können der Potentialverlauf und die Spannungsabhängigkeit der Kapazität berechnet werden. In der Behandlung von MOS-Bauelementen hat es sich eingebürgert, als **Energienullpunkt** das Intrinsic-Niveau E_i im Halbleiterinneren zu wählen und die Abweichungen von diesem Niveau in Richtung der Halbleiter-Isolatorphasengrenze hin mit $\boldsymbol{q\Psi(x)}$ zu bezeichnen. In Abb. 4.5 ist dies dargestellt. Für den dort angegebenen Fall ist das Potential negativ. Man erhält in dieser Darstellung für die Elektronenkonzentration

$$n(x) = n_{0,H} \exp\left(\frac{q\Psi(x)}{k_B T}\right) . \tag{4.11}$$

(Man beachte, daß $\Psi(x)$ negativ ist; $n_{0,H}$ ist die Gleichgewichtselektronenkonzentration im Halbleiterinneren, wo $\Psi(x) = 0$ gilt, also $n_{0,H} = N_C \exp[-(E_C - E_F)/k_B T]$ gilt.) Für den p-Halbleiter ergibt sich entsprechend

$$p(x) = p_{0,H} \exp\left(-\frac{q\Psi(x)}{k_B T}\right). \tag{4.12}$$

Die Poisson-Gleichung lautet damit

$$\frac{d^2\Psi}{dx^2} = -\frac{1}{\epsilon_0 \epsilon_{HL}} \rho(x). \tag{4.13}$$

Für $\rho(x)$ erhält man

$$\rho(x) = q\left(N_D^+ - N_A^- + p(x) - n(x)\right). \tag{4.14}$$

Hierbei ist die Annahme ortsunabhängiger Raumladungsdichten N_A^- und N_D^+ gemacht worden. Weit im Halbleiterinneren gilt $\rho(x) = 0$, daher folgt

$$0 = q(N_D^+ - N_A^- + p_{0,H} - n_{0,H}), \tag{4.15}$$

so daß man $N_D^+ - N_A^-$ in 4.14 durch $n_{0,H} - p_{0,H}$ ersetzen kann. Damit läßt sich $\rho(x)$ schreiben als

$$\rho(x) = q\left((p - p_{0,H}) - (n - n_{0,H})\right). \tag{4.16}$$

Unter Benutzung der Gleichn. 4.11, 4.12 und 4.16 wird aus Gleich. 4.13

$$\frac{d^2\Psi(x)}{dx^2} = -\frac{q}{\epsilon_0 \epsilon_{HL}} \left\{ p_{0,H} \left[\exp\left(-\frac{q\Psi(x)}{k_B T}\right) - 1\right] - n_{0,H} \left[\exp(\frac{q\Psi(x)}{k_B T}) - 1\right]\right\}. \tag{4.17}$$

Die Ortsabhängigkeit von $\Psi(x)$ in Gleich. 4.17 ist nur implizit gegeben.

4.2 Schottky-Näherung

Um einen ersten Überblick zu gewinnen, soll Gleich. 4.17 für den Fall der n-Dotierung integriert werden unter der vereinfachenden Annahme, daß die beweglichen Ladungsträger, d. h. die Exponentialterme in 4.17, vernachlässigt werden können. Man berücksichtigt nur die ortsfesten Donatoren gemäß $N_D^+ = n_{0,H} - p_{0,H}$, s. Abb. 4.6. Die Poisson-Gleichung lautet dann:

$$\frac{d^2\Psi(x)}{dx^2} = \Psi''(x) = -\frac{q}{\epsilon_0 \epsilon_{HL}} N_D^+ \qquad \text{für } 0 \leq x \leq l. \tag{4.18}$$

Die Länge l bezeichnet hierin die noch zu bestimmende Weite der Raumladungszone. Die Gleich. 4.18 ist als **Schottky-Randschicht-Näherung** bekannt. Wegen der Stetigkeit von $\Psi'(x)$ und $\Psi(x)$ und mit der Randbedingung $\Psi'(l) = \Psi(l) = 0$

kann Gleich. 4.18 integriert werden. Die Bandverbiegung an der Halbleiter-Isolator-Phasengrenze wird als $\Psi_s := \Psi(0)$ definiert und auch als **Grenzflächenpotential** bezeichnet.
Damit ergibt die Integration von Gleich. 4.18:

$$\Psi'(x) = -\frac{q}{\epsilon_0 \epsilon_{HL}} N_D^+ (x - l) \tag{4.19}$$

und

$$-\Psi(x) = \frac{1}{2} \frac{q}{\epsilon_0 \epsilon_{HL}} N_D^+ (x - l)^2. \tag{4.20}$$

Unter Berücksichtigung der Randbedingungen folgt :

$$-\Psi(0) = -\Psi_s = \frac{1}{2} \frac{q}{\epsilon_0 \epsilon_{HL}} N_D^+ \cdot l^2, \tag{4.21}$$

so daß Gleich. 4.20 sich schreiben läßt als

$$\Psi(x) = \Psi_s \cdot \left(\frac{x}{l} - 1 \right)^2. \tag{4.22}$$

Man erhält also in diesem einfachen Fall eines kastenförmigen Raumladungsprofils einen linearen Feldverlauf und einen quadratischen Potentialverlauf, s. Abb. 4.6.
Aus Gleich. 4.21 folgt, daß zwischen Ψ_s und $\boldsymbol{l}$, der **Sperrschichtweite**, ein eindeutiger Zusammenhang besteht

$$\boldsymbol{l = \sqrt{\frac{2\epsilon_0 \epsilon_{HL} |\Psi_s|}{q N_D^+}}}. \tag{4.23}$$

Da weiterhin zwischen der Sperrschichtweite l und der auf die Fläche bezogenen Gesamtladung Q_D im Halbleiter der Zusammenhang

$$Q_D = q N_D^+ \cdot l = \sqrt{q N_D^+ 2 \epsilon_0 \epsilon_{HL} \Psi_s} \quad \text{und somit} \quad Q_D \sim \sqrt{\Psi_s} \tag{4.24}$$

besteht, erhält man auch einen eindeutigen Zusammenhang zwischen Q_D und Ψ_s.
Daher ergibt sich für die statische Kapazität pro Flächeneinheit

$$C_{st} = \frac{Q_D}{|\Psi_s|} = \frac{q N_D^+ \cdot l}{\frac{1}{2} N_D^+ l^2 q / (\epsilon_0 \epsilon_{HL})} = 2 \frac{\epsilon_0 \epsilon_{HL}}{l}. \tag{4.25}$$

Für die differentielle Kapazität pro Flächeneinheit

$$C_D := \frac{dQ_D}{d|\Psi_s|} = \frac{dQ_D}{dl} \cdot \frac{dl}{d|\Psi_s|} \tag{4.26}$$

erhält man

$$C_D = \frac{q N_D^+}{N_D^+ l q / (\epsilon_0 \epsilon_{HL})} = \frac{\epsilon_0 \epsilon_{HL}}{l}. \tag{4.27}$$

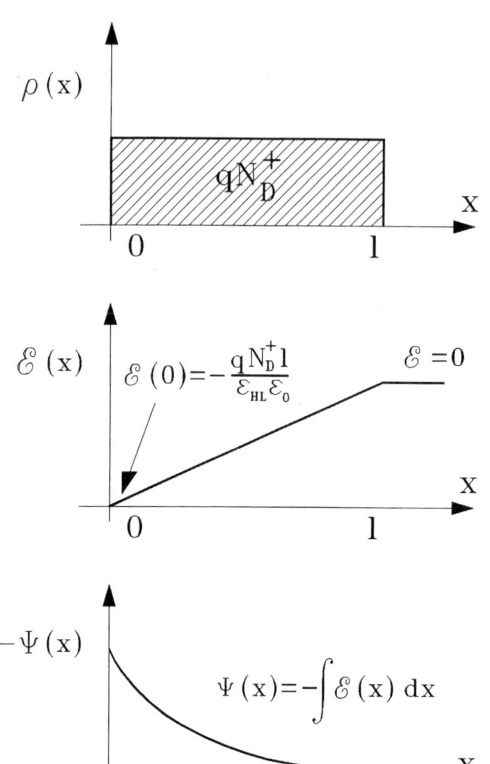

Abbildung 4.6: Ortsabhängigkeit von Ladungsdichte, Feld und Potential im Fall der Schottky-Näherung

Die Gleichn. 4.25 und 4.27 zeigen, daß die Sperrschicht im Rahmen der Schottky-Näherung als ein Plattenkondensator angesehen werden kann. Mißt man die statische Kapazität, so erhält man bei ortsunabhängiger Raumladung, d. h. linearem Feldverlauf, gemäß Gleich. 3.87, einen Wert von $C_{st} = 2C_D = 2\epsilon_0\epsilon_{HL}/l$. Dies entspricht einem Plattenkondensator mit einem Plattenabstand $l/2$.

Für die differentielle Kapazität erhält man nur den halben Wert, denn Änderungen der Raumladung geschehen immer nur am Ende der Sperrschicht und man findet wegen $\Delta Q_D = qN_D^+ \cdot \Delta l$ und

$$\Delta\Psi_s = \Psi_s(l+\Delta l) - \Psi_s(l) = \frac{1}{2}\frac{q}{\epsilon_0\epsilon_{HL}}N_D^+\left((l+\Delta l)^2 - l^2\right) \approx -\frac{q}{\epsilon_0\epsilon_{HL}}N_D^+ l\Delta l \quad (4.28)$$

für $C_D = dQ_D/d|\Psi_s| = \epsilon_0\epsilon_{HL}/l$. Man erkennt, daß sich Änderungen von Q_D um ΔQ_D und Ψ_s um $\Delta\Psi_s$ durch Änderungen der Sperrschichtweite um Δl ausdrücken lassen.

Ersetzt man in Gleich. 4.27 l gemäß Gleich. 4.23, so erhält man

$$C_D = \sqrt{\frac{\epsilon_0 \epsilon_{HL} q N_D^+}{2|\Psi_s|}}. \tag{4.29}$$

Mißt man daher C_D als Funktion von $|\Psi_s|$ und trägt dann $1/C^2$ gegen $|\Psi_s|$ auf, erhält man einen Zusammenhang, wie ihn Gleich. 4.30 angibt

$$\frac{1}{C_D^2} = \frac{2}{\epsilon_0 \epsilon_{HL} q} \cdot \frac{1}{N_D^+} \cdot |\Psi_s| \tag{4.30}$$

und Abb. 4.7 darstellt.

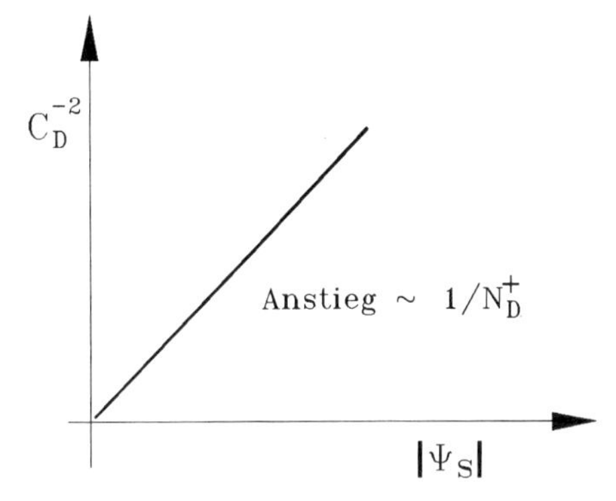

Abbildung 4.7: C_D^{-2} in Abhängigkeit von $|\Psi_s|$

Man erkennt, daß aus dem Anstieg der Geraden die Dotierungskonzentration $N_D \approx N_D^+$ des Halbleiters bestimmt werden kann. Zusammenfassend kann man feststellen: Durch Anlegen einer Spannung an den MOS-Kondensator wird auf das Gate (die Metallelektrode) eine Ladung gebracht und eine betragsmäßig gleichgroße Ladung von entgegengesetztem Vorzeichen im Halbleiter influenziert. Dadurch ergibt sich ein bestimmtes Grenzflächen-Potential Ψ_s. Dieses ist eindeutig mit der Raumladungs- oder Sperrschichtweite l verknüpft. Ändert man die Ladung auf dem Gate um ΔQ_M, so ändert sich die Raumladung um $\Delta Q_D = -\Delta Q_M$ und das Grenzflächenpotential um $\Delta\Psi_s$. Die Änderung um ΔQ_D erfolgt am Ende der Sperrschicht. Man kann diese Änderung des Grenzflächenpotentials Ψ_s mit der Raumladungsänderung ΔQ_D in sinnvoller Weise durch eine differentielle Kapazität C_D beschreiben. Diese Kapazität kann als Plattenkondensator aufgefaßt werden, dessen eine Platte sich an der Halbleiter-Isolator-Grenzfläche und dessen andere Platte sich im Abstand l von dieser Grenzfläche innerhalb des Halbleiters befindet.
Die bisherigen Überlegungen wurden unter der vereinfachenden Annahme durchgeführt, daß n und p in der Raumladungszone vernachlässigbar sind. Für diesen Fall gelang es, $\Psi(x)$ durch zweimalige Integration der Poisson-Gleichung zu berechnen. Wie bereits erwähnt, muß zur exakten Bestimmung von $\Psi(x)$ die vollständige Gleich. 4.17 unter Berücksichtigung der beweglichen Ladungsträger integriert werden. Diese

Gleichung ist wegen ihres impliziten Charakters nicht analytisch lösbar. Die Gesamtladung Q_D und die differentielle Kapazität C_D können jedoch schon durch einmalige Integration der Poisson-Gleichung ohne explizite Kenntnis von $\Psi(x)$ gewonnen werden, denn die einmalige Integration der Poisson-Gleichung liefert die elektrische Feldstärke. Da jede Feldlinie von einer Ladung ausgeht und auf einer Ladung endet (von der Flächenladung auf dem Metall zur Raumladung im Halbleiter), erhält man durch Multiplikation der Feldstärke an der Halbleiter-Isolator-Grenzfläche mit der Dielektrizitätskonstanten $\epsilon_0\epsilon_{ox}$ des Oxids die Raumladung im Halbleiter als Funktion der über dem Halbleiter abfallenden Spannung (Gauß'scher Satz). Die Differentiation dieser Ladung nach der Spannung liefert dann die gesuchte differentielle Kapazität C_D. Dies soll nun durchgeführt werden.

4.3 Einfluß von Elektronen und Löchern

Die Definition von C_D lautet (s. Gleich. 4.26):

$$C_D := \frac{dQ_D(\Psi_s)}{d|\Psi_s|}. \tag{4.31}$$

Multipliziert man beide Seiten der Gleich. 4.17 mit $d\Psi(x)/dx$, so läßt sich diese mit Hilfe der Identität

$$\frac{d\Psi(x)}{dx}\frac{d^2\Psi(x)}{dx^2} = \frac{1}{2}\frac{d}{dx}\left(\frac{d\Psi(x)}{dx}\right)^2 \tag{4.32}$$

einmal integrieren und man erhält das Quadrat der Feldstärke $\mathcal{E}^2(x) = [-\Psi'(x)]^2$. Für $\mathcal{E}(x)$ ergibt sich daher

$$\mathcal{E}(x) = \pm\sqrt{2\frac{k_BT}{q}\frac{qn_{0,H}}{\epsilon_0\epsilon_{HL}}} \cdot F\left(\Psi(x)\right) \tag{4.33}$$

mit einer normierten Feldstärke $F(\Psi(x))$

$$F := \sqrt{\frac{p_{0,H}}{n_{0,H}}\left\{\exp\left(-\frac{q\Psi(x)}{k_BT}\right) + \frac{q\Psi(x)}{k_BT} - 1\right\} + \left\{\exp\left(\frac{q\Psi(x)}{k_BT}\right) - \frac{q\Psi(x)}{k_BT} - 1\right\}}. \tag{4.34}$$

Dabei verläuft die Integration von der Grenze der Raumladungszone bei $x' = l$ bis zu einem Punkt $x' = x$ innerhalb derselben in Richtung auf die Halbleiteroberfläche ($x' = 0$) zu. Die Randbedingungen sind $d\Psi(l)/dx = 0$ sowie $\Psi(l) = 0$. Nimmt das Grenzflächenpotential $|\Psi_s|$ gerade den Wert der Temperaturspannung $V_T = k_BT/q$ an, so gelangt man mit Gleich. 4.23 zur Definition der **Debye-Länge l_D**:

$$\boldsymbol{l_D := \sqrt{\frac{2\epsilon_0\epsilon_{HL}V_T}{qN_D^+}}}. \tag{4.35}$$

Mit Hilfe von l_D kann man dann Gleich. 4.23 umschreiben zu

$$\left(\frac{l}{l_D}\right)^2 = \frac{|\Psi_s|}{V_T}. \qquad (4.36)$$

Für $N_D^+ = 10^{15}\text{cm}^{-3}$, ϵ_{Si} =11.6 und T =300 K nimmt l_D einen Wert von 0,18 μm an.
Ersetzt man darüberhinaus in Gleich. 4.35 V_T gemäß der Einstein-Relation durch D_n/μ_n, so ergibt sich

$$l_D^2 = \frac{2\epsilon_0\epsilon_{HL}D_n}{q\mu_n N_D^+} = 2D_n\frac{\epsilon_0\epsilon_{HL}}{q\mu_n N_D^+} =: 2D_n\tau_D. \qquad (4.37)$$

Die Größe $\epsilon_0\epsilon_{HL}/(q\mu_n N_D^+)$ hat die Dimension der Zeit und wird als dielektrische Relaxationszeit τ_D bezeichnet. Diese ergibt sich im allgemeinen aus folgender Überlegung. Die Kontinuitätsgleichung $\nabla \cdot \vec{j} = -\dot{\rho}$ liefert mit dem Ohmschen Gesetz $\vec{j} = \sigma\vec{\mathcal{E}}$ sowie der ersten Maxwell-Gleichung $\nabla \cdot \vec{D} = \epsilon\epsilon_0 \cdot \nabla \cdot \vec{\mathcal{E}} = \rho$ die Beziehung:

$$\frac{d\rho}{dt} = -\frac{\sigma}{\epsilon\epsilon_0}\rho \qquad (4.38)$$

mit der Lösung $\rho = \rho_0 \exp(-t/\tau_D)$ und der dielektrischen Relaxationszeit

$$\tau_D := \frac{\epsilon\epsilon_0}{\sigma}, \qquad (4.39)$$

die somit angibt, wie schnell eine Störung der Raumladungsdichte ρ abklingt. Mit $\sigma = q\mu_n n = q\mu_n N_D^+$ erhält man die angegebene Beziehung 4.37. Unter Verwendung von Gleich. 4.35 kann man nun den Ausdruck unter der Wurzel in Gleich. 4.33 umformen und erhält mit $n_{0,H} = N_D^+$

$$\mathcal{E}(x) = \pm 2\frac{V_T}{l_D} \cdot F(\Psi(x)). \qquad (4.40)$$

Dabei gilt das positive Vorzeichen für $\Psi(x) > 0$, also für den Anreicherungsfall, und das negative Vorzeichen für $\Psi(x) < 0$, den Fall der Verarmung.
Die auf die Fläche bezogene Gesamtladung innerhalb des Halbleiters Q_D erhält man aus der Maxwellschen Gleichung $\rho(x) = \epsilon_{HL}\epsilon_0\nabla \cdot \vec{\mathcal{E}}(x)$ durch Integration über die Raumladungszone:

$$Q_D = \int_0^l dx\rho(x) = \epsilon_{HL}\epsilon_0 \int_0^l dx\frac{d\mathcal{E}(x)}{dx} = \epsilon_{HL}\epsilon_0\left(\mathcal{E}(l) - \mathcal{E}(0)\right) = -\epsilon_{HL}\epsilon_0\mathcal{E}(0). \qquad (4.41)$$

Mit Gleich. 4.40 kann Q_D als Funktion von $\Psi(x = 0) = \Psi_s$ dargestellt werden:

$$Q_D = \mp 2\frac{\epsilon_{HL}\epsilon_0}{l_D} \cdot V_T \cdot F(\Psi_s). \qquad (4.42)$$

Nun läßt sich $C_D = |dQ_D/d\Psi_s|$ berechnen:

$$C_D = \frac{\epsilon_{HL}\epsilon_0}{l_D} \cdot \frac{\frac{p_{0,H}}{n_{0,H}}\Big[1 - \exp(-\Psi_s/V_T)\Big] + \Big[\exp(\Psi_s/V_T) - 1\Big]}{F(\Psi_s)}. \tag{4.43}$$

Damit ist, wie angekündigt, die differentielle Kapazität C_D auch unter Berücksichtigung der beweglichen Ladungsträger bestimmt. Durch die Funktion $F(\Psi_s)$ wird die Abhängigkeit der Ladung Q_D von der Spannung beschrieben (s. Gleich. 4.42). Die Abbildung 4.8 stellt diese Abhängigkeit graphisch dar.

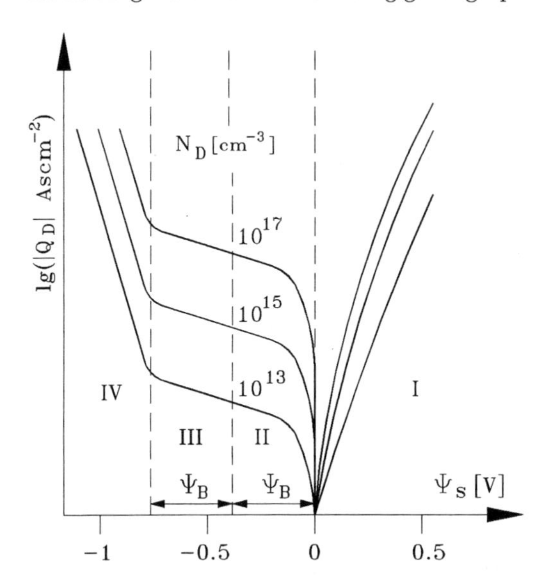

Abbildung 4.8: Gesamtladung Q_D in Abhängigkeit von Ψ_s; folgende Bereiche können unterschieden werden: Anreicherung (Bereich I), Verarmung (Bereich II), schwache Inversion (Bereich III) und schließlich starke Inversion (Bereich IV).

Es lassen sich je nach Größe und Vorzeichen der Spannung verschiedene Fälle unterscheiden, die im folgenden am Beispiel eines n-Halbleiters diskutiert werden. Der Faktor $p_{0,H}/n_{0,H}$ in Gleich. 4.34 ist für einen n-Leiter sehr klein. Bei einer Donatorkonzentation $N_D \approx n_{0,H} = 10^{15}\text{cm}^{-3}$ (Störstellenerschöpfung!) ergibt sich mit Hilfe von $n_{0,H} \cdot p_{0,H} = n_i^2$ ein Wert von $p_{0,H} = 10^5\text{cm}^{-3}$, so daß $p_{0,H}/n_{0,H} \approx 10^{-10}$ beträgt. Man kann je nach Betrag und Vorzeichen von Ψ_s in Gleich. 4.42 verschiedene Näherungen durchführen.

- Zunächst wird eine positive Spannung $\Psi_s > 0$ betrachtet. Mit den soeben abgeleiteten Zahlenwerten kann der Term $\frac{p_{0,H}}{n_{0,H}}\{\exp(-\Psi_s/V_T) + \Psi_s/V_T - 1\}$ in der Gleich. 4.34 vernachlässigt werden. Man kann die Gesamtladung nach Gleich. 4.42 also folgendermaßen annähern:

$$Q_D = -2\frac{\epsilon_{HL}\epsilon_0}{l_D} \cdot V_T \cdot \sqrt{\exp\left(\frac{\Psi_s}{V_T}\right) - \frac{\Psi_s}{V_T} - 1}. \tag{4.44}$$

Für positives Ψ_s ist die Ladung Q_D negativ. In einem n-Halbleiter wird eine solche Ladung von den Majoritätsladungsträgern, den Elektronen, gebildet, die sich an der Halbleiter-Isolatorgrenze anreichern. Diesen Fall bezeichnet man daher auch als **Anreicherung** (engl. 'accumulation'), wie oben bereits erwähnt.

Für den Anreicherungsfall kann man zwei weitere Unterscheidungen treffen:

- Solange Ψ_s klein gegen $V_T = k_B T/q$ ist, kann die Exponentialfunktion in Gleich. 4.44 in eine Taylorreihe entwickelt werden. Bricht man diese nach dem zweiten Glied ab, so folgt:

$$Q_D = -\sqrt{2}\frac{\epsilon_{HL}\epsilon_0}{l_D}\Psi_s. \tag{4.45}$$

  In diesem Bereich ist die Ladung proportional zu Ψ_s.

- Falls Ψ_s groß gegen $V_T = k_B T/q$ ist, dominiert die Exponentialfunktion in Gleich. 4.44 die übrigen Terme und für die Ladung folgt:

$$Q_D = -2\frac{\epsilon_{HL}\epsilon_0}{l_D} \cdot V_T \cdot \exp\left(\frac{q\Psi_s}{2k_B T}\right). \tag{4.46}$$

- Für negative Werte von $\Psi_s = -|\Psi_s|$ sind ebenfalls verschiedene Näherungen möglich, deren Gültigkeit durch den jeweiligen Wert des Parameters $p_{0,H}/n_{0,H}$ bestimmt wird. Die Ladung Q_D innerhalb des Halbleiters wird in diesem Fall positiv und kann daher nicht durch Elektronen aufgebracht werden. Der Halbleiter verarmt in der Nähe der Oberfläche an Elektronen (d. h. an Majoritätsladungsträgern), so daß die in der entstehenden Raumladungszone verbleibenden positiv geladenen, ortsfesten Donatorstörstellen die Ladung $Q_D = Q_{HL}$ bilden. Da die Majoritätsladungsträger von der Halbleiter-Isolatorgrenzfläche verdrängt werden, bezeichnet man diesen Fall auch als **Verarmungsfall** (engl. 'depletion').

  - Falls $\frac{p_{0,H}}{n_{0,H}} \exp(-\Psi_s/V_T) = \frac{p_{0,H}}{n_{0,H}} \exp(q|\Psi_s|/k_B T) \gg 1$ gilt, kann Gleich. 4.42 in folgender Weise genähert werden:

$$Q_D = 2\frac{\epsilon_{HL}\epsilon_0}{l_D} V_T \sqrt{\frac{p_{0,H}}{n_{0,H}}} \exp\left(\frac{q|\Psi_s|}{2k_B T}\right). \tag{4.47}$$

  - Falls jedoch $\frac{p_{0,H}}{n_{0,H}} \exp(q|\Psi_s|/k_B T) \ll 1$ gilt, so lautet die entsprechende Näherung:

$$Q_D = 2\frac{\epsilon_{HL}\epsilon_0}{l_D} V_T \sqrt{\frac{q|\Psi_s|}{2k_B T}}. \tag{4.48}$$

Die Grenze zwischen den beiden letztgenannten Näherungen wird durch die Bedingung $\frac{p_{0,H}}{n_{0,H}} \exp(q|\Psi_{smax}|/k_B T) = 1$ festgelegt. Daraus resultiert für den Betrag von Ψ_{smax}:

$$|\Psi_{smax}| = \frac{k_B T}{q} \left| \ln\left(\frac{p_{0,H}}{n_{0,H}}\right) \right| = \frac{k_B T}{q} \ln\left(\frac{n_{0,H}}{p_{0,H}}\right) = V_T \ln\left(\frac{N_D^2}{n_i^2}\right) = 2V_T \ln\left(\frac{N_D}{n_i}\right).$$

Mit den oben berechneten Werten findet man bei Raumtemperatur einen Wert von etwa -0.6 V für die Spannung Ψ_{smax}.

Im Verarmungsfall ist also innerhalb eines Bereiches $0 < |\Psi_s| < |\Psi_{smax}|$ die Ladung Q_D proportional zu $\sqrt{|\Psi_s|}$. Im Kap. 2 wurde gezeigt, daß die Differenz zwischen dem Ferminiveau E_F im n-dotierten Halbleiter und dem Intrinsic-Niveau E_i durch $E_F - E_i = k_B T \ln(N_D/n_i)$ gegeben ist (s. Gleich. 2.63). Mit der Identität $q\Psi_B := E_F - E_i$ erhält man somit

$$\Psi_{smax} = 2\Psi_B = 2\frac{k_B T}{q} \ln(N_D/n_i). \tag{4.49}$$

Dieser Zusammenhang wird mit Hilfe des Bänderschemas deutlicher, s. Abb. 4.9.

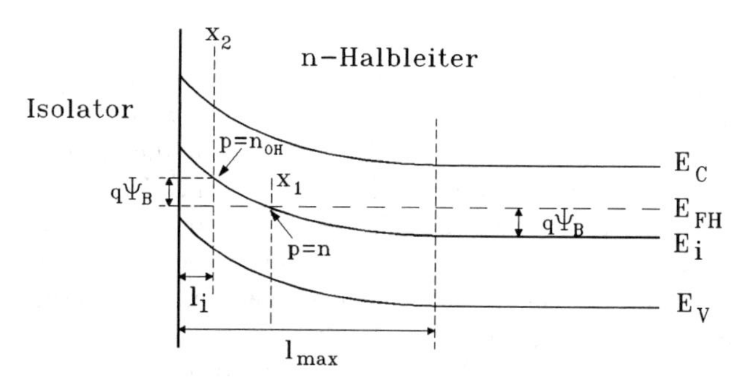

Abbildung 4.9: Bandverbiegung im Fall der Inversion

Der Abstand $E_F - E_i = q\Psi_B = k_B T \ln(n_{0,H}/n_i) \approx k_B T \ln(N_D/n_i)$ ist ein Maß für die Konzentration der Majoritätsträger (Elektronen) im ungestörten Halbleiterinneren. In der durch x_1 bezeichneten Ebene, die die Bedingung $E_i(x_1) = E_{FH}$ erfüllt, gilt $n = p$, d. h. es liegen — in dieser Ebene — die gleichen Verhältnisse wie im Eigenhalbleiter vor und Elektronen- und Löcherkonzentration stimmen überein: $n(x_1) = p(x_1)$. In derjenigen Ebene (am Ort x_2 in Abb. 4.9), in der $E_i(x_2) - E_{FH} = q\Psi_B$ gilt, ist die Löcherkonzentration $p(x_2)$ auf den Wert der Elektronenkonzentration $n_{0,H}$ im Halbleiterinneren angestiegen. In dem Bereich $0 \leq x < x_2$ gilt also $p \geq n_{0,H}$. In diesem Bereich hat sich der Leitfähigkeitstyp geändert, der n-Leiter wurde in einen p-Leiter **invertiert**. Diese Inversionsschicht zwischen $x = 0$, der Halbleiteroberfläche, und $x = x_2 = l_i$ wird in Feldeffekttransistoren zum Ladungstransport benutzt und bildet dort den leitenden Kanal (s. Kap. 6). Die Dicke der Inversionsschicht l_i kann man auf folgende Weise über die maximale Weite l_{max} der Raumladungszone abschätzen. Mit dem Zusammenhang $|\Psi_s| \sim l_{max}^2$ (s. Gleich. 4.36), der in der Verarmungszone gültig ist, folgt

$$|\Psi_{smax}| = \frac{qN_D^+ l_{max}^2}{2\epsilon_0\epsilon_{HL}} = 2|\Psi_B| = 2\frac{k_B T}{q} \ln\left(\frac{N_D^+}{n_i}\right), \tag{4.50}$$

so daß folgende Identität resultiert:

$$l_{max} = \sqrt{\frac{4\epsilon_0\epsilon_{HL}|\Psi_B|}{qN_D^+}} = \sqrt{\frac{4\epsilon_0\epsilon_{HL}\frac{k_B T}{q}\ln(\frac{N_D^+}{n_i})}{qN_D^+}} = l_D \cdot \sqrt{2\ln\left(\frac{N_D^+}{n_i}\right)}. \tag{4.51}$$

Mit den üblichen Werten, n_i $=10^{10}\text{cm}^{-3}$ und $N_D = 10^{15}\text{cm}^{-3}$, erhält man ein Verhältnis von $l_{max}/l_D \approx 5$. Da bei der angegebenen Dotierung $l_D \approx 0{,}2$ μm beträgt, folgt also für l_{max} ein Wert von etwa 1 μm. Die Dicke l_i der Inversionsschicht muß klein gegen die gesamte Raumladungsweite l_{max} sein, s. Abb. 4.9; man kann sie mit etwa 1-10 nm abschätzen. Mit zunehmender Dotierungskonzentration N_D nimmt die maximale Weite der Raumladungszone l_{max} und damit die Dicke der Inversionsschicht l_i ab.
Die analoge Diskussion für die Abhängigkeit der Halbleiterkapazität C_D vom Grenzflächenpotential Ψ_s führt zu der Abb. 4.2, in der bereits berücksichtigt wurde, daß in Serie zu C_D die Kapazität C_{OX} liegt. Man erhält also ein Ersatzschaltbild nach Abb. 4.10.

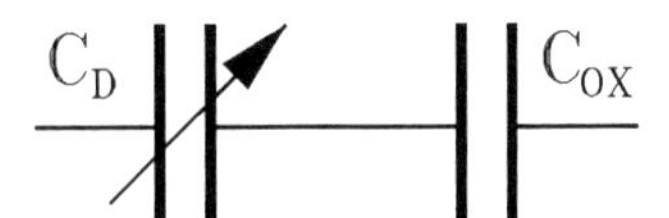

Abbildung 4.10: Ersatzschaltbild eines MOS-Kondensators

Bisher wurden Q_D und C_D als Funktion von Ψ_s betrachtet. Meßbar ist jedoch nur die Gesamtkapazität $C = C_{OX} \cdot C_D/(C_{OX} + C_D)$ als Funktion der angelegten Spannung U. Daher wird noch der Zusammenhang zwischen Ψ_s und U benötigt. Die Spannung U fällt über der Isolierschicht und über dem Halbleiter ab, man erhält also

$$U = U_{OX} + \Psi_s - \Phi_{MH}, \tag{4.52}$$

mit U_{OX} als Spannung über der Isolatorschicht. Die Größe Φ_{MH} berücksichtigt die auch ohne angelegte Spannung U vorhandene Bandverbiegung. Es gilt $\Phi_{MH} > 0$, falls $\Phi_M > \Phi_H$ ist, s. Abb. 4.3. Da nur die differentielle Kapazität von Interesse ist, kann man in Gleich. 4.52 zu den Differentialen übergehen:

$$dU = dU_{OX} + d\Psi_s. \tag{4.53}$$

Der Spannungsteiler in Abb. 4.10 liefert $dU_{OX} = C/C_{OX}dU$, so daß man

$$\Psi_s(U_G) - \Psi_s(U_1) = \int\limits_{U_1}^{U_G} \left(1 - \frac{C(U)}{C_{OX}}\right) dU \tag{4.54}$$

erhält. Damit ist Ψ_s als Funktion von U gegeben, sobald die Gesamtkapazität C als Funktion von U bekannt ist. Differenziert man in Gleich. 4.54 nach der oberen Integrationsgrenze U_G, so findet man

$$\frac{d\Psi_s}{dU_G} = 1 - \frac{C(U_G)}{C_{OX}}. \tag{4.55}$$

Diese Beziehung wird im Anschluß (s. Gleich. 4.111) benötigt werden.
Damit sind alle Größen des idealen MOS-Kondensators zugänglich. Bisher wurde der MOS-Kondensator vorgestellt und soweit behandelt, wie es für das Verständnis derjenigen Bauelemente, die auf dieser Grundstruktur beruhen (z. B. FET's), erforderlich ist. Tatsächlich stellt das bisher vorgestellte Modell jedoch eine starke Idealisierung dar, die das reale Verhalten einer MOS-Kapazität nur angenähert wiedergibt. Mißt man etwa die $C(U)$-Abhängigkeit eines realen MOS-Kondensators, so stellt man zum Teil große Abweichungen von dem berechneten idealen $C(U)$-Verlauf fest. Auf den verbleibenden Seiten dieses Kapitels werden daher dem physikalisch besonders interessierten Leser zur Vertiefung des bisher erworbenen Wissens eine Reihe von Verbesserungen des zugrundegelegten theoretischen Modells präsentiert (s. a. [14]) und darüberhinaus einige Ausführungen zur experimentellen Charakterisierung von Halbleitern gemacht. Wer an diesen Details zunächst nicht interessiert ist, kann die folgenden Abschnitte übergehen, stattdessen lediglich die Zusammenfassung (Abschn. 4.5) am Ende dieses Kapitels lesen und dann in Kap. 5 mit der Lektüre fortfahren.

4.4 Weiterführende Betrachtung des MOS-Kondensators

4.4.1 Oxidladungen und tiefe Niveaus

Durch den Herstellungsprozeß einer MOS-Kapazität werden ortsfeste, nicht umladbare Ladungen in die Isolierschicht eingebaut (s. a. [15]). Meist sind es positive Alkali-(Na^+-) Ionen. Diese Ladung Q_{OX} muß dann durch eine zusätzliche Ladung auf dem Gate kompensiert werden. Daher lautet die Ladungsbilanz für diesen Fall:

$$-Q_M = Q_D + Q_{OX} = C_{OX}(U_{OX} \pm \Delta U). \tag{4.56}$$

Das Vorzeichen von ΔU wird durch das Vorzeichen von Q_{OX} bestimmt. Da die Ladung Q_{OX} nicht spannungsabhängig ist, gilt $|dQ_M| = |dQ_D|$, $dQ_{OX} = 0$, so daß Q_{OX} keinen Beitrag zur differentiellen Kapazität liefert, sondern nur eine Verschiebung der Spannungsachse um $\pm\Delta U$ bewirkt, die sog. **Flachbandspannung**. Aus dieser Verschiebung kann Q_{OX} ermittelt werden.
Der Einfluß tiefer Niveaus, deren Energieniveau etwa in der Mitte der Bandlücke angesiedelt ist, soll im folgenden diskutiert werden. Zusätzlich zu dem flachen, vollständig ionisierten Niveau existiere z. B. noch ein tiefes Donator-Niveau. Die Umladezeitkonstante dieses Niveaus sei τ. Die Kapazität werde mit einer Frequenz der

Wechselspannung $f \gg \tau^{-1}$ gemessen. Man erkennt dann an dem Bänderschema in Abb. 4.11, daß bei kleinen Bandverbiegungen, Abb. 4.11(a), das tiefe Donator-Niveau noch unter dem Ferminiveau liegt, daher mit Elektronen besetzt und elektrisch neutral ist.

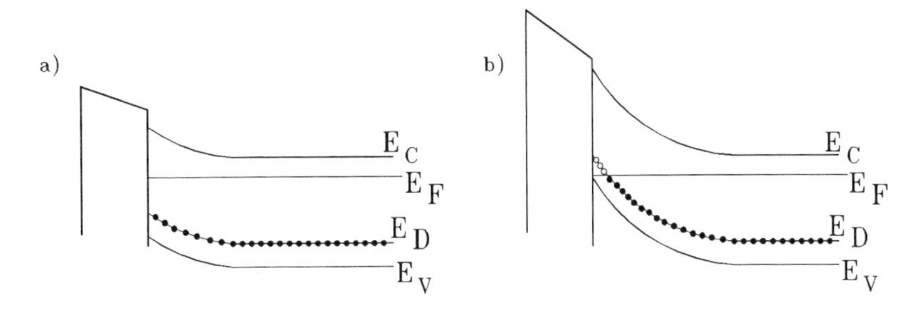

Abbildung 4.11: Bandverbiegungen bei Anwesenheit tiefer Niveaus

Bei größeren Bandverbiegungen, Abb. 4.11(b), schneidet E_D das Ferminiveau E_F, und die entsprechenden Donatoratome geben ihre Elektronen an das Leitungsband ab und laden sich positiv auf. Da sie wegen $f \gg \tau^{-1}$ jedoch nicht im Rhythmus der Wechselspannung umgeladen werden, liefern sie keinen Beitrag zur Kapazität, sondern wirken wie eine zusätzliche Oxidladung Q_{OX} und rufen nur eine Verschiebung der Spannungsachse hervor. Man erhält also einen $C(U)$-Verlauf, wie ihn Abb. 4.12 schematisch zeigt.

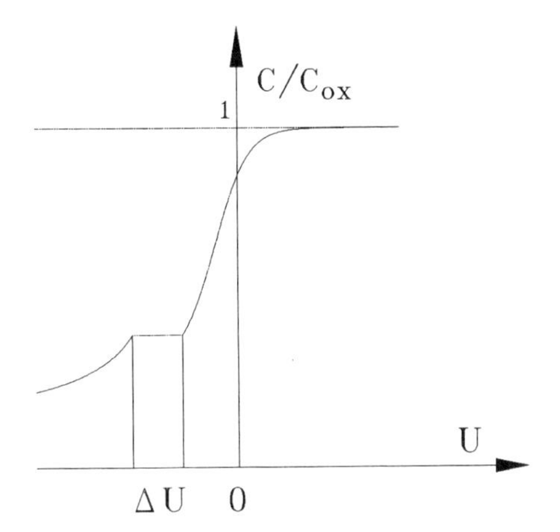

Abbildung 4.12: $C(U)$-Verlauf bei Verschiebung der Spannungsachse durch tiefe Niveaus

Bei kleinen Spannungen macht sich das tiefe Niveau nicht bemerkbar und der $C(U)$-Verlauf wird vollständig durch das ionisierte flache Niveau bestimmt. Sobald das tiefe Niveau bei zunehmender Bandverbiegung das Ferminiveau schneidet, werden auch die tiefen Zentren ionisiert, und die Kapazität bleibt zunächst annähernd spannungsunabhängig, je nach der Konzentration $N_{D(tief)}$ der tiefen Donatoren. Die zusätzliche Spannung ΔU ist dann gegeben durch:

$$\Delta U = \frac{qN_{D(tief)} \cdot V}{C_{OX}}. \tag{4.57}$$

Das Volumen V kennzeichnet hier den Bereich, innerhalb dessen eine Umladung der tiefen Donatoren erfolgt; die Grenze von V wird durch die Bedingung $E_{D(tief)}(x) = E_F$ festgelegt, d. h. durch die Ebene, in der die Fermienergie das Niveau der tiefen Donatoren schneidet. Wählt man für die Meßfrequenz statt $f \gg \tau^{-1}$ nun $f \ll \tau^{-1}$, dann können die tiefen Zentren im Rhythmus der Wechselspannung umgeladen werden und man erhält einen zusätzlichen Beitrag zur Kapazität. Es ergibt sich dann ein Verlauf, wie ihn qualitativ Abb. 4.13 zeigt.

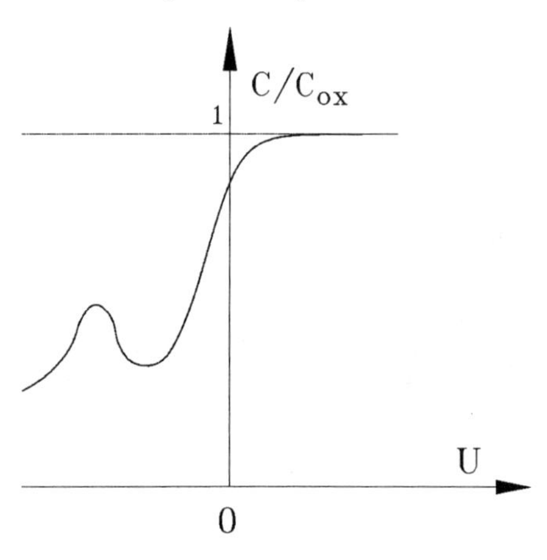

Abbildung 4.13: $C(U)$-Verlauf bei $f \gg \tau^{-1}$

Bei kleinen Spannungen wird $C(U)$ wieder durch die flachen Zentren bestimmt. Bei Spannungen, die zu einer solchen Bandverbiegung führen, so daß das tiefe Niveau die Fermienergie E_F schneidet, werden die Störzentren umgeladen und die Kapazität steigt an, da die Umladung der tiefen Zentren gemäß dQ/dU einen zusätzlichen Beitrag zur Kapazität liefert.

4.4.2 Grenzflächenzustände und Leitwertmethode

Im folgenden soll nun der Beitrag eines tiefen Störniveaus, das sich nur direkt an der Halbleiter-Isolator-Grenzfläche aber nicht im Halbleiterinnern befindet, zur Kapazität berechnet werden. Dazu werden die Gleichungen für die Umladung von Störzentren verwendet, die im Kap. 3 hergeleitet wurden. Die Gleich. 3.25

$$-\frac{dn}{dt} = c_n(np_T - n_T n_1) \tag{4.58}$$

beschreibt die zeitliche Änderung der Elektronenkonzentration n im Leitungsband nach einer Störung des Gleichgewichts. Interessiert man sich, wie im vorliegenden Fall, jedoch nur für die zeitliche Änderung der Kapazität und damit der Raumladung, so kann man wegen $-dn/dt = dn_T/dt$ schreiben:

$$\frac{dn_T}{dt} = c_n(np_T - n_T n_1), \tag{4.59}$$

sofern eine Wechselwirkung der tiefen Niveaus nur mit dem Leitungsband erfolgt. Da die zur Kapazitätsmessung der Gleichspannung U überlagerte Wechselspannung[1] $\tilde{u} \cdot e^{i\omega t}$ nur eine kleine Amplitude in der Größe von $k_B T/q$ besitzen soll, empfiehlt sich eine Kleinsignallösung dieser Gleichung, d. h. Δn, Δn_T und $\Delta p_T = -\Delta n_T$ werden als klein gegen n und n_T selbst angenommen und Größen zweiter Ordnung wie $\Delta n \cdot \Delta n_T$ vernachlässigt. Wegen der periodischen Natur der Störung erhält man in Analogie zu Kap. 3

$$\frac{dn_T}{dt} = i\omega\Delta n_T = c_n\left(p_{T,0}\Delta n - (n_0 + n_1)\Delta n_T\right) \tag{4.60}$$

und damit

$$\Delta n_T = \frac{c_n p_{T,0}}{i\omega + c_n(n_0 + n_1)}\Delta n. \tag{4.61}$$

Wegen der geringen Größe der Wechselspannungsamplitude $\tilde{u}$ findet die Umladung der tiefen Zentren im wesentlichen nur dort statt, wo das Ferminiveau das Störniveau an der Grenzfläche schneidet (s. Abb. 4.14).

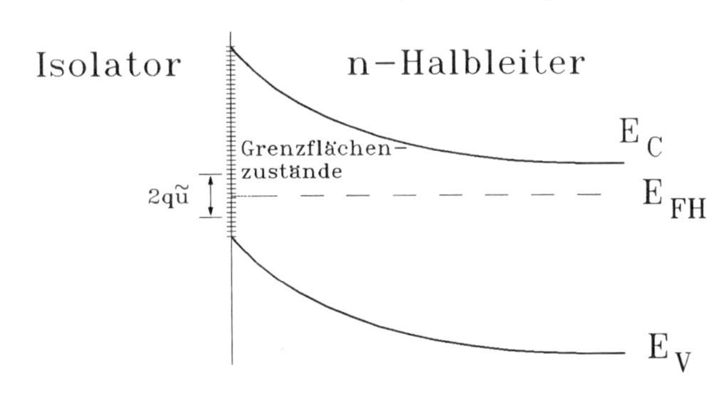

Abbildung 4.14: Umladung von Grenzflächenzuständen in der Umgebung des Ferminiveaus: Der Energiebereich ΔE, der abgetastet wird, ist durch die Amplitude $\tilde{u}$ der angelegten Wechselspannung gegeben: $\Delta E \approx 2q\tilde{u}$.

Wo also $E_F = E_T$ und damit per Def. $n = n_1$ gilt, fallen die Emissions- und Einfangzeitkonstanten τ_{e_n} und $\tau_{c_n}^{p_T}$ (s. Gleich. 3.30 und 3.32) zu einer Zeitkonstanten τ zusammen. Daher kann man Gleich. 4.61 auch in folgender Weise schreiben

$$\Delta n_T = \frac{p_{T,0}(1 + n_1/n_0)^{-1}}{i\omega\tau(1 + n_1/n_0)^{-1} + 1} \cdot \frac{\Delta n}{n_0}. \tag{4.62}$$

[1] Die komplexe Darstellung der elektrischen Größen in der Form $a \cdot e^{i(\omega t + \phi)}$ erlaubt es, in bequemer Weise Betrag **und** Phase, etwa von Strom und Spannung, zu erfassen.

Faßt man den Ausdruck $\tau(1 + n_1/n_0)^{-1}$ zu τ^* zusammen und nutzt die Relation $n = n_0 \exp(q\Psi_s/k_B T)$ und somit $\Delta n = n_0 q \Delta\Psi_s/(k_B T)$ aus, so erhält man, sofern die Störung klein ist, also $n \approx n_0$ gilt, folgenden Ausdruck:

$$\Delta n_T = \frac{p_{T,0}(1 + n_1/n_0)^{-1}}{i\omega\tau^* + 1} \cdot \frac{q\Delta\Psi_s}{k_B T}. \tag{4.63}$$

Die zusätzliche Ladung, die pro Fläche durch die Umladung der tiefen Niveaus hervorgerufen wird, soll im folgenden als Q_s bezeichnet werden. Da dQ_s/dt die Stromdichte $j_s(t)$ an der Grenzfläche darstellt, gilt

$$j_s(t) = \frac{dQ_s(t)}{dt} = q \cdot \frac{d\Delta n_T(t)}{dt} = i\omega q \Delta n_T(t) \tag{4.64}$$

und somit mit Gleich. 4.63

$$j_s(t) = \frac{q^2}{k_B T} \frac{i\omega p_{T,0}(1 + n_1/n_0)^{-1}}{i\omega\tau^* + 1} \cdot \Delta\Psi_s. \tag{4.65}$$

Wegen $j_s(t) = Y_s \cdot \Delta\Psi_s$ stellt die Größe

$$Y_s = \frac{q^2}{k_B T} i\omega p_{T,0}(1 + n_1/n_0)^{-1} \frac{1}{i\omega\tau^* + 1} \tag{4.66}$$

einen komplexen Leitwert dar, den man sich durch ein Serien-RC-Glied gemäß Abb. 4.15 realisiert denken kann.

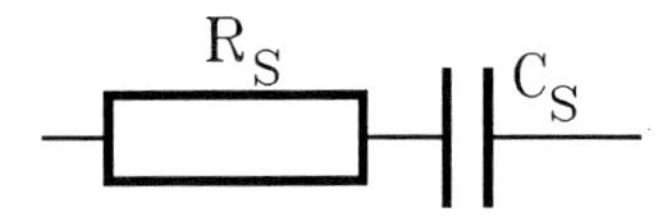

Abbildung 4.15: Ersatzschaltbild des komplexen Leitwerts Y_s

Es ist dann

$$Y_s = \frac{i\omega C_s}{i\omega C_s R_s + 1}. \tag{4.67}$$

Der Vergleich mit Gleich. 4.66 liefert

$$\begin{aligned} C_s &= \frac{q^2}{k_B T} p_{T,0}(1 + n_1/n_0)^{-1} \\ \tau^* &= R_s C_s. \end{aligned} \tag{4.68}$$

Für die äquivalente Parallelschaltung

$$Y_p = G_p + i\omega C_p \tag{4.69}$$

erhält man

$$
\begin{aligned}
C_p &= C_s \frac{1}{1+(\omega\tau^*)^2} \\
\frac{G_p}{\omega} &= C_s \frac{\omega\tau^*}{1+(\omega\tau^*)^2}.
\end{aligned}
\tag{4.70}
$$

Dieses Serien- oder Parallel-RC-Glied liegt seinerseits parallel zu C_D. Dies entnimmt man der Ladungsneutralität

$$|Q_M| = Q_D + Q_s + Q_{OX}. \tag{4.71}$$

Es gilt dann für die Gesamtstromdichte j_{ges}

$$
\begin{aligned}
j_{ges} &= \frac{d|Q_M|}{dt} = \frac{dQ_s}{dt} + \frac{dQ_D}{dt} = \frac{dQ_D}{d\Psi_s} \cdot \frac{d\Psi_s}{dt} + j_s(t) \\
&= (i\omega C_D + Y_s)\Delta\Psi_s.
\end{aligned}
\tag{4.72}
$$

Damit folgt ein Ersatzschaltbild für den MOS-Kondensator, wie es in Abb. 4.16 dargestellt ist.

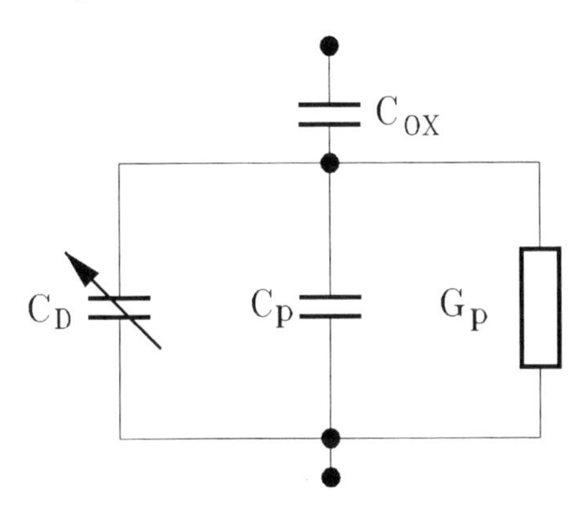

Abbildung 4.16: Erweitertes Ersatzschaltbild eines MOS-Kondensators

Die Umladung der tiefen Zentren bringt einen Verlustmechanismus mit sich, der sich in G_p ausdrückt. Die Ladungsträger werden von den Zentren eingefangen und geben dabei ihre Energie an das Gitter ab. Bei der Emission muß dann Energie aufgebracht werden. Man erkennt anhand von Gleich. 4.70, daß für $\omega\tau^* = 1$, d. h. wenn die Kreisfrequenz der Wechselspannung mit der reziproken Umladezeitkonstanten τ^* übereinstimmt, aus C_p und G_p/ω die Größe C_s direkt ermittelt werden kann und dann aus Gleich. 4.68 auf die Konzentration der tiefen Zentren geschlossen werden kann. Dieses Modell, das nur von einer einzigen Sorte tiefer Niveaus an der Halbleiter-Isolator-Phasengrenze ausgeht und daher auch als **'Single-Level-Model'** bezeichnet wird, ist jedoch wenig realistisch. Man hat davon auszugehen, daß verschiedene Arten solcher Niveaus vorliegen. Experimente weisen darauf hin, daß man mit einem Kontinuum solcher **Grenzflächenzustände** zu rechnen hat. Durch die Umladung von Grenzflächenzuständen wird die ideale $C(U)$-Kurve stark deformiert. Man kann sich die reale $C(U)$-Kurve durch die Überlagerung von Beiträgen gemäß den Abbn. 4.12 und 4.13 zusammengesetzt denken. In der quantitativen Betrachtung hat man daher die Beiträge der verschiedenen Störstellen nach dem Single-Level-Model zu addieren, indem man sie gemäß Gleich. 4.66 über die gesamte Bandlücke integriert:

$$Y_{SS} = i\omega \frac{q^2}{k_B T} \int_{E_V/q}^{E_C/q} \frac{p_{T,0}}{1 + n_1/n_0} \frac{1}{i\omega\tau^* + 1} d\Psi_s. \tag{4.73}$$

An dieser Stelle kommen die in Gleich. 2.30 und 2.31 betrachteten Eigenschaften der Fermi-Funktion $f(\xi)$ zum Tragen. Mit Gleich. 3.26 folgt:

$$\frac{1}{1 + n_1/n_0} = \frac{n_{T,0}}{N_T} = f(E_T) \tag{4.74}$$

und mit $n_{T,0} = N_T f(E_T)$ und $p_{T,0} = N_T\,(1 - f(E_T))$ gilt weiterhin:

$$p_{T,0} \cdot \frac{1}{1 + n_1/n_0} = p_{T,0} \frac{n_{T,0}}{N_T} = N_T f(E_T)\,(1 - f(E_T)) = -\frac{k_B T}{q} N_T \frac{df(E_T)}{d\Psi_s}. \tag{4.75}$$

Damit ist in Gleich. 4.73 die Integration über Ψ_s möglich. Die Grenzflächenzustände seien in einer Dichte $N_{SS}(\Psi_s)$ über die Bandlücke verteilt. Durch die Addition aller Beiträge gemäß Gleich. 4.66 findet man dann

$$Y_{SS} = -i\omega \frac{q^2}{k_B T} \int_{E_V/q}^{E_C/q} \frac{N_{SS}(\Psi_s) \frac{k_B T}{q} \frac{df(E_T)}{d\Psi_s}}{i\omega\tau(\Psi_s) f(E_T) + 1} d\Psi_s. \tag{4.76}$$

Im Nenner der Gleich. 4.76 ist darüberhinaus die Gleich. 4.74 verwendet und die Identität $\tau^* = \tau \cdot (1 + n_1/n_0)^{-1} = \tau \cdot f(E_T)$ benutzt worden. Dabei wird für den Leitwert Y_{SS} und die Grenzflächenzustandsdichte N_{SS} der Index SS (**S**urface **S**tates) verwendet, um das Kontinuum von Grenzflächenzuständen anzudeuten. N_{SS} hat die Dimension $\mathrm{cm}^{-2}\mathrm{V}^{-1}$, gibt also die Zahl der Zustände pro cm^2 und pro Energie qV im verbotenen Band an der Halbleiter-Isolator-Phasengrenze an.
Die Gleich. 4.76 läßt sich durch die Substitution $\Psi_s \to f(E_T)$ umformen zu

$$Y_{SS} = -i\omega q \int_0^1 \frac{N_{SS}(E_T)}{i\omega\tau(E_T) f(E_T) + 1} df(E_T), \tag{4.77}$$

da $f(E_V) = 1$ und $f(E_C) = 0$ ist. Da weiterhin $f \cdot (1 - f) \sim df/dE_T$ den Charakter einer δ-Funktion besitzt, und da eine nennenswerte Umladung nur dann stattfindet, wenn das Ferminiveau mit dem jeweiligen Energieniveau E_T zusammenfällt, kann das Integral berechnet werden, wenn man annimmt, daß sich $N_{SS}(E)$ sowie $c_n(E)$ und damit $\tau(E_T)$ in einem Energiebereich der Größenordnung k_BT nicht wesentlich ändern. Nach Aufspaltung in Real- und Imaginärteil

$$Y_{SS} = -i\omega q N_{SS} \int_0^1 df \frac{1}{1+i\omega\tau f} = -\frac{iqN_{SS}}{\tau}\left(\int_0^{\omega\tau} dz \frac{1}{1+z^2} - i\int_0^{\omega\tau} dz \frac{z}{1+z^2}\right) \tag{4.78}$$

liefert die Integration dann

$$Y_{SS} = \frac{qN_{SS}}{\tau}\left(\frac{1}{2}\ln\left[1+(\omega\tau)^2\right] + i\omega\frac{1}{\omega}\arctan(\omega\tau)\right). \tag{4.79}$$

Damit erhält man im Fall eines Kontinuums von Grenzflächenzuständen für den Real- und Imaginärteil des komplexen Leitwerts:

$$\begin{aligned} C_p &= \frac{qN_{SS}}{\omega\tau}\arctan(\omega\tau) \\ \frac{G_p}{\omega} &= \frac{qN_{SS}}{\omega\tau}\frac{1}{2}\ln\left[1+(\omega\tau)^2\right]. \end{aligned} \tag{4.80}$$

Diese Gleichungen sind wie folgt zu verstehen: Legt man eine bestimmte Gleichspannung U an die Probe, so hat diese eine entsprechende Bandverbiegung Ψ_s zur Folge. Das Ferminiveau hat damit an der Halbleiter-Isolator-Phasengrenze einen bestimmten Abstand von der Unterkante des Leitungsbandes. Dieser Abstand hängt von der angelegten Spannung ab und kann durch sie geändert werden. Da die Grenzflächenzustände kontinuierlich verteilt sind, fällt bei jeder Bandverbiegung das Ferminiveau mit einem Niveau der Grenzflächenzustände zusammen. In erster Näherung kann man annehmen, daß alle Niveaus oberhalb E_F ihr Elektron abgegeben haben, also ionisiert sind, und alle unterhalb von E_F mit Elektronen besetzt sind. Überlagert man nun dieser Gleichspannung eine Wechselspannung kleiner Amplitude ($\approx k_BT/q$), so ändert sich die Bandverbiegung relativ zum Ferminiveau im Rhythmus dieser Wechselspannung. Da es nur auf den Abstand $E_C - E_F$ ankommt, kann man auch sagen, daß E_F im Rhythmus der Wechselspannung verschoben wird. Dadurch werden **nur** diejenigen Grenzflächenzustände umgeladen, die ein Niveau im Energiebereich von etwa k_BT um die Ruhelage von E_F (bestimmt durch die Gleichspannung) besitzen. Die Umladezeitkonstante τ hängt über n_1 von der energetischen Lage der Niveaus, also implizit von der extern vorgegebenen Bandverbiegung ab. Zu jeder Bandverbiegung gehört also eine charakteristische Relaxationszeit τ. Die Meßfrequenz der angelegten Wechselspannung bestimmt dann den Beitrag, den die Umladung solcher Grenzflächenzustände mit der räumlichen und energetischen Dichte N_{SS} zu dem Gesamtleitwert des MOS-Kondensators liefert. Bei einem Wert von $\omega\tau = 1{,}98$ besitzt G_p/ω sein Maximum, wie man durch Differentiation der Gleich. 4.80 findet. Man kann also bei gegebenem Gleichspannungsanteil durch Variation der Frequenz ω den Verlauf von G_p/ω ausmessen und das Maximum von G_p/ω aufsuchen.

Sobald $(\omega\tau)_{max}$ (= 1,98) bekannt ist, kann N_{SS} aus Gleich. 4.80 direkt berechnet werden. Wiederholt man diesen Vorgang nun für verschiedene Gleichspannungen, d. h. Bandverbiegungen bzw. Abstände $E_C - E_F$ an der Grenzfläche, so kann man die energetische Verteilung der Grenzflächenzustände $N_{SS}(E)$ abtasten und messen. Man mißt dazu zunächst die komplexe Impedanz Z des MOS-Kondensators, und bildet dann gemäß des Ersatzschaltbilds in Abb. 4.16

$$Z = \frac{1}{i\omega C_{OX}} + \frac{1}{i\omega(C_D + C_p) + G_p} \tag{4.81}$$

$$\left(Z - \frac{1}{i\omega C_{OX}}\right)^{-1} = i\omega(C_D + C_p) + G_p. \tag{4.82}$$

Als Realteil der Admittanz $(Z - 1/(i\omega C_{OX}))^{-1}$ erhält man direkt G_p. Dann trägt man G_p/ω auf, sucht das Maximum auf und kann, wie angegeben, N_{SS} ermitteln. Mit diesem Verfahren lassen sich Werte von $N_{SS} < 10^{10}\mathrm{cm}^{-2}\mathrm{V}^{-1}$ auflösen. Es ist zusammen mit dem DLTS-Verfahren die zur Zeit genaueste Methode zur Analyse der elektrischen Eigenschaften von Grenzflächenzuständen und wird nach Nicollian und Götzberger als **Leitwertmethode** bezeichnet (s. [16]).

4.4.3 Zeitkonstantendispersion aufgrund von Potentialfluktuationen

Im allgemeinen sind die durch Messung erhaltenen Kurven, die G_p/ω als Funktion von ω darstellen, breiter als die nach Gleich. 4.80 berechneten. Dies wird durch die Berücksichtigung von Potentialfluktuationen an der Isolator-Halbleiter-Grenzfläche verständlich. Nimmt man an, daß eine Korrelation zwischen den Grenzflächenzuständen und den Oxid-Ladungen besteht, so wird, da die Bandverbiegung von den Grenzflächenzuständen mitbestimmt wird und in n- oder p-Halbleitern für die Elektronen- oder Löcherkonzentrationen n_s und p_s an der Grenzfläche folgender Zusammenhang gilt:

$$n_s = n_{0,H} \exp\left(\frac{q\Psi_s}{k_B T}\right) \qquad \text{oder} \qquad p_s = p_{0,H} \exp\left(-\frac{q\Psi_s}{k_B T}\right), \tag{4.83}$$

schon eine geringe Änderung des Oberflächenpotentials aufgrund von Schwankungen der Zustandsdichte N_{SS} längs der Grenzfläche eine große Änderung der Zeitkonstanten $\tau = 1/(c_n n_1)$ bzw. $1/(c_p p_1)$ bewirken.
Die Abb. 4.17 zeigt dies qualitativ. Durch zufällige, statistische Häufung von Oxidladungen und Grenzflächenzuständen variiert Ψ_s auf der Grenzfläche. Man erkennt, daß man sich die Grenzfläche in Bereiche mit unterschiedlichem Grenzflächenpotential unterteilt vorstellen kann. Jeden dieser Bereiche kann man als einen MOS-Kondensator mit gegebenem Grenzflächenpotential auffassen. Alle diese MOS-Kondensatoren sind parallel geschaltet, was zu einem Ersatzschaltbild führt, wie es Abb. 4.18 darstellt.

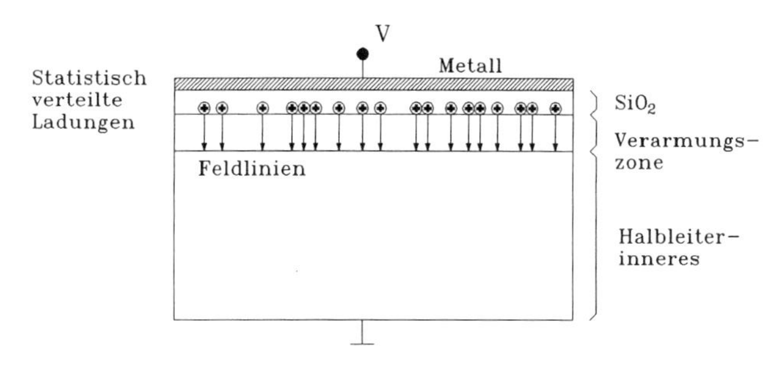

Abbildung 4.17: Verteilung von Grenzflächenzuständen

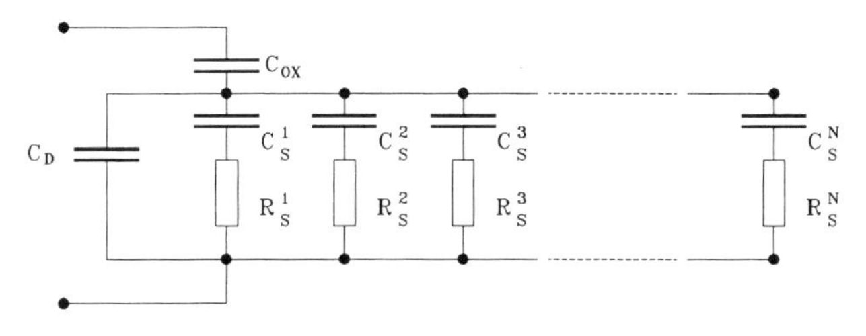

Abbildung 4.18: Ersatzschaltbild für MOS-Kondensator mit Potentialfluktuationen

Zur quantitativen Betrachtung wird angenommen, daß die Grenzflächenladungen statistisch mit einer Verteilung $P(N)$ über die Grenzfläche verteilt sind. Weiterhin wird eine charakteristische Fläche A eingeführt. Diese ist dadurch gekennzeichnet, daß innerhalb von A die Flächenladungsdichte noch als konstant angenähert werden kann. Der Ausdruck $P(N)dN$ gibt dann die Anzahl solcher Flächen A an, die eine Gesamtladung $\tilde{N}q$ tragen, wobei $\tilde{N}$ im Bereich zwischen N und $N + dN$ liegt. Der Mittelwert dieser Verteilung sei durch $\bar{N}$ gegeben. Die charakteristische Fläche A ist mit $\bar{N}$ über die mittlere Flächenladungsdichte $\bar{N}_{SS}$ verbunden:

$$\frac{\bar{N}}{A} = \bar{N}_{SS}. \tag{4.84}$$

Zur angestrebten Berechnung von G_p/ω muß der Beitrag aller Flächen mit verschiedenem Ψ_s gemäß Gleich. 4.80 aufsummiert werden. Man erhält:

$$\frac{G_p}{\omega} = \frac{q\bar{N}_{SS}}{2} \int_{-\infty}^{+\infty} (\omega\tau)^{-1} \cdot \ln\left[1 + (\omega\tau)^2\right] P(\Psi_s) d\Psi_s. \tag{4.85}$$

Die Verteilungsfunktion $P(\Psi_s)$ ist nur in einem schmalen Bereich um den Mittelwert $\bar{\Psi}_s$ herum von Null verschieden. Daher ist in Gleich. 4.85 $\bar{N}_{SS}$ vor das Integral gezogen worden, da es innerhalb dieses engen Bereichs unabhängig von Ψ_s ist. Um das Integral auswerten zu können, muß die Verteilung $P(N)$ in eine solche von Ψ_s, $P(\Psi_s)$, umgerechnet werden. Dies geschieht über die Ladung Q:

$$P(Q) = P(N)\frac{dN}{dQ} = P(N)\frac{dN}{dQ} \cdot \frac{dq}{d\Psi_s}. \tag{4.86}$$

Man erhält dann:

$$P(\Psi_s) = P(Q)\frac{dQ}{d\Psi_s}. \tag{4.87}$$

Ersetzt man nun τ durch $\tau = (c_p p_0)^{-1}\exp(q\Psi_s/k_BT)$ (für p-Typ-Halbleiter), so erhält man aus Gleich. 4.85:

$$\frac{G_p}{\omega} = \frac{q\bar{N}_{SS}}{2}\int_{-\infty}^{+\infty} \exp\left(-\frac{q(\Psi_s+\Psi_0)}{k_BT}\right)\ln\left(1+\exp\left[\frac{2q(\Psi_s+\Psi_0)}{k_BT}\right]\right)P(\Psi_s)d\Psi_s \tag{4.88}$$

mit

$$\Psi_0 = \frac{k_BT}{q}\ln\left(\frac{\omega}{c_p p_0}\right). \tag{4.89}$$

Zur tatsächlichen Auswertung des Integrals ist nun noch $P(\Psi_s)$ zu bestimmen. Man nimmt dazu an, daß $P(N)$ durch eine Gauß-Verteilung beschrieben werden kann:

$$P(N) = \frac{1}{\sqrt{2\pi\bar{N}}}\exp\left\{-\frac{(N-\bar{N})^2}{2\bar{N}}\right\}. \tag{4.90}$$

Ersetzt man gemäß

$$N = A\frac{Q}{q} \tag{4.91}$$

die Anzahl N durch die Flächenladungsdichte Q, erhält man:

$$P(Q) = \frac{1}{\sqrt{2\pi A\bar{Q}/q}}\frac{A}{q}\exp\left\{-A\frac{(Q-\bar{Q})^2}{2q\bar{Q}}\right\}. \tag{4.92}$$

Den Zusammenhang zwischen Q und Ψ_s herzustellen, ist etwas schwieriger. Die Oberflächenladung Q ergibt sich aus der Gesamtladung Q_{ges} abzüglich der Raumladung Q_{SC} im Halbleiter:

$$Q = Q_{ges} - Q_{SC} = C_{OX}(U_{OX} + \Psi_s) - Q_{SC}. \tag{4.93}$$

Für Q_{SC} gilt (p-Typ Halbleiter):

$$Q_{SC} = \sqrt{\frac{2\epsilon_0\epsilon_{HL}N_A}{k_BT}}\cdot\sqrt{\exp\left(\frac{-q\Psi_s}{k_BT}\right)+\frac{q\Psi_s}{k_BT}-1}. \tag{4.94}$$

Damit hat man einen transzendenten Zusammenhang zwischen Q und Ψ_s gefunden. Die Berechnung von $dQ/d\Psi_s$, die laut Gleich. 4.87 zur Transformation von Q zu Ψ_s erforderlich ist, kann durch bloße Differentiation der Gleich. 4.93 nicht durchgeführt

werden, da in diesem Fall wegen Gleich. 4.94 wiederum nur ein transzendenter Zusammenhang resultierte.
Beschränkt man sich auf geringe Fluktuationen, so daß man $(Q - \bar{Q})$ durch dQ ersetzen kann, erhält man aus Gleich. 4.93 den folgenden einfacheren Zusammenhang:

$$dQ = C_{OX} d\Psi_s - dQ_{SC} = (C_{OX} - C_{SC}) d\Psi_s = (C_{OX} - \epsilon_0 \epsilon_{HL}/l) d\Psi_s \tag{4.95}$$

wobei

$$dQ_{SC} = C_{SC} d\Psi_s = \frac{\epsilon_0 \epsilon_{HL}}{l(\bar{\Psi}_s)} d\Psi_s \tag{4.96}$$

verwendet wurde. Damit kann man also $d\Psi_s = \Psi_s - \bar{\Psi}_s$ setzen und erhält:

$$Q - \bar{Q} = \left(C_{OX} - \frac{\epsilon_0 \epsilon_{HL}}{l(\bar{\Psi}_s)} \right) \left(\Psi_s - \bar{\Psi}_s \right) \qquad \Rightarrow \qquad \frac{dQ}{d\Psi_s} = C_{OX} - \frac{\epsilon_0 \epsilon_{HL}}{l(\bar{\Psi}_s)} \tag{4.97}$$

und hat somit den gewünschten Zusammenhang zwischen Q und Ψ_s hergestellt. Dann erhält man

$$P(\Psi_s) = \frac{1}{\sqrt{2\pi \kappa_s^2}} \exp\left(\frac{q(\Psi_s - \bar{\Psi}_s)^2}{2 k_B T \kappa_s^2} \right) \tag{4.98}$$

mit

$$\kappa_s = \sqrt{\frac{q\bar{Q}}{A}} \left(C_{OX} - \frac{\epsilon_0 \epsilon_{HL}}{l(\bar{\Psi}_s)} \right). \tag{4.99}$$

Somit erhält man für G_p/ω für p-Typ-Halbleiter:

$$\frac{G_p}{\omega} = \frac{q}{2\sqrt{2\pi \kappa_s^2}} \bar{N}_{SS} \int_{-\infty}^{+\infty} \exp\left(-\frac{q}{k_B T}(\Psi_s + \Psi_0) - \frac{q^2}{2(k_B T)^2} \frac{(\Psi_s - \bar{\Psi}_s)^2}{\kappa_s^2} \right) \times \\ \times \ln\left(1 + \exp\left[\frac{2q}{k_B T}(\Psi_s + \Psi_0) \right] \right) d\Psi_s. \tag{4.100}$$

Für n-Typ-Halbleiter wird Ψ_0 entsprechend der Def. 4.89

$$\Psi_0 = \frac{k_B T}{q} \ln\left[\frac{\omega}{c_n n_0} \right]. \tag{4.101}$$

Man erhält:

$$\frac{G_p}{\omega} = \frac{q\bar{N}_{SS}}{2} \frac{1}{\sqrt{2\pi \kappa_s^2}} \frac{c_n N_D}{\omega} \int_{-\infty}^{+\infty} \exp\left(\frac{-q^2(\Psi_s - \bar{\Psi}_s)^2}{2(k_B T \kappa_s)^2} \right) \exp\left(\frac{q\Psi_s}{k_B T} \right) \times \\ \times \ln\left(1 + \frac{\omega^2}{(c_n N_D)^2} \exp\left(-\frac{2q\Psi_s}{k_B T} \right) \right) d\Psi_s. \tag{4.102}$$

Aus der gemessenen G_p/ω-Kurve ergeben sich drei Parameter: die Amplitude, die Lage des Maximums auf der Frequenzachse und die Breite $2\kappa_s$ der Kurve. Diese Parameter genügen, um die Grenzflächenzustandsdichte N_{SS}, den Wirkungsquerschnitt $\sigma_n = c_n/\bar{v}_{th}$ und die Breite der Ψ_s-Verteilung zu bestimmen. Für die Lage des Maximums der G_p/ω-Kurve erhält man:

$$\omega\tau \approx 2{,}5, \tag{4.103}$$

so daß damit der Wirkungsquerschnitt σ_n bestimmt werden kann. Da κ_s nicht nur die Breite, sondern auch die Amplitude der Kurve beeinflußt, können N_{SS} und κ_s nur durch Anpassung an solche G_p/ω-Kurven gewonnen werden, die bei verschiedenen Spannungen aufgenommen wurden.
Für diese Prozedur wird meist ein Computerprogramm verwendet. Zunächst wird in einem solchen Programm die Lage der Maxima aus den experimentellen G_p/ω-Kurven mit dem Oberflächenpotential Ψ_s als Parameter bestimmt. Dabei wird Ψ_s aus $C(U)$-Kurven ermittelt. Die Auswertung des Verhältnisses zweier G_p/ω-Maxima liefert σ_n oder σ_p, da bei der Quotientenbildung N_{SS} herausfällt. Bei bekannten Werten von σ_n oder σ_p und Ψ_s kann dann N_{SS} ermittelt werden. Diese Leitwertmethode unter Berücksichtigung von Potentialfluktuationen gestattet es, Werte von N_{SS} noch unterhalb von $10^9\mathrm{cm}^{-2}\mathrm{eV}^{-1}$ zu bestimmen.

4.4.4 Weitere Methoden zur Bestimmung von N_{SS}

Häufig ist die Leitwertmethode zu aufwendig oder wegen zu großer Leckströme nicht anwendbar, daher sollen weitere Methoden zur Bestimmung von N_{SS} betrachtet werden. Dabei werden gleichzeitig weitere Eigenschaften des MOS-Kondensators deutlich. Um diese zusätzlichen Methoden zur Bestimmung von N_{SS} vorstellen zu können, seien noch einmal die wesentlichen Voraussetzungen zusammengefaßt:

1. Ladungsneutralität

   Im MOS-Kondensator muß Ladungsneutralität herrschen:

   $$-Q_M = Q_{ANR} + Q_{INV} + Q_D + Q_{SS} + Q_{OX}. \tag{4.104}$$

   Die Ladung auf dem Gate Q_M wird im allgemeinsten Fall kompensiert durch die Summe folgender Ladungen:

   - Q_{ANR} im Anreicherungsfall und
   - Q_D als Ladung in der Raumladungszone im Fall der Verarmung sowie
   - Q_{INV} bei Inversion und
   - Q_{SS} in den Grenzflächenzuständen sowie schließlich
   - Q_{OX} als ortsfeste Ladung im Oxid.

   Je nach Meßbedingungen können einzelne Anteile vernachlässigt werden.

2. Spannungsteilung

   Die Gatespannung U_G teilt sich auf in einen Spannungsabfall U_{OX} über dem Isolator und Ψ_s über dem Halbleiter. Die Flachbandspannung U_{FB} muß angelegt werden, um das elektrische Feld der ortsfesten Oxidladungen und die Differenz der Austrittsarbeiten zwischen Metall und Halbleiter zu kompensieren. Es gilt daher:

$$U_G - U_{FB} = U_{OX} + \Psi_s. \tag{4.105}$$

3. Zwischen C_{HF} und C_{NF} muß unterschieden werden. Die Größe C_{HF} beschreibt diejenige Kapazität, die mit einer Kleinsignalwechselspannung gemessen wird, deren Frequenz so hoch ist, daß eine Umladung von Grenzflächenzuständen nicht stattfindet und eine Änderung der Inversionsladung mit der Frequenz nicht erfolgen kann. Es gilt daher:

$$C_{HF} = -\frac{d}{dU_G}(Q_D + Q_{ANR}). \tag{4.106}$$

   Im Verarmungs- oder Inversionsfall gilt $Q_{ANR} = 0$, so daß dann folgt:

$$C_{HF} = -\frac{dQ_D}{dU_G}. \tag{4.107}$$

   Die NF-Kapazität dagegen enthält die gesamte Ladungsänderung des Halbleiters bei einer Änderung der Gleichspannung U_G:

$$C_{NF} = +\frac{d}{dU_G}Q_M. \tag{4.108}$$

   Dabei wird angenommen, daß sich der Halbleiter in jedem Augenblick im Gleichgewicht befindet.

4.4.5 Quasistatische NF- und HF-Kapazitätsmessungen

Im Verarmungsfall kann man die beweglichen Ladungsträger an der Halbleiter-Isolator-Grenzfläche vernachlässigen ($Q_{ANR} = Q_{INV} = 0$). Daher gilt:

$$-Q_M = Q_D + Q_{SS} + Q_{OX} \tag{4.109}$$

und für die Niederfrequenzkapazität C_{NF} folgt hieraus:

$$C_{NF} = -\frac{dQ_D}{d\Psi_s} \cdot \frac{d\Psi_s}{dU_G} - \frac{dQ_{SS}}{d\Psi_s} \cdot \frac{d\Psi_s}{dU_G}, \tag{4.110}$$

da die Oxidladung Q_{OX} von U_G nicht abhängt. Die Größe $-dQ_D/d\Psi_s$ stellt die Hochfrequenzkapazität der Raumladungszone, C_{SC}^{HF}, dar. Dagegen ist die Hochfrequenzkapazität der gesamten, idealen MOS-Anordnung durch $C_{HF} = -dQ_D/dU_G$

gegeben. Die Kapazität C_{SS}, die durch die Umladung der Grenzflächenzustände entsteht, ist durch $-dQ_{SS}/d\Psi_s$ gegeben. Mit den Gleichn. 4.107 und 4.55 folgt

$$C_{SC}^{HF} = -\frac{dQ_D}{d\Psi_s} = -\frac{dQ_D}{dU_G}\frac{dU_G}{d\Psi_s} = C_{HF}\left(1 - \frac{C_{HF}}{C_{OX}}\right)^{-1} = \frac{C_{OX}C_{HF}}{C_{OX} - C_{HF}}. \quad (4.111)$$

Dabei ist für $C(U_G)$ aus Gleich. 4.55 die Hochfrequenzkapazität C_{HF} eingesetzt worden. Man erhält aus Gleich. 4.110:

$$C_{NF} = (C_{SC}^{HF} + C_{SS}) \cdot \frac{d\Psi_s}{dU_G}. \quad (4.112)$$

Nutzt man nun erneut Gleich. 4.55 aus, so ist für $C(U_G)$ die Niederfrequenzkapazität C_{NF} einzusetzen, d. h. man findet:

$$\frac{d\Psi_s}{dU_G} = 1 - \frac{C_{NF}}{C_{OX}}. \quad (4.113)$$

Damit erhält man aus Gleich. 4.112:

$$\begin{aligned} C_{NF} &= \left(C_{SC}^{HF} + C_{SS}\right)\left(1 - \frac{C_{NF}}{C_{OX}}\right) = \\ &= \left(\frac{C_{OX}C_{HF}}{C_{OX} - C_{HF}} + C_{SS}\right)\left(1 - \frac{C_{NF}}{C_{OX}}\right) \end{aligned}$$

und somit

$$C_{SS} = qN_{SS}(E_F) = \frac{C_{NF} - C_{HF}}{(1 - \frac{C_{NF}}{C_{OX}})(1 - \frac{C_{HF}}{C_{OX}})}. \quad (4.114)$$

Man erkennt, daß man aus den für eine bestimmte Bandverbiegung (bestimmte Lage von E_F) gemessenen Werten der NF- und HF-Kapazität die Grenzflächenzustandsdichte N_{SS} für diese Bandverbiegung ermitteln kann. Wiederholt man diese Messung für verschiedene Bandverbiegungen, kann man die energetische Verteilung der Grenzflächenzustände $N_{SS}(E)$ bestimmen.
Variiert man die Gatespannung von der Akkumulation bis zur Inversion, wird aufgrund der steigenden Bandverbiegung das Ferminiveau nahezu über die gesamte Bandlücke bewegt, so daß man dadurch $N_{SS}(E)$ ermitteln kann. Den dazu benötigten Zusammenhang zwischen Bandverbiegung $q\Psi_s$ und angelegter Spannung U_G entnimmt man der Gleich. 4.55, wobei für $C(U_G)$ wiederum die Niederfrequenzkapazität C_{NF} einzusetzen ist. Somit resultiert:

$$\Psi_s(U_G) - \Psi_s(U_0) = \int_{U_0}^{U_G} \left(1 - \frac{C_{NF}(U)}{C_{OX}}\right) dU. \quad (4.115)$$

Als Anfangsspannung U_0 für die Integration wählt man zweckmäßigerweise die Flachbandspannung U_{FB}, da $\Psi_s(U_{FB}) = 0$ gilt. Die Empfindlichkeit dieses Verfahrens

zur Bestimmung von N_{SS} aus C_{NF} und C_{HF} liegt bei etwa $10^{10}\text{cm}^{-2}\text{eV}^{-1}$ und die Genauigkeit ist bis zu Werten von $\approx 10^{10}\text{cm}^{-2}\text{eV}^{-1}$ vergleichbar mit der der Leitwertmethode von Nicollian und Götzberger.
Um zuverlässige Werte zu erhalten, ist es jedoch notwendig, C_{NF} und C_{HF} jeweils bei der gleichen Bandverbiegung zu kennen. Es genügt also im allgemeinen nicht, beide Kapazitäten nacheinander bei der gleichen Spannung zu messen, weil z. B. durch Drift von Ladungen im Oxid eine Hysterese in der $C(U)$-Kurve auftreten kann, so daß der Zusammenhang zwischen U_G und Ψ_s von der Vorgeschichte der Messung abhängig ist. Um sicher zu gehen, daß C_{NF} und C_{HF} bei der gleichen Bandverbiegung gemessen werden, ist es notwendig, sie gleichzeitig zu messen. Eine Apparatur, die solche Messungen gestattet, kann auf folgende Weise realisiert werden.
Zur Messung der NF-Kapazität C_{NF} sollte die Meßfrequenz f klein gegen die reziproke Zeitkonstante $1/\tau$ für den Aufbau der Inversionsladung sein. In der Praxis liegen die entsprechenden Frequenzen oft weit unter 1 Hz. Brückenmessungen bei derart niedrigen Frequenzen sind nicht mehr sinnvoll, so daß meist ein quasistatisches Verfahren verwendet wird. Dabei wird der Ladestrom gemessen, der bei einer linearen Spannungsrampe mit einer Anstiegsgeschwindigkeit $\alpha = dU_G/dt$ auf das Gate des MOS-Kondensators fließt. Die zugehörige Stromdichte ist direkt proportional zur NF-Kapazität:

$$j_{gate} = \frac{dQ_g}{dt} = \frac{dQ_g}{dU_G}\frac{dU_G}{dt} = \alpha C_{NF}. \tag{4.116}$$

Damit kann also C_{NF} aus dem Ladestrom bestimmt werden. Zur Messung der Hochfrequenzkapazität sollte die Meßfrequenz groß sein gegen die reziproke Generations- und Umladezeit von Grenzflächenzuständen. Da Zustände nahe den Bandkanten sehr kleine Zeitkonstanten besitzen, ist zu ihrer Messung eine sehr hohe Meßfrequenz notwendig. Üblicherweise wird eine Frequenz von 1 MHz verwendet, jedoch sind höhere Frequenzen anzustreben. Um gleichzeitig die NF- und die HF-Kapazität zu messen, ohne daß sich beide Meßmethoden beeinflussen, wird der MOS-Kondensator in einen LC-Schwingkreis eingebaut, so daß die Resonanzfrequenz $\omega = 1/\sqrt{LC}$ von der Kapazität des MOS-Kondensators bestimmt wird. Dabei wird dem Kondensator in einer komplexen, rechnergesteuerten Apparatur eine Gleichspannung zur Messung der NF-Kapazität zugeführt und dieser zur Messung der HF-Kapazität eine Wechselspannung hoher Frequenz, aber geringer Amplitude ($\approx k_BT/q$) überlagert. Mit einer solchen Apparatur können auch Pulskurven und $C(t)$-Verläufe gemessen werden.

4.4.6 Bestimmung von N_{SS} allein aus der HF-Kurve

In vielen Fällen ist die Bestimmung der Grenzflächenzustandsdichte $N_{SS}(E)$ nach der Leitwertmethode von Nicollian und Götzberger bzw. aus der Nieder- und Hochfrequenz-$C(U)$-Kurve nicht möglich, da z. B. wegen zu großer Leckströme die Niederfrequenzkurve nicht gemessen werden kann. In diesen Fällen läßt sich die Verteilung der Grenzflächenzustände $N_{SS}(E)$ prinzipiell auch allein aus der Hochfrequenzkurve $C_{HF}(U)$ bestimmen. Dieser Methode liegt der Gedanke zugrunde, daß bei sehr

hohen Frequenzen $\omega \gg 1/\tau_n$ eine Umladung der Grenzflächenzustände nicht mehr stattfinden kann, so daß diese keinen Beitrag mehr zur differentiellen Kapazität leisten, sondern sich wie ortsfeste Ladungen an der Grenzfläche verhalten und die $C(U)$-Kurve dehnen. Durch den Vergleich der gemessenen Hochfrequenzkurve mit der idealen $C(U)$-Kurve ohne Grenzflächenzustände, die bei bekannter Konzentration an flachen Störstellen (Dotierung) berechnet werden kann, läßt sich die Grenzflächenzustandsdichte $N_{SS}(E)$ ermitteln.
Dieses Verfahren wird auch als Differentiationsmethode bezeichnet. Einen quantitativen Zusammenhang zwischen $N_{SS}(E)$ und C_{HF} erhält man aus folgender Überlegung. Liegt der Verarmungsfall vor, so kann man in der Ladungsbilanz die Anreicherungs- und die Inversionsladung vernachlässigen, so daß man für die Raumladungskapazität C_D^{HF} erhält:

$$C_D^{HF} = \frac{\epsilon_0 \epsilon_{HL}}{l} = \sqrt{\frac{\epsilon_0 \epsilon_{HL} q N_D}{-2\Psi_s}}. \tag{4.117}$$

Wegen des Zusammenhangs $U_G = U_{OX} + \Psi_s$ zwischen Gatespannung U_G und Bandverbiegung Ψ_s gilt:

$$\frac{dU_G}{d\Psi_s} = \frac{dU_{OX}}{dQ_g}\frac{dQ_g}{d\Psi_s} + 1 = \frac{C_D^{HF} + C_{SS}}{C_{OX}} + 1, \tag{4.118}$$

also

$$C_{SS} = C_{OX}\left(\frac{dU_G}{d\Psi_s} - 1\right) - C_D^{HF}. \tag{4.119}$$

Ersetzt man nun Ψ_s aus dem Zusammenhang zwischen C_D^{HF} und Ψ_s (s. Gleich. 4.117) und drückt diesen durch C_{OX} und C_{HF} aus, so erhält man:

$$C_{SS} = -\frac{2C_{OX}}{\epsilon_0 \epsilon_{HL} q N_D}\left[\frac{d}{dU_G}\frac{1}{C_{HF}^2} - \frac{2}{C_{OX}}\frac{d}{dU_G}\frac{1}{C_{HF}}\right]^{-1} - C_{OX} - \frac{C_{OX}C_{HF}}{C_{OX} - C_{HF}}. \tag{4.120}$$

Man erhält schließlich:

$$C_{SS} = \frac{C_{OX}}{\epsilon_0 \epsilon_{HL} q N_D} \cdot \left[\left(\frac{1}{C_{HF}^3} - \frac{1}{C_{OX}C_{HF}^2}\right) \cdot \frac{d}{dU_G} C_{HF}\right]^{-1} - \frac{C_{OX}^2}{C_{OX} + C_{HF}}. \tag{4.121}$$

Damit ist die Kapazität C_{SS} der Grenzflächenzustände bestimmt.

4.4.7 Nichtgleichgewichtseigenschaften von MOS-Kondensatoren

Die Niederfrequenz-$C(U)$-Kurve (s. Gleich. 4.110) beschreibt die Spannungsabhängigkeit des MOS-Kondensators im Gleichgewicht. Dies setzt voraus, daß die Umladung von Grenzflächenzuständen und vor allem die Änderung der Inversionsladung der Periode der Wechselspannung bzw. der quasistatischen Änderung der

Gleichspannung folgen kann. Die Pulskurve hingegen ist eine extreme Nichtgleichgewichtskurve. Die NF- und die Pulskurve stellen also Grenzfälle der $C(U)$-Kurve dar. Im einen Fall muß die Spannung 'unendlich' langsam, im anderen 'unendlich' schnell geändert werden. Zwischen beiden extremen Kurven existiert ein Kontinuum von $C(U)$-Kurven, die einen Nichtgleichgewichtszustand des MOS-Kondensators beschreiben. Zur Untersuchung dieser Nichtgleichgewichtseigenschaften bietet sich an, die Kapazität bei kontinuierlich geänderter Spannung mit variabler Änderungsgeschwindigkeit zu berechnen und zu messen. Es sind dann $C(U)$-Kurven zu erwarten, die zwischen der NF- und der Pulskurve liegen, wenn die Gate-Spannung mit konstanter Geschwindigkeit $\alpha = dU_G/dt$ vom Anreicherungs- zum Inversionsbereich geändert wird. Die wesentliche Aufgabe bei der Berechnung der Nichtgleichgewichts-$C(U)$-Kurven besteht darin, die Generationsstromdichte zu bestimmen. Diese beschreibt die Ladungsmenge der Minoritätsträger, die pro Zeit- und Flächeneinheit im Halbleiter durch thermische Generation von Elektron-Loch-Paaren erzeugt wird und in die Inversionsschicht fließt. Da der direkte Übergang eines Elektrons vom Valenzband zum Leitungsband in einem indirekten Halbleiter unwahrscheinlich ist, laufen die Generation und die Rekombination von Elektron-Loch-Paaren ausschließlich über Störniveaus im verbotenen Band ab. Gemäß dem Shockley-Read-Hall-Mechanismus erhält man einen Generationsüberschuß G (s. Gleichn. 3.51 und 3.52):

$$G = \int_{E_V}^{E_C} N_T(E) \frac{n_i^2 - np}{(n + n_1)/c_p + (p + p_1)/c_n} dE. \tag{4.122}$$

Die Gleich. 4.122 stellt eine Verallgemeinerung der Gleich. 3.51 dar. Während dort der Fall eines diskreten Trapniveaus der Energie E_T betrachtet worden ist, erfaßt Gleich. 4.122 den allgemeinen Fall kontinuierlich über die Energielücke verteilter Störniveaus mit einer energieabhängigen Zustandsdichte $N_T(E)$.
Man erkennt, daß der Generationsüberschuß G in Gleich. 4.122 immer dann von Null verschieden ist, wenn $n_i^2 \neq np$ ist; wenn $n_i^2 < np$ gilt, ergibt sich ein Rekombinationsüberschuß, für $n_i^2 > np$ ein Generationsüberschuß. Um die Generationsstromdichte j_{gen} zu erhalten, muß der ortsabhängige Generationsüberschuß $G(x)$ über das gesamte Halbleitervolumen integriert werden:

$$j_{gen} = q \int_0^{\infty} G(x) dx. \tag{4.123}$$

Da der räumliche Verlauf von $n(x)$ und $p(x)$ im Nichtgleichgewichtszustand i. a. nicht bekannt ist, kann das Integral 4.123 meist nicht berechnet werden. Darüberhinaus sind die Konzentration und die energetische Lage der Störniveaus $N_T(E)$ im verbotenen Band des Halbleiters vom Herstellungsprozeß abhängig und meist nicht bekannt, so daß das Integral schon aus diesem Grund nicht allgemein berechnet werden kann. Daher wird zur Bestimmung von j_{gen} eine Modellvorstellung verwendet, die eine einfachere Näherungsformel für den Generationsstrom liefert.

Die Niederfrequenz- und die Pulskapazität sind im Bereich der Anreicherung und Verarmung praktisch identisch, weil hier die Halbleiterladung durch Elektronen bzw. durch ionisierte Donatoren bestimmt wird. Die Zeit, in der die Majoritätsträger ihre Gleichgewichtskonzentration erreicht haben, entspricht etwa der dielektrischen Relaxationszeit und ist sehr kurz ($< 10^{-10}$s). Erst beim Einsetzen der starken Inversion trennen sich NF- und Pulskapazität sehr abrupt, weil die Löcherkonzentration an der Halbleiter-Isolator-Grenzfläche im Gleichgewicht (NF-Kurve) exponentiell mit der Bandverbiegung Ψ_s ansteigt. Bei einer größeren Änderungsgeschwindigkeit der Spannung kann dagegen die Löcherkonzentration, wegen der geringen thermischen Generationsrate $n_i^2(T)$, nicht so schnell ansteigen, wie es dem thermodynamischen Gleichgewicht entspräche. Daher muß zur Aufrechterhaltung der Ladungsbilanz ein Teil des Ladungszuwachses im Halbleiter durch eine Aufweitung der Sperrschicht erfolgen. Damit verbunden ist zugleich ein weiteres Ansteigen der Bandverbiegung über den im Gleichgewicht maximal erreichten Wert von $-q\Psi_{s,max} = 2q\Psi_B$ hinaus. Dieser Zusammenhang ist in Abb. 4.19 dargestellt.

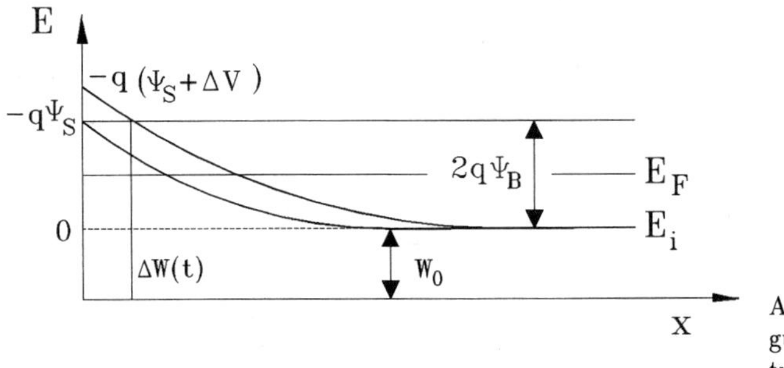

Abbildung 4.19: Bandverbiegung und Sperrschichtaufweitung

In demjenigen Bereich der Sperrschicht, in dem die Bandverbiegung kleiner ist als $2q\Psi_B$, ist die Gleichgewichtskonzentration der Löcher relativ gering und man kann annehmen, daß sie durch thermische Generation relativ schnell aufgebaut wird. Infolgedessen bleibt das Gleichgewicht zwischen Generation und Rekombination von Elektronen und Löchern bestehen. Hier gilt also $n(x)p(x) = n_i^2$ und somit $G(x) = 0$, so daß dieser Teil der Sperrschicht praktisch keinen Beitrag zum Aufbau der Inversionsschicht liefert. In dem mit ΔW bezeichneten Bereich der Sperrschicht, in dem die Bandverbiegung größer ist als $2q\Psi_B$, müßte im Gleichgewicht eine Löcherkonzentration herrschen, die größer ist als die Gleichgewichtskonzentration $n_{0,H}$ der Elektronen im Halbleiterinneren. In diesem Bereich kann also mit Sicherheit keine genügend große Minoritätsträgerkonzentration erzeugt werden, denn sonst wäre es ja nicht zu dem Nichtgleichgewichtszustand gekommen. Daher wird angenommen, daß die thermisch erzeugten Elektron-Loch-Paare in dem starken elektrischen Feld getrennt werden, wobei die Löcher zur Isolator-Halbleiter-Grenzfläche in die Inversionsschicht abfließen und die Elektronen ins Halbleiterinnere bzw. zum ohmschen Kontakt. Die stationäre Konzentration an Elektronen und Löchern ist also äußerst gering, so daß np gegenüber n_i^2 und n bzw. p gegenüber n_1 bzw. p_1 vernachlässigt werden können. Unter der Annahme, daß die Einfangkoeffizienten der tiefen Niveaus für Elektronen und Löcher gleich und energieunabhängig sind ($c_n = c_p \neq c(E)$), vereinfacht sich der Zusammenhang für den Generationsüberschuß zu

$$G = c_n \int_{E_V}^{E_C} N_T(E) \frac{n_i^2}{n_1(E) + p_1(E)} dE. \tag{4.124}$$

Setzt man für

$$n_1(E) = N_C \exp(-\tfrac{E_C - E}{k_B T}) = N_C \exp(-\tfrac{E_C - E_i}{k_B T}) \exp(-\tfrac{E_i - E}{k_B T}) = n_i \sqrt{\tfrac{N_C}{N_V}} \exp(-\tfrac{E_i - E}{k_B T})$$

und für

$$p_1(E) = N_V \exp(-\tfrac{E - E_V}{k_B T}) = N_V \exp(-\tfrac{E_i - E_V}{k_B T}) \exp(-\tfrac{E - E_i}{k_B T}) = n_i \sqrt{\tfrac{N_V}{N_C}} \exp(-\tfrac{E - E_i}{k_B T})$$

ein, so erhält man unter der Annahme $N_C = N_V$:

$$G = c_n \int_{E_V}^{E_C} N_T(E) \frac{n_i}{2 \cosh\left(\frac{E - E_i}{k_B T}\right)} dE. \tag{4.125}$$

Da $1/\cosh[(E - E_i)/k_B T]$ ein scharfes Maximum bei $E = E_i$ aufweist, tragen praktisch nur Niveaus in der Bandmitte wesentlich zum Generationsstrom bei. Aus diesem Grunde erscheint die Näherung gerechtfertigt, nur ein diskretes Niveau der Konzentration $N(E_i)$ in der Bandmitte zu berücksichtigen und die Generationsrate durch eine Zeitkonstante τ_0 auszudrücken. Man erhält dann

$$G = \frac{n_i}{2\tau_0} \qquad \text{mit} \qquad \tau_0 = \frac{1}{c_n N(E_i)}. \tag{4.126}$$

Mit dieser Näherung kann man für die Generationsstromdichte schreiben

$$j_{gen} = \frac{q n_i}{2\tau_0} \cdot \Delta W. \tag{4.127}$$

Bei der Berechnung der Nichtgleichgewichtskurven geht man ebenso wie bei der Berechnung der NF- und der Pulskurve von der Ladungsbilanz aus. Entsprechend der oben beschriebenen Modellvorstellung setzt sich die Halbleiterladung zusammen aus einem im Gleichgewicht befindlichen Teil der Tiefe W_0 mit dem Spannungsabfall Ψ_{s0} und einem Nichtgleichgewichtsbereich der Tiefe ΔW, über dem die Spannung ΔV abfällt. Im Bereich W ist die Konzentration der beweglichen Ladungsträger zu vernachlässigen gegenüber der Konzentration der ortsfesten Donatoren N_D^+ (im n-Halbleiter). In diesem Bereich ist das Potential also $\Psi_{s0} + \Delta V$. Für den Spannungsabfall über dem Oxid erhält man daher $U_{OX} = U_G - (\Psi_{s0} + \Delta V)$. Damit erhält man für die Ladungsbilanz:

$$C_{OX} \cdot (U_G - \Psi_{s0} - \Delta V) + Q_D(\Psi_{s0}, \Delta V) = 0. \tag{4.128}$$

Hierbei gilt für $Q_D(\Psi_{s0}, \Delta V)$:

$$Q_D(\Psi_{s0}, \Delta V) = -\text{sign}(\Psi_{s0}) \cdot \left\{ 2\epsilon_0 \epsilon_{HL} V_T q n_i \cdot \left[\exp\left(\frac{V_F - \Psi_{s0}}{V_T}\right) - \exp\left(\frac{V_F}{V_T}\right) + \right.\right.$$
$$\left.\left. + \exp\left(\frac{\Psi_{s0} - V_F}{V_T}\right) - \exp\left(-\frac{V_F}{V_T}\right) - \frac{(\Psi_{s0} + \Delta V) N_D^+}{V_T n_i} \right] \right\}^{1/2} \quad (4.129)$$

mit $V_T = k_B T/q$ und $V_F = E_F/q$. Man kann nun ΔV als Funktion von Ψ_{s0} und $\dot{\Psi}_s$ ausdrücken, so daß man eine implizite Differentialgleichung in Ψ_{s0} und $\dot{\Psi}_s$ erhält, die sich numerisch lösen läßt.
Der in dem Bereich ΔW erzeugte Generationsstrom I_{gen} fließt in die Inversionsschicht und ist damit der zeitlichen Änderung des Löcheranteils $Q_{D,p}$ an der gesamten Halbleiterladung gleich:

$$\frac{q n_i}{2\tau_0} \cdot \Delta W = j_{gen} = \dot{Q}_{D,p}. \quad (4.130)$$

Man erhält $\dot{Q}_{D,p}$, indem man Q_D nach der Zeit differenziert und dabei nur den ersten Term betrachtet, der den Löcheranteil beschreibt:

$$\dot{Q}_{D,p} = -\epsilon_0 \epsilon_{HL} q n_i \frac{\exp[q(V_F - \Psi_{s0})/k_B T]}{Q_D} \cdot \dot{\Psi}_s. \quad (4.131)$$

Für die Werte ΔW der Nichtgleichgewichtszone $\Delta W = W - W_0$ erhält man:

$$\Delta W = \sqrt{\frac{2\epsilon_0 \epsilon_{HL}}{q N_D}} \left(\sqrt{2\Psi_B - \Delta V} - \sqrt{2\Psi_B} \right). \quad (4.132)$$

Löst man diese Gleichung nach ΔV auf und ersetzt ΔW aus Gleich. 4.130, so erhält man:

$$\Delta V = -\frac{2 N_D}{q \epsilon_0 \epsilon_{HL}} \left(\frac{\tau_0}{n_i} \dot{Q}_{D,p} \right)^2 - 4 \sqrt{\frac{N_D \Psi_B}{q \epsilon_0 \epsilon_{HL}}} \frac{\tau_0}{n_i} \dot{Q}_{D,p}. \quad (4.133)$$

Damit hat man den gewünschten Zusammenhang zwischen ΔV sowie Ψ_{s0} und $\dot{\Psi}_s$ hergestellt. Die numerische Lösung der Differentialgleichung in Ψ_{s0} und $\dot{\Psi}_s$ liefert also für eine vorgegebene Funktion $U_G(t)$ den Verlauf von $\Psi_{s0}(t)$ und $\Delta V(t)$, so daß sich der Nichtgleichgewichts-$C(U)$-Zusammenhang aus

$$C = \frac{dQ_D(\Psi_{s0}, \dot{\Psi}_s)}{dU_G} \quad (4.134)$$

berechnen läßt. Die Abb. 4.20 zeigt eine berechnete Kurve, bei der als Parameter die Temperatur (Abb. 4.20) verändert wurde.
Die starke T-Abhängigkeit im Aufbau der Inversionsladung ist eine Folge der Temperaturabhängigkeit von n_i. Die Generationszeitkonstante τ_0 wurde zu $\tau_0 = 10^{-6}$s

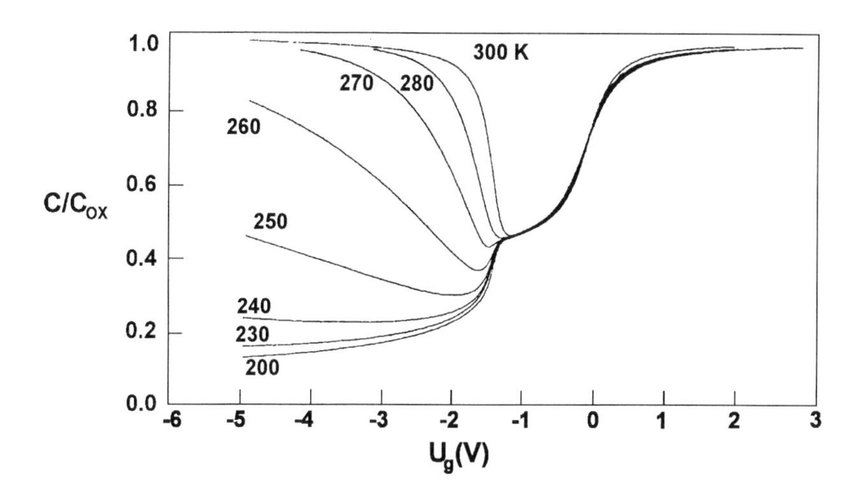

Abbildung 4.20: T-Abhängigkeit der $C(U)$-Kurven, d_{ox} = 100 nm, $N_D = 10^{15}\text{cm}^{-3}$, $\tau_0 = 10^{-6}\text{s}$, α = -60mV/s

gewählt. Daß bei einer Änderungsgeschwindigkeit der Spannungsrampe von - 60 mV/s noch solche vergleichsweise kleinen Zeitkonstanten eine Rolle spielen, ist darauf zurückzuführen, daß innerhalb der Zeit τ_0 nur die Konzentration n_i an Minoritätsträgern generiert wird. Die zum Aufbau der Inversionsschicht notwendige Konzentration liegt dagegen in der Größenordnung der Ladungsdichte der Sperrschicht, also der Dotierungskonzentration N_D. Die effektiv notwendige Zeit τ_{eff} zum Aufbau der Inversionsladung ist daher um den Faktor N_D/n_i größer als τ_0. Daher stellt die Messung der Nichtgleichgewichtskurven ein bequemes Verfahren dar, auch extrem kleine Zeitkonstanten τ_0 zu bestimmen.

4.4.8 Einfluß von Grenzflächenzuständen

Bisher wurde der Einfluß der Umladung von Grenzflächenzuständen auf das Nichtgleichgewichtsverhalten nicht erfaßt. Dies soll nun geschehen. Werden Grenzflächenzustände umgeladen, so ist in der Ladungsbilanz ein Term $Q_{SS}(\Psi_{s0})$ zu berücksichtigen. Man erhält also:

$$C_{OX}(U_G - \Psi_{s0} - \Delta V) + Q_D(\Psi_{s0}, \Delta V) + Q_{SS}(\Psi_{s0}) = 0. \tag{4.135}$$

Es muß nun jedoch noch die Zeitabhängigkeit der Umladung der Grenzflächenzustände berücksichtigt werden. Für die Emission von Elektronen aus den Grenzflächenzuständen in das Leitungsband gilt eine Emissionszeitkonstante τ_{es}:

$$\tau_{es} = \frac{1}{c_n n_1(E)} = \tau_e \exp\left(\frac{E_C - E}{k_B T}\right). \tag{4.136}$$

Mit dem energetischen Abstand vom Leitungsband nimmt also τ_{es} exponentiell zu. Der mit der Emission ins Leitungsband konkurrierende Prozeß ist der Einfang eines Loches aus dem Valenzband. Da dieser Prozeß nicht thermisch aktiviert ist, hängt die zugehörige Zeitkonstante nur von der Löcherkonzentration p_s an der Halbleiter-Isolator-Grenzfläche ab:

$$\tau_{cs} = \frac{1}{c_p p_s}. \tag{4.137}$$

Die für die beiden Prozesse — Elektronenemission und Locheinfang — resultierende Zeitkonstante $\tau_{SS}(E)$ ergibt sich zu

$$\tau_{SS}(E) = \frac{\tau_{es} \cdot \tau_{cs}}{\tau_{es} + \tau_{cs}}. \tag{4.138}$$

Man erhält daher z. B. für Donatorzustände eine Zeitabhängigkeit der Grenzflächenladung, so daß gilt:

$$Q_{SS}(\Psi_s, t) = \int\limits_{E_F(t)}^{E_C} N_{SS}(E) \left(1 - \exp\left[-\frac{t - t_0(E)}{\tau_{SS}(E)}\right]\right) dE. \tag{4.139}$$

Hierin bezeichnet $t_0(E)$ den Zeitpunkt, zu dem die Zustände der Energie E gerade auf dem Ferminiveau liegen, also $E_F(t_0) = E$ gilt, so daß für $t > t_0$ die Umladung dieser Zustände mit der Zeitkonstanten $\tau_{SS}(E)$ stattfindet. Die Funktion $t_0(E)$ kann nicht analytisch angegeben werden, da der zeitliche Verlauf der Bandverbiegung — und damit $E_F(t)$ — nur numerisch berechenbar ist. Darüberhinaus werden die dynamischen Eigenschaften eines MOS-Kondensators bei der Umladung von Grenzflächenzuständen noch dadurch beeinflußt, daß Minoritätsladungsträger, die in dem Nichtgleichgewichtsbereich ΔW generiert werden, von Grenzflächenzuständen eingefangen werden können. Diese tragen dann nicht zum Aufbau der Inversionsladung bei.

Da die Einfangzeitkonstante für Löcher von der Konzentration p_s der bereits generierten Minoritätsträger abhängt, findet zwischen der Umladung von Grenzflächenzuständen und der Generation von Löchern in der Sperrschicht eine komplizierte wechselseitige Beeinflussung statt.

Bei der Berechnung der $C(U)$-Kurve muß daher berücksichtigt werden, daß der im Bereich ΔW erzeugte Generationsstrom gleich der Summe aus zeitlicher Änderung der Inversionsladung $\dot{Q}_{D,p}$ und der zeitlichen Änderung der Grenzflächenladung $\dot{Q}_{SS,p}$ ist:

$$\frac{qn_i}{2\tau_0} \cdot \Delta W = \dot{Q}_{D,p} + \dot{Q}_{SS,p}. \tag{4.140}$$

Derjenige Anteil der Ladungsträger an der gesamten Umladung, der durch Locheinfang verursacht wird, $\dot{Q}_{SS,p}$, beträgt:

$$\dot{Q}_{SS,p} = \frac{\tau_e}{\tau_e + \tau_c} \dot{Q}_{SS}. \tag{4.141}$$

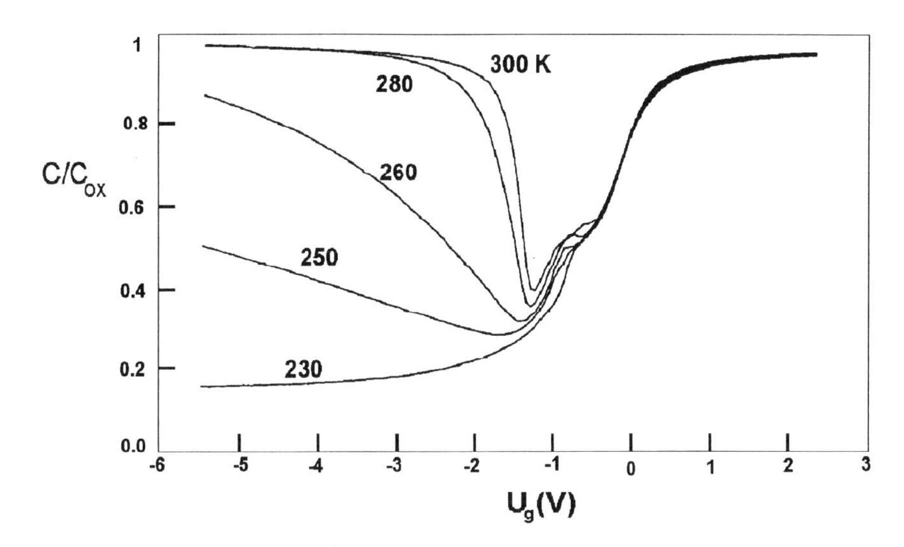

Abbildung 4.21: T-Abhängigkeit der $C(U)$-Kurven bei Umladung von N_{SS} durch Elektronenemission und Locheinfang

Die Abb. 4.21 zeigt die berechneten $C(U)$-Kurven unter Berücksichtigung von Grenzflächenzuständen mit der Temperatur als Parameter.

Dabei wurde eine typische $N_{SS}(E)$-Verteilung zugrunde gelegt, wie sie Abb. 4.22 wiedergibt. Das auffallendste Merkmal dieser $C(U)$-Kurven, das offensichtlich durch die Grenzflächenzustände verursacht wird, ist ein Wiederanstieg der Kapazität im Verarmungsbereich. Solch ein relatives Maximum erwartet man normalerweise nur, wenn die $N_{SS}(E)$-Verteilung ein solches aufweist. Dieses Auftreten des Maximums in der Kapazität trotz homogener Zustandsdichte im Bereich der Bandmitte entsteht dadurch, daß beim Durchfahren der Spannungsrampe mit wachsender Bandverbiegung Grenzflächenzustände über das Ferminiveau gehoben werden, die zunehmend größere Zeitkonstanten τ_e für die Emission von Elektronen ins Leitungsband besitzen.

Daher kommt dieser Emissionsprozeß etwa im Bereich der Bandmitte zum Stillstand. Andererseits ist auch die Zeitkonstante τ_c für den Locheinfang noch sehr groß, da die Löcherkonzentration p_s an der Halbleiter-Isolator-Grenzfläche im Verarmungsbereich noch vernachlässigbar klein ist. Daher wird also eine große Zahl von Grenzflächenzuständen über das Ferminiveau gehoben, ohne ihren Ladungszustand zu ändern. Erst bei Annäherung an den Inversionsbereich werden in der Sperrschicht genügend Löcher generiert, so daß $N_{SS}(E)$ hinreichend klein wird und die bis dahin über E_F angehobenen Zustände sich nun in kurzer Zeit durch Locheinfang umladen können. Dieser Prozeß hängt natürlich stark von den zugehörigen Einfangkoeffizienten c_n und c_p ab.

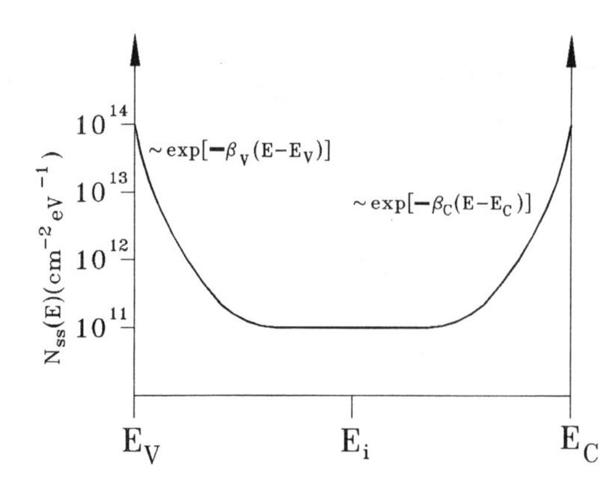

Abbildung 4.22: Typische Verteilung von Oberflächenzuständen $N_{SS}(E)$ längs der Bandlücke

4.4.9 Oberflächengeneration

Bisher wurde bei der Umladung von Grenzflächenzuständen lediglich berücksichtigt, daß die Zustände, die über das Ferminiveau gehoben werden, ihr Elektron entweder ins Leitungsband emittieren oder durch Locheinfang an das Valenzband abgeben. Darüberhinaus können die Grenzflächenzustände aber auch als Generations- und Rekombinationszentren wirken, indem sie Elektronen aus dem Valenzband aufnehmen (Lochemission) und diese ins Leitungsband emittieren, bzw. Elektronen aus dem Leitungsband einfangen und diese an das Valenzband abgeben (Locheinfang). Damit wird ein zusätzlicher Beitrag zum Aufbau der Inversionsladung geleistet, der zu dem Generationsstrom aus dem Nichtgleichgewichtsgebiet ΔW hinzuzuaddieren ist.

Den zugehörigen Generationsüberschuß G_s erhält man analog zu dem im Halbleiterinneren

$$G_s = \int_{E_V}^{E_C} N_{SS}(E) \frac{n_i^2 - n_s p_s}{(n_s + n_{1s})/c_p + (p_s + p_{1s})/c_n} dE. \tag{4.142}$$

Die Größen n_s, p_s dürfen hier jedoch nicht (wie im Halbleiterinneren) vernachlässigt werden, weil insbesondere die Löcherkonzentration an der Oberfläche p_s beim Aufbau der Inversion sehr stark anwächst. Der Integrand hat jedoch auch hier ein scharfes Maximum für E im Bereich der Bandmitte, da p_{1s} und n_{1s} exponentiell zur Bandmitte hin abnehmen, so daß nur Grenzflächenzustände nahe der Bandmitte zur Oberflächengeneration in nennenswertem Maße beitragen. Daher wird $N_{SS}(E)$ konstant gleich $N_{SS}(E_i)$ angenommen. Mit $c_n = c_p =: c$ erhält man dann

$$G_s = \frac{2Ak_BT}{\sqrt{1-B^2}} \arctan\left(\sqrt{\frac{1-B}{1+B}}\right) \text{ für } B < 1 \tag{4.143}$$

$$G_s = \frac{Ak_BT}{\sqrt{B^2-1}} \ln\left(\frac{B+1+\sqrt{B^2-1}}{B+1-\sqrt{B^2-1}}\right) \text{ für } B > 1$$

mit

$$A := n_i c N_{SS}(E) \cdot \left(1 - \frac{n_s p_s}{n_i^2}\right) \qquad B := \frac{n_s + p_s}{2n_i}. \tag{4.144}$$

Man erkennt, daß die Oberflächengeneration einen maximalen Wert annimmt für eine von Ladungsträgern stark verarmte Halbleiteroberfläche, wenn B sehr klein und A sehr groß wird. Mit zunehmender Löcherkonzentration p_s in der Inversionsschicht sinkt der Beitrag der Oberflächengeneration dagegen sehr schnell ab. Daher können Grenzflächenzustände nahe der Bandmitte durch den Einfang von Löchern umgeladen werden, die durch Oberflächengeneration erzeugt wurden. Die Abb. 4.23 zeigt diesen Effekt an zwei $C(U)$ Kurven für verschiedene Temperaturen.

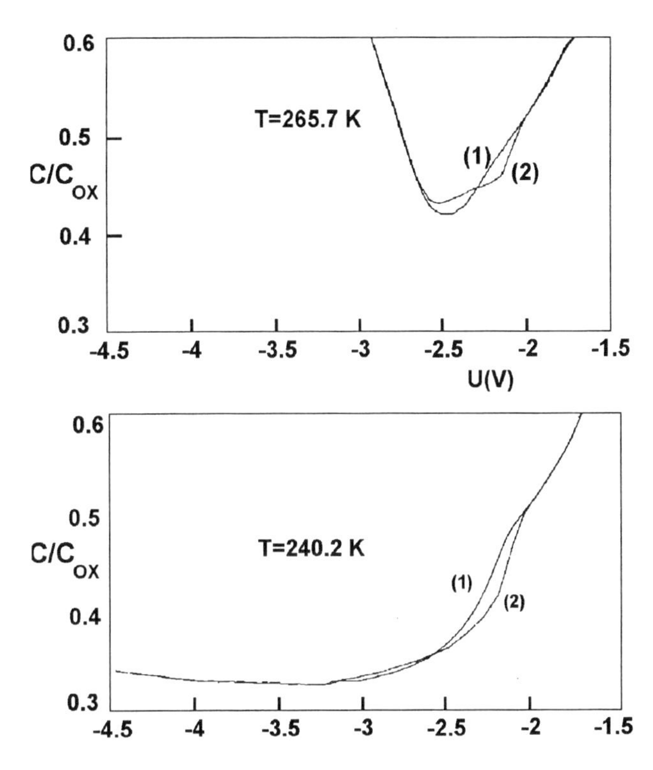

Abbildung 4.23: $C(U)$-Kurven, berechnet mit (1) und ohne (2) Berücksichtigung der Oberflächengeneration

Man sieht, daß der Einfluß der Oberflächengeneration auf einen kleinen Bereich vor Einsetzen der starken Inversion beschränkt ist. In diesem Bereich wird die Kapazität leicht vergrößert, was die Umladung von Grenzflächenzuständen anzeigt. Bemerkenswert ist ferner, daß bei größeren Gatespannungen im Bereich der starken Inversion kein Unterschied mehr festzustellen ist zwischen den Kurven mit und ohne Berücksichtigung der Oberflächengeneration. Dies bestätigt, daß der Aufbau der

Inversionsladung die weitere Generation von Minoritätsträgern über Oberflächenzustände behindert.

4.4.10 Abweichungen vom idealen Nichtgleichgewichtsverhalten

Bisher wurde gezeigt, daß die Nichtgleichgewichtseigenschaften von MOS-Kondensatoren mit einem Modell beschrieben werden können, nach dem der Aufbau der Inversionsladung durch Minoritätsträger erfolgt, die in einem Bereich der Weite ΔW der Sperrschicht mit einer homogenen Generationsrate $G = n_i/2\tau_0$ erzeugt werden. Dieses Modell ist auch dann gültig, wenn Grenzflächenzustände durch endliche Umladezeitkonstanten sowie durch Oberflächengeneration das dynamische Verhalten der Proben beeinflussen.
Neben solchen MOS-Kondensatoren, die entsprechend dieser Modell-Vorstellung ein ideales Nichtgleichgewichtsverhalten zeigen, treten häufig Proben auf, deren dynamische Eigenschaften erheblich von diesem Verhalten abweichen. Diese sind grundsätzlich dadurch charakterisiert, daß der Aufbau der Inversionsladung schneller erfolgt, als er allein durch Volumengeneration über tiefe Störstellen nach dem Shockley-Read-Mechanismus ablaufen würde. Da durch derartige Effekte die Eigenschaften von MOS-Bauelementen negativ beeinflußt werden, ist eine genaue Kenntnis derjenigen Mechanismen notwendig, die zu den unerwünschten Effekten führen.
Quantitativ ist das Auftreten dieser Effekte in der Regel an der Nichtlinearität des Generationsstroms in Abhängigkeit von der Sperrschichtweite zu erkennen. Die verschiedenen Ursachen werden im folgenden diskutiert.

Diffusion von Minoritätsträgern aus dem Halbleiterinneren

Im Bereich ΔW (s. Abb. 4.19) der Sperrschicht sind die Konzentrationen an beweglichen Ladungsträgern aufgrund des starken elektrischen Feldes vernachlässigbar klein. Dadurch entsteht auch für die Minoritätsträger ein Konzentrationsgefälle vom neutralen Halbleiterinneren zur Oberfläche hin. Somit resultiert eine Diffusionsstromdichte j_{diff}, die zum Aufbau der Inversionsladung beiträgt. Die Größe dieser Diffusionsstromdichte kann man abschätzen. Die Löcher haben im neutralen n-dotierten Halbleiter eine mittlere Lebensdauer, die der Zeitkonstanten τ_0 entspricht. Die Strecke, die sie in dieser Zeit zurücklegen, ist gleich der Diffusionslänge L_p,

$$L_p = \sqrt{D_p \cdot \tau_0}. \tag{4.145}$$

Damit erhält man für die Diffusionsstromdichte, die in die Inversionsschicht fließt,

$$j_{diff} = \frac{qp_0 L_p}{\tau_0} = \frac{qn_i^2 L_p}{N_D \tau_0} = \frac{qn_i^2 \sqrt{D_p}}{N_D} \frac{1}{\sqrt{\tau_0}}. \tag{4.146}$$

Den relativen Beitrag der Diffusion zum gesamten Generationsstrom j_{gen} erkennt man am besten am Verhältnis von j_{diff}/j_{gen}:

$$\frac{j_{diff}}{j_{gen}} = 2\frac{n_i L_p}{N_D \Delta W} = 2\frac{n_i}{N_D}\frac{\sqrt{D_p \tau_0}}{\Delta W}. \tag{4.147}$$

Der Anteil des Diffusionsstroms wird dann besonders groß, wenn das Halbleitermaterial niedrig dotiert und daher τ_0 groß ist. Dies liegt daran, daß die Volumengeneration $\sim 1/\tau_0$ ist und der Diffusionsstrom daher eine Proportionalität zu $\sim \sqrt{\tau_0}$ zeigt. Daher wird bei Halbleitern mit großer Trägerlebensdauer der Aufbau der Inversion im wesentlichen durch die Diffusion von Ladungsträgern aus dem Halbleiterinneren beeinflußt. Die Abb. 4.24 zeigt als Beispiel die $C(U)$-Kurven eines p-Si-MOS-Kondensators mit großer Trägerlebensdauer τ_0. Der Generationsstrom ist so gering, daß bei Zimmertemperatur (294 K) mit einer Rampengeschwindigkeit von nur 50 mV/s bereits eine Pulskurve erzeugt wird.

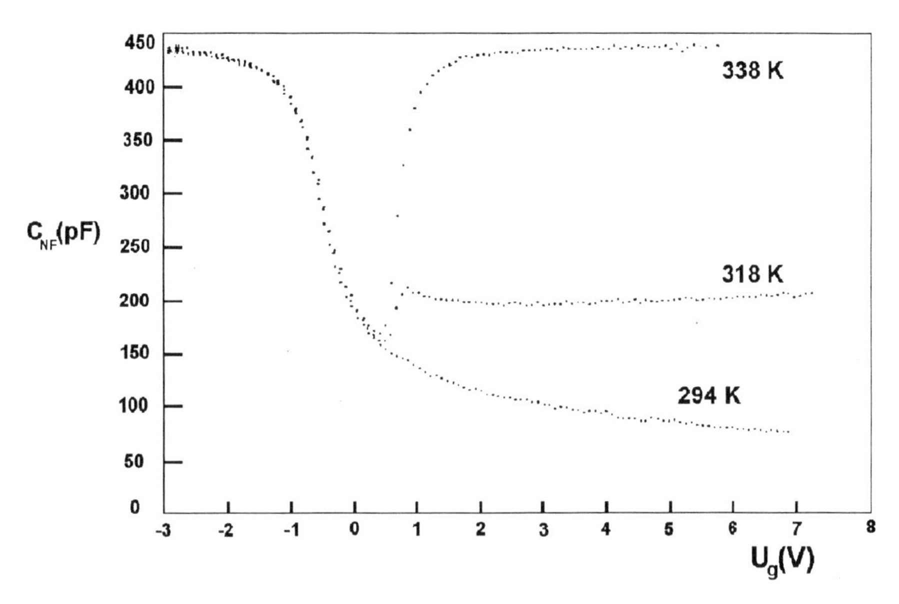

Abbildung 4.24: T-Abhängigkeit der $C_{NF}(U)$-Kurven bei dominierendem Diffusionsstrom

Der Übergang von der Pulskurve zur Gleichgewichtskurve erfolgt dabei in einem kleinen Temperaturintervall. Das liegt daran, daß der Diffusionsstrom $\sim n_i^2$ ist und damit wesentlich stärker von der Temperatur abhängt als der nur linear von n_i abhängige Generationsstrom. Damit ergibt sich die Möglichkeit, zu kontrollieren, ob die Inversionsladung tatsächlich durch Diffusion oder durch Generation aufgebaut wird.

Poole-Frenkel-Effekt

Die Volumengeneration in der Sperrschicht des Halbleiters läuft entsprechend dem SRH-Mechanismus über Störniveaus im verbotenen Band ab. Elektronen-Lochpaare werden gebildet, indem von einem tiefen Niveau aus abwechselnd Elektronen in das Leitungsband und Löcher in das Valenzband emittiert werden. Nimmt man z. B. an, daß es sich um einen Donatorzustand handelt, der die Ladungszustände 'neutral' und 'positiv' einnehmen kann, dann werden Elektronen durch ein Coulombpotential an dieses Niveau gebunden. Entsprechendes gilt für die Bindung von Löchern an Akzeptorzustände. Die Aktivierungsenergie für die Emission aus einem tiefen Niveau mit Coulombpotential wird durch ein elektrisches Feld $\mathcal{E}$ um einen Betrag ΔE erniedrigt. Dies ist in Abb. 4.25 schematisch dargestellt.

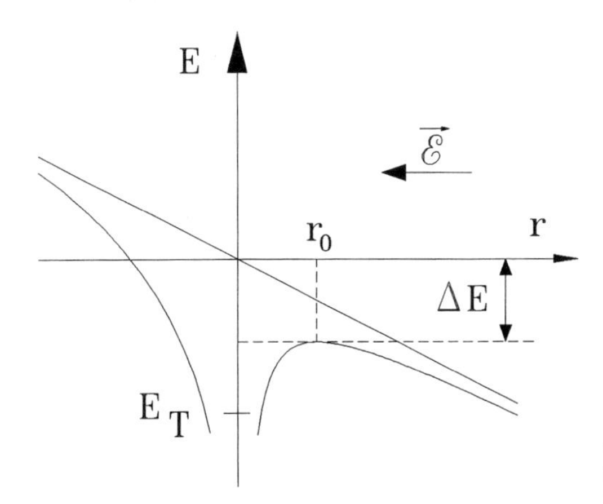

Abbildung 4.25: Barrierenabsenkung in einem Coulombpotential durch ein elektrisches Feld

Für die Absenkung der Barriere erhält man

$$\Delta E = q\mathcal{E}r_0 + \frac{q^2}{4\pi\epsilon_0\epsilon_{HL}r_0}. \tag{4.148}$$

Dabei ist r_0 die Reichweite des Potentials, die durch ein Gleichgewicht zwischen der Kraft des äußeren elektrischen Feldes und der Coulombanziehung charakterisiert ist. Damit erhält man:

$$\Delta E = q\sqrt{\frac{q\mathcal{E}}{\pi\epsilon_0\epsilon_{HL}}} = \gamma\sqrt{\mathcal{E}} \tag{4.149}$$

mit

$$\gamma = q\sqrt{\frac{q}{\pi\epsilon_0\epsilon_{HL}}} = 2{,}23 \cdot 10^{-4}\ \mathrm{eV}\sqrt{\mathrm{cm/V}}. \tag{4.150}$$

Die Dielektrizitätskonstante ϵ_{HL} kann hier benutzt werden, da bei Feldstärken bis zu etwa 10^6 V/cm der Wert von r_0 noch groß gegenüber dem Atomabstand im Siliziumgitter ist.

Aufgrund des Poole-Frenkel-Effekts wird die thermische Aktivierungsenergie für die Emission aus den Generationszentren, und damit die Generationsrate, feldabhängig. Die Emissionsrate steigt exponentiell mit der Barrierenabsenkung an, so daß dieser Effekt auch durch eine entsprechende Feldabhängigkeit des Einfangquerschnitts bzw. der Generationszeitkonstante τ_0 beschrieben werden kann:

$$\tau_0(\mathcal{E}) = \tau_0 \exp\left(-\frac{\gamma\sqrt{\mathcal{E}}}{k_B T}\right). \tag{4.151}$$

Für das Beispiel des Donatorzustands gilt, daß nur die Aktivierungsenergie für die Emission von Elektronen in das Leitungsband erniedrigt wird, nicht jedoch die für die Emission von Löchern in das Valenzband. Daher ist bei Berücksichtigung des Poole-Frenkel-Effekts für die Generation über Störstellen nicht mehr die Intrinsic-Energie diejenige, bei der die wirksamsten Niveaus liegen, sondern diese Funktion wird von einem Niveau unterhalb der Bandmitte übernommen. Da mit wachsender Sperrschichtweite, d. h. mit wachsender Bandverbiegung $q\Psi_s$, die Feldstärke zunimmt, kann eine Nichtlinearität des Generationsstroms ebenfalls mit dem Poole-Frenkel-Effekt erklärt werden.

4.5 Zusammenfassung

Als Grundelement des Feldeffekt-Transistors ist das dem MOS-Kondensator zugrundeliegende Prinzip für eine Ladungssteuerung eines der wichtigsten überhaupt (s. a. [17]). Daher wurde der MOS-Kondensator ausführlich beschrieben. Zunächst wurden die idealen Kapazitäts-Spannungskurven betrachtet und berechnet. Zum Verständnis diente die Betrachtung der Ladungsbilanz:

$$-Q_M = Q_n + Q_p + Q_{N_D^+}.$$

Der Ladung auf der Metallelektrode steht eine betragsmäßig gleich große, jedoch mit umgekehrtem Vorzeichen im Halbleiter gegenüber. Diese setzt sich aus den Elektronen und Löchern sowie der ortsfesten ionisierten Ladung zusammen. Wegen der relativ geringen Ladungsträgerkonzentration in den Halbleitern setzt die Erfüllung dieser — spannungsabhängigen — Bilanzgleichung Ladungsänderungen in einem relativ großen Volumen des Halbleiters voraus. Auf der Metallelektrode befindet sich eine Flächenladung, im Halbleiter eine Raumladung. Die Lösung der zugehörigen Poisson-Gleichung gestattet es, die $C(U)$−Kurven zu berechnen.
Da die Konzentration der Ladungsträger, insbesondere die der Minoritätsträger, jedoch zeitabhängig ist, sind auch die $C(U)$−Kurven zeitabhängig. Man unterscheidet zwischen der sog. Niederfrequenz- oder statischen Kurve, der Hochfrequenz- und der Impulskurve. Die NF-Kurve ist dadurch gekennzeichnet, daß alle Spannungsänderungen mit Zeitkonstanten erfolgen, die klein gegen die Generationszeitkonstante sind. In diesem Fall tritt bei entsprechenden Spannungen die Inversionsschicht auf. Die Pulskurve stellt den Extremfall einer Nichtgleichgewichtskurve dar.

Die Spannungsänderungen erfolgen mit Zeitkonstanten, die groß gegen die Generationszeitkonstante sind, so daß in der Ladungsbilanz nur noch die ortsfesten Raumladungen eine Rolle spielen. Die Puls-$C(U)$-Kurve ist sehr einfach zu berechnen, da $\Psi''(x) = \alpha \cdot N_D^+$ mit einer Konstanten α gilt, wobei N_D^+ die ortsfeste Raumladung repräsentiert.

Die HF-Kurve erhält man schließlich, wenn man einer 'Gleich'-Spannung, die sich im Vergleich zu den Generationsvorgängen langsam ändert, eine hochfrequente ($f \gg 1/\tau$) Wechselspannung sehr kleiner Amplitude überlagert. Dann befindet sich die Probe bezüglich der Gleichspannung im Gleichgewicht — insbesondere tritt bei entsprechender Spannung die Inversion auf — jedoch können die Generationsprozesse der Wechselspannung nicht folgen, so daß die Ladungsbilanz am Ende der Sperrschichtweite durch die ortsfesten geladenen Störstellen erfüllt werden muß. Da die Sperrschichtweite durch die Inversionsladung auf ihrem maximalen Wert gehalten wird, ändert sich die Kapazität mit wachsender Gleichspannung nicht mehr, steigt jedoch auch nicht mehr an wie im Fall der NF-Kurve. Man erhält also einen $C(U)$-Zusammenhang, der dadurch bestimmt ist, daß sich die Probe bezüglich der Gleichspannung im Gleichgewicht, bezüglich der Wechselspannung jedoch im Nichtgleichgewicht befindet. Vergleicht man die so berechneten Kurven mit experimentell ermittelten, so stellt man gravierende Abweichungen fest.

Aufgrund des Herstellungsprozesses der Isolator-(Oxid)-Schichten treten in diesen sowohl ortsfeste als auch bewegliche Ladungen (Ionen) auf, sog. **Oxidladungen**, wobei die letzteren noch von der Temperatur sowie den auftretenden elektrischen Feldern abhängig sind. Da diese Ladungen zwar in die Ladungsbilanz eingehen, jedoch i. a. nicht umgeladen werden können, verursachen sie lediglich eine Verschiebung der Spannungsachse der $C(U)-$Kurve.

Ebenfalls durch den Herstellungsprozeß entstehen an der Isolator-Halbleitergrenzfläche zusätzliche Energieniveaus, die kontinuierlich über das verbotene Band verteilt sind, sogenannte **Grenzflächenzustände**. Diese beeinflussen die $C(U)-$Kurve gravierend. Es wurden zwei wesentliche Verfahren — die Leitwertmethode und die quasistatische Methode — zu ihrer Bestimmung betrachtet. Da die Umladung der Grenzflächenzustände einen Relaxationsprozeß darstellt — beim Einfang wird Energie frei, bei der Emission wird Energie benötigt — kann man diese im Ersatzschaltbild durch ein Parallel-RC-Glied berücksichtigen. Da der Leitwert, der die Verluste repräsentiert, allein von der Umladung der Grenzflächenzustände abhängt, kann man aus seiner Bestimmung die Konzentration $N_{SS}(E)$ ermitteln. Davon macht die Leitwertmethode Gebrauch. Unter der Annahme, daß beim Durchlaufen der Niederfrequenzkurve alle Grenzflächenzustände im Rhythmus der Wechselspannung umgeladen werden, in der HF-Kurve jedoch nicht, muß die Differenz von NF-Kurve und HF-Kurve bei gegebener Bandverbiegung und Energie Informationen über die Konzentration der Grenzflächenzustände bei dieser Energie enthalten.

Diese Tatsache nutzt die **quasistatische Methode** aus. Es ist jedoch zu beachten, daß HF- und NF-Kurve bei gleicher Bandverbiegung bzw. Lage des Fermi-Niveaus im verbotenen Band gemessen werden. Auf diese Weise kann die Verteilung $N_{SS}(E)$

der Grenzflächenzustände über die Energie im verbotenen Band gemessen werden. Es besteht jedoch auch die Möglichkeit, daß die Grenzflächenzustandsdichte räumlich schwankt. Daher führt man einen zusätzlichen Parameter ein, die Breite einer Gaußverteilung für diese Schwankungen. Auch diese läßt sich ermitteln.
Bisher wurden lediglich Gleichgewichts- und Nichtgleichgewichts-$C(U)$-Kurven betrachtet. Pulst man z. B. einen MOS-Kondensator bis in den Spannungsbereich, in dem in der Gleichgewichtskurve die Inversion auftritt, und hält diese Spannung fest, so gelangt die Probe durch thermische Generation von Elektron-Loch-Paaren ins Gleichgewicht. Der Wert der Kapazität der Pulskurve wird also mit der Zeit auf den Wert der geometrischen Kapazität — bestimmt durch die Dicke der Oxidschicht — ansteigen. Diese Zeit des Übergangs vom Nichtgleichgewichts- in den Gleichgewichtszustand kann man 'nutzen', um den noch 'leeren', d. h. von Minoritätsträgern freien Potentialtopf durch Ladungsträgerinjektion oder mittels einer durch Beleuchtung erhöhten Generation zu füllen. Ordnet man dem gefüllten Potentialtopf den logischen Wert '1' und dem leeren den Wert '0' zu, so kann man auf diese Weise digitale Speicher und Bildspeicher realisieren, wie es in Speicherbausteinen für Computer und den Bildspeichern von CCD-Kameras auch geschieht.
Aus diesem zeitlichen Ablauf läßt sich ermitteln, welche Vorgänge für den Aufbau der Inversion bestimmend sind. Dazu wurde die Zeitabhängigkeit dieser Vorgänge berechnet, und zwar für den Fall, daß ausschließlich Generationsprozesse stattfinden, Abschn. 4.4.5, daß die Umladung über Grenzflächenzustände und die Oberflächengeneration erfolgt, Abschn. 4.4.8 und 4.4.9, sowie durch Diffusion von Minoritätsladungsträgern aus dem Halbleiterinnern, s. Abschn. 4.4.10.
Da die Störstellen in der Raumladungszone des Halbleiters — insbesondere solche an der Grenzfläche zwischen Halbleiter und Isolator — zum Teil hohen elektrischen Feldern ausgesetzt sind, hat man gegebenenfalls die Abhängigkeit der Wirkungsquerschnitte vom elektrischen Feld, den sog. Poole-Frenkel-Effekt, zu berücksichtigen, s. Abschn. 4.4.10.

Kapitel 5

Der Metall-Halbleiterkontakt

Der Metall-Halbleiter-Kontakt ist nun schon seit mehr als 100 Jahren bekannt und noch immer nicht vollständig verstanden, obgleich er in großem Maße technische Verwendung findet. 1874 entdeckte F. Braun seine gleichrichtenden Eigenschaften. Heute findet der Metall-Halbleiter-Kontakt als Schottky-Diode seinen Einsatz, z. B. in der Mikrowellentechnik als Höchstfrequenzmischer und -gleichrichter bei Kontaktdurchmessern von weniger als 10 nm, in der Digitaltechnik (Schottky-TTL) zur Begrenzung des Sättigungsstroms der Basis-Emitter-Dioden von Transistoren in schnellen Schaltern, als Gateelektrode in MES-FETs und zur Mikrowellenerzeugung, z. B. in Baritt-Dioden sowie als Tunnelkontakt in ohmschen Kontakten. Darüberhinaus besitzt er große Bedeutung für die Grundlagenforschung in der Festkörperphysik für das Verständnis der Austrittsarbeit und auch für die Analyse von energetisch tief im verbotenen Band der Halbleiter liegenden Störniveaus.
Im folgenden werden zunächst die grundlegenden Eigenschaften des Metall-Halbleiter-Übergangs diskutiert, die kapazitiven Eigenschaften und der Stromtransport. Darauf wird der Stand des grundsätzlichen Verständnisses des Metall-Halbleiter-Kontakts referiert und anschließend werden Verfahren zur Analyse tiefer Niveaus (DLTS) mittels der Schottky-Diode diskutiert.

5.1 Prinzip der Schottky-Diode

Läßt man in einem MOS-Kondensator die Oxidschichtdicke in Gedanken gegen Null gehen, so fällt die gesamte Spannung Φ_{MS}, die sich aus der — durch die Ladung q dividierten — Differenz der Austrittsarbeiten ergibt, allein über dem Halbleiter ab. Man bezeichnet eine solche Anordnung als **Schottky-Diode** und erhält dafür das folgende Bänderschema, s. Abb. 5.1.
Die Bandverbiegung wird nicht länger wie im Fall des MOS-Kondensators als $q\Psi_s$, sondern als $\boldsymbol{qV_D}$ bezeichnet, wobei die zugehörige Spannung $\boldsymbol{V_D}$ die Bezeichnung **Diffusionsspannung** trägt. Die Differenz der Austrittsarbeiten von Metall und Halbleiter heißt **Barrierenhöhe** $\boldsymbol{q\Phi_B}$. Das Fehlen der Oxidschicht hat zwei wichtige Konsequenzen:

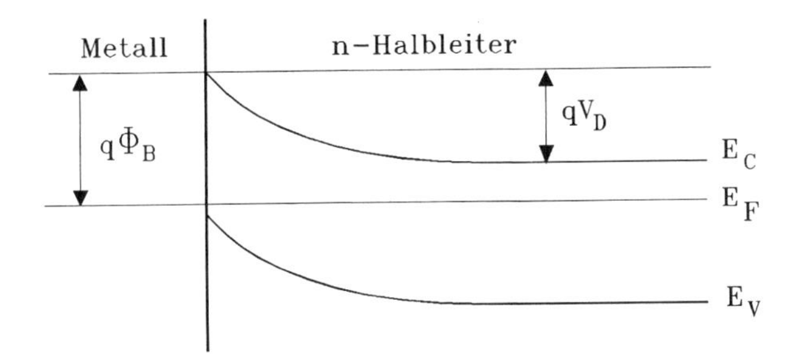

Abbildung 5.1: Bänderschema des Metall-Halbleiterkontakts (ohne angelegte Spannung)

1. Im Gegensatz zum MOS-Kondensator, der lediglich einen Verschiebungsstrom zur Erzeugung der Raumladung gestattet, ist in diesem Fall das Fließen eines Gleichstroms durch das Bauelement möglich, da die Isolatorschicht fehlt.

2. Da die Austrittsarbeiten zunächst als Materialkonstanten betrachtet und vom Ferminiveau aus gemessen werden, liegt der Abstand $E_C - E_F$ an der Metall-Halbleitergrenze fest. Daher spielt die Minoritätsträgerkonzentration in der Schottky-Diode nicht die gleiche wesentliche Rolle wie in MOS-Anordnungen bei der Ausbildung von Inversionsschichten. Die Schottky-Diode ist also ein unipolares Bauelement, in dem nur eine Ladungsträgersorte den Strom trägt.

Legt man an den Metall-Halbleiterübergang eine äußere Spannung U an, so vergrößert sich die Raumladungszone im Halbleiter ebenso wie im Fall des MOS-Kondensators. Man erwartet daher kapazitive Eigenschaften des Metall-Halbleiterkontakts. Als Folge des Stromflusses bei angelegter Spannung ist darüberhinaus jedoch eine Strom-Spannungsabhängigkeit zu erwarten. Da in diesem Fall die Ladungsträger die spannungsabhängige Potentialbarriere überwinden müssen, sollte ein exponentieller Strom-Spannungs-Zusammenhang resultieren.
Im folgenden sollen zunächst die kapazitiven Eigenschaften des Schottky-Kontakts betrachtet werden.

5.2 Kapazitive Eigenschaften der Schottky-Diode

Auch die Kapazität des Metall-Halbleiterkontakts kann aus einer Betrachtung des MOS-Kondensators durch den Grenzübergang zu verschwindender Oxiddicke gewonnen werden. Da die Minoritätsträgerkonzentration an der Metall-Halbleitergrenze — wie bereits erwähnt — keine Rolle spielt, kann im Fall des n-Halbleiters der Löcheranteil in Gleich. 4.43 gestrichen werden. Da auch C_{OX} entfällt, erhält man für die $C(U)$-Abhängigkeit der Schottky-Diode aus Gleich. 4.43

$$C(\Psi_s) = \frac{\epsilon_0 \epsilon_{HL}}{l_D} \cdot \frac{|\exp(-q\Psi_s/k_B T) - 1|}{\sqrt{\exp(q\Psi_s/k_B T) - q\Psi_s/k_B T - 1}}. \tag{5.1}$$

Mit der neuen Terminologie $-\Psi_s = V_D + U$ wird daraus für $V_D + U \gg k_BT/q$ (s. auch Gleich. 4.29)

$$\begin{aligned} C &= \sqrt{\frac{q\epsilon_0\epsilon_{HL}}{2} \cdot \frac{N_D^+}{U + V_D - k_BT/q}} \qquad \text{oder} \\ \frac{1}{C^2} &= \frac{2}{q\epsilon_0\epsilon_{HL}N_D^+}\Big(U + V_D - k_BT/q\Big). \end{aligned} \tag{5.2}$$

Mittels dieser Gleichung können aus $C^{-2}(U)$-Kurven die Parameter N_D^+ und V_D für einen gegebenen Metall-Halbleiterkontakt ermittelt werden. Bei vollständiger Ionisierung der Störzentren gilt

$$N_D \approx N_D^+ \approx n_0 = N_C \exp\left(-\frac{E_C - E_F}{k_BT}\right), \tag{5.3}$$

wobei für $E_C - E_F$ der Wert im Halbleiterinneren gilt. Damit ist $E_C - E_F$ im Halbleiterinneren bekannt, und es kann $\Phi_B = V_D - (E_C - E_F)/q$ berechnet werden. Man findet

$$\Phi_B = V_D - \frac{k_BT}{q} \cdot \ln\left(\frac{N_D}{N_C}\right). \tag{5.4}$$

Aus der $C^{-2}(U)$-Abhängigkeit können somit die Dotierung und die Barrierenhöhe ermittelt werden.

5.3 Stromtransport über die Schottky-Barriere

Der elektrische Widerstand eines Metall-Halbleiter-Kontakts ist durch die Raumladungszone im Halbleiter bestimmt. Äußere Spannungen fallen vollständig über der Raumladungszone ab und beeinflussen die Austrittsarbeit der Metallelektronen nicht. Legt man daher eine sog. **Durchlaßspannung** $-U$ an eine Schottky-Diode, indem man den positiven Pol der Spannungsquelle mit der auf einen n-Halbleiter aufgedampften Metallelektrode verbindet, so erhält man das folgende Bänderschema, s. Abb. 5.2.

Die angelegte Spannung erscheint als Differenz der jeweiligen Lage des Ferminiveaus im Metall (E_{FM}) und weit im Halbleiterinneren (E_{FH}). Da $q\Phi_B$ in dieser Betrachtungsweise als Differenz der Austrittsarbeiten von Metall und Halbleiter eine vorgegebene Materialeigenschaft ist, muß das Ferminiveau innerhalb des Halbleiters im Bereich der Randschicht gekrümmt sein. Aus diesem Grunde fließt in der Schottky-Diode im Gegensatz zur MOS-Anordnung ein Strom, da der Gesamtstrom proportional zu dE_F/dx ist, wie in Kap. 3 bereits gezeigt wurde.

Polt man die Spannungsquelle um, legt also eine sog. **Sperrspannung** an, so erhält man die in Abb. 5.3 dargestellten Verhältnisse.

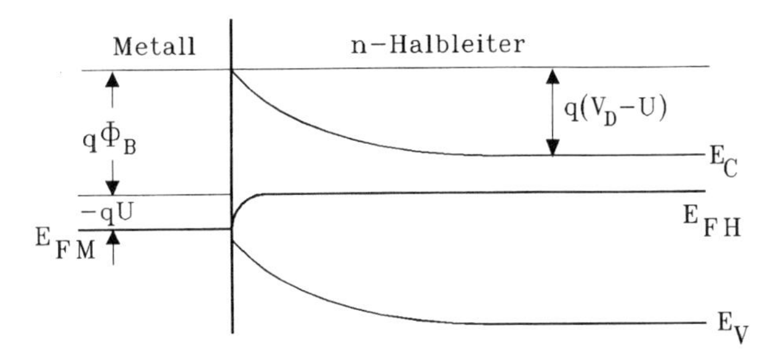

Abbildung 5.2: Bänderschema des Metall-Halbleiterkontakts bei angelegter Durchlaßspannung

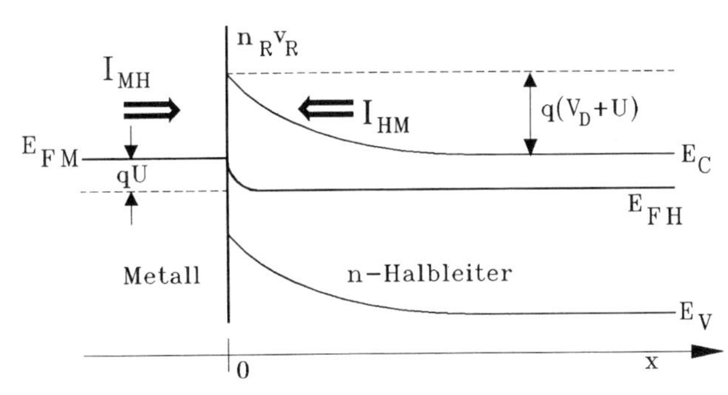

Abbildung 5.3: Bänderschema des Metall-Halbleiterkontakts bei angelegter Sperrspannung

An der Halbleiter-Metall-Grenzfläche existiert im thermischen Gleichgewicht die Randkonzentration n_R^0 an Elektronen, die eine mittlere Geschwindigkeit v_R besitzen, s. Abb. 5.3. Im thermischen Gleichgewicht fließt dann ein Elektronenstrom I_{MH} vom Metall in den Halbleiter und ein gleichgroßer, entgegengesetzt gerichteter Strom I_{HM} vom Halbleiter zum Metall, so daß der Gesamtstrom verschwindet. Man kann für den Gesamtstrom im thermischen Gleichgewicht bei gegebener Kontaktfläche F schreiben

$$I = I_{HM} + I_{MH} = F \cdot q n_R^0 v_R - F \cdot q n_R^0 v_R = 0. \tag{5.5}$$

Der Wert der Randkonzentration im thermischen Gleichgewicht, n_R^0, wird durch die Diffusionsspannung V_D festgelegt, s. z. B. Gleich. 4.11,

$$n_R^0 = n_{0,H} \exp\left(-\frac{qV_D}{k_B T}\right). \tag{5.6}$$

Legt man nun eine Spannung U an die Anordnung, z. B. wie in Abb. 5.3, wo der negative Pol der Spannungsquelle am Metallkontakt liegt, dann wird die potentielle Energie der Elektronen im Halbleiter abgesenkt. Dadurch sind nun

$$n_{0,H} \exp\left(-\frac{q(V_D + U)}{k_B T}\right) = n_R^0 \exp\left(-\frac{qU}{k_B T}\right) \tag{5.7}$$

Elektronen in der Lage, die Barriere vom Halbleiter aus zu überwinden. Vom Metall aus betrachtet laufen die Elektronen 'den Berg' hinunter, so daß die angelegte äußere

Spannung den Strom vom Metall zum Halbleiter nicht beeinflußt. Man bezeichnet diesen Strom daher als **Sättigungsstrom**. Er ist nur von der Konzentration der Elektronen im Metall und der Energie $q\Phi_B$ abhängig, bei vorgegebenem Austrittspotential Φ_B also nur von der Temperatur. Den Strom vom Halbleiter in das Metall nennt man **Anlaufstrom**, da dieser gegen die Potentialbarriere anlaufen muß. Durch eine äußere Spannung $U_e := -U$ kann man nur den Anlaufstrom beeinflussen. Der Gesamtstrom wird daher spannungsabhängig und Gleich. 5.5 lautet nun

$$I = F \cdot q n_R^0 v_R \left[\exp\left(\frac{qU_e}{k_B T}\right) - 1 \right]. \tag{5.8}$$

Dieser Zusammenhang ist folgendermaßen zu verstehen:

- Aufgrund der exponentiellen Spannungsabhängigkeit kann der Anlaufstrom durch negative äußere Spannungen in der Größe einiger $k_B T/q$ praktisch vollständig zum Verschwinden gebracht werden. Für $U_e < 0$ und $\exp(qU_e/k_B T) < 1$ fließt damit nur der Sättigungsstrom, der auch als **Sperrstrom** bezeichnet wird, vom Metall in den Halbleiter. In diesem Fall ist die Diode in **Sperrichtung** gepolt.

- Andererseits wächst bei positiven äußeren Spannungen der Anlaufstrom exponentielll an und übertrifft den Sättigungsstrom rasch um mehrere Größenordnungen. Für $U_e > 0$ folgt $\exp(qU_e/k_B T) > 1$; es fließt also praktisch ausschließlich der Anlaufstrom vom Halbleiter in das Metall. Diese Art der Polung wird als **Durchlaßrichtung** bezeichnet.

Man schreibt Gleich. 5.8 meist in der folgenden Form

$$\boldsymbol{I(U_e) = I_S \left[\exp\left(\frac{qU_e}{k_B T}\right) - 1 \right]}, \tag{5.9}$$

mit

$$\boldsymbol{I_S = F \cdot q n_R^0 v_R}.$$

Die Abb. 5.4 zeigt den Verlauf einer idealen Diodenkennlinie.

5.3.1 Dioden- und Diffusionstheorie

Die Geschwindigkeit v_R, mit der die Ladungsträger, aus der Raumladungszone kommend, auf den Metall-Halbleiterübergang auftreffen, ist bisher nicht näher spezifiziert worden. Zunächst treten die Ladungsträger mit einer mittleren Geschwindigkeit $v_{th}/\sqrt{6\pi}$ vom Halbleiterinneren aus in die Raumladungszone ein. Erleiden sie dort keinerlei Streuprozesse, so erreichen sie den Metall-Halbleiterübergang mit der gleichen Geschwindigkeit. Man bezeichnet diese Näherung auch als **Diodentheorie.**

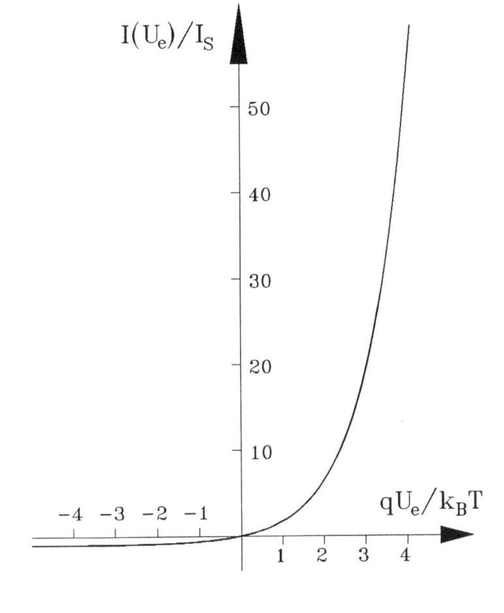

Abbildung 5.4: Kennlinie einer idealen Schottky-Diode

Man kann dann I_S noch umformen, wenn man für

$$n_R^0 = n_{0,H} \exp\left(-\frac{qV_D}{k_BT}\right) = N_C \exp\left(-\frac{E_C - E_F}{k_BT}\right) \exp\left(-\frac{qV_D}{k_BT}\right) = N_C \exp\left(-\frac{q\Phi_B}{k_BT}\right)$$

und, wie erwähnt, für

$$v_R = \frac{1}{\sqrt{6\pi}} \bar{v}_{th} = \frac{1}{\sqrt{6\pi}} \sqrt{\frac{3k_BT}{m_{eff}}} \tag{5.10}$$

einsetzt. Man erhält dann mit N_C aus Gleich. 2.3

$$\begin{aligned} I_S &= F \cdot q \cdot 2 \left(\frac{2\pi m_{eff} k_B T}{h^2}\right)^{3/2} \frac{1}{\sqrt{6\pi}} \sqrt{\frac{3k_BT}{m_{eff}}} \exp\left(-\frac{q\Phi_B}{k_BT}\right) = \\ &= qF \frac{4\pi m_{eff} k_B^2}{h^3} T^2 \exp\left(-\frac{q\Phi_B}{k_BT}\right) \end{aligned} \tag{5.11}$$

und mit der Abkürzung $A^* = q4\pi m_{eff} k_B^2/h^3$ ergibt sich ganz analog zum Richardson-Gesetz für reine Metalloberflächen der Zusammenhang

$$I_S = FA^*T^2 \exp\left(-\frac{q\Phi_B}{k_BT}\right). \tag{5.12}$$

Der Faktor $1/\sqrt{6\pi}$ in $v_R = 1/\sqrt{6\pi}\bar{v}_{th}$ in Gleich. 5.10 trägt der Tatsache Rechnung, daß nicht alle Elektronen sich in x-Richtung auf die Barriere zu bewegen, sondern nur der Bruchteil $1/\sqrt{6\pi}$, wie sich aus der Berechnung der einseitigen thermischen Stromdichte mittels einer Maxwell'schen Geschwindigkeitsverteilung ergibt:

$$I_S = qF \cdot \int\limits_{v_x=0}^{\infty} v_x n(v_x) dv_x. \tag{5.13}$$

Mit der Geschwindigkeitsverteilung

$$n(v_x) = \frac{n_{0,H}}{\sqrt{\pi}\sqrt{2k_BT/m_{eff}}} \exp\left(-\frac{v_x^2}{2k_BT/m_{eff}}\right) \tag{5.14}$$

folgt dann:

$$\begin{aligned} I_S &= \frac{qF}{\sqrt{\pi}} \cdot \int\limits_{v_x=0}^{\infty} \frac{v_x}{\sqrt{2k_BT/m_{eff}}} n_{0,H} \exp\left(-\frac{v_x^2}{2k_BT/m_{eff}}\right) dv_x = \\ &= \frac{qF}{2\sqrt{\pi}}\sqrt{2k_BT/m_{eff}} \cdot n_{0,H} = \frac{qF}{\sqrt{6\pi}} \bar{v}_{th} \cdot n_{0,H}. \end{aligned} \tag{5.15}$$

Die Bezeichnung A^* statt A für die Richardson-Konstante deutet an, daß für die Elektronenmasse nicht m_0, sondern die den Gittereinfluß berücksichtigende effektive Masse m_{eff} eingesetzt wurde; es gilt:

$$A^* = \frac{m_{eff}}{m_0} A. \tag{5.16}$$

Für A erhält man bei Zimmertemperatur einen Wert von 120 A/(cm^{2}K^2), so daß die Gleichn. 5.9 und 5.12 zusammengefaßt[1] werden können als

$$I = F \cdot 120\ T^2 \frac{m_{eff}}{m_0} \exp\left(-\frac{q\Phi_B}{k_BT}\right) \left[\exp\left(\frac{qU_e}{k_BT}\right) - 1\right]. \tag{5.17}$$

Für den differentiellen Widerstand R_{Diff} der Diode erhält man aus Gleich. 5.9

$$\frac{1}{R_{Diff}} := \left(\frac{dU_e}{dI}\right)^{-1} = \frac{qI_S}{k_BT}\left(\left[\exp\left(\frac{qU_e}{k_BT}\right) - 1\right] + 1\right) = \frac{q(I + I_S)}{k_BT}, \tag{5.18}$$

also

$$\frac{dU_e}{dI} = R_{Diff} = \frac{k_BT/q}{I + I_S}. \tag{5.19}$$

Im Spannungsnullpunkt ($U_e = 0 \rightarrow I = I_S$) erhält man

$$\left(\frac{dU_e}{dI}\right)_{U_e=0} = \frac{k_BT/q}{I_S} = \frac{V_T}{F \cdot 120\ \frac{m_{eff}}{m_0} T^2 \exp\left(-\frac{q\Phi_B}{k_BT}\right)} \tag{5.20}$$

[1] Setzt man in Gleich. 5.17 die Fläche F in cm^2 und die Temperatur T in Grad Kelvin (K) ein, so erhält man den Strom I in Ampere (A).

und damit für $\Phi_B = 0{,}8$ V, $m_{eff} = m_0$ und bei der Temperatur $T = 300$ K einen Wert von $R_{Diff} \approx 10^7\ \Omega$ bei einer Kontaktfläche von 0,25 mm^2.
Vergleicht man experimentell ermittelte $I(U_e)$-Kennlinien mit solchen, wie sie Gleich. 5.17 angibt, so stellt man zum Teil große Abweichungen fest. Man findet im Gegensatz zu Gleich. 5.17, die für Sperrspannungen $|-U_e| \gg k_BT/q$ spannungsunabhängige, konstante Sperrströme und eine spannungsunabhängige, konstante Barrierenhöhe Φ_B voraussagt, daß der Sperrstrom mit der Spannung zunimmt und die effektive Barrierenhöhe mit der Spannung abnimmt. Für diese Abweichungen gibt es verschiedene Gründe.
Bei den bisherigen Überlegungen wurde angenommen, daß die Ladungsträger die Raumladungszone mit der Geschwindigkeit $v_R = \bar{v}_{th}/\sqrt{6\pi}$ (also praktisch mit ihrer maximalen Geschwindigkeit) durchlaufen. Das setzt voraus, daß innerhalb der Raumladungszone keinerlei Wechselwirkung — keine Stöße — mit den Gitterbausteinen stattfindet. Ist die Raumladungsweite jedoch groß, so trifft diese Annahme nicht zu, und im Extremfall muß die Geschwindigkeit $\bar{v}_{th}$ durch die Driftgeschwindigkeit $v_D = \mu\mathcal{E}$ ersetzt werden. Diese Näherung wird als **Diffusionstheorie** bezeichnet. Wählt man als Näherung für die Feldstärke den Wert an der Metall-Halbleiter-Grenzfläche $\mathcal{E}_R$, so erhält man für den Sperrstrom

$$I_S = qN_C\mu\mathcal{E}_R \exp\left(-\frac{q\Phi_B}{k_BT}\right). \tag{5.21}$$

Damit wird I_S jetzt spannungsabhängig.
Die Gültigkeitsbereiche der beiden diskutierten Näherungen sind durch die spannungsabhängige Weite der Raumladungszone und die mittlere freie Weglänge der Ladungsträger bestimmt. Ist die Raumladungszone hinreichend schmal, gilt die Diodentheorie mit $v = v_R = \bar{v}_{th}/\sqrt{6\pi}$. Ist die Raumladungsweite groß, gilt die Diffusionstheorie mit $v = v_D = \mu\mathcal{E}$.
Im Übergangsbereich zwischen diesen beiden Extremfällen kann man eine effektive Geschwindigkeit gemäß

$$\frac{1}{v_{eff}} := \frac{1}{v_R} + \frac{1}{v_D} \quad \rightarrow \quad v_{eff} = \frac{v_R}{1 + v_R/v_D} \tag{5.22}$$

einführen. Für $v_D \gg v_R$ gilt $v_{eff} = v_R$, d. h. die Diodentheorie; für $v_D \ll v_R$ gilt $v_{eff} = v_D$, d. h. die Diffusionstheorie. Die Bedingung $v_D \gtrless v_R$ läßt sich auch schreiben als $\mu\mathcal{E}_R \gtrless \bar{v}_{th}/\sqrt{6\pi}$, und mit $\mu = q\tau/m_{eff}$ erhält man

$$q\mathcal{E}_R \gtrless \frac{m_{eff}}{\sqrt{6\pi}} \frac{\bar{v}_{th}^2}{\tau\bar{v}_{th}} = \frac{1}{\sqrt{6\pi}} \frac{3k_BT}{\tau\bar{v}_{th}} = \frac{1}{\sqrt{6\pi}} \frac{3k_BT}{\lambda} \approx \frac{k_BT}{\lambda}, \tag{5.23}$$

wobei $\lambda = \tau\bar{v}_{th}$ die mittlere freie Weglänge und τ die mittlere Zeit zwischen zwei Stößen bedeuten.
Damit erhält man als Bedingung für die Gültigkeit der Diodentheorie

$$\lambda\mathcal{E}_R \gg \frac{k_BT}{q}, \tag{5.24}$$

d. h. der Spannungsabfall in der Raumladungszone über die Distanz einer mittleren freien Weglänge λ muß groß gegen die Temperaturspannung k_BT/q sein, oder anders ausgedrückt, λ muß groß sein gegen die Distanz, in der das Potential um k_BT/q abgenommen hat.

5.3.2 Einfluß von Bildkräften

Eine Spannungsabhängigkeit der effektiven Barrierenhöhe erhält man auch unter Berücksichtigung der Bildkräfte.

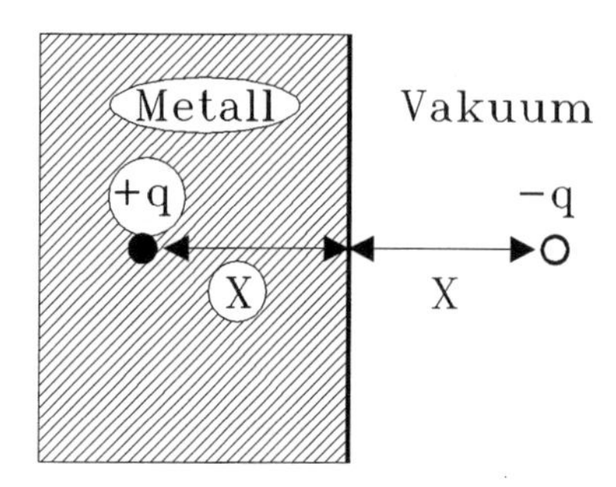

Abbildung 5.5: Durch Influenz im Metall hervorgerufene Bildladung

Tritt ein Elektron mit ausreichend hoher kinetischer Energie aus einer Metalloberfläche aus, so wirkt aufgrund der Influenz eine Kraft auf dieses Elektron. Da die Metallfläche in erster Näherung als Äquipotentialfläche angesehen werden darf, kann die Kraft auf das Elektron durch die Methode der Spiegelladungen berechnet werden:

$$F(x) = \frac{Q_1 Q_2}{4\pi\epsilon_0}\frac{1}{(2x)^2} = -\frac{q^2}{16\pi\epsilon_0 x^2}. \tag{5.25}$$

Die potentielle Energie erhält man zu

$$E(x) = \frac{q^2}{16\pi\epsilon_0 x}, \qquad E(\infty) = 0. \tag{5.26}$$

Addiert man zu dieser Energie diejenige Energie, die durch die außen angelegte Spannung hervorgerufen wird, so erhält man

$$E(x) = \frac{q^2}{16\pi\epsilon_0 x} + q\mathcal{E}x, \tag{5.27}$$

wobei $\mathcal{E}$ das von außen angelegte elektrische Feld bezeichnet. Die Abb. 5.6 zeigt diese Überlagerung.
Man erkennt, daß die Barriere Φ_B um $\Delta\Phi$ abgesenkt wird und das Potentialmaximum nicht mehr an der Metall-Vakuum-Grenzfläche liegt, sondern um x_m ins Vakuum verschoben ist. Die Größe x_m und die zugehörige Barrierenabsenkung $\Delta\Phi$ erhält man aus

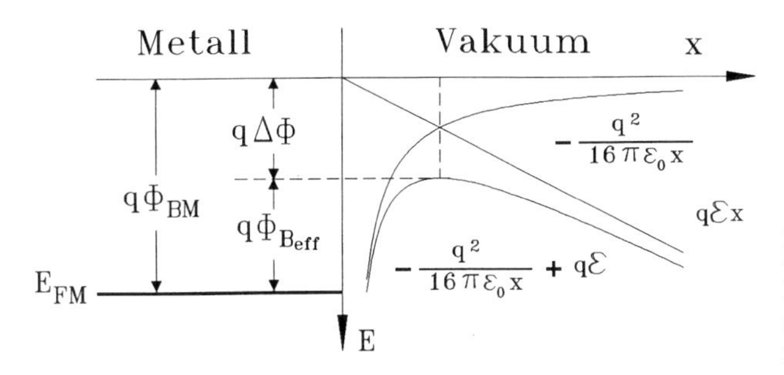

Abbildung 5.6: Bildkräfte senken die Barrierenhöhe ab; die Bildenergie $\frac{q^2}{16\pi\epsilon_0 x^2}$ wird von der x-Achse aus **abwärts** gerechnet.

$$\frac{dE(x)}{dx} = -\frac{q^2}{16\pi\epsilon_0 x^2} + q\mathcal{E} = 0 \tag{5.28}$$

zu

$$x_m = \sqrt{\frac{q}{16\pi\epsilon_0\mathcal{E}}} \qquad \text{und} \qquad \Delta\Phi = \sqrt{\frac{q\mathcal{E}}{4\pi\epsilon_0}}. \tag{5.29}$$

Wird das Vakuum durch ein Halbleitermaterial ersetzt, so muß dessen Dielektrizitätskonstante berücksichtigt werden. Da die elektrische Feldstärke in der Raumladungszone einer Schottky-Diode durch

$$\mathcal{E} = \sqrt{\frac{2qN_D}{\epsilon_0\epsilon_{HL}}|U_e + V_D - k_B T/q|}. \tag{5.30}$$

gegeben ist, s. Gleich. 4.40 für $|\Psi_s| \gg k_B T/q$, erhält man für diesen Fall

$$\Delta\Phi = \sqrt[4]{\frac{N_D}{8\pi^2}\frac{q^3}{\epsilon_0\epsilon_{HL}}|U_e + V_D - k_B T/q|}. \tag{5.31}$$

Damit wird die Barrierenhöhe dotierungs- und spannungsabhängig, und der Sperrstrom steigt für große externe Spannungen proportional zu $\sqrt[4]{|U_e|}$ an. An dieser Stelle sei auch auf die Analogie zum Poole-Frenkel-Effekt, s. Abschn. 4.4.10, hingewiesen.

5.3.3 Quantenmechanische Einflüsse

In den bisherigen Überlegungen wurden folgende Quanteneffekte noch nicht berücksichtigt:

1. die quantenmechanische Reflexion auch solcher Ladungsträger an der Barriere, die klassisch genügend Energie besitzen, um die Barriere zu überwinden,

2. die Elektronenstreuung an Gitterschwingungen (Phononen) in der Raumladungszone sowie

3. der quantenmechanische Tunneleffekt.

Die unter Punkt 1 und 2 angegebenen Beiträge faßt man, wie bereits erwähnt, in einer modifizierten Richardsonkonstanten A^{**} zusammen. Für Elektronen in Silizium erhält man statt $A = 120\ \mathrm{A/(cm^2K^2)}$ einen Wert von $A^{**} = 96\ \mathrm{A/(cm^2K^2)}$. Der Tunneleffekt hat einen wesentlich größeren Einfluß. Als Folge des Tunneleffekts können auch solche Ladungsträger die Barriere überwinden, genauer gesagt 'durchtunneln', deren Energie in Rahmen eines klassischen Bildes hierzu nicht ausreichen würde. Man unterscheidet verschiedene Fälle, s. Abb. 5.7:

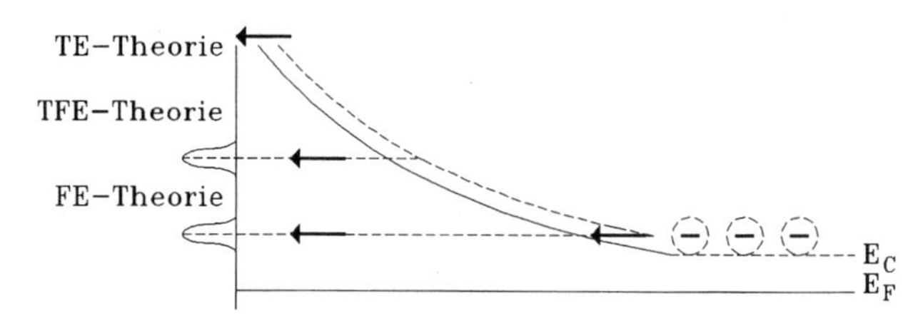

Abbildung 5.7: Einfluß der Tunnelprozesse

In der thermischen Emissions-(TE-)Theorie wird angenommen, daß die Ladungsträger die Barriere nur aufgrund ihrer kinetischen Energie überwinden. In der Theorie der thermischen Feldemission (TFE-Theorie) nimmt man an, daß die Ladungsträger aufgrund ihrer thermischen Energie ein Stück die Barriere herauflaufen und dann tunneln.
In der reinen Tunnel-Theorie (FE-Theorie, von **f**ield **e**mission) dagegen durchtunneln die Ladungsträger die Barriere direkt, ohne daß sie vorher einen Teil der Barriere aufgrund ihrer thermischen Energie überwinden, s. Kap. 1.2.2.
Der Tunneleffekt macht sich als nahezu temperaturunabhängiger Effekt besonders bei tiefen Temperaturen gegenüber der thermischen Emission bemerkbar. Da die Tunnelwahrscheinlichkeit mit abnehmender Barrierendicke exponentiell ansteigt, ist der Tunneleffekt besonders bei hohen Dotierungen oberhalb $N_D = 10^{17}\mathrm{cm}^{-3}$ wirksam.
Diese Tatsache wird für die Herstellung ohmscher Kontakte ausgenutzt. Der Halbleiter wird in der Kontaktzone sehr hoch dotiert, bis zu Werten von $10^{21}\mathrm{cm}^{-3}$, und dann mit einem Metall bedampft. Wegen der hohen Dotierung ist die entstehende Barriere nur wenige nm dick und kann so leicht durchtunnelt werden. Ohmsche Kontakte sind nach dieser Vorstellung also Schottkykontakte mit sehr hohem Sperrstrom.

5.3.4 Berücksichtigung von Zwischenschichten

Dampft man verschiedene Metalle auf kovalente Halbleiter (wie z. B. Ge, Si, GaAs) auf, so stellt man fest, daß die gemessenen Barrierenhöhen $q\Phi_B$ nahezu unabhängig von der Art des aufgedampften Metalls sind, s. Abb. 5.8(b) für GaAs, und etwa 2/3 des Bandabstands des Halbleiters betragen, s. Abb. 5.8(a).
In Abb. 5.8(b) ist gleichzeitig die Abhängigkeit der Barrierenhöhe vom aufgedampften Metall für einen Ionenleiter, ZnS, mit aufgetragen. Während die verschiedenen

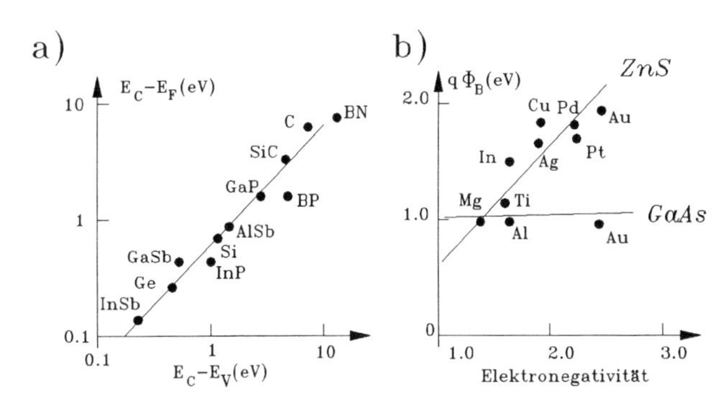

Abbildung 5.8: a) Veranschaulichung der 2/3-Regel b) Variation der Barrierenhöhe für verschiedene Kontaktmetalle auf GaAs und ZnS

Metalle auf dem kovalenten Halbleiter GaAs alle etwa die gleiche Barrierenhöhe $q\Phi_B \approx 2/3\ E_g$ (E_g[GaAs]= 1,43 eV) liefern, ist $q\Phi_B$ bei Ionenleitern abhängig von der Austrittsarbeit der Metalle (wie vom Potentialtopfmodell her auch für kovalente Halbleiter zu erwarten). Man versucht, diese als 2/3-Regel bekannte Tatsache durch Zwischenschichten — näheres in Abschn. 5.4 — zwischen dem Metall und dem Halbleiter zu erklären. All die genannten Abweichungen von der idealen Schottky-Theorie erfaßt man mit dem sogenannten Gütefaktor n:

$$I = I_S\left[\exp\left(\frac{qU_e}{nk_BT}\right) - 1\right]. \tag{5.32}$$

Durch Logarithmieren und Differenzieren der Gleich. 5.32 findet man

$$n = \frac{q}{k_BT}\left(\frac{d\ln(I/I_S)}{dU_e}\right)^{-1} \qquad \text{für} \quad q|U_e| \gg k_BT. \tag{5.33}$$

Je stärker n von 1 abweicht, um so größer sind die Abweichungen von der idealen Theorie. Bei Zimmertemperatur erreichen gute Schottky-Dioden n-Werte im Bereich von 1,02 - 1,04.

An dieser Stelle gilt nun ähnlich wie im vorigen Kapitel, daß der Rest dieses Kapitels dem vertieften Verständnis der Barrierenhöhe gewidmet ist. Derjenige, der nur an einem Überblick interessiert ist, kann daher zum nächsten Kapitel übergehen.

5.4 Vertieftes Verständnis der Barrierenhöhe

Bisher wurde die Barrierenhöhe als fest vorgegeben angesehen und die Eigenschaften der Schottky-Diode wurden im Rahmen dieser Näherung betrachtet. Im folgenden soll nun dargestellt werden, wie ein vertieftes physikalisches Verständnis des Metall-Halbleiterkontakts gewonnen werden kann. Dazu wird zunächst ein Bänderschema betrachtet, wie es Abb. 5.9 zeigt.

Ein Teil der Metall-Halbleiteraustrittsarbeitsdifferenz fällt über der erwähnten Zwischenschicht ab ($q\Delta$), der Rest über dem Halbleiter (qV_D). Bei angelegter Spannung

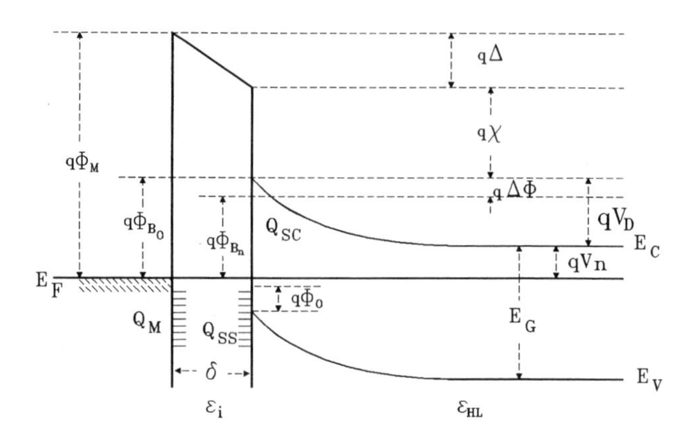

Abbildung 5.9: Bedeutung der Abkürzungen: Φ_M = Austrittsarbeit des Metalls, Φ_{Bn} = Höhe der Metall-Halbleiter-Barriere, Φ_{B0} = Grenzwert von Φ_{Bn} ohne elektrisches Feld, Φ_0 = Energieniveau der Oberfläche, $\Delta\Phi$ = Barrierensenkung durch Bildkräfte, Δ = Potentialdifferenz über Zwischenschicht, χ = Elektronenaffinität des Halbleiters, V_D = Diffusionsspannung, $\epsilon_0\epsilon_{HL}$ = Permittivität des Halbleiters, $\epsilon_0\epsilon_i$ = Permittivität der Zwischenschicht, δ = Dicke der Zwischenschicht, Q_{SC} = Raumladung im Halbleiter, Q_{SS} = Ladung auf der Halbleiteroberfläche, Q_M = Ladung auf der Metalloberfläche

wird die Barrierenhöhe um das Bildkraftpotential $q\Delta\Phi$ abgesenkt. Das sog. Neutralitätsniveau $q\Phi_0$ läßt sich auf folgende Weise verdeutlichen, s. Abb. 5.10.

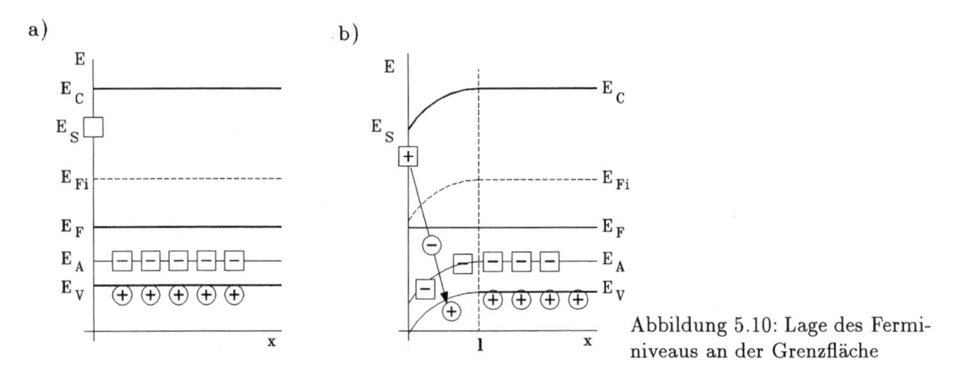

Abbildung 5.10: Lage des Ferminiveaus an der Grenzfläche

In Abb. 5.10(a) ist die Halbleiteroberfläche dargestellt zu einem Zeitpunkt $t = 0$, in dem ein Grenzflächenzustand E_S oberhalb des Ferminiveaus (z. B. durch Spalten des Kristalls) in einem p-Halbleiter erzeugt wurde, der sich jedoch noch nicht im Gleichgewicht mit den Bändern befindet. Da dieser Grenzflächenzustand oberhalb des Ferminiveaus liegt, ist er im Gleichgewicht nicht mit einem Elektron besetzt. Im p-Halbleiter geht dieses Elektron durch Locheinfang in das Valenzband über, und es entsteht die gezeichnete Bandverbiegung, s. Abb. 5.10(b). Liegt eine kontinuierliche Verteilung von Grenzflächenzuständen vor, so wird die energetische Lage des Ferminiveaus an der Grenzfläche dadurch bestimmt, daß sich die Bandverbiegung so einstellt, daß der Halbleiter insgesamt neutral ist. Diese Lage des Ferminiveaus definiert an der Oberfläche das **Neutralitätsniveau** $q\Phi_0$. Bringt man nun eine Metallschicht auf der Halbleiteroberfläche auf, so kann sich die Lage des Ferminiveaus ändern. Dazu müssen Grenzflächenzustände umgeladen werden. Für diese Ladungsdichteänderung Q_{SS} durch Verschiebung des Ferminiveaus vom Neutralitätsniveau $q\Phi_0$ aus in die in Abb. 5.10 gezeichnete Lage, entnimmt man dieser Abbildung:

$$Q_{SS} = -qN_{SS}(E_G - q\Phi_0 - q\Phi_{Bn} - q\Delta\Phi), \tag{5.34}$$

wobei N_{SS} wie üblich die Grenzflächenzustandsdichte bezeichnet. Die Raumladungsdichte im Halbleiter ergibt sich zu:

$$Q_{SC} = \sqrt{2q\epsilon_0\epsilon_{HL}N_D(\Phi_{Bn} - V_n + \Delta\Phi - k_BT/q)}. \tag{5.35}$$

Die Ladungsbilanz lautet daher

$$-Q_M = Q_{SC} + Q_{SS}. \tag{5.36}$$

Für den Potentialabfall Δ über der Zwischenschicht erhält man einerseits, wenn man die Zwischenschicht als Plattenkondensator der Dicke δ mit einer relativen Dielektrizitätskonstanten ϵ_i betrachtet,

$$\Delta = \delta\frac{Q_M}{\epsilon_0\epsilon_i}. \tag{5.37}$$

Andererseits entnimmt man der Abbildung 5.10:

$$\Delta = \Phi_M - (\chi - \Phi_{Bn} + \Delta\Phi), \tag{5.38}$$

da das Ferminiveau im Gleichgewicht nicht ortsabhängig sein darf. Die Gleichn. 5.37 und 5.38 gestatten es, Δ und Q_M aus Gleich. 5.36 zu eliminieren:

$$(\Phi_M - \chi) - (\Phi_{Bn} + \Delta\Phi) = \sqrt{\frac{2q\epsilon_0\epsilon_{HL}N_D\delta^2}{\epsilon_0^2\epsilon_i^2}(\Phi_{Bn} + \Delta\Phi - V_n - k_BT/q)} - \\ - \frac{qN_{SS}\delta}{\epsilon_0\epsilon_i}[E_G - q(\Phi_0 + \Delta\Phi + \Phi_{Bn})]. \tag{5.39}$$

Mit den Abkürzungen

$$C_1 := \frac{2q\epsilon_0\epsilon_{HL}N_D\delta^2}{\epsilon_0^2\epsilon_i^2} \quad \text{und} \quad C_2 := \frac{\epsilon_0\epsilon_i}{\epsilon_0\epsilon_i + q^2\delta N_{SS}} \tag{5.40}$$

erhält man nach Auflösung nach der Barrierenhöhe Φ_{Bn}:

$$\Phi_{Bn} = C_2(\Phi_M - \chi) + (1 - C_2)\left(\frac{E_G}{q} - \Phi_0\right) - \Delta\Phi + \frac{C_2^2 C_1}{2} - \sqrt{C_2^3} \cdot f(C_1, C_2), \quad (5.41)$$

wobei $f(C_1, C_2)$ durch den folgenden Ausdruck definiert ist:

$$f := \sqrt{C_1(\Phi_M - \chi) + \left(\frac{C_1}{C_2} - C_1\right)\frac{E_G - q\Phi_0}{q} - \frac{C_1}{C_2}\frac{qV_n + k_B T}{q} + \frac{C_2 C_1^2}{4}}. \quad (5.42)$$

Folgende Näherungen sind möglich: Für $\epsilon_{HL} \approx 10$, $\epsilon_i \approx 1$ und $N_D < 10^{18}\mathrm{cm}^{-3}$ ist C_1 kleiner als 0,01 V, so daß die beiden letzten Terme in Gleich. 5.41 kleiner als 0,04 V sind und vernachlässigt werden können. Dann folgt

$$\Phi_{Bn} \approx C_2(\Phi_M - \chi) + (1 - C_2)\left(\frac{E_G}{q} - \Phi_0\right) - \Delta\Phi =: C_2\Phi_M + C_3. \quad (5.43)$$

Wenn C_2 und C_3 experimentell ermittelt werden können und χ bekannt ist, gilt:

$$\Phi_0 = \frac{E_G}{q} - \frac{C_2\chi + C_3 + \Delta\Phi}{1 - C_2} \qquad \text{und} \qquad N_{SS} = \frac{(1 - C_2)\epsilon_0\epsilon_i}{C_2\delta q^2}. \quad (5.44)$$

Für $\delta \approx 0{,}4$ bis 0,5 nm sowie $\epsilon_0\epsilon_i = \epsilon_0$ erhält man:

$$N_{SS} \approx 1{,}1 \cdot 10^{13}\frac{1 - C_2}{C_2} \qquad \text{Zustände/[cm}^2\text{eV]}.$$

Nun können zwei Grenzfälle betrachtet werden.

- $N_{SS} \to \infty, \qquad C_2 = 0$

  In diesem Fall erhält man

  $$q\Phi_{Bn} = E_G - q\Phi_0 - q\Delta\Phi,$$

  d. h. das Ferminiveau wird an der Grenzfläche 'gepinnt' bei $q\Phi_0$; somit ist Φ_{Bn} unabhängig vom aufgedampften Metall.

- $N_{SS} \to 0, \qquad C_2 = 1$

  In diesem Fall erhält man

  $$q\Phi_{Bn} = q(\Phi_M - \chi) - q\Delta\Phi.$$

  Dieser Fall entspricht also der Vorstellung einer 'idealen' Barriere, deren Höhe durch die Differenz der Austrittsarbeiten bestimmt ist, sofern man den Einfluß der Bildkräfte $q\Delta\Phi$ vernachlässigt.

Die bisher diskutierte Modellvorstellung beschreibt die experimentellen Ergebnisse recht gut, läßt aber offen, woher die Zwischenschicht stammt und vor allem wie die Grenzflächenzustände zustande kommen. Die Barrierenhöhe wurde zunächst ausschließlich aus $C(U)$- bzw. $I(U)$-Messungen gewonnen, bis Anfang der siebziger Jahre durch Messungen der Oberflächenleitfähigkeit an cäsiumbedeckten, im UHV gespaltenen Kristallen die Position von E_F als Funktion des Bedeckungsgrads gemessen wurde. Es stellte sich heraus, daß bereits die erste Monolage der Metallbedeckung die Eigenschaften des Metall-Halbleiter-Kontakts bestimmt. Da sowohl n-Typ- als auch p-Typ-Bandverbiegungen beobachtet wurden, kann man auf die Existenz von Donatoren und Akzeptoren unter den Grenzflächenzuständen schließen.
In einem frühen Modell nahm Bardeen (s. [18]) an, daß bei der Spaltung von Halbleitern auftretende Grenzflächenzustände (**dangling bonds**) bei der Metallbedeckung erhalten bleiben und das Ferminiveau-Pinning verursachen. V. Heine zeigte, daß die Grenzflächenzustände, wie sie Bardeen beschrieben hatte, bei der Metallbedeckung verschwinden. Bardeens Anregungen führten jedoch zum Modell von Heine, das besonders von Tersoff weiterentwickelt wurde (s. [15]). Danach klingen die Metallwellenfunktionen im Halbleiter ab, und Elektronen besetzen die sogenannten 'virtuellen' Gap-Zustände (**ViGs**) im Halbleiter. Die ViGs sind solche, die Valenz- bzw. Leitungsbandcharakter haben und daher Akzeptor- bzw. Donatoreigenschaften aufweisen. Ihr Ladungsneutralitätsniveau $E_0 = q\Phi_0$ ist somit in der Nähe der Bandmitte zu erwarten.
Ein einfaches Beispiel soll diese Vorstellung erläutern. An Stelle des **drei**dimensionalen Kristalls wird eine **ein**dimensionale Struktur, eine lineare Kette, betrachtet, die die wesentlichen Phänomene anschaulich zeigt. Das Potential dieser Struktur hat die Form (s. Abb. 5.11)

$$V(z) = E_{pot} + V_1 \cos(\pi z/a). \tag{5.45}$$

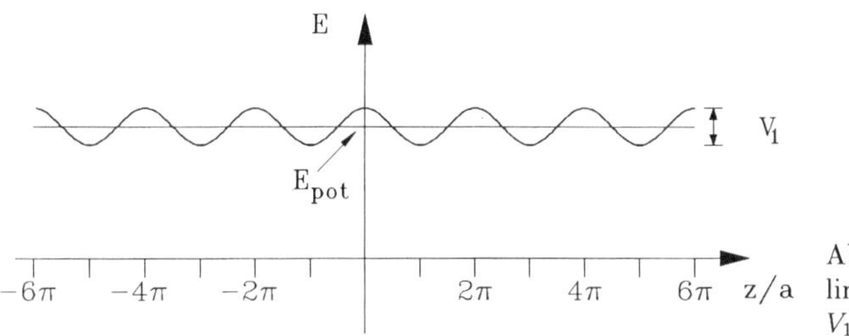

Abbildung 5.11: Potential der linearen Kette: $V(z) = E_{pot} + V_1 \cos(\pi z/a)$

An der Grenze der 1. Brillouin-Zone bei $k_1 = \pm\pi/a$ entsteht eine Bandlücke der Größe $2|V_1|$:

$$E_{pot} + V_1 = E_{pot} + \frac{\hbar^2}{2m_0}\left(\frac{\pi}{a}\right)^2. \tag{5.46}$$

In dieser Bandlücke ist der Ausbreitungsvektor k komplex, wobei für den Imaginärteil q der Ausdruck $k = \pi/a - iq$ gilt mit

$$\frac{\hbar^2}{2m_0}q^2 = \pm\sqrt{V_1^2 - 4E_1(E - E_{pot})} - (E - E_{pot} + E_1). \tag{5.47}$$

Diese Zustände nennt man, wie erwähnt, auch virtuelle Gap-Zustände oder kurz **'ViGs'**, s. Abb. 5.12 und zum Vergl. auch Abb. 1.11.

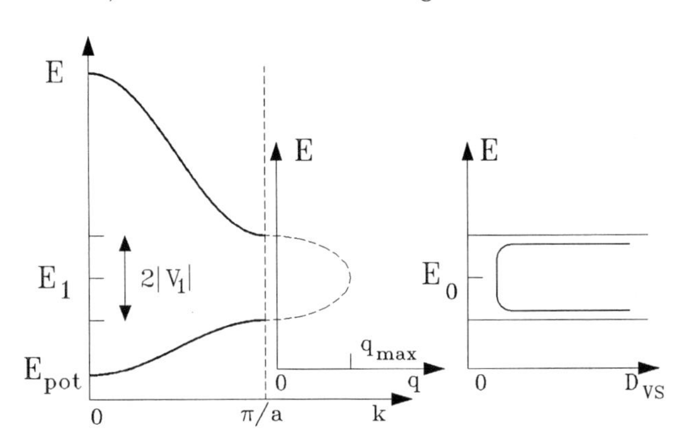

Abbildung 5.12: Virtuelle Gap-Zustände (ViGs) in der Bandlücke

Solche ViGs entstammen dem Valenz- und Leitungsband. Die Elektronen des Metalls besetzen nun während der Bedeckung der z. B. durch Spaltung freigelegten Metall-Halbleiter-Oberfläche diese Zustände und erzeugen hierdurch die Grenzflächenzustände. Die Umbesetzung dieser Zustände hat einen Ladungstransport zur Folge und verursacht die Barrierenhöhe $q\Phi_B$. Die Richtung des Ladungstransports kann man qualitativ erklären, wenn man die Differenz der Elektronegativitäten heranzieht.
Nach L. Pauling stellt der folgende Ausdruck ein dimensionsloses Maß für die relative Größe des Ladungstransfers ΔQ in einem einfach gebundenen zweiatomigen Molekül dar:

$$\Delta Q = 0,16|\chi_A - \chi_B| + 0,035|\chi_A - \chi_B|^2. \tag{5.48}$$

Die Parameter χ_A und χ_B sind die Elektronegativitäten der beteiligten Elemente. Für eine ungefähre Abschätzung des am Metall-Halbleiterkontakt zu erwartenden Ladungstransfers kann diese Formel sicher herangezogen werden. Da die Elektronegativitäten χ für Germanium, Silizium und die gemittelten Werte für die III-V- sowie die II-VI-Verbundhalbleiter alle etwa $\chi \approx 2$ betragen [χ(Ge)=2,01; χ(Si)= 1,9; $\bar{\chi}$(III-V-,II-VI-)= (2.0 + 0,1)], ist ΔQ bei Kombination der genannten Halbleiter mit solchen Metallen, die eine Elektronegativität von $\chi \approx 2$ aufweisen, annähernd Null und E_0 wird durch die ViGs des Halbleiters bestimmt. Es resultiert das bereits erwähnte, empirisch gefundene Gesetz des Ferminiveau-Pinning nahe der Bandmitte. Dagegen erhält man z. B. im Fall der Bedampfung mit Gold wegen der Elektronegativität von χ_{Au} =2,54 einen geringen Ladungstransfer vom Halbleiter zum Metall.

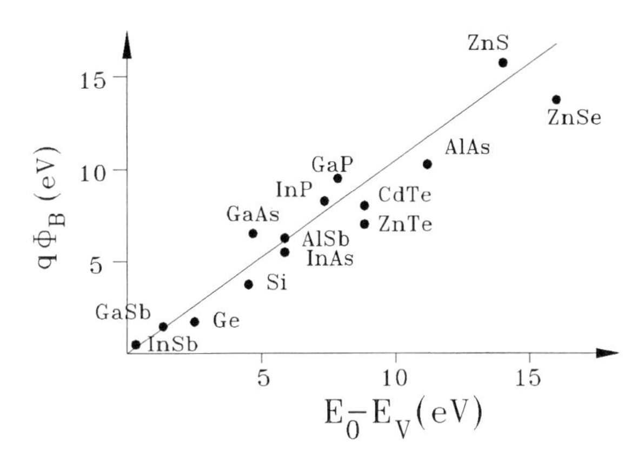

Abbildung 5.13: Barrierenhöhe $q\Phi_B$ von Gold gegen $E_V - E_0$ für verschiedene Substratmaterialien

Die Abb. 5.13 zeigt den Zusammenhang zwischen der Barrierenhöhe Φ_B von Gold auf verschiedenen Halbleitern und $E_V - E_0$. Man erkennt den engen Zusammenhang zwischen Φ_B und $E_0 - E_V$. Ist dagegen $\chi_{Met} < 2$, so fließt Ladung vom Metall in den Halbleiter. Diese Ladung besetzt dann die ViGs und verschiebt E_0. Φ_{Bn} nimmt also mit χ_{Met} ab. Mißt man die Barrierenhöhe, die für gegebene Halbleiter und verschiedene Metalle entsteht, und trägt diese gegen die Metall-Vakuum-Austrittsarbeit auf, so erhält man meist einen linearen Zusammenhang, s. Abb. 5.14, der wie bereits angegeben, s. Gleich. 5.43, durch

$$\Phi_{Bn} = C_2 \Phi_M + C_3 \tag{5.49}$$

beschrieben wird. Die Größe C_2 stellt den Anstieg der Kurve dar, für den sich ergibt, s. Gleich. 5.44:

$$C_2 = \left(1 + \frac{q^2 N_{SS} \delta}{\epsilon_0 \epsilon_i}\right)^{-1} \tag{5.50}$$

mit

$$\delta = \frac{t_m}{\epsilon_0 \epsilon_m} + \frac{t_s}{\epsilon_0 \epsilon_{HL}}.$$

Dabei ist nun N_{SS} die Dichte der ViGs am Ladungsneutralitätsniveau E_0 und t_m stellt den kovalenten Radius der Metallatome sowie t_s die Zerfallslänge der ViGs dar. Betrachtet man N_{SS} genauer, so liefert schon das einfache Modell der linearen Kette für $N_{SS}(E_0)$ eine Proportionalität zu $1/|V_1|$ und für das Maximum des Imaginärteils des komplexen Wellenvektors findet man den Zusammenhang

$$q(E_0) = q_{max} = \frac{g_1 |V_1|}{E_0},$$

wobei $g_1 = 2\pi/a$ ein Vektor des reziproken Gitters ist. Da $\delta \sim 1/q(E_0)$ gilt, erhält man

$$N_{SS} \cdot \delta \sim |V_1|^{-2}.$$

Für V_1 ist der Bandabstand des Halbleiters einzusetzen.

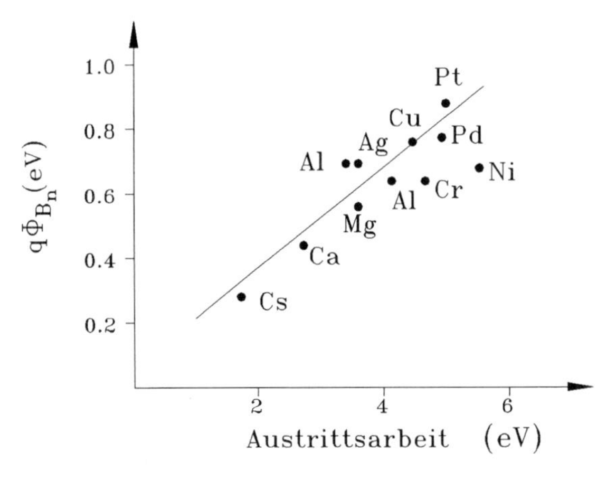

Abbildung 5.14: Barrierenhöhe als Funktion der metallischen Austrittsarbeit

Damit erwartet man also folgenden Zusammenhang:

$$\left(\frac{1}{C_2} - 1\right) \sim E_G^{-n},$$

wobei der Wert von n ungefähr 2 beträgt.
Dabei ist zunächst noch offen, ob es sich um den direkten oder indirekten Bandabstand handelt; man benutzt die Tatsache, daß der effektive Bandabstand eines Halbleiters mit dem elektronischen Beitrag ϵ_∞ zur Dielektrizitätskonstanten zusammenhängt:

$$\epsilon_\infty = 1 + \left(\frac{\hbar\omega_p}{E_{G_{eff}}}\right)^2,$$

wobei ω_p die 'Bulk'-Plasmafrequenz darstellt. Da $\hbar\omega_p \approx$ (16,5 + 0,5) eV beträgt und für die verschiedenen Halbleiter annähernd eine Konstante darstellt, erwartet man, daß die effektiven Bandabstände proportional zu $\sqrt{\epsilon_\infty - 1}$ sind. Damit erhält man dann

$$\left(\frac{1}{C_2} - 1\right) = \left(\frac{A}{S_\chi} - 1\right) \sim (\epsilon_\infty - 1)^n,$$

wobei der Wert von n ungefähr 2 beträgt. Dabei ist $C_2 = d\Phi_{Bn}/d\Phi_M$ und $S_\chi = d\Phi_{Bn}/d\Phi_\chi$.

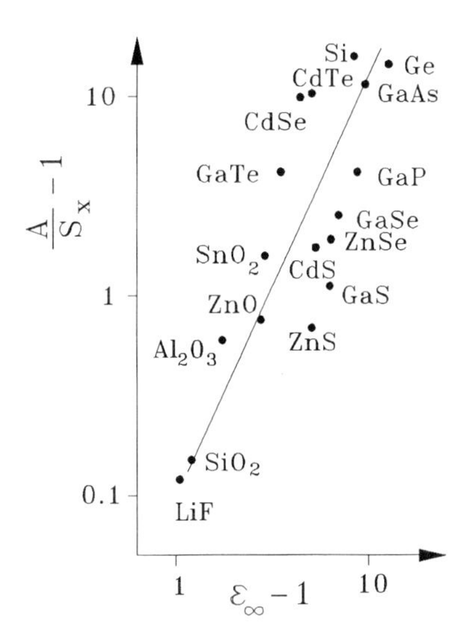

Abbildung 5.15: Auftragung von $S_\chi = d\Phi_{Bn}/d\Phi_\chi$ als Funktion von $\epsilon_\infty - 1$ für verschiedene Materialien.

Die Abb. 5.15 zeigt diesen Zusammenhang. Die Ausgleichskurve liefert

$$\left(\frac{A}{S_\chi} - 1\right) = 0{,}1 \sim (\epsilon_\infty - 1)^{2{,}0},$$

mit $A = 1{,}79$ aus den neuesten Werten für $d\Phi_{Bn}/d\Phi_{\chi_M}$. Diese Ergebnisse weisen den Weg zu einem vollständigen Verständnis des Metall-Halbleiterkontakts (s. a. [19, 20]).

Kapitel 6

Der Feldeffekt-Transistor (FET)

6.1 Prinzip des FET

Es war die Idee von Lilienfeld und Heil, durch ein elektrisches Feld die Leitfähigkeit eines Materials zu modulieren. Dieses Konzept kann auf verschiedene Weisen realisiert werden. Die einfachste Möglichkeit besteht darin, durch Influenz die Konzentration beweglicher Ladungsträger in einem leitfähigen Medium herabzusetzen, s. Abb. 6.1, und so den Widerstand des Bauelements zu modifizieren.

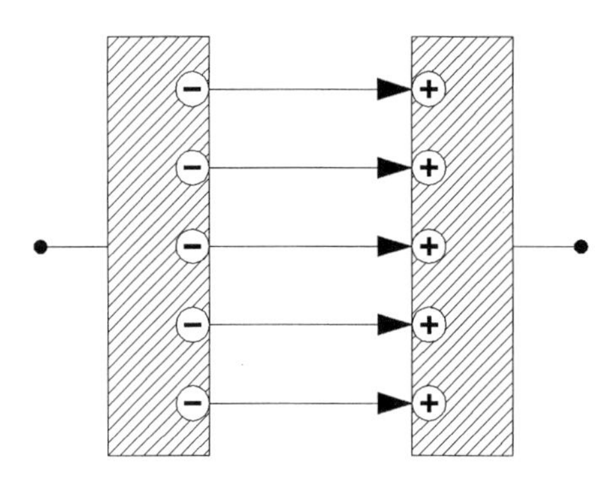

Abbildung 6.1: Influenz von Ladungsträgern auf einer Kondensatorplatte

In einem n-Halbleiter besteht im Verarmungsfall eine Raumladungszone, die in erster Näherung frei von beweglichen Ladungsträgern ist. Dadurch wird der Widerstand der Schicht heraufgesetzt. Der Widerstand ändert sich, da sich das effektive, für den Ladungstransport verfügbare Volumen ändert. Dieses Prinzip wird in den sog. MES-FET's ausgenutzt, bei denen die Gateelektrode durch einen Metall-Halbleiter-Kontakt repräsentiert wird. Ein anderes, verwandtes Prinzip, das auf dem Aufbau einer Inversionsschicht beruht, und im MOS-FET verwirklicht wird, soll im folgenden genauer beschrieben werden.
Ein erstes Verständnis der Wirkungsweise des Feldeffekt-Transistors (FET) kann man bereits der Einleitung zum Kap. 4 über den MOS-Kondensator entnehmen.

6.1.1 Feldeffekt-Transistor

Zur Herstellung eines Feldeffekt-Transistors wird eine MOS-Anordnung zusätzlich mit einem Source- und einem Drain-Kontakt versehen, wie in Abb. 6.2 dargestellt. Aufgrund der angelegten Gate-Spannung wird dann innerhalb des Halbleiters an der Halbleiter-Isolator-Grenzfläche eine Ladung influenziert, die von der Source-Drain-Spannung abgesaugt und von der Quelle (Source) immer wieder nachgeliefert wird.

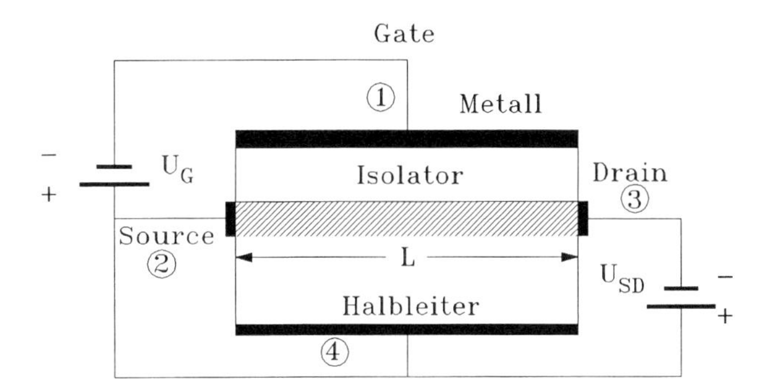

Abbildung 6.2: Prinzipieller Aufbau eines MOSFET

Es fließt also ein Strom I_{SD}, dessen Stromdichte[1] I^e_{SD} von der pro Flächeneinheit des Gatekontakts influenzierten Ladung Q_i und der Größe der Laufzeit T der Ladungsträger von der Source- zur Drainelektrode bestimmt ist:

$$I^e_{SD} = \frac{Q_i}{T}. \tag{6.1}$$

Die pro Flächeneinheit influenzierte Ladung Q_i ist gegeben durch

$$Q_i = C_{OX} U_G, \tag{6.2}$$

wobei C_{OX} die Oxidkapazität pro Flächeneinheit und U_G die Source-Gate-Spannung darstellen. Da sich das Source-Drain-Potential $U_{SD}(x) = U_{SD} \cdot x/L$ dem Gate-Source-Potential U_G überlagert, ist $Q_i = Q_i(x)$ noch ortsabhängig. Ersetzt man $Q_i(x)$ durch seinen Mittelwert $\bar{Q}_i$, so erhält man unter der Annahme eines linearen Potentialverlaufs zwischen Source und Drain

$$\bar{Q}_i = C_{OX}(U_G - \frac{1}{2} U_{SD}), \tag{6.3}$$

wobei U_{SD} die Source-Drain-Spannung bezeichnet. Berücksichtigt man nun, daß die Laufzeit T der Ladungsträger von Source nach Drain durch

$$T = \frac{L^2}{\mu U_{SD}} \tag{6.4}$$

[1] Da die Größe I^e_{SD} auf die pro Flächeneinheit des Gatekontakts influenzierte Ladung Q_i bezogen ist, kann man sie als Stromdichte bezeichnen.

gegeben ist (s. Gleich. 3.84), erhält man

$$I_{SD}^{e} = \frac{\mu C_{OX}}{L^2}(U_G U_{SD} - \frac{1}{2}U_{SD}^2). \tag{6.5}$$

Damit ohne angelegte Gatespannung ($U_G = 0$) kein Source-Drain-Strom fließt, werden die Source- und Drain-Kontakte als sperrende pn-Übergänge ausgebildet, s. Abb. 6.3.

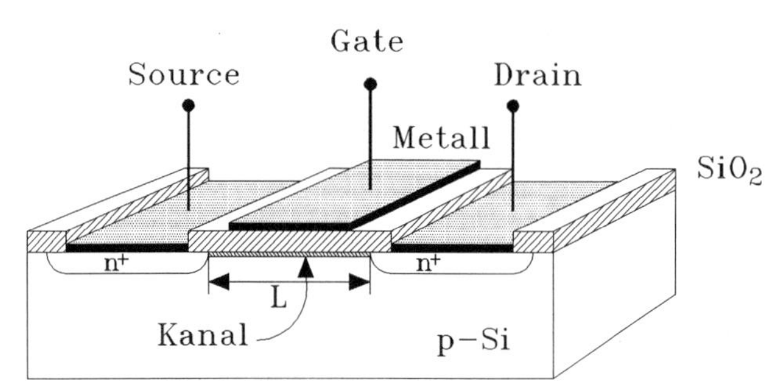

Abbildung 6.3: Aufbau eines Feldeffekt-Transistors

In einem n-Halbleiter hat man dann zwei in Serie geschaltete pn-Kontakte, in einem p-Halbleiter zwei np-Kontakte vorliegen, von denen immer einer sperrt, so daß ohne eine ausreichend hohe Gatespannung praktisch kein Strom fließen kann (s. auch die Ausführungen zur pn-Diode im folgenden Kapitel). Legt man dann eine so hohe Gatespannung an, daß sich eine Inversionsschicht ausbildet, hat man in einem n-Halbleiter einen p-Kanal vorliegen und damit keine sperrenden pn-Kontakte mehr, sondern injizierende p-p(-Kanal)-Kontakte. Damit kann erst bei einsetzender Inversion ein Strom in dem nun leitenden (Inversions-) Kanal fließen. Da der Strom allein von der Inversionsladung getragen wird, hat man in Gleich. 6.5 nun U_G durch $(U_G - U_{th})$ zu ersetzen, wobei U_{th} die Einsatzspannung ist, die zum Aufbau der Inversion an die Gate-Elektrode mindestens angelegt werden muß (s. Kap. 4). Bisher wurde ein Gatekontakt betrachtet, der lediglich eine Flächeneinheit umfaßte. Diese Beschränkung wird nun aufgegeben. Multipliziert man daher Gleich. 6.5 mit der Gatefläche $F = Z \cdot L$, wobei Z die Breite des Gatekontakts darstellt, so erhält man für den Source-Drain-Strom $I_{SD} = I_{SD}^{e} \cdot F$

$$\boldsymbol{I_{SD} = \frac{Z}{L}\mu C_{OX}\Big[(U_G - U_{th})U_{SD} - \frac{1}{2}U_{SD}^2\Big].} \tag{6.6}$$

Für $U_{SD} \ll U_G - U_{th}$ kann man die Gleich. 6.6 in folgender Weise umformen:

$$I_{SD} \approx Z\mu C_{OX}\frac{U_G - U_{th}}{L}U_{SD} \sim \epsilon_{ox}\mathcal{E}_{OX}U_{SD}, \tag{6.7}$$

wobei $\mathcal{E}_{OX}$ das elektrische Feld in der Isolierschicht bezeichnet. Die Gleich. 6.7 beschreibt einen ohmschen Widerstand, dessen Größe durch das elektrische Feld in der

Isolierschicht moduliert werden kann. Diese Tatsache hat dem FET seinen Namen **F**eld-**E**ffekt-**Trans**fer-Res**istor** gegeben.
Die Gleich. 6.7 deutet an, daß hohe Source-Drain-Ströme I_{SD} möglich sind, wenn Isolierschichten verwendet werden, die starken elektrischen Feldern standhalten. Praktisch ist dies jedoch nicht realisierbar, da das Produkt $\epsilon_{ox}\mathcal{E}_{OX}^{D}$ ($\mathcal{E}_{OX}^{D}$ bezeichnet die Durchbruchsfeldstärke) nahezu materialunabhängig ist. Daher erfolgt die Auswahl geeigneter Isolierschichten nach rein technologischen Gesichtpunkten, wie einfacher Herstellbarkeit, wobei besonderer Wert auf eine geringe Grenzflächenzustandsdichte N_{SS} gelegt wird.

6.1.2 Steilheit und Ausgangsleitwert eines FET's

Für den Ausgangsleitwert G_a eines FET's, der wie folgt definiert ist,

$$G_a := \left.\frac{\partial I_{SD}}{\partial U_{SD}}\right|_{U_G=const}, \tag{6.8}$$

erhält man aus Gleich. 6.6

$$G_a = \frac{Z}{L}\mu C_{OX}(U_G - U_{th} - U_{SD}). \tag{6.9}$$

Für $(U_G - U_{th}) = U_{SD}$ wird $G_a = 0$. Eine vorgegebene Strom-Spannungs-Kurve $I_{SD}(U_{SD})$ besitzt bei einem festem Wert von U_G in diesem Punkt eine horizontale Tangente. Für $U_{SD} > U_G - U_{th}$ würde G_a negativ werden, was darauf hindeutet, daß die Betrachtung der Kennlinie unter den bisher gemachten Voraussetzungen für Source-Drain-Spannungen $U_{SD} > U_G - U_{th}$ physikalisch nicht länger sinnvoll ist. Diese Grenzspannung wird daher auch als **Sättigungsspannung** $U_{SDS} := U_G - U_{th}$ bezeichnet. Der zugehörige maximale Strom I_{SDS} beträgt

$$I_{SDS} = \frac{Z}{2L}\mu C_{OX} U_{SDS}^2, \tag{6.10}$$

wächst also quadratisch mit der Sättigungsspannung U_{SDS} an. Mit dieser Beziehung kann man Gleich. 6.6 für $U_{SD} - U_{SDS}$ auch schreiben als

$$I_{SD} = I_{SDS}\left[1 - \left(1 - \frac{U_{SD}}{U_{SDS}}\right)^2\right]. \tag{6.11}$$

Man erkennt hier noch deutlicher den quadratischen Zusammenhang zwischen I_{SD} und U_{SD}. Abb. 6.4 gibt diesen Zusammenhang wieder.
Für die Steilheit S des Feldeffekttransistors, definiert gemäß

$$S := \left.\frac{\partial I_{SD}}{\partial U_G}\right|_{U_{SD}=const}, \tag{6.12}$$

findet man aus Gleich. 6.6

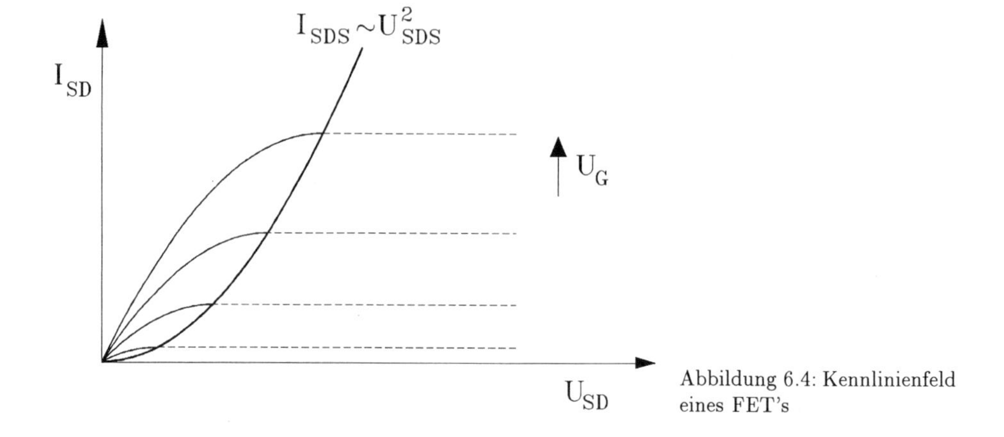

Abbildung 6.4: Kennlinienfeld eines FET's

$$S = \frac{Z}{L}\mu C_{OX} U_{SD}. \tag{6.13}$$

Setzt man hier die Laufzeit $T = L/v$ von der Source- zur Drainelektrode ein, so ergibt sich für die auf die Fläche bezogene Steilheit $S^* = S/(Z \cdot L)$

$$S^* = \frac{C_{OX}}{T}. \tag{6.14}$$

Die bisherigen Betrachtungen gelten praktisch für alle FET-Typen. Im folgenden soll nur der **I**nsulated-**G**ate-FET (IGFET) weiter besprochen werden, da der **N**on-**I**nsulated-**G**ate-FET (NIGFET) oder Sperrschicht-FET ein ähnliches Verhalten aufweist und keine prinzipiell neuen Einsichten liefert.

6.2 Vertiefte Betrachtung des FET's

In der bisherigen Betrachtung wurden einige vereinfachende Annahmen gemacht, die im Rahmen einer vertieften Betrachtung modifiziert werden müssen. Im einzelnen lassen sich gegen die bisherige Betrachtung folgende Einwände erheben, auf die im Rest dieses Kapitels detailliert eingegangen wird:

1. Die Annahme einer linearen Potentialverteilung längs des Kanals ist nicht gerechtfertigt.

2. Die Abhängigkeit der Beweglichkeit von der elektrischen Feldstärke blieb unberücksichtigt.

3. Eine Diskussion der Einsatzspannung U_{th} steht noch aus.

4. Die Kanalabschnürung für $U_{SD} > (U_G - U_{th})$ wurde nicht betrachtet.

6.2.1 Verbesserte Kennlinienberechnung

Die korrekte Berechnung der $I(U)$-Kennlinie führt, wie sich zeigen wird, zu dem gleichen Ergebnis wie die vereinfachte Betrachtung. Die Potentialverteilung $U_{SD}(x)$ soll zunächst nicht bekannt sein, insbesondere nicht als linear angenommen werden. Für einen p-Kanal-FET bestimmt die pro Fläche des Gatekontakts influenzierte Inversionsladung $Q_i(x)$ die ortsabhängige Löcherkonzentration $p(x)$,

$$Q_i(x) = q \cdot p(x) \cdot h(x), \tag{6.15}$$

wobei $h(x)$ die ortsabhängige Dicke der Inversionsschicht, des Kanals, ist. Damit ergibt sich für $p(x)$ mit $Q_i(x) = C_{OX}(U_G - U_{th} - U_{SD})$ folgender Zusammenhang

$$p(x) = \frac{C_{OX}}{qh(x)}(U_G - U_{th} - U_{SD}(x)), \tag{6.16}$$

und man erhält für die Stromdichte $j_{SD}(x) = q \cdot \mu_p \cdot p(x) \cdot \mathcal{E}(x)$ innerhalb des Kanals

$$j_{SD}(x) = \mu_p \frac{C_{OX}}{h(x)} \left(U_G - U_{th} - U_{SD}(x)\right) \frac{dU_{SD}(x)}{dx}. \tag{6.17}$$

Durch Multiplikation mit dem Kanalquerschnitt $Z \cdot h(x)$ folgt weiter

$$I_{SD}(x) = Z\mu_p C_{OX} \left(U_G - U_{th} - U_{SD}(x)\right) \frac{dU_{SD}(x)}{dx}. \tag{6.18}$$

Der Source-Drain-Strom $I_{SD}(x)$ kann im Gleichgewichtszustand jedoch nicht ortsabhängig sein, da sonst als Folge der Kontinuitätsgleichung $(\mathrm{div}\vec{j} + \partial\rho/\partial t = 0)$ eine zeitliche Änderung der Ladungsträgerkonzentrationen resultieren würde.
Damit folgt durch Integration von Gleich. 6.18 von $x = 0$ bis L unter Berücksichtigung von $I_{SD}(x) = I_{SD} = \mathrm{const}$

$$I_{SD} = \frac{Z}{L}\mu_p C_{OX} \left((U_G - U_{th})U_{SD} - \frac{1}{2}U_{SD}^2\right). \tag{6.19}$$

Dies ist, wie angekündigt, das gleiche Ergebnis, das auch aus der vereinfachenden Annahme eines linearen Potentialverlaufs von der Source- zur Drain-Elektrode folgte.

6.2.2 Feldstärkeabhängigkeit der Beweglichkeit

Integriert man in Gleich. 6.18 nicht über die gesamte Probenlänge L, sondern nur bis zu einer Stelle $x < L$, so erhält man aus $\int_0^x I_{SD}dx = \int_0^{U(x)} \ldots dU$ das Potential an der Stelle x und kann aus dU/dx die elektrische Feldstärke $\mathcal{E}(x)$ längs des Kanals berechnen. Man erhält

$$\mathcal{E}(x) = \frac{U_{SDS}}{L} \frac{2\frac{U_{SD}}{U_{SDS}} - \left(\frac{U_{SD}}{U_{SDS}}\right)^2}{2\sqrt{1 - \frac{x}{L}\left(2\frac{U_{SD}}{U_{SDS}} - \left(\frac{U_{SD}}{U_{SDS}}\right)^2\right)}}, \tag{6.20}$$

wobei U_{SDS} die Sättigungsspannung bezeichnet, s. Gleich. 6.10. Man entnimmt der Gleich. 6.20, daß für die elektrische Feldstärke gilt

$$\lim_{x \to L} \mathcal{E}(x)|_{U_{SD}=U_{SDS}} = \infty. \tag{6.21}$$

Die Feldstärke $\mathcal{E}(x)$ nimmt also in Richtung zum Drainkontakt sehr stark zu. Daher ist die Driftgeschwindigkeit der Ladungsträger nicht mehr klein, verglichen mit der thermischen Geschwindigkeit. Insbesonders besteht kein linearer Zusammenhang mehr zwischen der Geschwindigkeit und der Feldstärke, so daß die Beziehung

$$\vec{v} = \mu \vec{\mathcal{E}}$$

mit feldunabhängiger Beweglichkeit μ nicht länger Verwendung finden kann. Die Abb. 6.5 zeigt den Zusammenhang zwischen $\vec{v}$ und $\vec{\mathcal{E}}$ auch im Bereich hoher Feldstärken. Dieses Verhalten kann durch eine feldstärkeabhängige Beweglichkeit $\mu(\mathcal{E})$ beschrieben werden, so daß die Beweglichkeit über die Ortsabhängigkeit des elektrischen Feldes ebenfalls ortsabhängig wird. Beschreibt man die $v(\mathcal{E})$-Abhängigkeit näherungsweise durch den folgenden Ansatz

$$v(\mathcal{E}) = \frac{\mu_0}{1 + \frac{\mathcal{E}(x)}{\mathcal{E}_C}} \cdot \mathcal{E}(x), \tag{6.22}$$

wie in Abb. 6.5 dargestellt, so erhält man für die Bewglichkeit

$$\mu(\mathcal{E}(x)) = \frac{\mu_0}{1 - \frac{dU_{SD}(x)}{dx} \frac{1}{\mathcal{E}_C}}. \tag{6.23}$$

Das Vorzeichen ergibt sich aus $-dU_{SD}/dx = \mathcal{E}$. Dabei entnimmt man die Bedeutung von $\mathcal{E}_C$ der Abb. 6.5. Setzt man Gleich. 6.23 in Gleich. 6.19 ein, so erhält man an Stelle von Gleich. 6.18

$$I_{SD}(x)\left(1 - \frac{U_{SD}}{\mathcal{E}_C L}\right) = Z\mu_p C_{OX}\left[U_G - U_{th} - U_{SD}(x)\right] \frac{dU_{SD}(x)}{dx}. \tag{6.24}$$

Hier wurde $\frac{dU_{SD}(x)}{dx}|_{x=L} = \frac{U_{SD}}{L}$ eingesetzt.
Der Source-Drain-Strom I_{SD} wird also herabgesetzt. Die Steilheit modifiziert sich ebenfalls um den Faktor $(1 - U_{SD}/[\mathcal{E}_C L])$.

6.2.3 Einsatzspannung

Die Einsatzspannung U_{th} ist diejenige Spannung, die benötigt wird, um die Inversionsschicht, den Kanal, aufzubauen. Aus der Ladungsbilanz ergibt sich für die Gesamtladung (diese entspricht der Ladung auf dem Metallkontakt, $-Q_M$):

$$-Q_M := Q_{OX} + C_{OX}\Phi_{MS} + Q_{SS} + Q_{INV} + Q_{Bulk}. \tag{6.25}$$

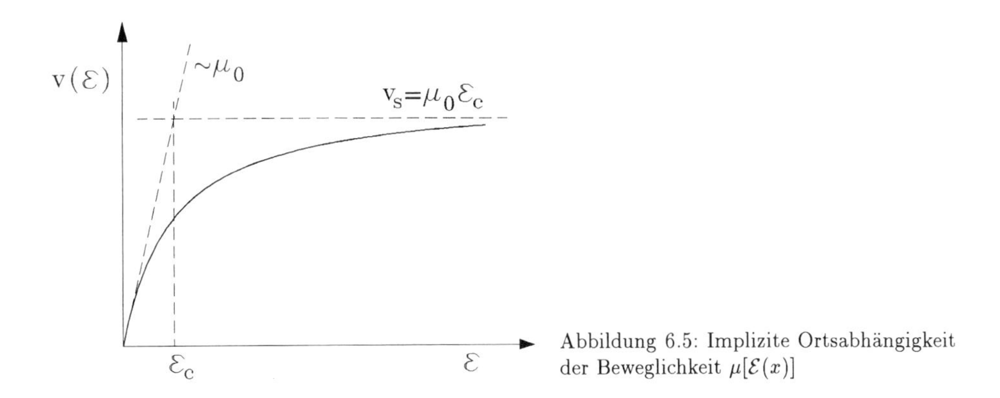

Abbildung 6.5: Implizite Ortsabhängigkeit der Beweglichkeit $\mu[\mathcal{E}(x)]$

Dabei sind die Oxidladung Q_{OX} und die Ladung $C_{OX}\Phi_{MS}$, die von der Differenz $q\Phi_{MS}$ der Austrittsarbeiten von Metall und Halbleiter herrührt, spannungsunabhängig. Die Ladung Q_{SS} in den Oberflächenzuständen kann noch von der Bandverbiegung, also von der Spannung abhängen und damit längs des Kanals verschieden sein. Nimmt man einmal an, daß auch Q_{SS} orts- und spannungsunabhängig ist, dann kann man den Einfluß von Q_{OX}, $C_{OX}\Phi_{MS}$ und Q_{SS} in der Flachbandspannung U_{FB} (s. MOS-Kondensator) zusammenfassen und erhält

$$U_{FB} = \frac{1}{C_{OX}}(Q_{OX} + Q_{SS}) + \Phi_{MS}. \tag{6.26}$$

Nach den Ausführungen zum MOS-Kondensator kann man in erster Näherung die Ladung in der Inversionszone Q_{INV} und diejenige im übrigen Teil der Sperrschicht, Q_{Bulk}, zu $C_{OX} \cdot 2\Psi_B$ zusammenfassen. Dieser Näherung liegt die Vorstellung zugrunde, daß die starke Inversion bei $2\Psi_B$ einsetzt und die Sperrschichtweite sich in diesem Falle nicht mehr wesentlich vergrößert, s. Abb. 4.8. In dieser Näherung ergäbe sich also

$$U_{th} = U_{FB} + 2\Psi_B, \tag{6.27}$$

wobei U_{th} spannungsunabhängig wäre. Nun ändert sich die Bandverbiegung jedoch noch über $2\Psi_B$ hinaus, wenn auch nur geringfügig, und auch längs des Kanals. Damit wird U_{th} jedoch spannungsabhängig, oder anders ausgedrückt, die Gatespannung ändert außer Q_{INV} auch noch die Ladung Q_{Bulk}. Dadurch wird die Steuerwirkung des Gatekontakts etwas verringert, gleichzeitig erhält man jedoch über einen vierten Kontakt, der am Substrat (Kontakt Nr.4 in Abb. 6.2) des FET angebracht wird, eine zusätzliche Steuermöglichkeit.
Da die Kanalbreite (Dicke der Inversionsschicht) klein gegen die Gesamtsperrschichtweite L_{SC} ist, kann man für die Sperrschichtweite in erster Näherung die Schottky'sche Formel verwenden

$$L_{SC} = \sqrt{\frac{2\epsilon_0\epsilon_{HL}U_{Kanal/Bulk}}{qN_D}}. \tag{6.28}$$

Mit der Abkürzung $U_{Kanal/Bulk} =: U_{KB} = U(x) + 2\Psi_B$, wobei $U(x)$ das ortsabhängige Potential längs des Kanals darstellt, erhält man in dieser Näherung für Q_{Bulk}

$$Q_{Bulk} \approx qN_D \cdot L_{SC} = \sqrt{2qN_D\epsilon_0\epsilon_{HL}(U(x) + 2\Psi_B)}. \tag{6.29}$$

Berücksichtigt man diesen Zusammenhang bei der Berechnung von I_{SD}, ergibt sich:

$$\begin{aligned} I_{SD} &= \frac{Z}{L}\mu C_{OX}\left((U_G - U_T)U_{SD} - \frac{1}{2}U_{SD}^2 + U_R^2\right) \qquad \text{mit} \\ U_R^2 &= \frac{2}{3}\frac{1}{C_{OX}}\sqrt{2qN_D\epsilon_0\epsilon_{HL}}\left(\sqrt{(U_{SD} + 2\Psi_B)^3} - \sqrt{(2\Psi_B)^3}\right). \end{aligned} \tag{6.30}$$

Legt man in Abb. 6.2 zwischen Kontakt 2 und 4 eine zusätzliche Spannung, kann man mit dieser I_{SD} steuern. Der Einfluß ist für $N_D \leq 5 \cdot 10^{14} \mathrm{cm}^{-3}$ und $d_{ox} \approx 100$ nm jedoch verschwindend klein und wird erst bei wesentlich höheren Dotierungen wirksam.

6.2.4 Die Kanalabschnürung

Bisher wurden die Kennlinien nur bis zur Grenzkurve $I_{SDS} \sim U_{SDS}^2$ berechnet. Der in Abb. 6.4 gestrichelt gezeichnete Bereich für $U_{SD} > U_{SDS}$ wurde bisher nicht betrachtet, da die Kennliniengleichung 6.6 für diesen Teil einen negativen Ausgangsleitwert und abnehmenden Strom voraussagt.
Bei der Spannung $U_{SD} = U_G - U_{th}$ ist das Drainpotential genau so groß wie das Gatepotential, so daß in diesem Fall am Drainkontakt keine Inversionsschicht mehr auftritt und damit auch kein Kanal mehr existiert, s. Abb.6.6(b). Man sagt, der Kanal werde abgeschnürt. Mit wachsender Source-Drainspannung $U_{SD} > U_G - U_{th}$ wandert der Ort der Kanalabschnürung immer weiter auf die Source-Elektrode zu, s. Abb.6.6(c).

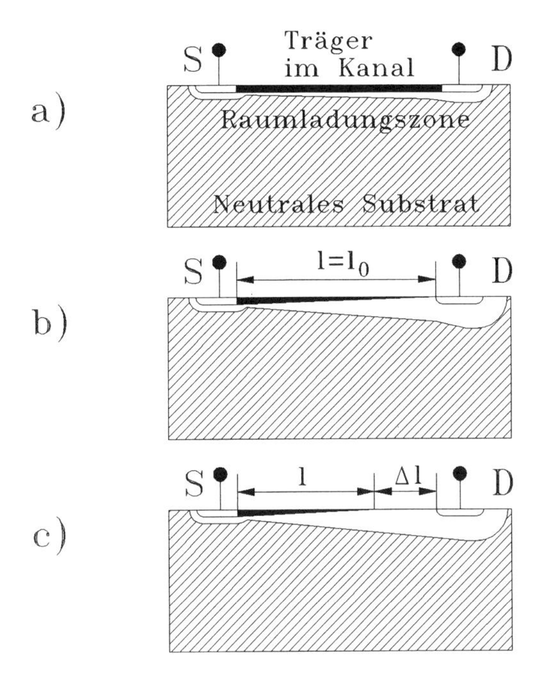

Abbildung 6.6: Zum Effekt der Kanalabschnürung: die Source-Drain-Spannung U_{SD} nimmt von a) nach c) kontinuierlich zu; der Kanal wird abgeschnürt.

Wenn dieser Effekt auftritt, ist eine eindimensionale Beschreibung des FET nicht mehr möglich. Näherungsweise kann man jedoch davon ausgehen, daß die bisherige Betrachtung für den Bereich l in Abb. 6.6(c) gültig bleibt, weil in diesem Bereich weiterhin gilt, daß die über l abfallende Spannung kleiner als $U_G - U_{th}$ ist, oder genauer, daß in diesem Bereich für die Feldstärke $\mathcal{E}_x(x)$ in Kanalrichtung $\mathcal{E}_x(x) \leq \mathcal{E}_y(y)$ gilt, wobei $\mathcal{E}_y(y)$ die Feldstärke senkrecht zu $\mathcal{E}_x(x)$ ist. Im übrigen mit Δl gekennzeichneten Bereich ist dann jedoch $\mathcal{E}_x(x) > \mathcal{E}_y(y)$, so daß, wie schon erwähnt, die zweidimensionale Feldverteilung berücksichtigt werden muß. Diese genauere Betrachtung liefert dann den Kennlinienverlauf für $U_{SD} > U_G - U_{th}$ und einen positiven Ausgangsleitwert für diesen Kennlinienteil. Eine quantitative Beschreibung der Kanalabschnürung muß durch Computersimulation erfolgen und ist nicht mehr Gegenstand des vorliegenden Buches.

Kapitel 7

Der pn-Übergang als Diode

Bisher wurden ausschließlich unipolare Bauelemente betrachtet, das sind solche, in denen die Konzentration einer Ladungsträgersorte — Elektronen oder Löcher — die der anderen deutlich übertrifft, so daß Rekombinationsprozesse lediglich eine untergeordnete Rolle spielen. Diese Annahme kann beim Übergang zu bipolaren Bauelementen, in denen beide Ladungsträgersorten in vergleichbarer Konzentration vorliegen, nicht länger aufrechterhalten werden.
Als Grundlage aller bipolaren Bauelemente soll zunächst der pn-Übergang betrachtet werden. Kombiniert man in einem Halbleiter einen n-dotierten und einen p-dotierten Bereich, so bildet sich in der Grenzschicht zwischen beiden ein pn-Übergang aus. Dieser stellt zugleich das einfachste bipolare Bauelement dar, die pn-Diode.

7.1 Transporteigenschaften

Da in einem pn-Übergang Elektronen und Löcher zusammentreffen, spielen Rekombinations- und Generationsvorgänge eine beherrschende Rolle. Die Abb. 7.1 zeigt einen pn-Übergang ohne äußere Spannung und das zugehörige Bänderschema[1].

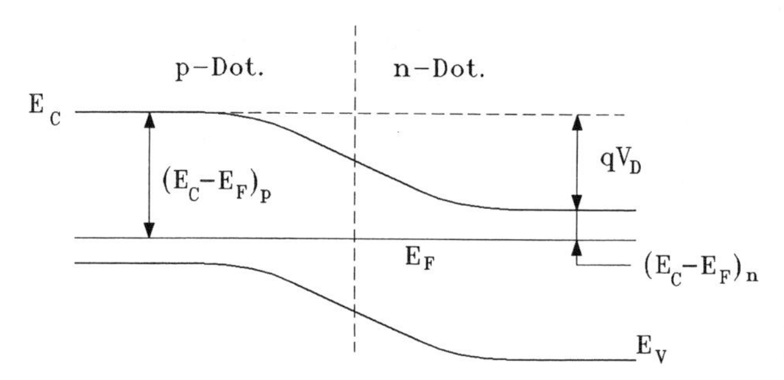

Abbildung 7.1: Bänderschema des pn-Übergangs

Im Gleichgewicht muß die Fermienergie E_F im gesamten Bauelement unabhängig vom Ort konstant sein; daher können weder das Leitungs- noch das Valenzband-

[1] Die Indizes n und p beziehen sich auf die Werte der indizierten Größe im n- oder p-Gebiet.

niveau im Übergangsbereich unabhängig vom Ort sein, sondern müssen sich um einen Energiebetrag qV_D verschieben. Die zugehörige Spannung, die sog. **Diffusionsspannung V_D**, ergibt sich aus der Differenz der Abstände von $E_C - E_F$ im p- bzw. n-Leiter:

$$V_D = \frac{1}{q}(E_C - E_F)_p - \frac{1}{q}(E_C - E_F)_n = \frac{1}{q}\left((E_C)_p - (E_C)_n\right). \tag{7.1}$$

Unter Verwendung der Gleich. 2.7 erhält man

$$V_D = \frac{k_B T}{q} \ln\left(\frac{N_C}{n_p}\right) - \frac{k_B T}{q} \ln\left(\frac{N_C}{n_n}\right). \tag{7.2}$$

Dabei bezeichnen n_n und n_p die Gleichgewichtskonzentrationen im n- bzw. p-dotierten Gebiet. Mit den im Kap. 2 abgeleiteten Beziehungen für n_n und p_p folgt bei vollständiger Ionisation der Störstellen:

$$V_D = \frac{k_B T}{q} \ln\left(\frac{n_n}{n_p}\right) = \frac{k_B T}{q} \ln\left(\frac{N_D N_A}{n_i^2}\right) = \frac{k_B T}{q} \ln\left(\frac{N_D N_A}{N_C N_V}\right) + \frac{E_G}{q}, \tag{7.3}$$

wobei noch der Zusammenhang $n_p \cdot p_n = n_i^2 = N_C N_V \exp(-E_G/k_B T)$ benutzt wurde. Die Diffusionsspannung V_D wird damit in völliger Analogie zur Schottky-Diode durch das Konzentrationsverhältnis der Ladungsträger im n- bzw. p-Gebiet bestimmt, s. auch Gleich. 5.4. Man entnimmt der Gleich. 7.3, daß V_D temperaturabhängig ist.

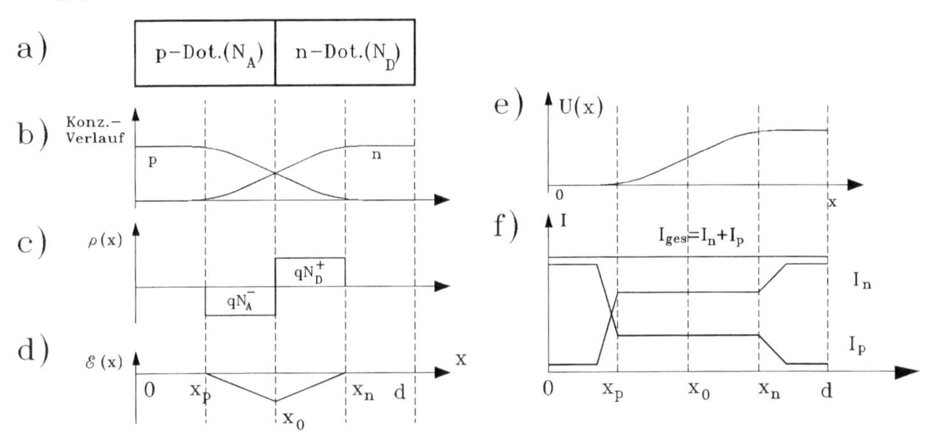

Abbildung 7.2: (b) Konzentrations-, (c) Raumladungs-, (d) Feld- , (e) Potential- und (f) Stromverlauf am pn-Übergang (a)

Da das Produkt $N_D \cdot N_A$ i. a. kleiner als $N_C \cdot N_V$ ist, ist der Term $\ln([N_D N_A]/[N_C N_V])$ in Gleich. 7.3 negativ und die maximale Diffusionsspannung ist durch den Bandabstand E_G/q gegeben. Um diesen Fall näherungsweise zu realisieren, müssen sowohl

das n- als auch das p-Gebiet so hoch dotiert sein, daß $\ln([N_A N_D]/[N_C N_V]) \approx 0$ ist. Die obige Abb. 7.2 zeigt für einen abrupten pn-Übergang (a) den Konzentrationsverlauf (b), den Raumladungs- (c) und Feld- (d) sowie den Potential- (e) und den Stromverlauf (f).
In Abb. 7.3 ist ein Querschnitt durch einen realen pn-Übergang dargestellt.

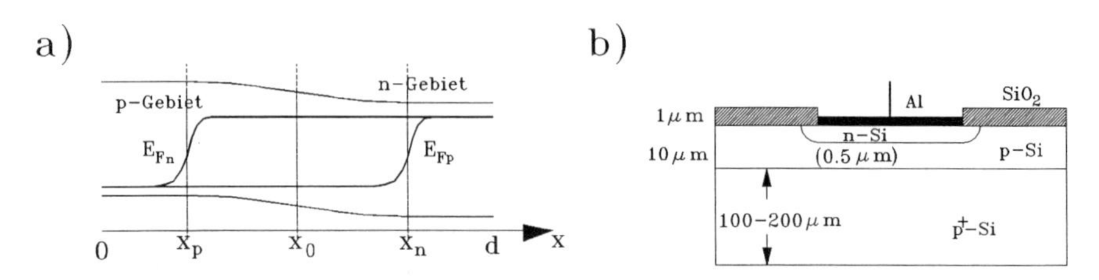

Abbildung 7.3: Zum pn-Übergang: a) Bandverbiegung bei anliegender Durchlaßspannung b) Querschnitt durch eine reale pn-Diode (nicht maßstäblich)

Im folgenden soll die statische $I(U)$-Kennlinie einer pn-Diode abgeleitet werden. Man kann die Form der Kennlinie ohne spezielle Annahme aus allgemeinen Prinzipien gewinnen, ganz analog zur Ableitung der $I(U)$-Kennlinie der Schottky-Diode. Aufgrund des Konzentrationsgefälles zwischen p- und n-Gebiet diffundieren Löcher vom p- ins n-Gebiet und Elektronen vom n- ins p-Gebiet und rekombinieren dort, s. Abb. 7.2(b). Dadurch, daß Löcher vom p- ins n-Gebiet und Elektronen vom n- ins p-Gebiet diffundieren, bleibt im p-Gebiet die ortsfeste Raumladung durch die negativ geladenen Akzeptoren und im n-Gebiet die ortsfeste Raumladung durch die positiv geladenen Donatoren zurück, s. Abb. 7.2(c). Diese Raumladung hat ein elektrisches Feld zur Folge, wie es Abb. 7.2(d) zeigt. Aufgrund dieses elektrischen Feldes bzw. der zugehörigen Spannung (ohne äußere Spannung U ist dies die Diffusionsspannung V_D) fließt ein Elektronen- bzw. Löcherfeldstrom, der dem Diffusionsstrom entgegengerichtet ist und diesen im thermischen Gleichgewicht kompensiert, so daß der Gesamtstrom verschwindet. Im thermischen Gleichgewicht sind ferner die Generations- und die Rekombinationsraten gleich groß. Die Generationsrate ist dabei nur von der Temperatur, nicht jedoch von der Konzentration der Ladungsträger abhängig, sie kann insbesondere also auch nicht durch eine äußere Spannung U geändert werden. Die Rekombination ist jedoch von der Konzentration der Ladungsträger und damit von der Gesamtspannung abhängig.
Im thermischen Gleichgewicht ist also die Summe aus Generations- und Rekombinationsstrom im n- und p-Gebiet gleich Null:

$$I_{nR}(U=0) + I_{nG}(U=0) = 0 = I_{pR}(U=0) + I_{pG}(U=0). \tag{7.4}$$

Legt man nun eine Spannung $U \neq 0$ an die Diode, so greift man in dieses Gleichgewicht ein. Dabei spielt der spannungsunabhängige Generationsstrom die gleiche

Rolle wie der Sättigungsstrom vom Metall in den Halbleiter im Fall der Schottky-Diode. Durch die Spannung U ändert man die Bandverbiegung und damit den Rekombinationsstrom um $\exp(qU/k_BT)$, da sich die Ladungsträgerkonzentrationen um diesen Faktor ändern. Man erhält also

$$\begin{aligned} I_{nR}(U) &= I_{nR}(U=0)\exp(qU/k_BT) \\ I_{pR}(U) &= I_{pR}(U=0)\exp(qU/k_BT). \end{aligned} \tag{7.5}$$

Berücksichtigt man dies, wird aus Gleich. 7.4

$$I(U) = I_{pR}(U) + I_{pG} + I_{nR}(U) + I_{nG} = I_p(U) + I_n(U) = I_0\left[\exp\left(\frac{qU}{k_BT}\right) - 1\right],$$

wobei gilt:

$$I_0 = I_{nG} + I_{pG}.$$

Damit resultiert folgende Kennlinie:

$$\boldsymbol{I(U) = I_0\left[\exp\left(\frac{qU}{k_BT}\right) - 1\right]}. \tag{7.6}$$

Man erhält also den gleichen Kennlinientyp wie für die Schottky-Diode. Dieses Ergebnis liefert natürlich auch die Betrachtung des Diffusions- und Feldstroms. Im thermischen Gleichgewicht gilt z. B. für den Löcherstrom

$$|I_{Feld,p}| = Fq\mu_p p\frac{dU}{dx} = |I_{Diff,p}| = FqD_p\frac{dp}{dx}. \tag{7.7}$$

Damit erhält man

$$\frac{1}{p}\frac{dp}{dx} = \frac{\mu_p}{D_p}\frac{dU}{dx} \tag{7.8}$$

und nach Integration

$$p = p_0\exp\left(\frac{\mu_p U}{D_p}\right), \tag{7.9}$$

woraus sich unmittelbar auch wieder die Einsteinbeziehung

$$\frac{D}{\mu} = \frac{k_BT}{q} \tag{7.10}$$

ergibt. Man erkennt an Gleich. 7.9, daß die Ladungsträgerkonzentration sich exponentiell mit der Spannung ändert, wie in Gleich. 7.5 schon ausgenutzt wurde. Die eine Sorte der den Strom tragenden Ladungsträger, die Löcher, diffundiert durch

den pn-Übergang aus dem p- ins n-Gebiet; dort rekombinieren die Löcher, da sie im n-Gebiet die Minoritätsträger darstellen. Die Elektronen dagegen gelangen aus dem n- ins p-Gebiet, sind dort die Minoritätsträger und rekombinieren ebenfalls. In diesem Sinne ist also der Strom ein **Minoritätsträgerstrom.**
Man kann auch den Sättigungsstrom I_0 aus einer Plausibilitätsbetrachtung gewinnen:
Stellt man die Stromdichte als Produkt aus Ladungsdichte und Geschwindigkeit dar, so findet man für einen Löcherstrom eine Proportionalität der Ladung zu $p_n \exp(qU/k_BT)$ und für einen Elektronenstrom zu $n_p \exp(qU/k_BT)$. Als Geschwindigkeit hat man die Diffusionsgeschwindigkeit v_D zu wählen, die durch L_D/τ gegeben ist. Ersetzt man die charakteristische Zeit τ gemäß $L_D^2 = D\tau$, so erhält man für v_D den Wert D/L_D. Damit kann man für die Sättigungsstromdichte j_0 schreiben

$$|j_0| = q\frac{D_p p_n}{L_p} + q\frac{D_n n_p}{L_n}, \tag{7.11}$$

wobei L_p und L_n die Diffusionslängen für Löcher und Elektronen bezeichnen.
Nach den bisher durchgeführten Plausibilitätsbetrachtungen soll die $I(U)$-Kennlinie einer pn-Diode nun berechnet werden. Die Abb. 7.2(b) zeigt das Bänderschema im stromlosen Zustand. Die Werte x_n und x_p geben die Begrenzung der Raumladungszone im stromlosen Zustand an, die Größe d beschreibt die Diodenlänge. Im folgenden soll zunächst einmal angenommen werden, daß die Weite $x_n - x_p$ der Raumladungszone klein gegen die Diffusionslänge der Ladungsträger ist, so daß innerhalb der Raumladungszone praktisch keine Rekombinationsprozesse stattfinden, sondern sich die Rekombination der Ladungsträger ausschließlich in den sogenannten Bahngebieten $x_p - 0$ und $d - x_n$ ereignet. In diesem Fall ändert sich die Elektronen- und Löcherdiffusionsstromdichte in der Raumladungszone nicht, s. Abb. 7.2(f). Aus diesem Grunde kann die ortsunabhängige Gesamtstromdichte $I_{ges} = I_n + I_p$ berechnet werden, indem man I_n an der Stelle x_p und I_p an der Stelle x_n ermittelt. Dies bedeutet eine große Erleichterung bei der Berechnung der Stromdichte. Ausgehend von den Bilanzgleichungen 3.8 und 3.9 erhält man bei eindimensionaler Betrachtung:

$$\frac{\partial p(x,t)}{\partial t} = \frac{d}{dx}\left[D_p \frac{d}{dx}p(x,t) - \mu_p p(x,t)\mathcal{E}(x,t)\right] + g_p - v_p \tag{7.12}$$

$$\frac{\partial n(x,t)}{\partial t} = \frac{d}{dx}\left[D_n \frac{d}{dx}n(x,t) + \mu_n n(x,t)\mathcal{E}(x,t)\right] + g_n - v_n. \tag{7.13}$$

Mit $\mathcal{E}(x) = -dU/dx$ wird aus Gleich. 7.12

$$\dot{p}(x,t) = -\frac{p(x,t) - p_n}{\tau_p} + \frac{d}{dx}\left(D_p \frac{dp}{dx} + \mu_p p(x,t)\frac{dU}{dx}\right) \tag{7.14}$$

$$\dot{n}(x,t) = -\frac{n(x,t) - n_p}{\tau_n} + \frac{d}{dx}\left(D_n \frac{dn}{dx} - \mu_n n(x,t)\frac{dU}{dx}\right), \tag{7.15}$$

wobei der Punkt über einer Größe a die partielle Ableitung nach der Zeit bedeutet, $\dot{a} = \partial a/\partial t$. Ferner wurden für die Rekombinationsüberschüsse die Relaxationszeitnäherungen $g_p - v_p = -(p(x,t) - p_n)/\tau_p$ bzw. $g_n - v_n = -(n(x,t) - n_p)/\tau_n$ benutzt, wobei p_n und n_p die Gleichgewichtskonzentrationen der Löcher im n-Gebiet bzw. der Elektronen im p-Gebiet, d. h. als jeweilige Minoritätsladungsträger darstellen. Zur Berechnung der statischen $I(U)$-Kennlinien wären nun die zeitabhängigen Größen $\dot{p}$ und $\dot{n}$ gleich Null zu setzen. Da jedoch die Diskussion der Wechselstromeigenschaften der pn-Diode im Rahmen einer Kleinsignalnäherung zu dem gleichen Differentialgleichungstyp führt, kann im folgenden ohne Erhöhung des mathematischen Aufwands der allgemeine Fall zeitabhängiger Gleichungen betrachtet werden. Der Strom ist, wie weiter oben beschrieben, ein Minoritätsträgerstrom und das elektrische Feld wird in den Gebieten, wo die entsprechende Rekombination stattfindet, nämlich in den Bahngebieten außerhalb der Raumladungszone, durch die jeweiligen Majoritätsträger bestimmt. Deshalb kann in den Gleichn. 7.14 und 7.15 der Beitrag des Minoritätsträgerfeldstroms in erster Näherung vernachlässigt werden, so daß man die folgenden vereinfachten Gleichungen erhält:

$$\dot{\boldsymbol{p}}(\boldsymbol{x},\boldsymbol{t}) = -\frac{\boldsymbol{p}(\boldsymbol{x},\boldsymbol{t}) - \boldsymbol{p}_n}{\boldsymbol{\tau}_p} + \boldsymbol{D}_p \frac{\boldsymbol{d}^2\boldsymbol{p}}{\boldsymbol{dx}^2} \tag{7.16}$$

$$\dot{\boldsymbol{n}}(\boldsymbol{x},\boldsymbol{t}) = -\frac{\boldsymbol{n}(\boldsymbol{x},\boldsymbol{t}) - \boldsymbol{n}_p}{\boldsymbol{\tau}_n} + \boldsymbol{D}_n \frac{\boldsymbol{d}^2\boldsymbol{n}}{\boldsymbol{dx}^2}. \tag{7.17}$$

Die zeitabhängige äußere Spannung $U(t)$, die an den pn-Übergang angelegt wird, setzt sich aus einem Gleich- und einem Wechselanteil zusammen:

$$U(t) = \bar{U} + \tilde{u}\exp(i\omega t) \qquad \text{mit} \quad \tilde{u} \ll \bar{U}. \tag{7.18}$$

Im Rahmen dieser Kleinsignalnäherung, die einer zeitlichen Fourier-Transformation entspricht, setzt man die gesuchten Konzentrationen $p(x,t)$ und $n(x,t)$ ebenfalls als Summen aus Gleich- und Wechselanteilen an:

$$p(x,t) = \bar{p}(x) + \tilde{p}(x)\exp(i\omega t) \qquad \text{und} \quad n(x,t) = \bar{n}(x) + \tilde{n}(x)\exp(i\omega t), \tag{7.19}$$

und erhält aus den Gleichn. 7.16 und 7.17 für den Gleichanteil:

$$0 = -\frac{\bar{p}(x) - p_n}{\tau_p} + D_p\frac{d^2\bar{p}(x)}{dx^2} \qquad \text{und} \qquad 0 = -\frac{\bar{n}(x) - n_p}{\tau_n} + D_n\frac{d^2\bar{n}(x)}{dx^2} \tag{7.20}$$

bzw.

$$\frac{\boldsymbol{d}^2\bar{\boldsymbol{p}}(\boldsymbol{x})}{\boldsymbol{dx}^2} = \frac{\bar{\boldsymbol{p}}(\boldsymbol{x}) - \boldsymbol{p}_n}{\boldsymbol{L}_p^2} \qquad \text{und} \qquad \frac{\boldsymbol{d}^2\bar{\boldsymbol{n}}(\boldsymbol{x})}{\boldsymbol{dx}^2} = \frac{\bar{\boldsymbol{n}}(\boldsymbol{x}) - \boldsymbol{n}_p}{\boldsymbol{L}_n^2}. \tag{7.21}$$

Für den Wechselanteil folgt:

$$i\omega\tilde{p}(x) = -\frac{\tilde{p}(x)}{\tau_p} + D_p\frac{d^2\tilde{p}(x)}{dx^2} \tag{7.22}$$

und

$$i\omega\tilde{n}(x) = -\frac{\tilde{n}(x)}{\tau_n} + D_n\frac{d^2\tilde{n}(x)}{dx^2} \tag{7.23}$$

bzw.

$$\boldsymbol{\frac{d^2\tilde{p}(x)}{dx^2} = \frac{\tilde{p}(x)}{\tilde{L}_p^2}} \qquad \text{und} \qquad \boldsymbol{\frac{d^2\tilde{n}(x)}{dx^2} = \frac{\tilde{n}(x)}{\tilde{L}_n^2}}. \tag{7.24}$$

Dabei wurde für den Gleichanteil die Beziehung $L_k^2 = D_k\tau_k$ und für den Wechselanteil

$$\tilde{L}_k^2 = \frac{D_k\tau_k}{1 + i\omega\tau_k} \qquad \text{mit} \quad k = n, p \tag{7.25}$$

benutzt. Die Differentialgleichungen 7.21 und 7.24 beschreiben die Ortsabhängigkeit der jeweiligen Minoritätsträgerdichten in den Bahngebieten. Sie sind zu lösen unter den Randbedingungen

$$\begin{aligned} \bar{p}(x) - p_n &= p_n\left(\exp\left(\tfrac{q\bar{U}}{k_BT}\right) - 1\right) && \text{bei} \quad x = x_n \\ \bar{p}(x) - p_n &= 0 && \text{bei} \quad x = d \end{aligned} \tag{7.26}$$

für den Gleichanteil der Löcherkonzentration. Diese Bedingungen beschreiben die Tatsache, daß der Gleichanteil $\bar{p}(x)$ der Löcherkonzentration zu Beginn des n-Bahngebiets bei $x = x_n$ einen Wert von $p_n \exp(q\bar{U}/k_BT)$ besitzt. Läge keine äußere Spannung U über dem pn-Übergang, so hätte die Löcherkonzentration bei Eintritt in das n-Bahngebiet den Wert $p_n = p_p \exp(-qV_D/k_BT)$. Durch die externe Spannung U wird dieser Wert um den Faktor $\exp(qU/k_BT)$ geändert. Am Ende des n-Bahngebiets bei $x = d$ ist die Löcherkonzentration auf ihren Gleichgewichtswert p_n abgefallen. Für den Wechselanteil folgen die Randbedingungen:

$$\begin{aligned} \tilde{p}(x) &= p_n \exp\left(\tfrac{q\bar{U}}{k_BT}\right) \cdot \frac{q}{k_BT}\tilde{u} && \text{bei} \quad x = x_n \\ \tilde{p}(x) &= 0 && \text{bei} \quad x = d. \end{aligned} \tag{7.27}$$

Dabei wurde benutzt, daß die Gesamtspannung die Relationen $U(t) = \bar{U} + \tilde{u}\exp(i\omega t)$ und $\tilde{u} \ll \bar{U}$ erfüllt. Die Exponentialfunktion $\exp(qU(t)/k_BT)$ kann damit entwickelt werden:

$$\exp\left(\frac{q(\bar{U}+\tilde{u}\exp(i\omega t))}{k_BT}\right)\approx\exp\left(\frac{q\bar{U}}{k_BT}\right)\left(\frac{q}{k_BT}\cdot\tilde{u}\exp(i\omega t)+1\right). \tag{7.28}$$

Diese Entwicklung ist bei der Herleitung der Randbedingungen 7.27 benutzt worden. Für die Elektronenkonzentration $n(x,t)$ gelten den Gleichn. 7.26 und 7.27 entsprechende Randbedingungen bei $x=0$ und $x=x_p$, d. h. am Beginn und am Ende des p-Bahngebiets.
Sind die beiden Differentialgleichungen 7.21 und 7.24 gelöst und damit die Ortsabhängigkeiten der Konzentrationen $p(x)$ und $n(x)$ bekannt, so kann gemäß

$$j_n(x_p)=qD_n\left(\frac{dn}{dx}\right)_{x=x_p}\qquad\text{und}\qquad j_p(x_n)=-qD_p\left(\frac{dp}{dx}\right)_{x=x_n} \tag{7.29}$$

die Gesamtstromdichte $j=j_n+j_p$ angegeben werden. Die vier Differentialgleichn. 7.21 und 7.24 sind jeweils vom gleichen Typ; es handelt sich um gewöhnliche Diff.-Gleichn. zweiter Ordnung mit konstanten Koeffizienten. Die allgemeine Lösung einer Diff.-Gleich. vom Typ $y=a^2y''$ lautet $y(x)=A\exp(x/a)+B\exp(-x/a)$, wobei A und B durch die Randbedingungen bestimmt sind. Als Ergebnis erhält man für den Gleichanteil der Stromdichte

$$j_{=}=q\left(\frac{D_pp_n}{L_p}\coth\left(\frac{d-x_n}{L_p}\right)+\frac{D_nn_p}{L_n}\coth\left(\frac{x_p}{L_n}\right)\right)\cdot\left(\exp\left(\frac{q\bar{U}}{k_BT}\right)-1\right). \tag{7.30}$$

Für den Wechselanteil ergibt sich:

$$\tilde{j}=q\left(\frac{D_pp_n}{\tilde{L}_p}\coth\left(\frac{d-x_n}{\tilde{L}_p}\right)+\frac{D_nn_p}{\tilde{L}_n}\coth\left(\frac{x_p}{\tilde{L}_n}\right)\right)\exp\left(\frac{q\bar{U}}{k_BT}\right)\cdot\frac{q}{k_BT}\tilde{u}. \tag{7.31}$$

Benutzt man noch die Einsteinrelation $k_BT/q=D/\mu$, so erhält man aus Gleich. 7.31

$$\tilde{j}=q\left(\frac{\mu_pp_n}{\tilde{L}_p}\coth\left(\frac{d-x_n}{\tilde{L}_p}\right)+\frac{\mu_nn_p}{\tilde{L}_n}\coth\left(\frac{x_p}{\tilde{L}_n}\right)\right)\exp\left(\frac{q\bar{U}}{k_BT}\right)\cdot\tilde{u}. \tag{7.32}$$

Bis auf die Faktoren coth(...) weist der Sättigungsstrom in Gleich. 7.30 den gleichen Zusammenhang auf, der auch aus der vorangegangenen Plausibilitätsbetrachtung gewonnen wurde. Der Verlauf des coth ist in Abb. 7.4 dargestellt.
Beträgt die Länge der Bahngebiete $(d-x_n)$ und x_p etwa 2 bis 3 Diffusionslängen, so sind die coth-Terme in guter Näherung gleich 1 und man erhält das gleiche Ergebnis für den Sättigungsstrom wie durch die Plausibilitätsbetrachtung. Man entnimmt der Gleich. 7.30, daß ein geringer Sperrstrom durch eine große Diffusionslänge, d. h. wegen $L^2=D\cdot\tau$ durch eine große Ladungsträgerlebensdauer (= möglichst defektfreier Kristall) realisiert werden kann.

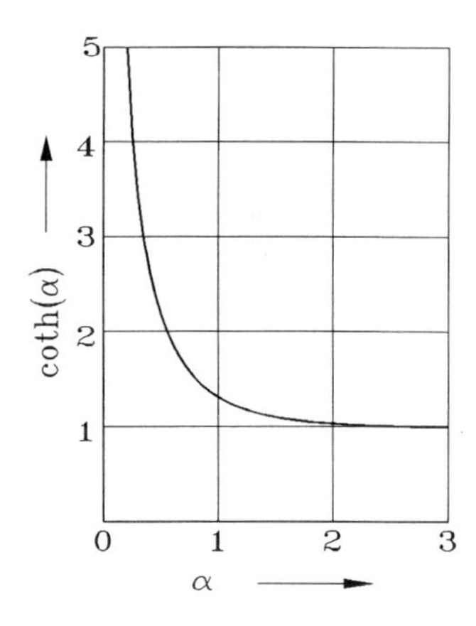

Abbildung 7.4: Verlauf von $\coth(\alpha)$ im Bereich $\alpha = 0$ bis 3

Die Temperaturabhängigkeit des Sperrstroms kann aus Gleich. 7.30 ermittelt werden, denn ersetzt man p_n und n_p durch

$$p_n = \frac{n_i^2}{n_n} \approx \frac{n_i^2}{N_D} \qquad \text{und} \qquad n_p = \frac{n_i^2}{p_p} \approx \frac{n_i^2}{N_A}, \tag{7.33}$$

so erhält man

$$j_= = qn_i^2 \left(\frac{D_p}{L_p N_D} + \frac{D_n}{L_n N_A}\right) \cdot \left(\exp\left(\frac{q\bar{U}}{k_B T}\right) - 1\right) = \frac{I_S}{F}\left(\exp\left(\frac{q\bar{U}}{k_B T}\right) - 1\right). \tag{7.34}$$

Da der Zusammenhang $n_i^2 = N_C N_V \exp[-(E_C - E_V)/k_B T]$ (s. Kap. 2) gilt, ist der Sperrstrom I_S stark temperaturabhängig:

$$I_S = qFN_C N_V \left(\frac{D_p}{L_p N_D} + \frac{D_n}{L_n N_A}\right) \exp\left(-\frac{E_C - E_V}{k_B T}\right). \tag{7.35}$$

Der Gleich. 7.35 entnimmt man, daß mit zunehmendem Bandabstand $E_C - E_V$ der Sperrstrom exponentiell abnimmt. Dioden mit geringem Sperrstrom sollten daher aus möglichst defektfreien Kristallen mit großem Bandabstand hergestellt werden. Bei allen Überlegungen ist immer vorausgesetzt worden, daß Generations- und Rekombinationsprozesse in der Raumladungszone vernachlässigt werden können und nur Diffusionsprozesse eine Rolle spielen. Dies gilt für Halbleiter mit großem Bandabstand (s. u.) jedoch nicht mehr. Man entnimmt der Gleich. 7.34 weiterhin, daß für einen stark unsymmetrischen pn-Übergang, also z B. für $N_A \gg N_D$, gilt:

$$j_= \approx j_{=,p} = qn_i^2 \frac{D_p}{L_p N_D} \cdot \left(\exp\left(\frac{q\bar{U}}{k_B T}\right) - 1\right). \tag{7.36}$$

Der Strom wird nahezu ausschließlich von Löchern getragen. Für den Löcheranteil $j_{=,p}$ am Gesamtstrom gilt allgemein:

$$\gamma_e := \frac{j_{=,p}}{j_=} = \frac{p_n \cdot D_p/L_p}{p_n \cdot D_p/L_p + n_p \cdot D_n/L_n} = \left(1 + \frac{n_p D_n L_p}{p_n D_p L_n}\right)^{-1} . \qquad (7.37)$$

Man nennt γ_e den **Emitterwirkungsgrad**, da er eine große Rolle für die Wirkungsweise des pnp-Transistors[2] spielt. Soll $\gamma_e \approx 1$ werden, soll also der gesamte Strom praktisch von Löchern getragen werden, dann muß $p_n \gg n_p$ gewählt werden.
Diese Forderung kann man nun auf verschiedene Weisen erfüllen:

- Die bisher betrachteten pn-Dioden bestanden aus einem homogenen, aber unterschiedlich dotierten Material. In diesem Fall stellt eine stark unsymmetrische Dotierung, d. h. $N_A \gg N_D$, die einzige Möglichkeit dar, einen Wert von $\gamma_e \approx 1$ zu erreichen.

- Unter der Annahme, daß die beiden Seiten des pn-Übergangs aus zwei Materialien mit verschiedenen Bandabständen E_{G1} und E_{G2} gebildet werden, tut sich eine weitere Möglichkeit auf. Setzt man das Material 1 als p-dotiert (Akzeptorkonz. N_A) und das Material 2 als n-dotiert (Donatorkonz. N_D) voraus, so kann man unter Verwendung von Gleich. 7.33 schreiben:

$$\gamma_e = \left[1 + \frac{D_n(2)L_p(1)}{D_p(1)L_n(2)} \cdot \frac{n_i^2(1)N_D(2)}{n_i^2(2)N_A(1)}\right]^{-1} . \qquad (7.38)$$

  Da der Faktor $D_n(2)L_p(1)/[D_p(1)L_n(2)]$ im Nenner von Gleich. 7.38 nicht wesentlich von 1 abweicht, kann $\gamma_e \approx 1$ auch bei vergleichbaren Donator- und Akzeptorkonzentrationen realisiert werden, sofern die p-dotierte Seite einen größeren Bandabstand besitzt, so daß $n_i^2(1) \ll n_i^2(2)$ gilt. Da der Bandabstand exponentiell in den Sperrstrom eingeht, ist dies die wirkungsvollste Methode. Man bezeichnet solche Anordnungen als **wide gap emitter**.

Die zweite Möglichkeit wird genutzt bei Verwendung von Verbindungshalbleitern wie GaAs, $Ga_{1-x}Al_xAs$, GaP.
Für den Rest dieses Kapitels werden wiederum eine Reihe von Erweiterungen und Vertiefungen besprochen (s. a. [21]), die beim ersten Lesen übergangen werden können.

7.2 Erweiterungen und Vertiefungen

In der bisherigen Behandlung des pn-Übergangs wurde eine Reihe von vereinfachenden Annahmen gemacht, so u. a. :

1. Generations- und Rekombinationsprozesse in der Raumladungszone wurden vernachlässigt.

[2]Im npn-Transistor sind die Rollen von Elektronen und Löchern vertauscht, daher ist in diesem Fall der Emitterwirkungsgrad durch den Beitrag der Elektronen definiert: $\gamma_e := j_{=,n}/j_=$.

2. Der Spannungsabfall in den Bahngebieten und die damit verbundenen Minoritätsträgerfeldströme wurden ebenfalls nicht berücksichtigt.

Die Berücksichtigung des jeweiligen Spannungsabfalls in den Bahngebieten führt lediglich zu Komplikationen bei der rechnerischen Behandlung, ermöglicht aber keine tieferen physikalischen Einsichten. Daher soll diese Berechnung hier nicht durchgeführt werden. Wesentlich ist jedoch die Berücksichtigung von Generations- und Rekombinationsprozessen in der Raumladungszone. War in diesem Kapitel bislang angenommen worden, der Gesamtstrom in der Raumladungszone sei ein reiner **Diffusionsstrom**, so soll nun der andere Extremfall betrachtet werden, daß der Gesamtstrom als reiner **Generations-** oder **Rekombinationsstrom** vorliegt.
Für den stationären Zustand gibt die Gleich. 3.52 den Rekombinationsüberschuß wieder. Als Funktion der Ladungsträgerkonzentrationen $n(x)$ und $p(x)$ ist $R = R(x)$ ebenfalls ortsabhängig. Man erhält den Strom I, indem man über die gesamte Raumladungsweite $W = x_n - x_p$ integriert und mit der Querschnittsfläche F multipliziert:

$$I = qF \cdot \int_{x_p}^{x_p+W} |R(x)| dx. \tag{7.39}$$

Betrachtet man zunächst den Fall der Polung in Sperrichtung, so können die Dichten n und p der **beweglichen** Ladungsträger in der Raumladungszone vernachlässigt werden. Die Generation ist der dominierende Prozeß und man erhält einen ortsunabhängigen Wert für die Rekombinationsrate R (s. Gleich. 3.52):

$$R = \frac{-n_i^2}{\tau_{p0} n_1 + \tau_{n0} p_1}. \tag{7.40}$$

Benutzt man noch den Zusammenhang

$$n_1 = n_i \exp\left(-\frac{E_T - E_i}{k_B T}\right) \qquad \text{und} \qquad p_1 = n_i \exp\left(-\frac{E_i - E_T}{k_B T}\right) \tag{7.41}$$

so folgt, s. auch Kap. 4.4.7:

$$R = \frac{-n_i^2}{n_i \left(\tau_{p0} \exp\left(-\frac{E_T - E_i}{k_B T}\right) + \tau_{n0} \exp\left(-\frac{E_i - E_T}{k_B T}\right)\right)} = -\frac{n_i}{\tau_{eff}}. \tag{7.42}$$

Man erkennt, daß der Sättigungsstrom in diesem Fall ein reiner Generationsstrom I_G ist, für den man schreiben kann:

$$I_G = F \cdot \frac{q n_i W}{\tau_{eff}} \sim n_i. \tag{7.43}$$

Dieser Strom weist im Gegensatz zum Diffusionsstrom lediglich eine lineare Abhängigkeit von n_i auf. Über die Sperrschichtweite W, die proportional zu $\sqrt{V_D + U}$ ist, hängt der Strom noch von der Höhe der Sperrspannung U ab.

Betrachtet man nun die Polung der Diode in Vorwärtsrichtung, so muß man auch die freien Ladungsträgerdichten in der Raumladungszone berücksichtigen:

$$n = n_i \exp\left(-\frac{E_i - E_{F_n}}{k_B T}\right) \qquad \text{und} \qquad p = p_i \exp\left(-\frac{E_{F_p} - E_i}{k_B T}\right), \tag{7.44}$$

und die Rekombination gewinnt in zunehmenden Maße an Bedeutung. Es resultiert die folgende Beziehung:

$$R = \frac{n_i \cdot \left(\exp\left(\frac{E_{F_p} - E_{F_n}}{k_B T}\right) - 1\right)}{\tau_{p_0}\left[\exp\left(-\frac{E_i - E_{F_n}}{k_B T}\right) + \exp\left(-\frac{E_i - E_T}{k_B T}\right)\right] + \tau_{n_0}\left[\exp\left(-\frac{E_{F_p} - E_i}{k_B T}\right) + \exp\left(-\frac{E_T - E_i}{k_B T}\right)\right]}.$$

Führt man die Integration aus, so liefert die Differenz der Quasi-Ferminiveaus ($E_{F_p} - E_{F_n}$) an den Grenzen der Raumladungszone den gesamten Spannungsabfall U. Daher ergibt die Integration für den Fall, daß die Bedingungen $n \ll n_1$ und $p \ll p_1$ gelten, folgenden Ausdruck für den Rekombinationsstrom:

$$I_R \sim n_i \exp\left(\frac{qU}{k_B T}\right). \tag{7.45}$$

Für den Fall, daß $n_1 \ll n$ und $p_1 \ll p$ gilt, d. h. falls tiefe Zentren vorliegen, findet man:

$$I_R \sim n_i \exp\left(\frac{qU}{2k_B T}\right). \tag{7.46}$$

Als Ergebnis dieser Ausführungen bleibt festzuhalten, daß der Diffusionsanteil des Sperrstroms proportional zu n_i^2 ist und der Rekombinations- bzw. Generationsstrom proportional zu n_i. Damit folgt weiterhin, daß bei kleinem n_i , d. h. bei großem Bandabstand, der Sperrstrom überwiegend ein Rekombinations- oder Generationsstrom ist, und daß bei großem n_i, d. h. bei kleinem Bandabstand, der Sperrstrom überwiegend ein Diffusionsstrom ist.
Im folgenden sollen nun die dynamischen Eigenschaften der pn-Diode betrachtet werden. Den Wechselanteil der Stromdichte kann man schreiben (vergl. auch Gleich. 7.32)

$$\tilde{j} = Y \cdot \exp\left(\frac{q\bar{U}}{k_B T}\right) \cdot \tilde{u}, \tag{7.47}$$

wobei Y die mit dem Faktor $\exp(q\bar{U}/k_B T)$ normierte Admittanz der Diode darstellt. Sind die Bahngebiete hinreichend lang, so kann man die coth-Terme in Gleich. 7.32 gleich 1 setzen und erhält

$$Y = q\frac{\mu_p p_n}{L_p}\sqrt{1 + i\omega\tau_p} + q\frac{\mu_n n_p}{L_n}\sqrt{1 + i\omega\tau_n}. \tag{7.48}$$

Die Ladungsträgerlebensdauern τ_p und τ_n bestimmen über die Faktoren vom Typ $\sqrt{1 + i\omega\tau}$ die Frequenzabhängigkeit der Diodenadmittanz. Ist τ klein, bleibt Y bis

zu hohen Frequenzen reell, da die Minoritätsträgerladungsdichten der Frequenz der Wechselspannung ohne Phasenverschiebung folgen können. Ist jedoch τ groß, so weist Y schon bei geringen Frequenzen einen nicht zu vernachlässigenden Frequenzgang auf. Soll eine schnelle Diode realisiert werden, muß $\omega\tau$ klein sein, daraus resultiert jedoch ein hoher Sperrstrom. Hier hat man also einen Kompromiß zu schließen, indem man die Bahngebiete des pn-Übergangs kurz gegen die Diffusionslängen macht, so daß die coth-Terme mit berücksichtigt werden müssen.
Für $\omega\tau \ll 1$ kann man $\sqrt{1+i\omega\tau}$ entwickeln und erhält $\sqrt{1+i\omega\tau} \approx 1 + i\omega\tau/2$. Die Aufteilung in Real- und Imaginärteil liefert dann für den auf die Fläche normierten Dioden-Leitwert G_{Di} und die entsprechende Dioden-Kapazität C_{Di} pro Fläche:

$$G_{Di} = q\left(\frac{\mu_p}{L_p}p_n + \frac{\mu_n}{L_n}n_p\right) \cdot \exp\left(\frac{q\bar{U}}{k_B T}\right) \quad (7.49)$$

$$C_{Di} = q\left(\frac{\tau_p}{2}\frac{\mu_p}{L_p}p_n + \frac{\tau_n}{2}\frac{\mu_n}{L_n}n_p\right) \cdot \exp\left(\frac{q\bar{U}}{k_B T}\right) \quad (7.50)$$

und das folgende Ersatzschaltbild, s. Abb. 7.5.

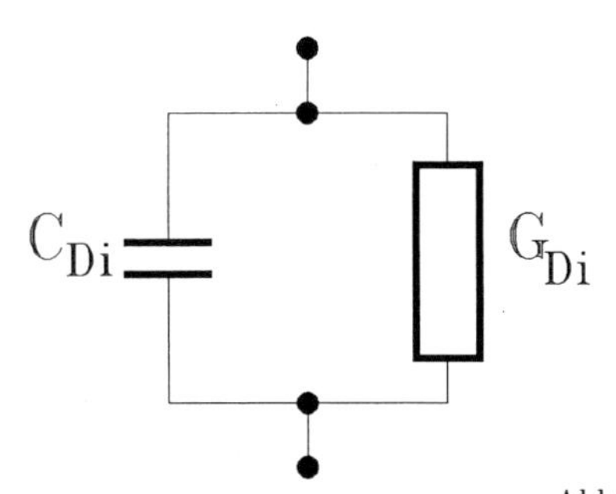

Abbildung 7.5: Ersatzschaltbild einer pn-Diode für $\omega\tau \ll 1$

Man kann die Gleich. 7.50 umformen, indem man die Relationen $L^2 = D\tau$ und $D/\mu = k_B T/q$ benutzt. Man erhält dann:

$$C_{Di} = \left(\frac{L_p}{2}\frac{1}{k_B T/q}p_n + \frac{L_n}{2}\frac{1}{k_B T/q}n_p\right) \exp\left(\frac{q\bar{U}}{k_B T}\right). \quad (7.51)$$

Gemäß Abb. 7.6, die die sog. 'Diffusionsschwänze' in den Bahngebieten noch einmal darstellt, gelangt man dann zu folgender Interpretation:
Die Größen $qp_n \exp\left(q\bar{U}/k_B T\right) \cdot L_p/2$ und $qn_p \exp\left(q\bar{U}/k_B T\right) \cdot L_n/2$ geben die Ladung pro Kontaktfläche an, die sich in den schraffierten 'Diffusionsdreiecken' befindet. Daher kann man für Gleich. 7.51 auch schreiben:

$$C_{Di} = \frac{Q_p + Q_n}{k_B T/q} = \frac{Q}{k_B T/q} \quad (7.52)$$

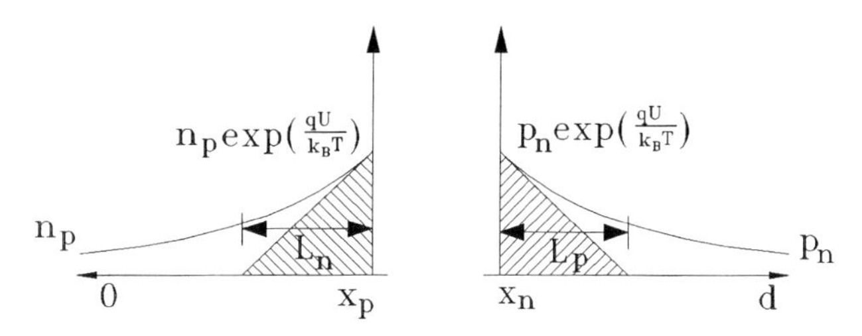

Abbildung 7.6: Ortsabhängigkeit der Minoritätsträgerdichten in den Bahngebieten

wobei Q_p und Q_n die entsprechenden Ladungen pro Einheitsfläche in den Diffusionsdreiecken sind. Man bezeichnet diese Kapazität, die sich aus der angegebenen Diffusionsladung Q und der zugehörigen Temperaturspannung k_BT/q berechnen läßt, als **Diffusionskapazität**.

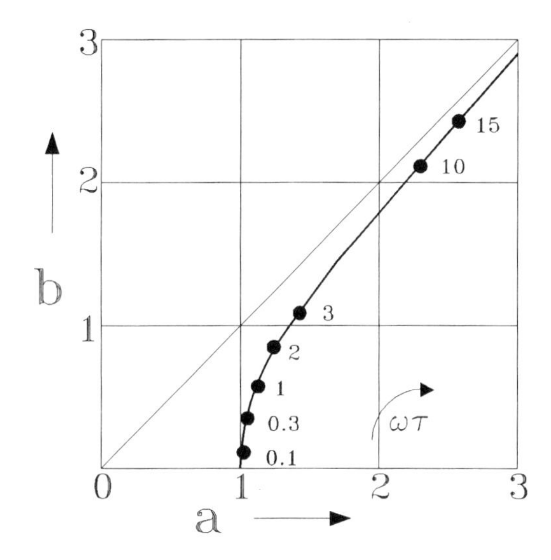

Abbildung 7.7: Frequenzgang

Die Abb. 7.7 gibt den Verlauf von $a + ib = \sqrt{1 + i\omega\tau}$ wieder. Bei mittleren Frequenzen $\omega\tau \approx 1$ ist eine Näherung nicht möglich, erst bei $\omega\tau \gg 1$ geht $\sqrt{1 + i\omega\tau}$ asymptotisch gegen $(1 + i)\sqrt{\omega\tau/2}$, so daß $C \sim 1/\sqrt{\omega}$ und $G \sim \sqrt{\omega}$ gilt. Sind die Abmessungen der Bahngebiete nicht groß gegen die Diffusionslänge, so ist der Einfluß der coth-Terme noch zu berücksichtigen. Man erkennt an den Gleichn. 7.49 und 7.50, daß G_{Di} und C_{Di} nur dann eine Rolle spielen, wenn die Minoritätsträgerdichten einen namhaften Anteil zur Gesamtleitung liefern, wenn also der Term $\exp(q\bar{U}/k_BT)$ hinreichend groß ist. Dies ist jedoch nur in Durchlaßrichtung oder bei kleinen Sperrspannungen der Fall. Für dem Betrag nach große Sperrspannungen $\bar{U}$ (aber $\bar{U} < 0$) gehen G_{Di} und C_{Di} gegen Null. In diesem Fall wird ganz analog zur in Sperrichtung gepolten Schottky-Diode die Raumladung von den ortsfesten ionisierten Störzentren gebildet, und man erhält ebenfalls in Analogie zur Schottky-Diode eine Sperrschichtkapazität aufgrund der Änderung der Sperrschichtweite. Es gilt in dem vorliegenden Falle

$$C_{Sp}^{-2} = \frac{2(\bar{U} + V_D)}{q\epsilon_{HL}\epsilon_0}\left(\frac{1}{N_A} + \frac{1}{N_D}\right), \tag{7.53}$$

so daß die Dotierungskonzentrationen N_D und N_A des n- und p-Gebiets nicht mehr getrennt aus einer Auftragung von $1/C^2$ gegen $\bar{U}$ gewonnen werden können. Man bestimmt stattdessen eine effektive Dotierung oder bei stark unsymmetrischer Dotierung stets diejenige des schwächer dotierten Gebiets.

Es bleibt darüberhinaus ein Sperrschichtwiderstand $1/G_{Sp}$ zu berücksichtigen, der sich aus der Änderung der Sperrschichtgrenzen mit der angelegten Gleichspannung ergibt:

$$G_{Sp} = \frac{dI_=}{d\bar{U}} = \frac{\partial I_=}{\partial x_n}\cdot\frac{dx_n}{d\bar{U}} + \frac{\partial I_=}{\partial x_p}\cdot\frac{dx_p}{d\bar{U}}. \tag{7.54}$$

Mit

$$\frac{dx_n}{d\bar{U}} = \sqrt{\frac{\epsilon_{HL}\epsilon_0}{2(\bar{U} + V_D)N_D(1 + \frac{N_D}{N_A})}} \quad \text{und} \quad \frac{dx_p}{d\bar{U}} = \sqrt{\frac{\epsilon_{HL}\epsilon_0}{2(\bar{U} + V_D)N_A(1 + \frac{N_A}{N_D})}}$$

erhält man, wenn $\partial I_=/\partial x_n$ und $\partial I_=/\partial x_p$ durch Differenzieren der Gleich. 7.30 gewonnen werden,

$$G_{Sp} = C_{Sp}\left[\frac{D_p p_n}{L_p^2 N_D \sinh^2\left(\frac{d-x_n}{L_p}\right)} + \frac{D_n n_p}{L_n^2 N_A \sinh^2\left(\frac{x_p}{L_n}\right)}\right]\cdot\left[1 - \exp\left(\frac{q\bar{U}}{k_B T}\right)\right]. \tag{7.55}$$

Dabei ist $\bar{U}$ die angelegte Sperrspannung. DieserLeitwert G_{Sp} kommt praktisch nur zum Tragen, solange die Bahngebiete nicht groß gegen die Diffusionslängen sind, denn er verschwindet für $(d - x_n)/L_p \gg 1$ und $x_p/L_n \gg 1$. Damit kann für die pn-Diode folgendes Ersatzschaltbild angegeben werden, s. Abb. 7.8.

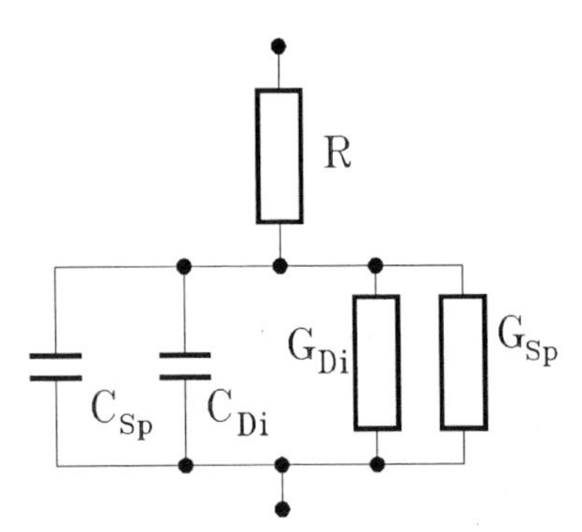

Abbildung 7.8: Erweitertes Ersatzschaltbild der pn-Diode

Es gilt $C_{Di} \gg C_{Sp}$ für eine in Vorwärtsrichtung gepolte Diode und $C_{Di} \ll C_{Sp}$, wenn die Diode in Sperrichtung gepolt wird. Der Widerstand R berücksichtigt Kontakt- und Bahneinflüsse.

7.3 Zusammenfassung

In den Kapiteln 3 und 4 waren uns verschiedene Typen von $I(U)$–Kennlinien begegnet:

- $I \sim U$; dieser Zusammenhang liegt beim sog. ohmschen Stromtransport vor;
- $I \sim U^{3/2}$; diese Beziehung gilt für raumladungsbegrenzte Ströme im Vakuum;
- $I \sim U^2$; diese Kennlinie beschreibt raumladungsbegrenzte Ströme in Festkörpern, insbesondere in Halbleitern.

Alle diese Kennlinien gehorchen einem Potenzgesetz. Im Kap. 5 und im vorliegenden Kap. 7 treten erstmals exponentielle Zusammenhänge zwischen Strom und Spannung auf:

$$I \sim \exp\left(\frac{qU}{k_B T}\right).$$

Die genannten Kennlinien lassen sich sehr anschaulich verstehen. Allgemein kann man die Stromdichte j als

$$j = \rho \cdot v$$

schreiben, als Produkt aus Ladungsdichte ρ und Geschwindigkeit v. Dabei können sowohl ρ als auch v spannungsabhängig sein. Ist ρ spannungs**un**abhängig und gilt $v \sim U$, wie etwa in Metallen, so ist $I \sim U$ und man erhält das Ohmsche Gesetz. Im Fall raumladungsbegrenzter Ströme (s. auch das Kondensatormodell in Kap. 3) ist die Ladungsträgerdichte ρ proportional zu U und die Geschwindigkeit v proportional zu $\sqrt{U}$, falls Vakuum vorliegt, jedoch $\sim U$ in Festkörpern, so daß Kennlinien vom Typ $I \sim U^{3/2}$ und $I \sim U^2$ resultieren.
In einer pn-Diode ist die Geschwindigkeit in erster Näherung als Sättigungsgeschwindigkeit spannungs**un**abhängig und die Ladungsträgerdichte proportional zu einem Faktor $\exp(qU/k_BT)$, da die Ladungsträger gegen eine Potentialbarriere U anlaufen müssen. Dieser $I(U)$–Zusammenhang für die pn-Diode, ihr Ersatzschaltbild und Frequenzverhalten können schon aus den bisher behandelten Grundlagen anschaulich verständlich gemacht werden.
Das Bänderschema des pn-Übergangs ergibt sich eindeutig aus der Bedingung, daß E_F im thermodynamischen Gleichgewicht, also ohne angelegte äußere Spannung, ortsunabhängig konstant sein muß. Damit gelangt man zur Abb. 7.1. Dieser kann man entnehmen, daß der aufgrund des Konzentrationsgefälles der Ladungsträger

fließende Diffusionsstrom — aus Löchern vom p- ins n-Gebiet und aus Elektronen vom n- ins p-Gebiet — durch einen aufgrund der hervorgerufenen Potentialdifferenz qV_D fließenden Feldstrom kompensiert werden muß.
Legt man eine äußere Spannung an den pn-Übergang, so kann man den im thermischen Gleichgewicht vorhandenen Potentialunterschied qV_D zwischen dem n- und p-Gebiet vergrößern oder verringern. Da die Zahl der Ladungsträger, die gegen diese Potentialbarriere anlaufen müssen, also die Anzahl der Elektronen vom n- ins p-Gebiet und die der Löcher vom p- ins n-Gebiet[3], proportional zu einem Faktor $\exp(-q(V_D - U)/k_BT)$ ist, errät man die $I(U)$–Kennlinie der pn-Diode zu

$$I = I_S \left[\exp\left(\frac{qU}{k_BT}\right) - 1\right].$$

Der Term $I_S \exp(qU/k_BT)$ beschreibt den Anlaufstrom der Ladungsträger gegen die Potentialbarriere und I_S den Sättigungsstrom aus denjenigen Ladungsträgern, die 'freiwillig' den Potentialberg hinunterlaufen. Das sind die Löcher, die im n-Gebiet generiert werden, und die Elektronen, die im p-Gebiet entstehen. Diese Sättigungsströme kann man ebenfalls einfach 'erraten', wie in diesem Kapitel dargestellt. Der exponentielle $I(U)$–Zusammenhang macht die Asymmetrie der Kennlinie einer pn-Diode — spannungs**un**abhängiger, sehr geringer Sperrstrom sowie ein mit U exponentiell ansteigender Durchlaßstrom — verständlich und legt die Einsatzgebiete nahe.
Die Tab. 7.1 faßt die verschiedenen Kennlinien noch einmal zusammen:

ρ	V	I	
const.	$\sim U$	$I \sim U$	Ohmsches Gesetz (Metall)
$\sim U$	$\sim \sqrt{U}$	$I \sim U^{3/2}$	Child-Langmuir: Vakuum
$\sim U$	$\sim U$	$I \sim U^2$	Child-Langmuir: Halbleiter
$\exp(qU/k_BT)$	const.	$I \sim \exp(qU/k_BT)$	Diode

Tabelle 7.1: Zusammenfassung der vorgestellten Kennlinientypen

[3]Man beachte, daß die Potentialbarriere $q(V_D - U)$ für Elektronen und Löcher unterschiedliches Vorzeichen besitzt. In Abb. 7.1 laufen die Elektronen 'freiwillig' den Potentialberg hinunter, die Löcher dagegen müssen hinauflaufen!

Kapitel 8

Der Bipolar-Transistor

In diesem Kapitel wird das wichtigste bipolare Bauelement, der Transistor, vorgestellt. Seine Entwicklung durch W. Shockley, J. Bardeen und W. Brattain gab den Anstoß zur Entwicklung der gesamten Mikroelektronik [22]. Im folgenden wird der Transistor in der pnp-Version[1] diskutiert. Das Funktionsprinzip kann im Anschluß an die Besprechung der pn-Diode (s. Kap. 7) leicht verständlich gemacht werden. Im vorigen Kapitel wurde gezeigt, daß in einer pn-Diode mit einem Emitterwirkungsgrad $\gamma_e \approx 1$ der Durchlaßstrom nahezu ausschließlich aus **einer** Ladungsträgersorte besteht. Die Bedingung $\gamma_e \approx 1$ kann, wie erwähnt, durch einen stark unsymmetrischen pn-Übergang realisiert werden, indem man z. B. $N_A \gg N_D$ wählt, so daß der Durchlaßstrom zum überwiegenden Teil aus Löchern besteht. Ist die Länge des Bahngebiets auf der n-Seite hinreichend groß ($\geq 3 \cdot L_p$), so rekombinieren die Löcher innerhalb des Gebiets mit den vom n-Kontakt gelieferten Elektronen. Erfüllt die Länge des Bahngebiets diese Bedingung nicht, so durchläuft ein wesentlicher Teil der Löcher das Gebiet und rekombiniert erst im n-Kontakt. Um einen pn-Übergang in Durchlaßrichtung zu polen, d. h. um einen großen Löcherstrom zu erzeugen, bedarf es wegen des exponentiellen Zusammenhangs zwischen der Löcherkonzentration und der Durchlaßspannung nur einer kleinen Spannung von etwa k_BT/q. Wenn es nun gelingt, die Löcher innerhalb des n-Kontakts — bevor sie rekombinieren — ein größeres Potentialgefälle qU durchlaufen zu lassen, so haben diese beim Eintritt in den pn-Übergang eine **geringe** Energie in der Größe von k_BT und besitzen beim Austritt eine **hohe** Energie qU. Man hat auf diese Weise eine Spannungsverstärkung erzielt. Dies ist die Grundidee des Transistors, die im nächsten Kapitel noch einmal etwas allgemeiner formuliert wird. Der genannte Effekt kann erreicht werden, wenn der n-Kontakt einer pn-Diode durch einen weiteren np-Übergang ersetzt wird. Es ergibt sich in diesem Fall eine Anordnung, wie sie die Abb. 8.1 (a) zeigt. Man erhält drei Anschlüsse, die als **Emitter, Basis** und **Kollektor** bezeichnet und mit **E,B** und **C** abgekürzt werden. Die Abb. 8.1(c) gibt den Konzentrationsverlauf der Ladungsträger für den spannungslosen Zustand wieder. Man kann die Anordnung als

[1] Die Behandlung des npn-Transistors erfolgt vollständig analog und wird z. B. in [23, 24] durchgeführt.

zwei in Serie geschaltete Dioden betrachten, s. Abb. 8.1(b). Bei angelegter Spannung ist stets eine der Dioden in Sperrichtung gepolt. Man wählt die Spannung so, daß die Emitter-pn-Diode in Durchlaßrichtung und der Kollektor-np-Übergang in Sperrichtung gepolt ist.

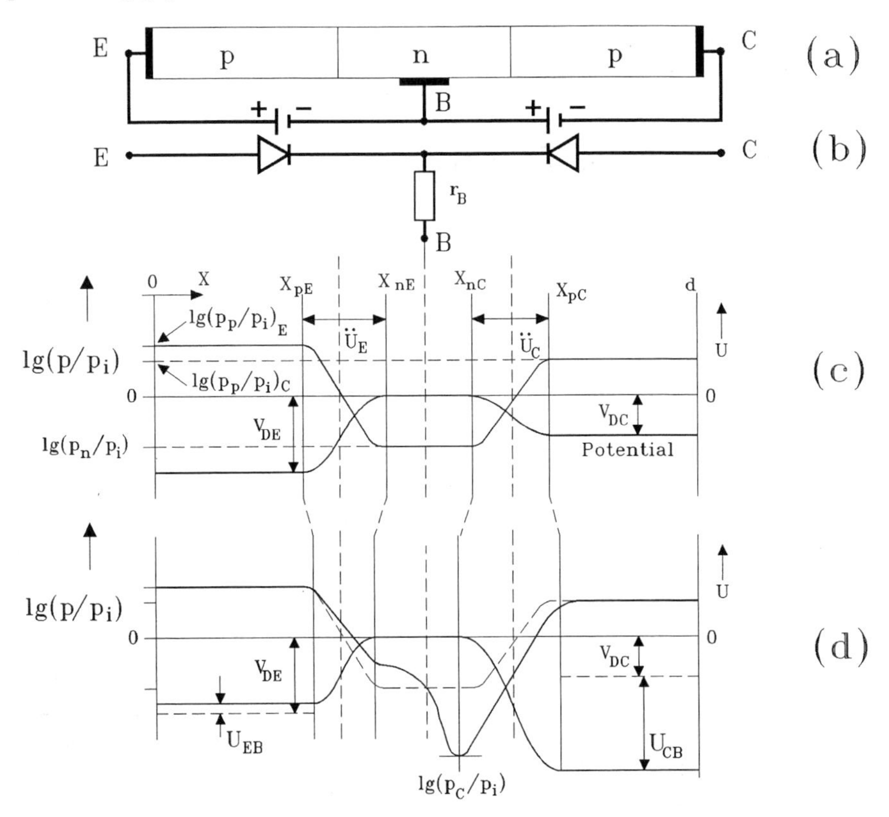

Abbildung 8.1: Bipolar-Transistor (pnp-Variante): Aufbau des Transistors mit externer Beschaltung (a); vereinfachtes Ersatzschaltbild (b); Löcherkonzentration und Potentialverlauf im unbelasteten Zustand (c); Löcherkonzentration und Potentialverlauf im belasteten Zustand (d). Zur Erklärung: Die Gesamtlänge des Transistors beträgt d, x_{pE} und x_{nE} begrenzen die Raumladungszone der Emitterdiode und x_{pC} und x_{nC} entsprechend diejenige der Kollektordiode

Durch diese Polung werden im pnp-Transistor Löcher vom Emitter in die Basis **emittiert**, durchlaufen diese und werden vom gesperrten np-Kollektor-Übergang eingesammelt. Man erkennt schon jetzt, daß der Emitterwirkungsgrad $\gamma_e = 1$ betragen sollte, um zu verhindern, daß ein großer Elektronenstrom von der Basis in den Emitter fließt, denn diese Elektronen würden die Kollektorspannung **nicht** durchlaufen und somit keine Spannungsverstärkung hervorrufen. Darüberhinaus wird deutlich, daß, falls die Basisweite groß gegen die Diffusionslänge L_p der Löcher ist, diese schon in der Basis mit den Elektronen rekombinieren und den Kollektor gar nicht erst erreichen. In diesem Falle tragen sie ebenfalls nicht zur Spannungsverstärkung bei. Die Anordnung wirkt dann wie zwei völlig getrennte, in Serie geschaltete Dioden. Soll die Anordnung Transistoreigenschaften besitzen, muß bei angelegter Durchlaßspannung der pn-Übergang dem np-Übergang so eng benachbart sein, daß der Diffusionsschwanz der pn-Diode in die Raumladungszone des gesperrten np-Übergangs reicht, s. Abb. 8.1(d). Bei der Kennlinienberechnung werden sich also die coth-Terme bemerkbar machen, die bei der pn-Diode immer dann auftreten, wenn für die Abnahme der Konzentration der Elektronen und Löcher auf den Gleichgewichtswert lediglich ein Gebiet zur Verfügung steht, dessen Länge vergleichbar mit der Diffusionslänge der Ladungsträger ist oder diese unterschreitet (s. Gleich. 7.30).

8.1 Berechnung der Transistorkennlinie

Nach den bisherigen Überlegungen kann bereits ein Ersatzschaltbild des Transistors für kleine Aussteuerungen angegeben werden, s. Abb. 8.2.

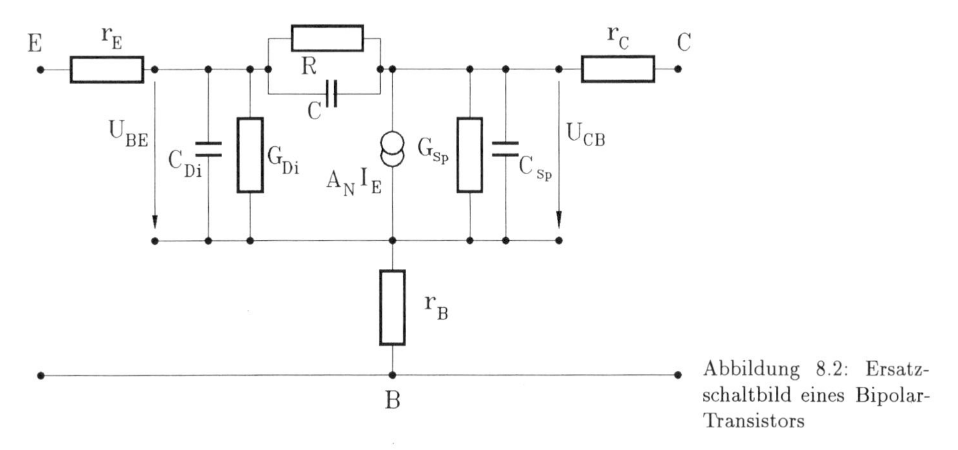

Abbildung 8.2: Ersatzschaltbild eines Bipolar-Transistors

Vergleicht man die Abb. 8.2 mit dem Ersatzschaltbild einer Diode (s. Abbn. 7.5 und 7.8), so erkennt man den symmetrischen Aufbau: Eine in Durchlaßrichtung gepolte pn-Diode und eine in Sperrichtung gepolte np-Diode, die über einen Stromgenerator und ein RC-Glied gekoppelt sind. Die Größen C_{Di} und G_{Di} sind von der pn-Diode her bekannt und stellen die auf die Fläche bezogene Diffusionskapazität und den zugehörigen Diffusionsleitwert der in Durchlaßrichtung gepolten Emitter-Basis-pn-Diode dar; r_E, r_B und r_C berücksichtigen eventuelle Bahnwiderstände des Emitters, der Basis sowie des Kollektors. Die Größen C_{Sp} und G_{Sp} sind die Sperrschichtkapazität und der Sperrschichtleitwert der in Sperrichtung gepolten Basis-Kollektor-Diode. Da diese Diode in Sperrichtung gepolt ist, können die entsprechenden Diffusionsanteile (vergl. Abb. 7.8) wegen des Faktors $\exp(-qU_{CB}/k_BT)$ vernachlässigt werden. Der Bruchteil des Emitterstroms, der den Kollektor erreicht, wird durch $A_N I_E$ ($A_N \approx 1$) bezeichnet und im Ersatzschaltbild der Abb. 8.2 von einem Stromgenerator geliefert. Mit angegeben ist ferner ein RC-Netzwerk, welches eine eventuelle Rückwirkung des Ausgangs auf den Eingang berücksichtigt und im folgenden noch explizit betrachtet wird. Geht man von der vereinfachenden Vorstellung zweier gegeneinander geschalteter Dioden aus, s. Abb. 8.3, so erhält man, ähnlich wie bei der Diode, ohne weitere spezielle Annahmen schon den grundsätzlichen Verlauf der statischen $I(U)$-Kennlinien des Transistors.

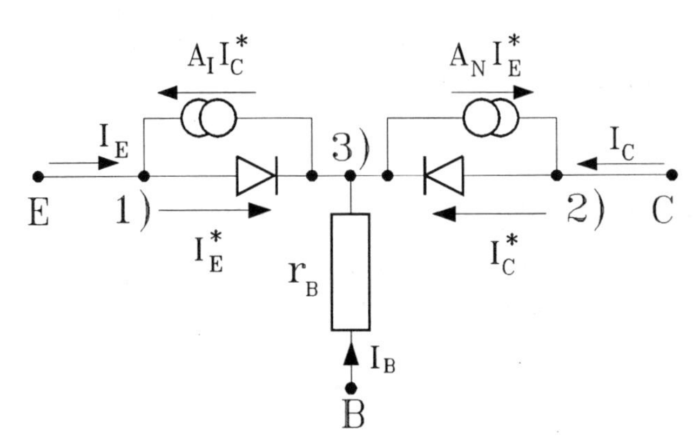

Abbildung 8.3: Vereinfachtes Ersatzschaltbild (Ebers-Moll) eines Bipolar-Transistors als zwei gegeneinander geschaltete Dioden

In der Abb. 8.3 ist I_E^* der Strom der in Durchlaßrichtung gepolten Emitter-Diode und $A_N I_E^*$ der Bruchteil dieses Stroms der den Kollektor erreicht; der Anteil $(1 - A_N)I_E^*$ fließt in die Basis. Die entsprechenden Löcher rekombinieren dort mit den Elektronen und gehen für den Verstärkungsmechanismus verloren. Der Strom $A_N I_E^*$ ist in Form eines Stromgenerators parallel zur in Sperrichtung gepolten Kollektordiode berücksichtigt. Neben dem Strom $A_N I_E^*$ fließt über den Kollektor noch der gewöhnliche Sperrstrom I_C^* der gesperrten Kollektor-np-Diode, der im wesentlichen aus den im p-Gebiet generierten Elektronen besteht. Dieser Sperrstrom I_C^* fließt zum einen Teil in die Basis und zum größeren Teil, nämlich $A_I I_C^*$, in den Emitter. Bei einem technologisch völlig symmetrischen Aufbau des Transistors sind A_I (Index I bedeutet **invers**) und A_N (Index N bedeutet **normal**) gleich. Meist ist A_I aufgrund der technischen Realisierung des Bauelements jedoch wesentlich kleiner als A_N . Nach diesen Überlegungen erhält man für die Kollektor-np-Diode, wenn der Emitterstrom I_E gleich Null ist, gemäß Abb. 8.1 einen $I_C^*(U_{CB})$-Verlauf, wie ihn in Abb. 8.4(a) die dick ausgezogene Kurve wiedergibt. Das Vorzeichen berücksichtigt, daß I_C^* dem Emitterstrom entgegengerichtet ist.

Die Kennlinie ist in diesem Fall die bekannte Diodenkennlinie und durch

$$I_C^* = I_{CB,S} \left(\exp\left(\frac{qU_{CB}}{k_B T} \right) - 1 \right) \tag{8.1}$$

gegeben.

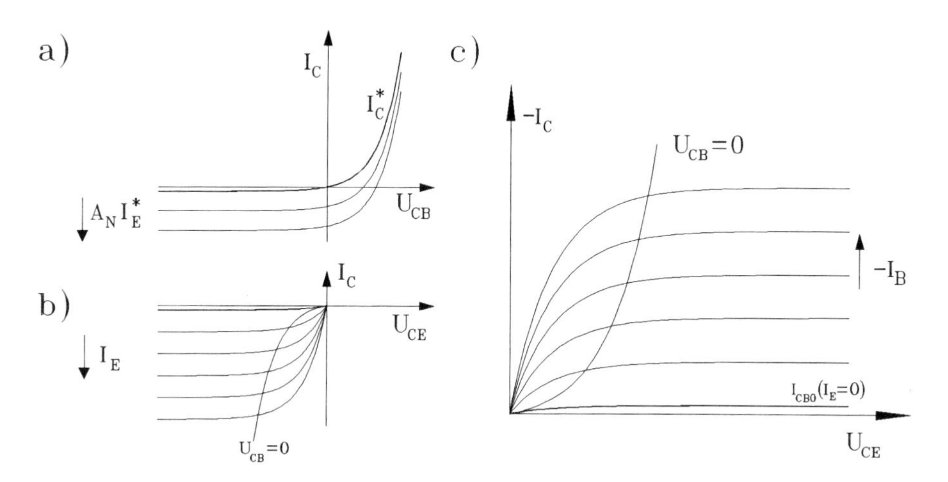

Abbildung 8.4: Kennlinienfeld eines Bipolar-Transistors

Da U_{CB} negativ ist, wird der Kollektor-Strom $I_C = I_C^* \approx I_{CB,S}$ als Sättigungsstrom der Kollektor-Basis-Diode nahezu spannungsunabhängig. Wird nun die Emitter-Basis-Diode in Durchlaßrichtung gepolt, so addiert sich zu I_C^* der Strom $A_N I_E^*$ und man erhält die übrigen Kennlinien in Abb. 8.4(a). Trägt man I_C nicht gegen die Kollektor-Basis-Spannung U_{CB} auf, sondern gegen die Kollektor-Emitterspannung U_{CE}, so hat man zu U_{CB} die Spannung U_{EB}, die über der in Durchlaßrichtung gepolten Emitter-Basis-Diode gemäß

$$I_E^* = I_{EB,S}\left(\exp\left(\frac{qU_{EB}}{k_BT}\right) - 1\right) \quad \Rightarrow \quad U_{EB} = \frac{k_BT}{q}\ln\left(\frac{I_E^*}{I_{EB,S}} + 1\right) \tag{8.2}$$

abfällt, hinzuzuaddieren, und man erhält einen $I(U)$-Verlauf, wie ihn Abb. 8.4(b) zeigt. In Datenbüchern wird die $I_C(U_{CE})$-Kennlinie jedoch nicht im vierten, sondern im ersten Quadranten dargestellt. Dies zeigt die Abb. 8.4(c). Hierin wurde ferner noch $A_N I_E^*$ durch $(1 - A_N)I_E^*$, den Basisstrom I_B, ersetzt.
Aus der Abb. 8.3 entnimmt man den Knoten 1) und 2) unmittelbar die Zusammenhänge

$$I_E = I_E^* - A_I I_C^* \qquad \text{und} \qquad I_C = I_C^* - A_N I_E^*, \tag{8.3}$$

wobei I_E^* und I_C^* durch die Gleichn. 8.2 und 8.1 gegeben sind. Man erhält

$$I_E = I_{EB,S}\left(\exp\left(\tfrac{qU_{EB}}{k_BT}\right) - 1\right) - A_I I_{CB,S}\left(\exp\left(\tfrac{qU_{CB}}{k_BT}\right) - 1\right) \tag{8.4}$$

$$I_C = I_{CB,S}\left(\exp\left(\tfrac{qU_{CB}}{k_BT}\right) - 1\right) - A_N I_{EB,S}\left(\exp\left(\tfrac{qU_{EB}}{k_BT}\right) - 1\right). \tag{8.5}$$

Die Sperrströme $I_{EB,S}$ und $I_{CB,S}$ müssen durch unabhängige Messungen ermittelt werden:

- Bei offenem Kollektor ($I_C = 0$) wird die Emitter-Basis-Diode in Sperrichtung gepolt, so daß $\exp(qU_{EB}/k_BT) \ll 1$ gilt. Mit dem in dieser Anordnung gemessenen Strom I_{EBO} lauten die Gleichn. 8.4 und 8.5:

$$\begin{aligned} I_{EBO} &= -I_{EB,S} - A_I \cdot I_{CB,S}\left(\exp\left(\tfrac{qU_{CB}}{k_BT}\right) - 1\right) && (8.6) \\ 0 &= I_{CB,S}\left(\exp\left(\tfrac{qU_{CB}}{k_BT}\right) - 1\right) + A_N \cdot I_{EB,S}. && (8.7) \end{aligned}$$

  Damit folgt:

$$\boldsymbol{I_{EBO} = (A_I A_N - 1) I_{EB,S}}. \qquad (8.8)$$

  Der Strom I_{EBO} wird als **Emitterreststrom** bezeichnet.

- Bei offenem Emitter ($I_E = 0$) wird die Kollektor-Basis-Diode in Sperrichtung gepolt, so daß $\exp(qU_{CB}/k_BT) \ll 1$ gilt. Mit dem in dieser Anordnung gemessenen Strom I_{CBO} folgt entsprechend:

$$\boldsymbol{I_{CBO} = (A_I A_N - 1) I_{CB,S}}. \qquad (8.9)$$

  Der Strom I_{CBO} wird als **Kollektorreststrom** bezeichnet.

Setzt man die Restströme in die Gleichn. 8.4 ein, so erhält man die **Transistorgleichungen**:

$$\begin{aligned} I_E &= -\frac{I_{EBO}}{1 - A_I A_N}\left[\exp\left(\frac{qU_{EB}}{k_BT}\right) - 1\right] + \frac{A_I I_{CBO}}{1 - A_I A_N}\left[\exp\left(\frac{qU_{CB}}{k_BT}\right) - 1\right] \\ I_C &= \frac{A_N I_{EBO}}{1 - A_I A_N}\left[\exp\left(\frac{qU_{EB}}{k_BT}\right) - 1\right] - \frac{I_{CBO}}{1 - A_I A_N}\left[\exp\left(\frac{qU_{CB}}{k_BT}\right) - 1\right]. \quad (8.10) \end{aligned}$$

In allen Gleichungen stellen U_{EB} und U_{CB} diejenigen Spannungen dar, die direkt über den Raumladungszonen abfallen. Die Bahnwiderstände r_E, r_B und r_C der Abbn. 8.2 und 8.3 werden dabei nicht berücksichtigt. Soll zumindest noch der Einfluß des Basis-Bahnwiderstands erfaßt werden, so hat man neben Gleich. 8.10 auch

$$U_{EB} = U'_{EB} - r_B(I_E + I_C) \qquad \text{und} \qquad U_{CB} = U'_{CB} - r_B(I_E + I_C) \qquad (8.11)$$

zu beachten.
Im normalen Transistorbetrieb ist U_{CB} dem Betrag nach groß gegen k_BT/q und negativ, daher fließt durch den Kollektor als Folge dieser Spannung der Kollektorreststrom I_{CBO}. Dazu addiert sich der Anteil $-A_N I_E^*$ des Emitterstroms, der in den Kollektor gelangt. Da bei dieser Betriebsart der Strom $A_I I_C^* = A_I I_{CBO}$ klein gegen I_E^* ist, kann man $I_E^* \approx I_E$ setzen und erhält

$$I_C = -A_N I_E + I_{CBO}. \tag{8.12}$$

Man bezeichnet $A_N \leq 1$ als Stromverstärkung in Basisschaltung, d. h. falls die Basis auf Masse-Potential liegt und der Emitter angesteuert wird.
Aus der Abb. 8.3 (Knoten 3) entnimmt man

$$I_C + I_E + I_B = 0 \tag{8.13}$$

und findet

$$I_C = \frac{A_N}{1-A_N} I_B + \frac{1}{1-A_N} I_{CBO} = B_N I_B + (B_N + 1) I_{CBO} \approx B_N (I_B + I_{CBO}). \tag{8.14}$$

Man bezeichnet $B_N := A_N/(1-A_N)$ als Stromverstärkung in Emitterschaltung. Diese liegt vor, wenn der Emitter auf Masse-Potential gehalten und die Basis gesteuert wird.

8.2 Transistorparameter

Im folgenden soll nun die Abhängigkeit der eingeführten Größen von den Materialeigenschaften sowie den Abmessungen des Bauelements betrachtet werden. Mit der Nomenklatur wie sie in Abb. 8.1 benutzt wird, erhält man für die Ausgangs-Differentialgleichungen vom Typ

$$\bar{p}(x) - p_n = L_p^2 \frac{d^2\bar{p}(x)}{dx^2} \qquad \text{und} \qquad \tilde{p}(x) = \tilde{L_p}^2 \frac{d^2\tilde{p}(x)}{dx^2} \tag{8.15}$$

im Rahmen der Kleinsignalnäherung

$$p(x,t) = \bar{p}(x) + \tilde{p}(x)\exp(i\omega t) \qquad \text{und} \qquad U(x,t) = \bar{U}(x) + \tilde{u}(x)\exp(i\omega t) \tag{8.16}$$

folgende Randbedingungen:

$$\begin{aligned} \bar{p}(x_{nE}) &= p_n \exp\left(\frac{q\bar{U}_{EB}}{k_B T}\right) \quad \text{und} \quad \tilde{p}(x_{nE}) = p_n \exp\left(\frac{q\bar{U}_{EB}}{k_B T}\right) \frac{q\tilde{u}_{EB}}{k_B T} \\ \bar{p}(x_{nC}) &= p_n \exp\left(\frac{q\bar{U}_{CB}}{k_B T}\right) \quad \text{und} \quad \tilde{p}(x_{nC}) = p_n \exp\left(\frac{q\bar{U}_{CB}}{k_B T}\right) \frac{q\tilde{u}_{CB}}{k_B T}. \end{aligned} \tag{8.17}$$

Dabei werden die gleichen Voraussetzungen gemacht wie im Fall des pn-Übergangs, nur hat man hier die Emitter- **und** die Kollektor-Diode zu berücksichtigen, daher tritt ein weiterer Index E bzw. C hinzu. Nach Durchführung der Zwischenrechnungen erhält man als Lösung der Differentialgleichungen für die Gleichanteile $\bar{p}(x)$

und die Wechselanteile $\tilde{p}(x)$ mit den Abkürzungen $W = x_{nC} - x_{nE}$ für die effektive Basisdicke und $\xi_C := x_{nC} - x$ sowie $\xi_E := x - x_{nE}$:

$$\frac{\bar{p}(x)}{p_n} = 1 + \frac{\sinh\left(\frac{\xi_C}{L_p}\right)\left[\exp\left(\frac{q\bar{U}_{EB}}{k_BT}\right) - 1\right] + \sinh\left(\frac{\xi_E}{L_p}\right)\left[\exp\left(\frac{q\bar{U}_{CB}}{k_BT}\right) - 1\right]}{\sinh(W/L_p)} \tag{8.18}$$

und

$$\frac{\tilde{p}(x)}{p_n} = \frac{\sinh\left(\frac{\xi_C}{\tilde{L}_p}\right)\exp\left(\frac{q\bar{U}_{EB}}{k_BT}\right)\frac{q\tilde{u}_{EB}}{k_BT} + \sinh\left(\frac{\xi_E}{\tilde{L}_p}\right)\exp\left(\frac{q\bar{U}_{CB}}{k_BT}\right)\frac{q\tilde{u}_{CB}}{k_BT}}{\sinh\left(W/\tilde{L}_p\right)}. \tag{8.19}$$

Die Ströme können nun wie im Kap. 7 berechnet werden. Mit den Gleichn. 8.18 und 8.19 erhält man aus

$$I_{pE} = F_E q D_p \left(\frac{dp}{dx}\right)_{x=x_{nE}} \qquad \text{und} \qquad I_{pC} = -F_C q D_p \left(\frac{dp}{dx}\right)_{x=x_{nC}} \tag{8.20}$$

für den Löchergleichstrom:

$$\bar{I}_{pE} = \frac{qD_p p_n F_E}{L_p}\left\{\left[\exp\left(\frac{q\bar{U}_{EB}}{k_BT}\right) - 1\right]\coth\left(\frac{W_B}{L_p}\right) + \frac{1 - \exp\left(\frac{q\bar{U}_{CB}}{k_BT}\right)}{\sinh\left(\frac{W_B}{L_p}\right)}\right\} \tag{8.21}$$

$$\bar{I}_{pC} = \frac{qD_p p_n F_C}{L_p}\left\{\frac{1 - \exp\left(\frac{q\bar{U}_{EB}}{k_BT}\right)}{\sinh(\frac{W_B}{L_p})} + \left[\exp\left(\frac{q\bar{U}_{CB}}{k_BT}\right) - 1\right]\coth\left(\frac{W_B}{L_p}\right)\right\} \tag{8.22}$$

und für den Löcherwechselstrom:

$$\tilde{I}_{pE} = \frac{q\mu_p p_n F_E}{\tilde{L}_p}\left\{\exp\left(\frac{q\bar{U}_{EB}}{k_BT}\right)\coth\left(\frac{W_B}{\tilde{L}_p}\right)\tilde{u}_{EB} - \frac{\exp\left(\frac{q\bar{U}_{CB}}{k_BT}\right)}{\sinh(\frac{W_B}{\tilde{L}_p})}\tilde{u}_{CB}\right\} \tag{8.23}$$

$$\tilde{I}_{pC} = \frac{q\mu_p p_n F_C}{\tilde{L}_p}\left\{\exp\left(\frac{q\bar{U}_{CB}}{k_BT}\right)\coth\left(\frac{W_B}{\tilde{L}_p}\right)\tilde{u}_{CB} - \frac{\exp\left(\frac{q\bar{U}_{EB}}{k_BT}\right)}{\sinh(\frac{W_B}{\tilde{L}_p})}\tilde{u}_{EB}\right\}. \tag{8.24}$$

Damit sind die Löcherbeiträge zum Gesamtstrom bekannt. Bei der Berechnung wurde die Tatsache ausgenutzt, daß die Löcher vom Emitter durch die Basis fließen und vom Kollektor gesammelt werden. Dabei waren die Randbedingungen beim Ein- und Austritt aus der Basiszone zu berücksichtigen. Der entsprechende Elektronenstrom setzt sich aus zwei Anteilen zusammen, dem von der Basis in den Emitter fließenden Strom sowie demjenigen, der vom Kollektor in die Basis fließt. Da beide Anteile nur durch jeweils eine Grenzfläche fließen, nämlich durch die Basis-Emitter- bzw. Kollektor-Basis-Grenzfläche und nicht wie Löcher durch beide Grenzflächen, erhält man für die Elektronenstromanteile jeweils den gleichen Zusammenhang wie für die pn-Diode:

$$
\begin{aligned}
\bar{I}_{nE} &= F_E \tfrac{qD_n n_{pE}}{L_n} \coth\left(\tfrac{x_{nE}}{L_n}\right)\left(\exp\left(\tfrac{q\bar{U}_{EB}}{k_B T}\right) - 1\right) && (8.25)\\
\bar{I}_{nC} &= F_C \tfrac{qD_n n_{pC}}{L_n} \coth\left(\tfrac{d-x_{pC}}{L_n}\right)\left(\exp\left(\tfrac{q\bar{U}_{CB}}{k_B T}\right) - 1\right) && (8.26)\\
\tilde{I}_{nE} &= F_E \tfrac{q\mu_n n_{pE}}{\tilde{L}_n} \coth\left(\tfrac{x_{nE}}{\tilde{L}_n}\right)\exp\left(\tfrac{q\bar{U}_{EB}}{k_B T}\right)\tilde{u}_{EB} && (8.27)\\
\tilde{I}_{nC} &= F_C \tfrac{q\mu_n n_{pC}}{\tilde{L}_n} \coth\left(\tfrac{d-x_{pC}}{\tilde{L}_n}\right)\exp\left(\tfrac{q\bar{U}_{CB}}{k_B T}\right)\tilde{u}_{CB}. && (8.28)
\end{aligned}
$$

Für den Gesamtstrom gilt

$$
I_E = I_{pE} + I_{nE}, \qquad I_C = I_{pC} + I_{nC} \qquad \text{und} \qquad I_B = -(I_E + I_C). \tag{8.29}
$$

Mit den Definitionen

$$
\begin{aligned}
\bar{I}_{EE} &:= qF_E\left(\frac{D_p p_n}{L_p}\coth\left(\tfrac{W_B}{L_p}\right) + \frac{D_n n_{pE}}{L_n}\coth\left(\tfrac{x_{pE}}{L_n}\right)\right), && (8.30)\\
\bar{I}_{EC} &:= qF_C\frac{D_p p_n}{L_p}\frac{1}{\sinh\left(\frac{W_B}{L_p}\right)}, && (8.31)\\
\bar{I}_{CE} &:= qF_E\frac{D_p p_n}{L_p}\frac{1}{\sinh\left(\frac{W_B}{L_p}\right)} \qquad \text{und} && (8.32)\\
\bar{I}_{CC} &:= qF_C\left(\frac{D_p p_n}{L_p}\coth\left(\tfrac{W_B}{L_p}\right) + \frac{D_n n_{pC}}{L_n}\coth\left(\tfrac{d-x_{pC}}{L_n}\right)\right) && (8.33)
\end{aligned}
$$

läßt sich der Gleichanteil des Stromes in folgender Weise darstellen:

$$
\begin{aligned}
I_E &= I_{EE}\left\{\exp\left(\tfrac{q\bar{U}_{EB}}{k_B T}\right) - 1\right\} - I_{EC}\left\{\exp\left(\tfrac{q\bar{U}_{CB}}{k_B T}\right) - 1\right\}\\
I_C &= -I_{CE}\left\{\exp\left(\tfrac{q\bar{U}_{EB}}{k_B T}\right) - 1\right\} + I_{CC}\left\{\exp\left(\tfrac{q\bar{U}_{CB}}{k_B T}\right) - 1\right\}, && (8.34)
\end{aligned}
$$

wie man durch Addition der Gleichn. 8.21, 8.22, 8.25 und 8.26 nachweisen kann. Führt man die Admittanzen gemäß

$$
\begin{aligned}
Y_{EE} &:= qF_E\left(\frac{\mu_p p_n}{\tilde{L}_p}\coth\left(\frac{W_B}{\tilde{L}_p}\right) + \frac{\mu_n n_{pE}}{\tilde{L}_p}\coth\left(\tfrac{x_{nE}}{\tilde{L}_n}\right)\right)\exp\left(\tfrac{q\bar{U}_{EB}}{k_B T}\right) && (8.35)\\
Y_{CC} &:= qF_C\left(\frac{\mu_p p_n}{\tilde{L}_p}\coth\left(\frac{W_B}{\tilde{L}_p}\right) + \frac{\mu_n n_{pC}}{\tilde{L}_n}\coth\left(\tfrac{d-x_{pC}}{\tilde{L}_n}\right)\right)\exp\left(\tfrac{q\bar{U}_{CB}}{k_B T}\right) && (8.36)\\
Y_{EC} &:= qF_C\frac{\mu_p p_n}{\tilde{L}_p}\exp\left(\tfrac{q\bar{U}_{EB}}{k_B T}\right)\left(\sinh\left(\tfrac{W_B}{\tilde{L}_p}\right)\right)^{-1} && (8.37)\\
Y_{CE} &:= qF_E\frac{\mu_p p_n}{\tilde{L}_p}\exp\left(\tfrac{q\bar{U}_{CB}}{k_B T}\right)\left(\sinh\left(\tfrac{W_B}{\tilde{L}_p}\right)\right)^{-1}. && (8.38)
\end{aligned}
$$

ein, so erhält man für den Wechselanteil:

$$\tilde{I}_E = Y_{EE}\tilde{u}_{EB} - Y_{CE}\tilde{u}_{CB} \qquad \text{und} \qquad \tilde{I}_C = Y_{EC}\tilde{u}_{EB} + Y_{CC}\tilde{u}_{CB}. \tag{8.39}$$

Diese Beziehungen lassen sich durch Addition der Gleichn. 8.23, 8.24, 8.27 und 8.28 erhalten. Man erkennt in $\bar{I}_{EE}$ und $\bar{I}_{CC}$ sowie in Y_{EE} und Y_{CC} die bekannten Anteile eines Einzel-pn-Übergangs wieder, während in I_{EC} und I_{CE} sowie in Y_{EC} und Y_{CE}, für die der Faktor $1/\sinh\left(\frac{W_B}{L_p}\right)$ typisch ist, die **Rückwirkung** vom Ausgang zum Eingang berücksichtigt ist.
Zu den wesentlichen Kenngrößen eines Transistors zählt die komplexe **Kurzschlußstromverstärkung**, die in folgender Weise definiert ist:

$$\boldsymbol{\alpha_N} := -\left.\frac{\tilde{\boldsymbol{I}}_C}{\tilde{\boldsymbol{I}}_B}\right|_{\tilde{u}_{CB}=0}. \tag{8.40}$$

Bildet man α_N nach den Gleichn. 8.35 und 8.38, so erhält man

$$\alpha_N = \frac{Y_{CE}}{Y_{EE}} = \frac{1}{\cosh\left(W_B/L_p\right)}\left(1 + \frac{\mu_n n_{pE}\tilde{L}_p \coth(x_{pE}/\tilde{L}_n)}{\mu_p p_n \tilde{L}_n \coth(W_B/\tilde{L}_p)}\right)^{-1} \tag{8.41}$$

und damit

$$\boldsymbol{\alpha_N} =: \boldsymbol{\beta_N} \cdot \boldsymbol{\gamma_N}, \tag{8.42}$$

wobei $\boldsymbol{\beta_N}$ als **Transportfaktor** und $\boldsymbol{\gamma_N}$ als **Injektionsverhältnis** oder **Emitterwirkungsgrad** bezeichnet werden. Die Größe γ_N stimmt mit γ_E aus den Gleichn. 7.37 und 7.38 überein, dort wurde jedoch vorausgesetzt, daß die Bahngebiete groß gegen die entsprechenden Diffusionslängen sind, so daß die coth-Terme gleich eins gesetzt werden konnten. Man entnimmt Gleich. 8.42, daß die Stromverstärkung α_N sich aus zwei Faktoren zusammensetzt. Der Emitterwirkungsgrad γ_N gibt gewissermaßen eine Dotierungsvorschrift für den Transistor an und wurde in Kap. 7 ausführlich diskutiert. Der Transportfaktor β_N beschreibt, wieviele der vom Emitter gelieferten Ladungsträger beim Transport durch die Basis als Folge von Rekombinationsprozessen verloren gehen. Dieser Anteil wird allein vom Verhältnis der Basisweite W zur Löcherdiffusionslänge L_p bestimmt. Damit der Transportfaktor annähernd gleich eins wird, muß $L_p \gg W_B$ sein. In diesem Falle kann man schreiben

$$\beta_N = \frac{1}{\cosh(W_B/L_p)} \approx 1 - \frac{1}{2}\left(\frac{W_B}{L_p}\right)^2. \tag{8.43}$$

Mit Hilfe der schon häufig benutzten Einsteinbeziehung $D/\mu = k_B T/q$ und der Löcherlaufzeit durch die Basiszone $T_p = W_B^2/(2\mu k_B T/q)$ (über der Emitter-Basis-Diode fällt nur eine sehr kleine Spannung der Größe $k_B T/q$ ab) erhält man aus Gleich. 8.43

$$\beta_N \approx 1 - \frac{T_p}{\tau_p}. \tag{8.44}$$

Ein Transportfaktor $\beta_N \approx 1$ erfordert somit, daß die Laufzeit T_p der Ladungsträger durch die Basis klein gegen die Ladungsträgerlebensdauer τ_p sein muß.
In den bisherigen Betrachtungen wurde angenommen, daß die Grenzen x_{nE}, x_{pE} und x_{pC} spannungsunabhängig konstant sind. Dies ist jedoch nur in erster Näherung berechtigt, denn, wie schon von der Schottky- und der pn-Diode her bekannt ist, sind die Abmessungen von Raumladungszonen spannungsabhängig:

$$x_{pE} = x_{0E} - \sqrt{\frac{2\epsilon_0\epsilon_{HL}(\bar{U}_{EB} + V_{D,EB})}{qN_{A,E}(1 + N_{A,E}/N_D)}} \tag{8.45}$$

$$x_{nC} = x_{0C} - \sqrt{\frac{2\epsilon_0\epsilon_{HL}(\bar{U}_{CB} + V_{D,CB})}{qN_D(1 + N_D/N_{A,CB})}} \tag{8.46}$$

$$x_{nE} = x_{0E} + \sqrt{\frac{2\epsilon_0\epsilon_{HL}(\bar{U}_{EB} + V_{D,EB})}{qN_D(1 + N_D/N_{A,E})}} \tag{8.47}$$

$$x_{pC} = x_{0C} + \sqrt{\frac{2\epsilon_0\epsilon_{HL}(\bar{U}_{CB} + V_{D,CB})}{qN_{A,CB}(1 + N_{A,CB}/N_D)}}. \tag{8.48}$$

Aus der Dotierungsvorschrift, die sich aus der Diskussion von γ_E ergab, folgt die Bedingung: $N_{A,EB} \geq N_{A,C} \gg N_D$. Daher entnimmt man den Gleichn. 8.45 bis 8.48, daß die Spannungsabhängigkeit von x_{pE} und x_{pC} wegen der hohen Dotierung vernachlässigt werden kann, so daß nur die Spannungsabhängigkeit der Basisweite, also von x_{nE} und x_{nC} berücksichtigt zu werden braucht. Im Rahmen einer Kleinsignalnäherung erhält man dann

$$x_{nE} = x_{nE}^0 + \frac{\partial x_{nE}}{\partial \bar{U}_{EB}} \cdot \tilde{u}_{EB}; \qquad x_{nC} = x_{nC}^0 + \frac{\partial x_{nc}}{\partial \bar{U}_{CB}} \cdot \tilde{u}_{CB}. \tag{8.49}$$

Für die zugehörigen Ladungsträgerkonzentrationen findet man in gleicher Näherung

$$p(x_{nE}) = p(x_{nE}^0) + \left(\frac{\partial p}{\partial x}\right)_{x_{nE}^0} \cdot (x_{nE} - x_{nE}^0)$$

$$p(x_{nC}) = p(x_{nC}^0) + \left(\frac{\partial p}{\partial x}\right)_{x_{nC}^0} \cdot (x_{nC} - x_{nC}^0). \tag{8.50}$$

Darin sind x_{nC}^0 und x_{nE}^0 die Grenzen der jeweiligen Raumladungszone für $\tilde{u} = 0$. Damit ergeben sich statt der Gleichn. 8.17 neue Randbedingungen für die Wechselanteile $\tilde{p}$:

$$\tilde{p}(x_{nE}) = p_n \exp\left(\tfrac{q\bar{U}_{EB}}{k_BT}\right) \tfrac{q\tilde{u}_{EB}}{k_BT} + \tfrac{\partial p}{\partial x}\Big|_{x_{nE}^0} \cdot \tfrac{\partial x_{nE}}{\partial \bar{U}_{EB}} \cdot \tilde{u}_{EB} =$$

$$= \left\{p_n \exp\left(\tfrac{q\bar{U}_{EB}}{k_BT}\right) + \frac{\bar{I}_{pE}}{q\mu_p} \cdot \frac{\partial x_{nE}}{\partial \bar{U}_{EB}}\right\} \cdot \frac{\tilde{u}_{EB}}{k_BT/q} \tag{8.51}$$

und analog

$$\tilde{p}(x_{nC}) = \left\{ p_n \exp\left(\tfrac{q\bar{U}_{CB}}{k_BT}\right) - \frac{\bar{I}_{pC}}{q\mu_p} \cdot \frac{\partial x_{nC}}{\partial \bar{U}_{CB}} \right\} \cdot \frac{\tilde{u}_{CB}}{k_BT/q}. \tag{8.52}$$

In den Gleichn. 8.51 und 8.52 wurden noch die Gleichn. 8.20 und die Einsteinrelation benutzt. Damit tritt zu den bekannten Werten von $\tilde{I}_E$ und $\tilde{I}_C$ in den Gleichn. 8.23 und 8.24 ein weiterer Anteil additiv hinzu:

$$I_{\text{ü},pE} = \frac{\partial x_{nE}}{\partial \bar{U}_{EB}} \cdot \frac{\bar{I}_{pE}}{\tilde{L}_p} \cdot \coth\left(\tfrac{W_B^0}{\tilde{L}_p}\right) \tilde{u}_{EB} + \frac{\partial x_{nC}}{\partial \bar{U}_{CB}} \cdot \frac{\bar{I}_{pC}}{\tilde{L}_p} \cdot \frac{\tilde{u}_{CB}}{\sinh\left(\frac{W_B^0}{\tilde{L}_p}\right)} \tag{8.53}$$

$$I_{\text{ü},pC} = \frac{\partial x_{nE}}{\partial \bar{U}_{EB}} \cdot \frac{\bar{I}_{pE}}{\tilde{L}_p} \cdot \frac{\tilde{u}_{EB}}{\sinh\left(\frac{W_B^0}{\tilde{L}_p}\right)} - \frac{\partial x_{nC}}{\partial \bar{U}_{CB}} \cdot \frac{\bar{I}_{pC}}{\tilde{L}_p} \cdot \coth\left(\tfrac{W_B^0}{\tilde{L}_p}\right) \tilde{u}_{CB} \tag{8.54}$$

mit $W_B^0 = x_{nC}^0 - x_{nE}^0$. Es treten hier nur Glieder auf, die die Löcherkonzentration enthalten, da die Sperrschichtweiten für die Elektronen wegen der hohen Dotierung von Emitter und Kollektor praktisch spannungsunabhängig sind.
Mit den Gleichn. 8.52 und 8.53 erhält man in Gleich. 8.39 noch weitere vier Terme hinzu:

$$\begin{aligned}
Y_{\text{ü},EE} &= \frac{\partial x_{nE}}{\partial \bar{U}_{EB}} \cdot a \cdot \tilde{b}\,(bA_{EB} - cB_{CB}) \\
Y_{\text{ü},EC} &= \frac{\partial x_{nC}}{\partial \bar{U}_{EB}} \cdot a \cdot \tilde{c}\,(-cA_{EB} + bB_{CB}) \\
Y_{\text{ü},CE} &= \frac{\partial x_{nE}}{\partial \bar{U}_{CB}} \cdot a \cdot \tilde{c}\,(bA_{EB} - cB_{CB}) \\
Y_{\text{ü},CC} &= \frac{\partial x_{nC}}{\partial \bar{U}_{cB}} \cdot a \cdot \tilde{c}\,(-cA_{EB} + bB_{CB}),
\end{aligned} \tag{8.55}$$

unter Verwendung der Abkürzungen

$$\begin{aligned}
a &= \frac{qD_pp_n}{L_p\tilde{L}_p}; \quad b = \coth\left(\tfrac{W_B^0}{L_p}\right); \quad c = \frac{1}{\sinh\left(\frac{W_B^0}{L_p}\right)} \\
\tilde{b} &= \coth\left(\tfrac{W_B^0}{\tilde{L}_p}\right); \quad \tilde{c} = \frac{1}{\sinh\left(\frac{W_B^0}{\tilde{L}_p}\right)} \\
A_{EB} &= \exp\left(\tfrac{q\bar{U}_{EB}}{k_BT}\right) - 1; \quad B_{CB} = \exp\left(\tfrac{q\bar{U}_{CB}}{k_BT}\right) - 1.
\end{aligned} \tag{8.56}$$

Neben dem Einfluß der Minoritätsträger auf die Transistoradmittanzen sind die Sperrschichtkapazitäten der Emitter- und Kollektor-Dioden zu berücksichtigen. Diese tragen dem Einfluß der Majoritätsträger Rechnung:

$$C_{Sp,E} = \frac{\partial Q_{nE}}{\partial x_{nE}} \cdot \frac{\partial x_{nE}}{\partial \bar{U}_{EB}} \quad \text{und} \quad C_{Sp,C} = \frac{\partial Q_{nC}}{\partial x_{nC}} \cdot \frac{\partial x_{nC}}{\partial \bar{U}_{CB}}. \tag{8.57}$$

Damit sind nun im Prinzip die Größen für das Ersatzschaltbild bestimmt. Dabei wurden jedoch nur Diffusionsprozesse berücksichtigt und diese auch nur für kleine Aussteuerungen behandelt. Der Einfluß der Minoritätsträgerfeldströme und der Einfluß der Bahngebiete sowie Rekombinationsprozesse und Großsignalaussteuerungen wurden nicht betrachtet. Dies soll in der anschließenden vertieften Betrachtung nachgeholt werden.

8.3 Vertiefte Betrachtung

Bei der Erstellung eines technisch nutzbaren Ersatzschaltbilds aus den bisher berechneten Admittanzen muß den wirklichen technologischen Gegebenheiten Rechnung getragen werden. Ferner ist zu berücksichtigen, daß die Schaltelemente der Ersatzschaltung zwar noch vom Arbeitspunkt, nicht jedoch noch von der Aussteuerung und der Frequenz abhängen dürfen.
In den einzelnen Admittanzen Y_{ii} tauchen jedoch Terme der folgenden Art auf:

$$\begin{aligned} a + ib &= A\sqrt{1+i\omega\tau} \cdot \coth(A\sqrt{1+i\omega\tau}) \\ c + id &= A\sqrt{1+i\omega\tau} \cdot \frac{1}{\sinh(A\sqrt{1+i\omega\tau})}, \end{aligned} \tag{8.58}$$

so daß die Forderung nach Frequenzunabhängigkeit nicht allgemein verwirklicht werden kann, da die Ausdrücke in Gleich. 8.58 in komplizierter Weise frequenzabhängig sind.
Für $\omega\tau \ll 1$ kann man die einzelnen Terme in Gleich. 8.58 jedoch entwickeln und erhält unter Benutzung von $\sinh(2a) = 2\sinh(a)\cosh(a)$

$$\begin{aligned} \frac{1}{\tilde{L}}\coth\left(\frac{a}{\tilde{L}}\right) &= \frac{1}{L}\coth\left(\frac{a}{L}\right)\left[1 + i\omega\frac{\tau}{2}\left(1 - \frac{2a/L}{\sinh(2a/L)}\right)\right] \\ \frac{1}{\tilde{L}}\frac{1}{\sinh\left(\frac{a}{\tilde{L}}\right)} &= \frac{1}{L}\frac{1}{\sinh\left(\frac{a}{L}\right)}\left[1 - i\omega\frac{\tau}{2}\left(\frac{a}{L}\coth(2a/L) - 1\right)\right] \\ \tilde{L}\sinh\left(\frac{a}{\tilde{L}}\right) &= L\sinh\left(\frac{a}{L}\right)\left[1 + i\omega\frac{\tau}{2}\left(\frac{a}{L}\coth(a/L) - 1\right)\right]. \end{aligned} \tag{8.59}$$

Die Abb. 8.5 gibt die Frequenzabhängigkeit der Emitteradmittanz Y_{EE} wieder (s. Gleich. 8.35).
Die Abb. 8.6 zeigt darüberhinaus die Frequenzabhängigkeit der komplexen Steilheit -Y_{CE} (s. Gleich. 8.38). Die Gleichn. 8.58 sind die entsprechenden Entwicklungen für kleine Frequenzen.
Man erkennt an Gleich. 8.59, daß bei der Emitter- und Kollektor-Diode wieder die bekannte Diffusionskapazität parallel zum Diffusionsleitwert liegt, man hat dabei

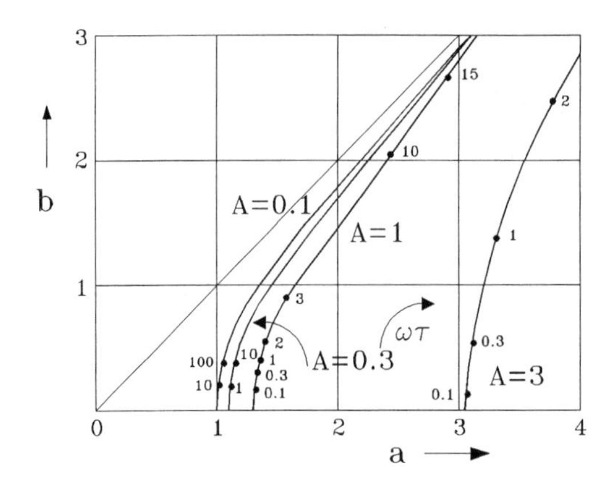

Abbildung 8.5: Frequenzgang der Emitteradmittanz Y_{EE}; $a + ib \sim Y_{EE}$, $A = (x - x_n)/L_p$

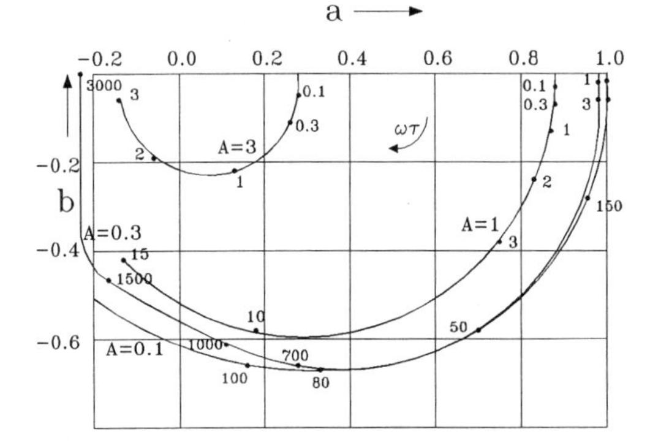

Abbildung 8.6: Frequenzgang der komplexen Steilheit -Y_{CE}; $a + ib = +Y_{EE}$,

lediglich $a = x^0_{nC} - x_{nE}$ (doppelte Begrenzung in der Basis) mit der Bahnlänge (z. B. $(d - x_n)$ des einfachen pn-Übergangs) zu identifizieren, s. auch die Gleichn. 7.30 und 7.31. Die Rückwirkungsadmittanzen Y_{EC} und Y_{CE} sind von der Form $(a - ib\omega\tau)$, da stets $x\coth(x) - 1 > 0$ gilt, so daß sie beim Übergang von der Leitwert- zur Widerstandsebene zu $a^* + ib^*\omega\tau$ werden und sich als Serienschaltung eines ohmschen Widerstands mit einer Induktivität interpretieren lassen. Das induktive Verhalten wird verständlich, wenn man beachtet, daß die Minoritätsträger zum Aufbau der Ladungsverteilung eine gewisse Zeit benötigen, d. h. , daß der ausgangsseitige Strom der Steuerung auf der Eingangsseite erst verzögert folgt.
Schreibt man darüberhinaus die Strom-Spannungsbeziehungen in der Vierpoldarstellung nieder (s. Abb. 8.7),

$$\begin{aligned} \boldsymbol{I}_1 &= \boldsymbol{Y}_{11}\boldsymbol{U}_1 + \boldsymbol{Y}_{12}\boldsymbol{U}_2 \\ \boldsymbol{I}_2 &= \boldsymbol{Y}_{21}\boldsymbol{U}_1 + \boldsymbol{Y}_{22}\boldsymbol{U}_2, \end{aligned} \tag{8.60}$$

so erhält man unter Vernachlässigung der Sperrschichtweitenänderung für $\omega\tau \ll 1$ folgende Relationen für die Y_{ik}:

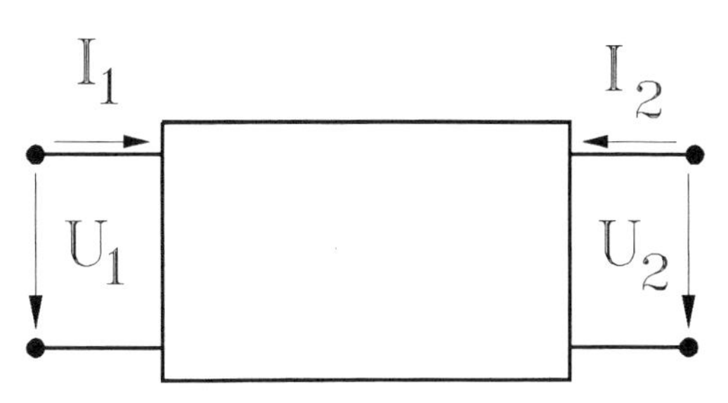

Abbildung 8.7: Ein- und Ausgangsgrößen in der Vierpoldarstellung

$$\boldsymbol{Y_{11} = FY_{EE} = G_{Di} + i\omega C_{Di}} \tag{8.61}$$

mit den beiden Koeffizienten $G_{Di} = [q\mu_p p_n / L_p] \cdot \coth(W_B^0/L_p) \exp\left(q\bar{U}_{EB}/k_B T\right)$ und $C_{Di} = (\tau_p/2) \cdot G_{Di}\left(1 - 2W_B^0/\left[L_p \sinh(2W_B^0/L_p)\right]\right)$ sowie

$$\boldsymbol{Y_{12} = -FY_{EC} \approx 0,} \tag{8.62}$$

da im allgemeinen $\exp\left(\frac{q\bar{U}_{CB}}{k_B T}\right) \ll 1$ ist. Weiterhin findet man:

$$\boldsymbol{Y_{21} = -FY_{CE} = -G_L + i\omega C_L.} \tag{8.63}$$

Die Koeffizienten sind durch $G_L = [q\mu_p p_n/L_p] \cdot \exp\left(q\bar{U}_{EB}/k_B T\right) / \sinh(W_B^0/L_p)$ und $C_L = (\tau_p/2) \cdot G_L\left(W_B^0 \coth(W_B^0/L_p)/L_p - 1\right)$ gegeben. Für Y_{22} folgt schließlich

$$\boldsymbol{Y_{22} = FY_{CC} \approx 0,} \tag{8.64}$$

s. auch Gleich. 8.61. Für die Zeitkonstante T_D des Eingangskreises erhält man

$$T_D = \frac{C_{Di}}{G_{Di}} = \frac{\tau_p}{2}\left(1 - \frac{2W_B^0/L_p}{\sinh(2W_B^0/L_p)}\right) \tag{8.65}$$

und für die Übertragungs- bzw. Laufzeitkonstante T_L

$$T_L = \frac{C_L}{G_L} = \frac{\tau_p}{2}\left(\frac{W_B^0}{L_p}\coth\left(\frac{W_B^0}{L_p}\right) - 1\right). \tag{8.66}$$

Ist die Basisdicke $W_B^0 \ll L_p$, so erhält man

$$T_D \approx \frac{\tau_p}{2}\frac{W_B^2}{L_p^2} \qquad \text{und} \qquad T_L \approx \frac{1}{2}T_D, \tag{8.67}$$

so daß T_D die wesentliche Zeitkonstante ist.
Man erkennt an Gleich. 8.67, daß für Hochfrequenz-Transistoren die Basisdicke nicht nur deshalb dünn sein sollte, damit die statischen Eigenschaften, wie etwa die Stromverstärkung, gut sind, sondern auch damit die Laufzeiten gering und somit die Grenzfrequenzen hoch sind.

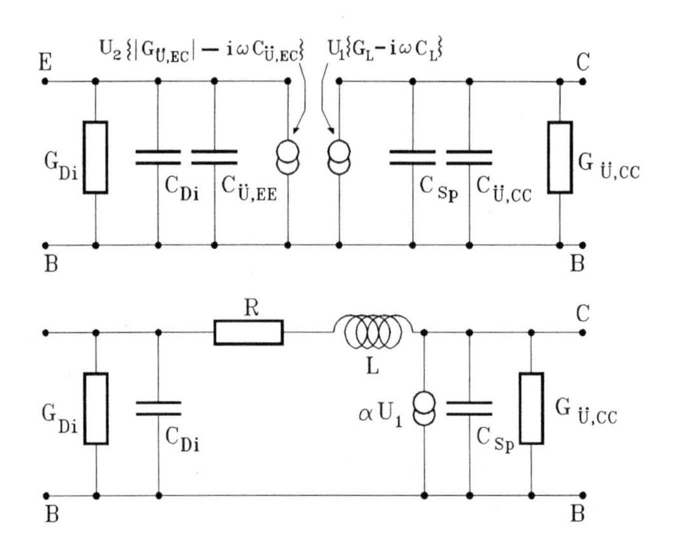

Abbildung 8.8: Erweitertes Ersatzschaltbild

Berücksichtigt man nun noch die Modulation der Sperrschichtweiten, so erhält man

$$
\begin{aligned}
Y_{11} &= G_{Di} + i\omega C_{Di} + G_{\text{ü},EE} + i\omega C_{\text{ü},EE} + i\omega C_{Sp,EB} \\
Y_{12} &= G_{\text{ü},EC} + i\omega C_{\text{ü},EC} \\
Y_{21} &= -G_L + i\omega C_L + G_{\text{ü},CE} + i\omega C_{\text{ü},CE} \\
Y_{22} &= G_{\text{ü},CC} + i\omega C_{\text{ü},CC} + i\omega C_{Sp,CB}
\end{aligned} \tag{8.68}
$$

und damit ein Ersatzschaltbild gemäß Abb. 8.8.
Um den Umfang des vorliegenden Buches nicht über Gebühr anwachsen zu lassen, wird die Reihe der klassischen, mikroelektronischen Bauelemente, die im Rahmen dieser Einführung in die physikalischen Grundlagen der Halbleiterelektronik vorgestellt werden sollen, mit dem Bipolar-Transistor abgeschlossen. Daher bleibt notgedrungen eine nicht geringe Anzahl interessanter und wichtiger Bauelemente unerwähnt. Wer hier weitere Auskünfte wünscht, kann diese z. B. in [23] oder [25] finden.

Kapitel 9

Vergleich von FET, Bipolar-Transistor und Röhre

Im folgenden Abschnitt sollen die grundlegenden Eigenschaften des FET mit denen des Bipolar-Transistors und der Elektronenröhre verglichen werden. Die wesentlichen Parameter zur Beschreibung von Bauelementen sind die Strom-, die Spannungs- und Leistungsverstärkung sowie die Steilheit. Im folgenden soll gezeigt werden, daß diese Größen bei vereinfachenden Annahmen für alle drei genannten Bauelemente den gleichen funktionalen Zusammenhang aufweisen und damit auf den gleichen Steuerungsmechanismus zurückgeführt werden können. Die folgenden Überlegungen werden daher das Verständnis der Funktionsweise der modernen Bauelemente erleichtern.

9.1 Verstärkungsverhalten

Als Ausgangspunkt soll die folgende einfache Anordnung dienen. Gegeben sei ein n-Halbleiter mit zwei ohmschen Kontakten und angelegter Gleichspannung (s. Abb. 9.1). Aufgrund der Gleichspannung fließen Elektronen von der Kathode zur Anode. Die Gleichspannung sei so gering, daß durch Ladungsinjektion praktisch keine Raumladung entsteht. Bringt man nun zunächst in einem Gedankenexperiment eine positive zusätzliche Ladung in Form eines Lochs in den Halbleiter, dann werden die Elektronen sofort in das Gebiet der positiven Ladung fließen, um die Störung der Neutralität zu beseitigen und mit dem Loch zu rekombinieren. Unter dem Einfluß des elektrischen Felds fließen die Elektronen von der Kathode zur Anode, d. h., wenn ein zusätzliches Elektron über den Kathodenkontakt nachgeliefert worden ist und nicht mit dem Loch rekombiniert (z. B. weil der Wirkungsquerschnitt zu klein ist), dann fließt das Elektron zur Anode.
In diesem Fall muß die Kathode sofort ein Elektron nachliefern, um die Neutralität aufrechtzuerhalten. Je kürzer nun die Laufzeit der Elektronen von der Kathode bis zur Anode ist, desto häufiger wird sich dieser Prozeß wiederholen, d. h. um so größer ist der durch die positive Ladung hervorgerufene zusätzliche Elektronenstrom.

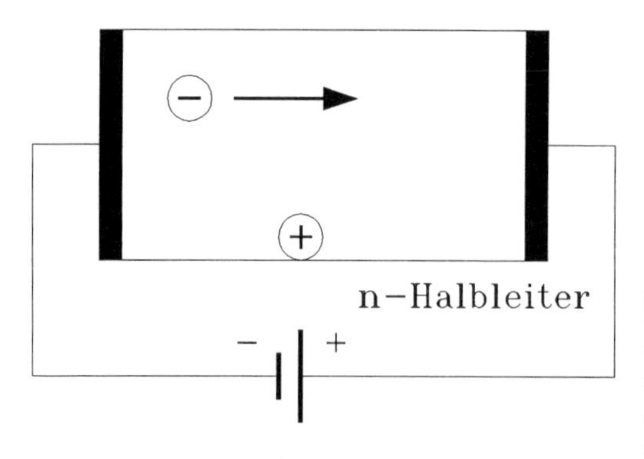

Abbildung 9.1: Querschnitt durch einen n-Halbleiter mit ohmschen Kontakten und angelegter Gleichspannung: Die **beweglichen** Ladungsträger (Elektronen) können dem elektrischen Feld folgen, während die ionisierten Donatorstörstellen **ortsfest** sind.

Je geringer nun die Rekombinationswahrscheinlichkeit, oder anders ausgedrückt, je länger die Lebensdauer des Loches, also der Minoritätsträger ist, desto größer ist die 'Ladungsvervielfachung' (ein Loch hat viele fließende Elektronen zur Folge). Sei T_n die Laufzeit der Elektronen von der Kathode zur Anode und τ_p die Lebensdauer von Löchern im n-Hableiter, dann ist die Stromverstärkung G_I gegeben durch

$$G_I = \frac{\tau_p}{T_n}. \tag{9.1}$$

Dieser Zusammenhang für die Stromverstärkung ist im Fotoleiter verwirklicht, in dem die Minoritätsträger durch Beleuchtung erzeugt werden.

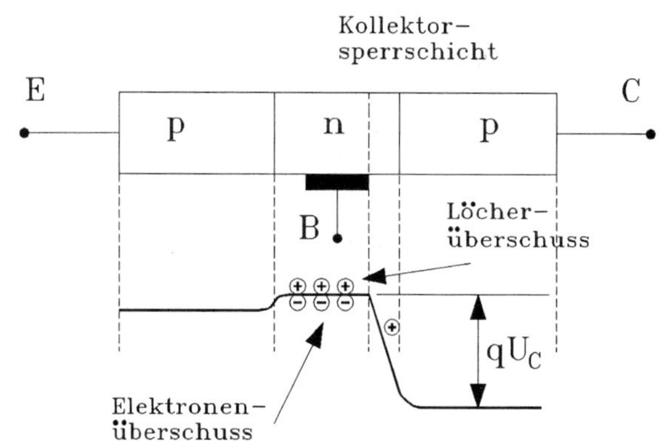

Abbildung 9.2: Bipolar-Transistor

Der gleiche Zusammenhang gilt jedoch auch für den Bipolar-Transistor, s. Abb. 9.2, denn jedes Elektron, das in die Basis gelangt, hat aus den gleichen Überlegungen heraus wie beim Fotoleiter ein vom Emitter geliefertes Loch zur Folge. Rekombinieren beide nicht, so fließt das Loch zum Kollektor und wird vom Emitter sofort ersetzt. Wurden im Fotoleiter die Minoritätsträger durch Licht erzeugt, so werden

sie im Transistor in den Basiskontakt injiziert. Man erhält den gleichen Zusammenhang wie in Gleich. 9.1 für die Stromverstärkung. Dabei bedeuten T die Laufzeit der Ladungsträger vom Emitter zum Kollektor und τ die Lebensdauer in der Basis. Im Unterschied zum FET befinden sich hier wie beim Fotoleiter gesteuerte und steuernde Ladung in demselben Volumenelement. Diese Tatsache hat wesentliche Konsequenzen, wie im folgenden noch ausgeführt wird.
Beim FET erhält man ebenfalls den gleichen Zusammenhang, hier sind die steuernde und die gesteuerte Ladung jedoch räumlich durch die Isolierschicht getrennt. Die Abb. 9.3 zeigt den prinzipiellen Aufbau eines FET (Abb. 9.3a) und noch einmal die zugehörige MOS-Grundstruktur (Abb. 9.3b).

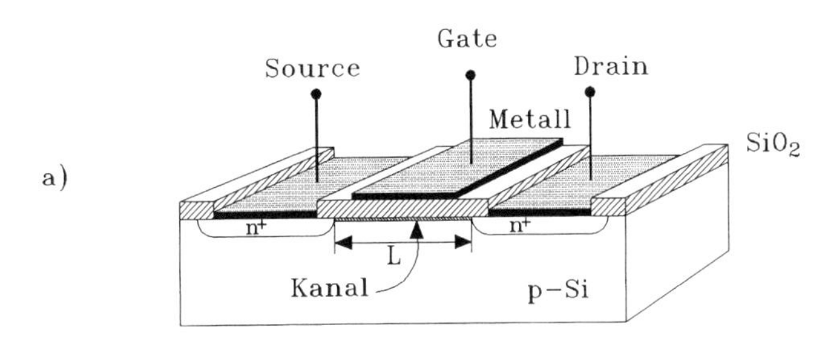

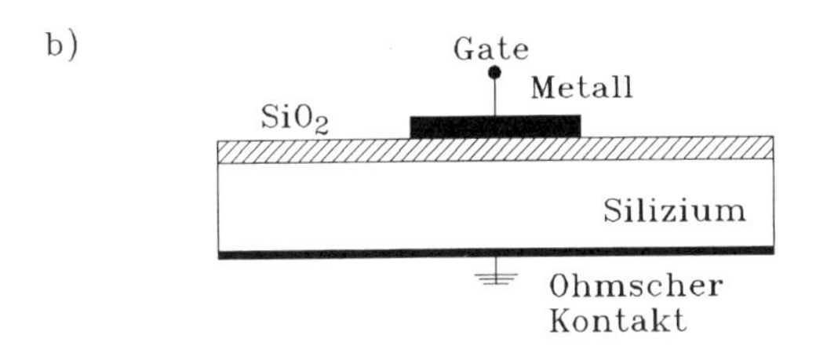

Abbildung 9.3: Aufbau eines FET (a); MOS-Kondensator (b)

Bringt man nun durch eine geeignete Wahl der Gate-Source-Spannung eine positive Ladung auf die Gate-Elektrode, so influenziert jede positive Gateladung ein zusätzliches Elektron an der Isolator-Halbleiter-Grenzfläche. Diese Elektronen bewegen sich von der Source- zur Drain-Elektrode unter dem Einfluß des zwischen beiden Elektroden vorhandenen elektrischen Feldes. An der Drain-Elektrode angekommen, werden sie von der Source-Elektrode sofort ersetzt, da die Elektronenkonzentration durch die positive Ladung auf der Gate-Elektrode festgelegt ist.
Damit liegt also der Ladungssteuerung beim FET dasselbe Prinzip zugrunde wie bei dem anfangs beschriebenen Fotoleiter: Eine zusätzliche positive Ladung auf dem Gate hat ein zusätzliches Elektron an der Halbleiter-Isolator-Grenze im Halbleiter zur Folge. Aufgrund des Source-Drain-Feldes bewegt sich dieses Elektron zur Drain-Elektrode und wird — dort angekommen — von der Source-Elektrode sofort ersetzt. Solange die positive Ladung auf dem Gate bleibt, wiederholt sich dieser Prozeß. Der Strom ist also umso größer, je kürzer die Laufzeit der Ladungsträger von der Source-

zur Drain-Elektrode ist. Ist τ die Verweildauer der Ladung auf dem Gate, so erhält man, genau wie im Falle des Fotoleiters, für die Stromverstärkung

$$G_I = \frac{\tau}{T}. \tag{9.2}$$

Im statischen Fall ist τ durch die RC_{OX}-Zeitkonstante des Eingangskreises des FET gegeben. Dabei sind C_{OX} die Isolatorkapazität und R der Widerstand, der durch die Isolierschicht bzw. Leckströme bestimmt ist, er ist im Idealfall unendlich groß, so daß im statischen Fall $G_I \to \infty$ geht. Im dynamischen Fall ist τ durch die Frequenz f der Wechselspannung bestimmt. Mit $1/T = f_T$ läßt sich Gleich. 9.1 dann schreiben als

$$G_I = \frac{f_T}{f}. \tag{9.3}$$

Die Gleichn. 9.1 und 9.3 lassen sich auch auf formalere Weise gewinnen: Die Stromverstärkung ist definiert als Verhältnis von Ausgangs- und Eingangsstrom: $G_I = I_{aus}/I_{ein}$. Da der Ausgangsstrom durch $I_{aus} = dQ_{aus}/dt = Q_{aus}/T$ und der Eingangsstrom durch $I_{ein} = dQ_{ein}/dt = Q_{ein}/\tau$ gegeben sind und da die Ausgangs-Ladungsänderung betragsmäßig gleich groß ist wie die Gate-Ladungsänderung, erhält man das angegebene Ergebnis. Man findet für die Stromverstärkung des FET also den gleichen formelmäßigen Zusammenhang wie für den Fotoleiter. Beim FET sind die steuernde und die gesteuerte Ladung, anders als beim Bipolar-Transistor, jedoch durch eine Isolierschicht getrennt. Auch für die Röhre erhält man den gleichen Zusammenhang, denn die Elektronen laufen in der Zeit T von der Kathode zur Anode und die Lebensdauer der Ladung auf dem Gitter, also die RC-Zeitkonstante (analog dem FET) bestimmt die Größe τ.
Da die Spannungsverstärkung G_V durch

$$G_V = \frac{U_{aus}}{U_{ein}} = \frac{I_{aus}Z_a}{I_{ein}Z_e} = G_I \cdot \frac{Z_a}{Z_e} \tag{9.4}$$

bestimmt ist, kann G_V nach den vorhergehenden Überlegungen ebenfalls angegeben werden. Betrachtet man die Bauelemente nur bei höheren Frequenzen, bei denen die Eingangs- und Ausgangsimpedanzen Z_e und Z_a im wesentlichen durch die entsprechenden Kapazitäten bestimmt sind, so erhält man für alle drei Bauelemente den gleichen formalen Zusammenhang für die Spannungsverstärkung

$$G_V = G_I \cdot \frac{C_e}{C_a} = \frac{\tau}{T} \cdot \frac{C_e}{C_a} = \frac{f_\tau}{f} \cdot \frac{C_e}{C_a}. \tag{9.5}$$

Dabei ist C_e durch die Isolatorkapazität beim FET, durch die Diffusionskapazität C_D beim Bipolar-Transistor und durch die Gitter-Kathodenkapazität C_{GK} bei der Röhre gegeben. Die Größe C_a ist durch die Kapazität C_0 eines gesperrten pn-Übergangs beim Transistor und beim FET, sowie durch die Kathoden-Anodenkapazität C_{GA} bei der Röhre gegeben.

Die Leistungsverstärkung setzt sich aus dem Produkt

$$G_P = G_V \cdot G_I = G_I^2 \cdot \frac{Z_a}{Z_e} \tag{9.6}$$

zusammen und zeigt somit ebenfalls für alle drei genannten Bauelemente denselben funktionalen Zusammenhang.

9.2 Steilheit

Die Steilheit S eines Bauelements wird definiert als die Änderung des Ausgangsstroms I_A mit der Steuerspannung U_{St}, also

$$S := \frac{\partial I_A}{\partial U_{St}}. \tag{9.7}$$

Damit erhält man wegen des Zusammenhanges $I = Q/T$ für die Steilheit eines FET

$$S = \frac{C_{OX}}{T}. \tag{9.8}$$

Ganz analog erhält man den gleichen Zusammenhang auch für die Steilheit der Triode

$$S = \frac{C_{GK}}{T}. \tag{9.9}$$

Man kann diesen Zusammenhang formaler auch aus der Barkhausenformel (s. [26]) für die Triode

$$SDR_i = 1 \tag{9.10}$$

gewinnen, wobei die einzelnen Faktoren folgende Bedeutung besitzen:

$$S := \frac{\Delta I_a}{\Delta U_G} \qquad D := \frac{\Delta U_G}{\Delta U_a} \qquad R_i := \frac{\Delta U_a}{\Delta I_a}. \tag{9.11}$$

Da die Spannungsteilung $D = \Delta U_G / \Delta U_a$ bei höheren Frequenzen allein durch den kapazitativen Spannungsteiler aus C_{GK} und C_{AK}, der Gitter-Anoden-Kapazität, gebildet wird, kann man Gleich. 9.10 schreiben als

$$S = \frac{C_{GK}}{C_{AK} R_i} = \frac{C_{GK}}{T}. \tag{9.12}$$

Dabei wurde benutzt, daß die Zeitkonstante $C_{AK} R_i$ mit der Laufzeit der Ladungsträger von der Kathode zur Anode übereinstimmt.
Bei hinreichend großen Spannungen ($\approx 3 k_B T/q$) kann man für den Strom-Spannungszusammenhang der Emitter-Basis-Diode eines Transistors schreiben:

$$I_{EB} = I_{EB0} \exp\left(\frac{qU_{EB}}{k_B T}\right). \tag{9.13}$$

Für die differentielle Eingangsimpedanz erhält man hieraus

$$\frac{\partial I_{EB}}{\partial U_{EB}} = \frac{I_{EB}}{k_B T/q}. \tag{9.14}$$

Ersetzt man hierin I_{EB} durch $I_{EB} = Q/T$, so erhält man wegen $C_D = Q/(k_B T/q)$ den Zusammenhang

$$\frac{\partial I_{EB}}{\partial U_{BE}} = \frac{C_D}{T}. \tag{9.15}$$

Da bei guten Transistoren der Emitterstrom (bis auf einige Prozent) praktisch gleich dem Kollektorstrom, also dem Ausgangsstrom, ist und U_{BE} die Steuerspannung darstellt, liefert $S = \partial I_{EB}/\partial U_{BE}$ die Steilheit. Damit erhält man auch für den Bipolartransistor den gleichen funktionalen Zusammenhang für die Steilheit wie für den FET und die Röhre.

9.3 Diskussion der Ergebnisse

Die bisherigen Überlegungen ergaben für alle betrachteten Bauelemente den gleichen formelmäßigen Zusammenhang für die wichtigsten Kenngrößen.
Dabei ist die Ladungsträgerlaufzeit einer der wesentlichsten Parameter. Bei gleicher Laufzeit, d. h. bei gleichen äquivalenten Abmessungen ist die Wechselstromverstärkung für alle Bauelemente gleich. Dies ist verständlich, denn wenn die Verweilzeit τ durch die Meßfrequenz bestimmt wird, hängt die Ladungsvervielfachung nur noch von der Trägerlaufzeit ab. Bei gleicher Laufzeit der Ladungsträger sind alle Bauelemente hinsichtlich der Stromverstärkung gleich.
Auch für die Steilheit ergibt sich für alle Bauelemente der gleiche formelmäßige Zusammenhang $S = C/T$, jedoch mit prinzipiell quantitativen Unterschieden. Bei gleicher Laufzeit unterscheiden sich die Werte der Steilheit durch die Größe der jeweiligen Eingangskapazitäten. Die Eingangskapazität pro Fläche des FET ist im wesentlichen durch die Isolierschichtdicke (ca. 100 nm), die der Röhre im wesentlichen durch den Gitter-Kathodenabstand (einige μm) bestimmt.
Die Diffusionskapazität der in Durchlaßrichtung angesteuerten Emitter-Basis-Diode des Transistors kann als Plattenkondensator mit einem Plattenabstand von einer Debye-Länge L_D aufgefaßt werden. Die Debye-Länge ist dotierungsabhängig und besitzt bei einer Dotierung von 10^{19} cm^{-3} etwa den Wert von 2 nm.
Der Bipolar-Transistor ist damit das Bauelement mit der prinzipiell größten Steilheit. Sind beim FET und bei der Röhre die steuernde und gesteuerte Ladung räumlich getrennt auf dem Gate und im Kanal bzw. auf dem Gitter und in der Kathoden-Anoden-Strecke, so befinden sie sich beim Bipolar-Transistor in demselben Volumen-

element. Dadurch besteht im Bipolar-Transistor die engste Kopplung zwischen beiden. Läßt man beim FET in einem Gedankenexperiment die Oxiddicke gegen Null gehen, so fällt die gesamte Gate-Source-Spannung über dem Source-Kontakt ab und man erhält den Bipolar-Transistor. In diesem Sinne ist also der Bipolar-Transistor wie der FET ein ladungsgesteuertes Element und zwar mit optimaler Ladungssteuerung wegen der engsten möglichen Kopplung zwischen steuernder und gesteuerter Ladung.
Aus diesen Überlegungen wird gleichzeitig verständlich, daß der Bipolar-Transistor die größte Spannungsverstärkung aufweist. Am Eingang des Transistors muß nur etwa die Energie $q \cdot k_B T/q$ (in der Praxis reichen etwa 3 $k_B T/q$ für die Eingangsspannung) aufgebracht werden, um die Ladung zum Kollektor zu transportieren, dort gewinnen die Ladungsträger die Energie qU_{CE}. Damit ist die maximale innere Spannungsverstärkung durch $U_C/(k_B T/q)$ gegeben. Beim FET und der Röhre sind größere Werte für die Eingangsspannung nötig und somit sind nur kleinere Werte für die Spannungsverstärkung erreichbar. Äquivalent zu dieser Formulierung ist, daß die Diffusionskapazität des Transistors größer als C_{OX} und C_{GK} ist. Damit stehen eine große Diffusionskapazität, eine kleine Debye-Länge oder eine Eingangsspannung von der Größe $k_B T/q$ für ein und dieselbe Tatsache, nämlich die optimale Ladungskopplung bzw. -steuerung.
Somit läßt sich zusammenfassend sagen: Wenn es gelingt, für die genannten Bauelemente die entsprechende Ladungsträgerlaufzeit anzugleichen, dann sind ihre Hochfrequenzstromverstärkungswerte und die oberen Grenzfrequenzen gleich. Die Spannungs- und somit auch die Leistungsverstärkung als das Produkt aus Strom- und Spannungsverstärkung sind beim Bipolar-Transistor maximal und prinzipiell größer als bei FET und Röhre.
Man kann nun die genannten Größen noch mit den typischen Materialeigenschaften in Zusammenhang bringen. Eine sehr wesentliche Größe ist die Ladungsträgerlaufzeit. Diese muß sehr klein sein, wenn Stromverstärkung und obere Grenzfrequenz groß sein sollen. Die Laufzeit T ist klein, wenn die Geschwindigkeit der Ladungsträger groß und die Laufstrecke klein ist. Die maximale Geschwindigkeit ist durch die Sättigungsgeschwindigkeit der Ladungsträger (ca. 10^7 cm/s) gegeben. Bei gleichem Spannungspegel nimmt mit abnehmender Länge der Laufstrecke die Feldstärke zu. Damit ist aber bei vorgegebenem Spannungspegel, bei dem die Schaltungen noch arbeiten sollen (z. B. durch das Signal- zu Rauschverhalten bestimmt), die minimale Laufstrecke durch die Durchbruchfeldstärke $\mathcal{E}_D$ des verwendeten Halbleiters festgelegt. Man kann schreiben:

$$\frac{U_{max}}{L_{min}} = \mathcal{E}_D. \tag{9.16}$$

Durch Multiplikation mit der Laufzeit T_{min} und unter Benutzung der Beziehung für die Sättigungsgeschwindigkeit

$$v_S = \frac{L_{min}}{T_{min}} \tag{9.17}$$

erhält man

$$\frac{U_{max}}{T_{min}} = v_S\mathcal{E}_D \qquad \text{bzw.} \qquad U_{max} \cdot f_g = \frac{v_S\mathcal{E}_D}{2\pi} \tag{9.18}$$

mit f_g als oberer Grenzfrequenz des Bauelements.
Man erhält also für den betrachteten Zusammenhang eine maximale Spannungsänderung dU/dt, die durch $v_S\mathcal{E}_D$ bestimmt ist und bei $\mathcal{E}_D \approx 10^5$ V/cm in der Größenordnung von 10^{12} V/s liegt. Für den Strom erhält man gemäß $U_{max} = ZI_{max}$

$$Z \cdot I_{max} \cdot f_g = \frac{v_S\mathcal{E}_D}{2\pi}, \tag{9.19}$$

wobei Z die Impedanz bezeichnet.
Für die Leistung P_{max} erhält man aus den Gleichn. 9.18 und 9.19 den Zusammenhang

$$\sqrt{Z \cdot P_{max}} \cdot f_g = \frac{v_S\mathcal{E}_D}{2\pi}. \tag{9.20}$$

Man entnimmt dieser Glcichung quantitativ folgende, bereits diskutierte Tatsache: Soll die Leistungsverstärkung eines Bauelements bei vorgegebenem Halbleitermaterial groß sein, dann muß die Eingangsimpedanz Z klein sein (Bipolar-Transistor), soll die Eingangsimpedanz groß sein (FET, Röhre), dann ist zwangsläufig die Leistungsverstärkung klein. Ferner erkennt man, daß die maximale Leistungsaufnahme $qv_S\mathcal{E}_D$ der Ladungsträger aus dem angelegten Feld nur für Frequenzen unterhalb f_g möglich ist.

Kapitel 10

Experimentelle Bestimmung der Störstelleneigenschaften

In den vorhergehenden Kapiteln wurde deutlich, daß die Umladung von Störstellen — sowohl im Halbleiterinneren als auch an Grenzflächen — von entscheidender Bedeutung für das Verständnis der Bauelemente ist. Da die Messung der wesentlichen Störstellenparameter wie Konzentration N_T, energetische Lage E_T, Wirkungsquerschnitt σ und Entropiefaktor X_T die Untersuchung von Raumladungszonen in Bauelementen voraussetzt, kann die ausführliche Beschreibung solcher Meßverfahren erst an dieser Stelle — nach der Darstellung solcher Bauelemente — in sinnvoller Weise erfolgen. In Kap. 3 wurde im Detail gezeigt, daß die beiden Zeitkonstanten für den Ladungsträgereinfang τ_{c_n} und die -emission τ_{en} (hier für Elektronen)

$$\begin{aligned} \tau_{c_n} &= \frac{1}{\sigma \bar{v}_{th} n_0}, \\ \tau_{e_n} &= \frac{1}{\sigma \bar{v}_{th} X_T N_C} \cdot \exp\left(\frac{E_C - E_T}{k_B T}\right) \end{aligned} \tag{10.1}$$

alle charakteristischen Größen implizit enthalten, so daß die Messung beider Zeitkonstanten diese Größen zu ermitteln gestattet. In diesem Kapitel sollen drei[1] unterschiedliche Methoden zur Durchführung solcher Messungen vorgestellt werden, das DLTS-Verfahren, die differentielle Analyse sowie die Ausnutzung des Halleffekts.

10.1 Grundlagen der DLTS

Zunächst wird das sog. **DLTS**-Verfahren, die **D**eep **L**evel **T**ransient **S**pectroscopy, betrachtet werden. Diese Methode zählt zu den derzeit genauesten elektrischen Meßverfahren überhaupt. Im folgenden soll die DLTS daher im Detail dargestellt werden.

[1] Weitere Verfahren zur experimentellen Charakterisierung von Halbleitern finden sich in [27].

Dazu wird zunächst die Idee am Beispiel der Schottky-Diode im n-Halbleiter dargestellt und dann Schritt für Schritt vertieft (s. [28, 29]).
An eine Schottky-Diode werde zunächst eine Sperrspannung U angelegt, wodurch eine Raumladungszone der Weite L_1 erzeugt wird. Die Abb. 10.1(a) zeigt diese Situation für den stationären Zustand. Die Ladungsbilanz im Gleichgewicht wird durch die Gateladung Q_M und die Raumladung Q_{SC}, die von den ionisierten Störstellen gebildet wird, erfüllt und lautet:

$$-Q_M = Q_{SC}. \tag{10.2}$$

Im Anschluß daran wird ein sog. **Füllpuls** angelegt, der die Diode in Durchlaßrichtung polt, s. Abb. 10.1(b). Durch diesen Füllpuls wird die Bandverbiegung so eingestellt, daß die Raumladungszone auf L_2 verkleinert wird und somit die tiefen Störstellen im Bereich zwischen L_1 und L_2 mit Elektronen gefüllt werden. Amplitude und Dauer des Füllpulses können variiert werden. Nach Abschalten des Füllpulses, s. Abb. 10.1(c), sind zur Zeit $t = 0$ zunächst alle tiefen Niveaus noch mit Elektronen besetzt, obgleich sie oberhalb des Gleichgewichts-Ferminiveaus liegen. Die zusätzliche negative und zeitabhängige Ladung sei $Q_T(t)$. Um die Gesamtladungsbilanz zu erfüllen,

$$-Q_M = Q_{SC}(t) - Q_T(t), \tag{10.3}$$

muß die Raumladungszone vergrößert werden. Dies wird durch Aufweiten der Sperrschicht von L_1 auf L_3 erreicht, so daß die Kapazität der Schottkydiode unmittelbar nach Abschalten des Füllpulses kleiner als im stationären Zustand wird.

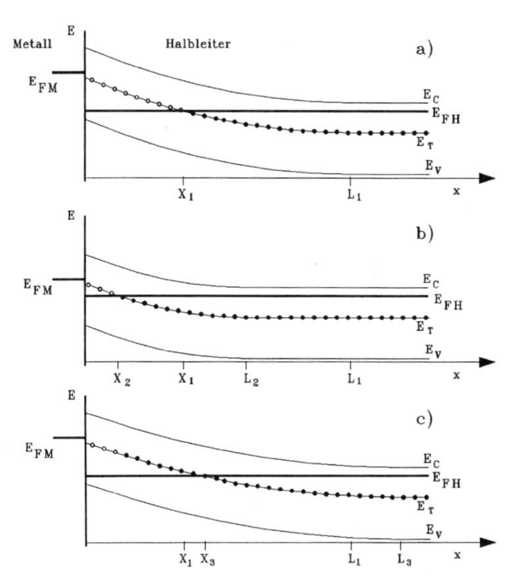

Abbildung 10.1: Bänderschema einer n-Schottky-Diode: a) bei anliegender Sperrspannung im Gleichgewicht b) bei angelegtem Füllpuls c) kurz nach Abschalten des Füllpulses

Die Traps setzen sich nun durch thermische Emission ihrer überschüssigen Elektronen mit den Bändern ins Gleichgewicht; dadurch nimmt die Weite der Raumladungszone wieder von L_3 auf L_1 ab und die Kapazität steigt erneut auf ihren stationären Wert an. Man erhält somit einen Kapazitätsverlauf, wie ihn Abb. 10.2 wiedergibt.

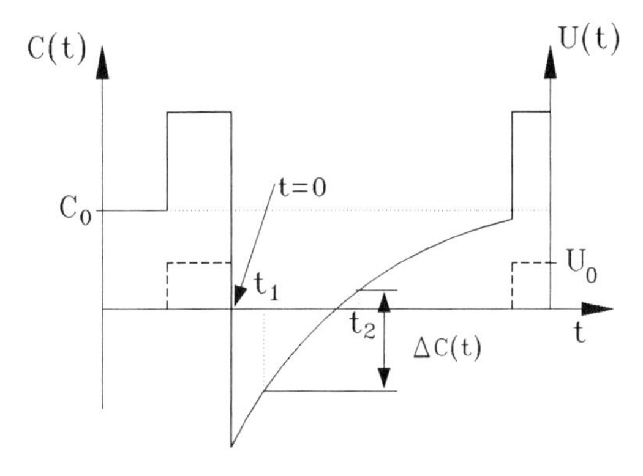

Abbildung 10.2: Zeitlicher Verlauf des Spannungspulses $U(t)$ (gestrichelte Linie) sowie der MOS-Kapazität $C(t)$ (durchgezogene Linie) während einer DLTS-Messung

Die Ladung in der Raumladungszone setzt sich aus zwei Anteilen zusammen, den ionisierten, positiv geladenen Donatoren und den mit Elektronen besetzten, negativ geladenen Traps. Setzt man die vollständige Ionisation der flachen Störstellen voraus, so daß für die Gleichgewichtskonzentration der Elektronen $n_{0,H} \approx N_D^+ = N_D$ gilt, und beschreibt man darüberhinaus die Zeitabhängigkeit der Besetzung der tiefen Störstellen gemäß $n_T(t) = N_T \exp(-t/\tau_{en})$ als exponentiell abnehmend, so erhält man eine zeitabhängige Ladungsdichte $\rho(t)$:

$$\rho(t) = q(N_D - n_T(t)) = N_D - N_T \exp(-t/\tau_{en}) = N_D \left(1 - \frac{N_T}{N_D} \exp(-t/\tau_{en})\right). \quad (10.4)$$

Bei Anlegen einer äußeren Sperrspannung U an den Metall-Halbleiterkontakt ist die zeitabhängige Kapazität der Raumladungszone nach Gleich. 5.2 gegeben durch:

$$C(t) = \sqrt{\frac{q\epsilon_0\epsilon_{HL}}{2} \frac{N_D}{U + V_D} \left(1 - \frac{N_T}{N_D} \exp\left(-\frac{t}{\tau_{en}}\right)\right)}, \quad (10.5)$$

wobei gegenüber Gleich. 5.2 die Spannung $k_B T/q$ vernachlässigt wurde. Ist die Trapkonzentration N_T deutlich kleiner als die Konzentration N_D der flachen Donatoren, so kann die Wurzel in eine Taylorreihe entwickelt und nach dem 2. Glied abgebrochen werden. Der veränderliche Anteil der Kapazität zeigt dann eine exponentielle Zeitabhängigkeit:

$$C(t) = \sqrt{\frac{q\epsilon_0\epsilon_{HL} N_D}{2(U + V_D)}} \left[1 - \frac{N_T}{2N_D} \exp\left(-\frac{t}{\tau_{en}}\right)\right]. \quad (10.6)$$

Die Emissionszeitkonstante τ_{en} kann aus dem zeitlichen Verlauf der Kapazitätsänderung und N_T aus deren Maximum bestimmt werden.

Eine Variante des DLTS-Verfahrens, die CC-DLTS (**C**onstant **C**apacitance DLTS) läßt sich schon erkennen. Wird die Kapazität während der Messung durch Nachregeln der Spannung konstant gehalten, so muß die Regelspannung $U(t)$ — **unabhängig vom Konzentrationsverhältnis N_T/N_D** — einen exponentiellen Verlauf aufweisen. Neben diesem Vorteil ergibt sich ein wichtiger weiterer, nämlich der, daß die Messung bei konstanter Sperrschichtweite erfolgt. Beim DLTS-Verfahren sinkt die Sperrschichtweite während der Messung von L_3 auf L_1, s. Abb. 10.1(c). Dadurch wird die Bandverbiegung verändert und die Schnittebene von Trapniveau und Ferminiveau in Abb. 10.1(c) von x_3 nach x_1 verschoben. Die Umladungen in diesem Bereich führen bei der Auswertung zu Fehlern.
Bei der Auswertung nach dem klassischen DLTS-Verfahren wird nun bei einer festen Temperatur T die Kapazitätsänderung ΔC zwischen zwei Zeitpunkten t_1 und t_2 gemessen, s. Abb. 10.2:

$$\Delta C := C(t_2, T) - C(t_1, T). \tag{10.7}$$

Aufgrund der Temperaturabhängigkeit der Emissionszeitkonstanten τ_{en} nimmt diese Kapazitätsdifferenz für verschiedene Temperaturen unterschiedliche Werte an. Trägt man daher $\Delta C(T) := C(T) - C_0$ (s. Abb. 10.2) gegen die Temperatur auf, erhält man die in Abb. 10.3 dargestellten Temperaturkurven. Man erkennt, daß die Kapazitätsänderung $\Delta C(T)$ bei einer bestimmten Temperatur T_{max} maximal wird.

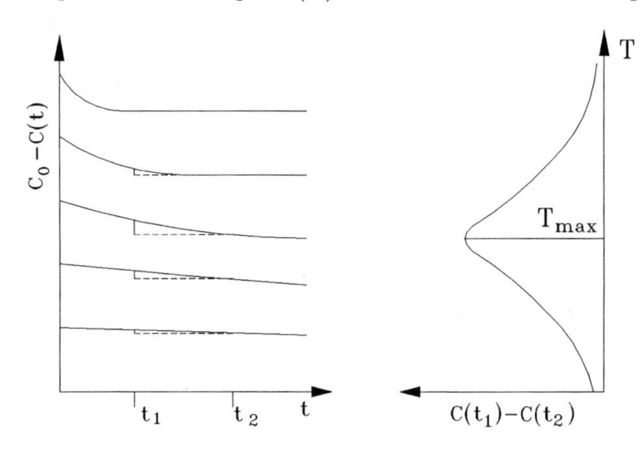

Abbildung 10.3: Temperaturabhängigkeit des DLTS-Signals: **Links**): Zeitlicher Verlauf der Kapazität nach Abschalten des Füllpulses bei unterschiedlichen Temperaturen; **Rechts**): $\Delta C(t_1, t_2, T)$ als Funktion der Temperatur

Diese Darstellung der Temperaturkurven bezeichnet man auch als **Tempscan**. Bei exponentiell zeitabhängigen Emissionssignalen wird die Temperatur T_{max} bestimmt durch:

$$\frac{d\Delta C}{dT} = \frac{d\Delta C}{d\tau_{en}} \frac{d\tau_{en}}{dT} = 0. \tag{10.8}$$

Diese Bedingung liefert unter Berücksichtigung der Gleich. 10.6:

$$\frac{d}{d\tau_{en}} \left(\exp\left(-\frac{t_2}{\tau_{en}}\right) - \exp\left(-\frac{t_1}{\tau_{en}}\right) \right) \frac{d\tau_{en}}{dT} = 0, \tag{10.9}$$

bzw.

$$\tau_{en}(T_{max}) = \frac{t_2 - t_1}{\ln(t_2/t_1)}. \tag{10.10}$$

Die Gleich. 10.10 liefert für die Maximumstemperatur T_{max} einen Zusammenhang zwischen der Emissionszeitkonstanten τ_{en} und den Meßzeitpunkten t_2 und t_1. Die Größe $(t_2 - t_1)/\ln(t_2/t_1)$ wird Meßzeitfenster genannt. Für andere Meßzeitfenster liegen die Maxima bei anderen Temperaturen. Für jedes Zeitfenster erhält man also ein Wertepaar (τ_{en}, T_{max}) für eine Arrheniusaufzeichnung.
Berücksichtigt man die Temperaturabhängigkeit der Emissionszeitkonstanten explizit nach den Gleichn. 3.30 und 3.34

$$\tau_{e_n} = \frac{1}{c_n n_1} = \frac{1}{\sigma \bar{v}_{th} X_T N_C} \cdot \exp\left(\frac{E_C - E_T}{k_B T}\right), \tag{10.11}$$

wobei in der red. effekt. Zustandsdichte $n_1 = N_C X_T \exp\left(-(E_C - E_T)/k_B T\right)$ der Entropiefaktor X_T explizit aufgeführt wurde, so erhält man

$$\ln(\tau_{e_n} \bar{v}_{th} N_C) = \frac{E_C - E_T}{k_B} \cdot \frac{1}{T} - \ln(\sigma_n X_T). \tag{10.12}$$

Da für die thermische Geschwindigkeit $\bar{v}_{th}$ gilt:

$$\bar{v}_{th} = \sqrt{\frac{3k_B T}{m_{eff}}} = \sqrt{\frac{3k_B}{m_{eff}}} \cdot \sqrt{T}, \tag{10.13}$$

läßt sich Gleich. 10.12, wenn man die effektive Zustandsdichte N_C nach Kap. 2.1 einsetzt, auch in folgender Weise schreiben

$$\ln(\tau_e T^2 \cdot 2\sqrt{3 \cdot 8\pi^2}\frac{m_0 k_B^2}{h^3} \cdot \frac{m_{eff}}{m_0}) = \frac{E_C - E_T}{k_B} \cdot \frac{1}{T} - \ln(\sigma_n X_T) \tag{10.14}$$

$$\ln(\tau_e T^2 \cdot \frac{m_{eff}}{m_0} 1{,}8371403 \cdot 10^{23}) = \frac{E_C - E_T}{k_B} \cdot \frac{1}{T} - \ln(\sigma_n X_T)$$

mit folgenden Werten für die Konstanten:

- $m_0 = 9{,}109534 \cdot 10^{-31}\text{kg} = \frac{9{,}109534 \cdot 10^{-31}}{1{,}6021417 \cdot 10^{-19}}\ \text{eVs}^2/\text{m}^2$
- $k_B = 1{,}380622 \cdot 10^{-23}\text{J/K} = \frac{1{,}380622 \cdot 10^{-23}}{1{,}6021417 \cdot 10^{-19}}\ \text{eV/K}$
- $h = 6{,}626176 \cdot 10^{-34}\text{Js} = \frac{6{,}626176 \cdot 10^{-34}}{1{,}6021417 \cdot 10^{-19}}\ \text{eVs}.$

Man kann also auf diese Weise die energetische Lage $E_C - E_T$ des Störniveaus als Anstieg und das Produkt aus Wirkungsquerschnitt σ_n und Entropie-Faktor X_T als Achsenabschnitt im Arrhenius-Plot gewinnen. Dazu muß $\tau_{en}(T_{max})$ bestimmt werden. Bei der praktischen Durchführung der Messung muß meist für jedes Zeitfenster der gesamte Temperaturbereich neu durchfahren werden.

10.2 Deep Level Transient Fourier Spectroscopy (DLTFS)

Das soeben vorgestellte DLTS-Verfahren weist einige prinzipielle Nachteile auf. Liegen etwa in einer Probe verschiedene Arten von Störstellen vor oder ist die Amplitude der Kapazitätstransiente temperaturabhängig, so treten Fehler auf.
Im folgenden wird daher eine Weiterentwicklung vorgestellt, die die genannten Nachteile vermeidet, die **Deep Level Transient Fourier Spectroscopy (DLTFS[2])**. Diese ist ein universelles Verfahren, das die Überprüfung beliebiger Zeitgesetze gestattet und eine sinnvolle Nutzung der Zusammenhänge von linearen zeitinvarianten Systemen darstellt.
Die wesentliche Idee dieses Verfahrens besteht darin, eine Fouriertransformation des abgetasteten Meßsignals durchzuführen und das Resultat mit den Fouriertransformierten möglicher Zeitgesetze zu vergleichen.
Wie hinlänglich bekannt ist, vermittelt die Fouriertransformation den Wechsel zwischen einer Beschreibung im Zeit- und Frequenzbereich. Gehorcht eine physikalische Größe einer Zeitabhängigkeit $f(t)$, so kann man deren Frequenzspektrum $\tilde{f}(\omega)$ durch eine Fouriertransformation gewinnen:

$$\tilde{f}(\omega) := \int_{-\infty}^{+\infty} dt f(t) \exp(i\omega t). \tag{10.15}$$

Aus dieser Definition erkennt man bereits, daß zur Berechnung von $\tilde{f}(\omega)$ die vollständige Kenntnis des Zeitverlaufs von $f(t)$ erforderlich ist. Umgekehrt läßt sich bei vollständiger Kenntnis der Fouriertransformierten $\tilde{f}(\omega)$ der Funktionsverlauf $f(t)$ im Zeitbereich rekonstruieren (s. [4]):

$$f(t) = \frac{1}{2\pi} \int_{-\infty}^{+\infty} d\omega \tilde{f}(\omega) \exp(-i\omega t). \tag{10.16}$$

Daß die digitale Erfassung elektrischer Signale ständig an Bedeutung gewinnt und analoge Verfahren zunehmend in den Hintergrund gedrängt werden, muß nicht besonders betont werden. Tastet man etwa ein Signal $f(t)$ zu festen Zeitpunkten $t_n := n \cdot t_0$ während eines Meßzeitraums $t_M = N \cdot t_0$ ab, so stehen nach Abschluß der Messung N Meßwerte $f(t_n)$ $(= f(nt_0)$ mit $n = 1, 2, \ldots, N)$ zur Verfügung, s. Abb. 10.4.
Damit ist eine Berechnung von $\tilde{f}(\omega)$ gemäß der Definition 10.15 nur näherungsweise möglich und es stellt sich die Frage, unter welchen Bedingungen man dennoch $f(t)$ aus den Abtastwerten vollständig rekonstruieren kann. Man erhält als Näherung von Gleich. 10.15:

[2] Das DLTFS-Verfahren wurde unter der Leitung eines der Autoren (Prof. Dr. R. Kassing) am Institut für Technische Physik der Univ. Kassel entwickelt.

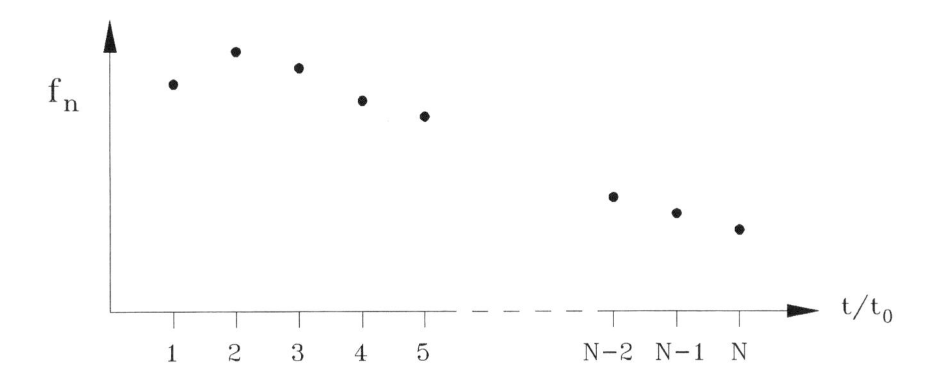

Abbildung 10.4: Digitale Erfassung eines kontinuierlichen Signals: die Meßwerte werden zu äquidistanten Zeitpunkten $t_n = nt_0$ während eines Zeitraums $t_M = Nt_0$ gewonnen.

$$\tilde{f}(\omega) \approx t_0 \cdot \sum_{n=1}^{N} f(nt_0) \cdot \exp(i\omega nt_0). \tag{10.17}$$

Aus diesem Grund definiert man eine diskrete Fouriertransformierte $F_D(\omega)$ in der folgenden Weise:

$$F_D(\omega) := \sum_{n=1}^{N} f(nt_0) \exp(i\omega nt_0). \tag{10.18}$$

Als Folge der Identität

$$\exp(i\omega nt_0) = \exp(i\omega nt_0 + i2\pi \cdot n) = \exp\left(i(\omega + \frac{2\pi}{t_0})nt_0\right) \tag{10.19}$$

ist F_D eine periodische Funktion der Kreisfrequenz ω mit der Abtastfrequenz $\omega_a := 2\pi/t_0$ als Periodenlänge.

Aus dieser Periodizität leitet man eine Bedingung für die Abtastfrequenz her, die die vollständige Rekonstruktion sog. **bandbegrenzter** Funktionen gestattet. Als bandbegrenzt werden solche Funktionen bezeichnet, deren Fourierspektrum dem Betrag nach durch eine Maximalfrequenz nach oben beschränkt ist und daher vollständig innerhalb eines bestimmten Frequenz**bands** liegt. Falls daher das Spektrum $\tilde{f}_k(\omega)$ der abgetasteten Funktion $f(t)$ durch eine Maximalfrequenz ω_{max} begrenzt ist (s. Abb. 10.5), so muß ω_a die Bedingung

$$\omega_a > 2\omega_{max} \tag{10.20}$$

erfüllen. Diesen Sachverhalt bezeichnet man als **Abtasttheorem**.

Die diskrete Fouriertransformierte $F_D(\omega)$ ist gemäß Gleich. 10.18 für jede Frequenz ω berechenbar. Da die Abtastung jedoch nur N diskrete Meßpunkte $f(nt_0)$ liefert,

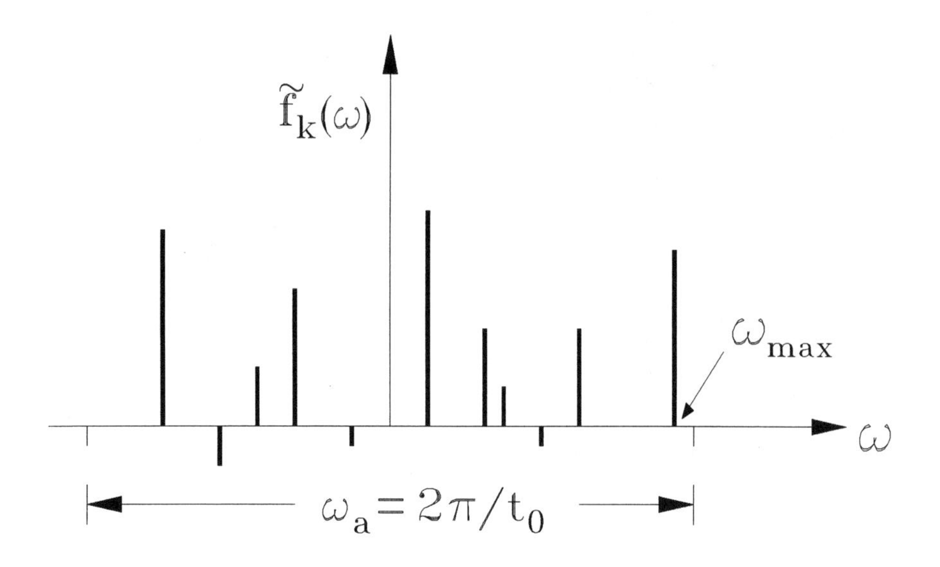

Abbildung 10.5: Zum Abtasttheorem: Zur digitalen Erfassung eines Signals mit begrenztem Spektrum muß die Abtastfrequenz die doppelte Grenzfrequenz überschreiten: $\omega_a > 2\omega_{max}$.

kann $F_D(\omega)$ ebenfalls nur für N Kreisfrequenzen ω_k $(k = 1, 2, \ldots, N)$ unabhängige Werte annehmen. Diese Frequenzen werden äquidistant über das Periodizitätsintervall verteilt:

$$\omega_k = k \cdot \frac{2\pi}{N t_0} \qquad \text{mit} \quad k = 1, 2, \ldots, N. \tag{10.21}$$

Dann wird die diskrete Fouriertransformierte vollständig durch folgende N Funktionswerte repräsentiert:

$$F_D(\omega_k) := \sum_{n=1}^{N} f(nt_0) \exp\left(i2\pi \frac{k \cdot n}{N}\right) \qquad \text{mit} \quad k = 1, 2, \ldots, N. \tag{10.22}$$

Die spektrale Auflösung wird durch den reziproken Abstand zweier benachbarter Frequenzen gegeben:

$$\frac{1}{\omega_k - \omega_{k-1}} = \frac{N t_0}{2\pi} = \frac{t_M}{2\pi} = \frac{N}{\omega_a}. \tag{10.23}$$

Die Auflösung ist ersichtlich proportional zur gesamten Abtastdauer t_M bzw. umgekehrt proportional zur Abtastfrequenz ω_a. Eine Erhöhung der spektralen Auflösung erfordert also eine entsprechende Erhöhung der gesamten Meßdauer und/oder eine Erhöhung der Abtastfrequenz, d. h. eine Verringerung der Zeitdauer t_0 zwischen der Aufnahme zweier Meßpunkte.

Da die zu untersuchende Funktion $f(t)$ nur innerhalb des Meßzeitraums ($0 < t < t_M$) abgetastet wird, kann diese außerhalb des Meßzeitfensters mit einer Kreisfrequenz $\omega_p = 2\pi/t_M$ periodisch als $f_p(t)$ fortgesetzt werden, ohne einen Informationsverlust zu erleiden. Die periodisch fortgesetzte Funktion $f_p(t)$ kann nun in eine Fourierreihe entwickelt werden:

$$f_p(t) =: \sum_{n=-\infty}^{+\infty} c_n \exp(in\omega_p t) \qquad \text{mit} \quad c_n = \frac{1}{t_M} \int_0^{t_M} dt f(t) \exp(-in\omega_p t). \tag{10.24}$$

Durch Ausnutzung der Euler-Relation ($e^{i\phi} = \cos(\phi) + i\sin(\phi)$) kann man die Fourierreihe in Gleich. 10.24 in Real- und Imaginärteil zerlegen mit den entsprechenden Sinus- und Cosinuskoeffizienten a_n und b_n. Ist $f(t)$ eine reelle Funktion, so müssen a_n und b_n ebenfalls reell sein und können aus dem entsprechenden komplexen Fourierkoeffizienten entnommen werden:

$$a_n = 2\,\mathrm{Re}(c_n) \qquad \text{und} \qquad b_n = -\frac{2}{i}\,\mathrm{Im}(c_n). \tag{10.25}$$

Die Idee des DLTFS-Verfahrens besteht nun darin, unter der — auf ein geeignetes physikalisches Modell des Umladevorgangs gegründeten — Annahme eines Zeitverlaufs $f(t)$ der Kapazitäts- oder Stromtransiente die Fourierreihenentwicklung der zugehörigen periodisch fortgesetzten Funktion $f_p(t)$ durchzuführen und die so berechneten Koeffizienten c_k (bzw. a_k und b_k) mit den durch diskrete Fouriertransformation aus den Meßwerten gewonnenen Koeffizienten $F_D(\omega_k)$ (s. Gleich. 10.22) zu vergleichen. Da die Koeffizienten $F_D(\omega_k)$ aus dem diskretisierten Fourierintegral durch Division mit $t_0 = t_M/N$ hervorgehen, müssen für diesen Vergleich gewichtete Koeffizienten $c_k^D := F_D(\omega_k)/N$ eingeführt werden. Diese können mit den berechneten Koeffizienten c_k verglichen werden.
Am Beispiel einer exponentiellen Transienten

$$f(t) = A\exp(-t/\tau) \tag{10.26}$$

soll das Verfahren der DLTFS im folgenden explizit vorgeführt werden.
Die Berechnung der Fourierkoeffizienten nach Gleich. 10.24 ergibt:

$$c_n = \frac{A}{t_M}\Big[\exp(-t_M/\tau)\exp(i\omega_p n t_M) - 1\Big]\frac{1/\tau - in\omega_p}{n^2\omega_p^2 + 1/\tau^2}. \tag{10.27}$$

Unter Berücksichtigung von $\exp(i\omega_p n t_M) = \exp(i2\pi n) = 1$ folgt dann

$$\begin{aligned} a_n &= \frac{2A}{t_M}\Big[\exp(-t_M/\tau) - 1\Big]\frac{1/\tau}{n^2\omega_p^2 + 1/\tau^2} \\ b_n &= \frac{2A}{t_M}\Big[\exp(-t_M/\tau) - 1\Big]\frac{n\omega_p}{n^2\omega_p^2 + 1/\tau^2}. \end{aligned} \tag{10.28}$$

Für die Koeffizienten gilt also:

$$\frac{b_n}{a_n}\frac{a_k}{b_k} = \frac{n}{k}. \tag{10.29}$$

Damit ist eine Überprüfung der gemessenen Koeffizienten auf den vermuteten exponentiellen Transientenverlauf möglich. Die N Koeffizienten c_N gestatten es, N^2 verschiedene Quotienten nach Gleich. 10.29 zu bilden, und ermöglichen so eine unabhängige Überprüfung des vermuteten Funktionsverlaufs.
Üblicherweise zieht man nur wenige Koeffizienten heran. So müssen etwa a_1, b_1, a_2, b_2 die Beziehung

$$\frac{b_2}{a_2}\frac{a_1}{b_1} = 2 \tag{10.30}$$

erfüllen und erlauben bereits eine rasche Überprüfung des vermuteten exponentiellen Transientenverlaufs.
Die Signalamplitude A kann ebenfalls auf verschiedene Weise aus den einzelnen Koeffizienten a_n und b_n bestimmt werden:

$$\begin{aligned} A &= \frac{t_M}{2}\frac{a_n}{\tau}\frac{n^2\omega_p^2 + 1/\tau^2}{\exp(-t_M/\tau) - 1} \\ A &= \frac{t_M}{2}\frac{b_n}{n\omega_p}\frac{n^2\omega_p^2 + 1/\tau^2}{\exp(-t_M/\tau) - 1}. \end{aligned} \tag{10.31}$$

Diese Relationen gestatten ebenfalls eine weitere unabhängige Überprüfung des vermuteten Zusammenhangs. Die Zeitkonstante τ kann aus

$$\tau = \frac{1}{n\omega_p}\frac{b_n}{a_n} \tag{10.32}$$

ebenfalls mehrfach bestimmt werden. Die Gleich. 10.32 enthält die Signalamplitude nicht. Daher wird die Messung der Zeitkonstanten nicht durch Änderungen der temperaturabhängigen Amplitude während der Messung beeinflußt. Die folgenden Abbildungen zeigen ein Beispiel für eine DLTFS-Messung an einer typischen Probe (Gold in n-Silizium). Die Abb. 10.6 zeigt den entsprechenden Tempscan.

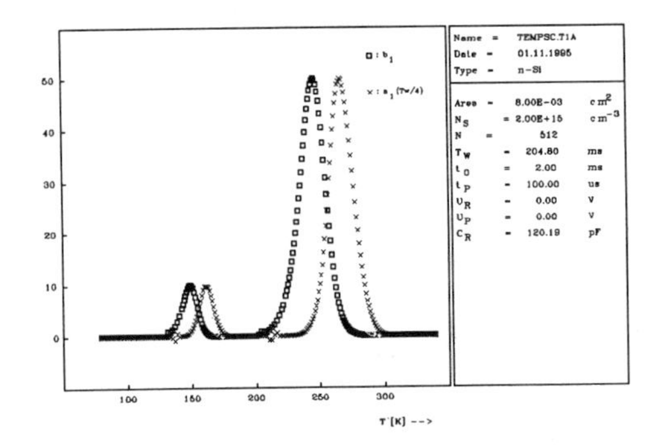

Abbildung 10.6: Tempscan

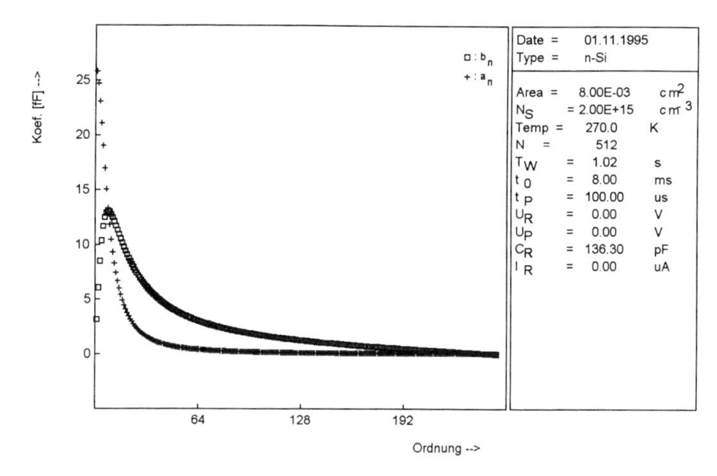

Abbildung 10.7: Sinus- und Cosinuskoeffizienten a_n und b_n der Kapazitätstransiente

Man erkennt in beiden Kurven jeweils zwei Maxima, die auf zwei energetische Niveaus des Goldes im Silizium hindeuten. In der Abb. 10.7 sind die diskreten Fourierkoeffizienten a_n und b_n der gemessenen Kapazitätstransiente dargestellt.
Diese Aussage wird durch die zugehörigen Arrheniusplots unterstützt, die in Abb. 10.8 dargestellt sind. Deutlich lassen sich zwei Niveaus voneinander trennen.

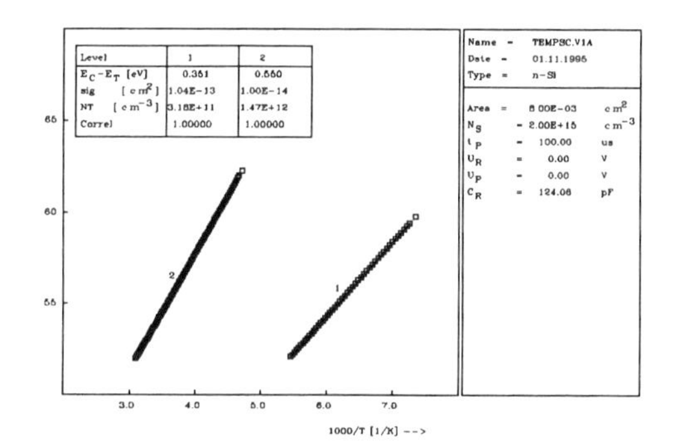

Abbildung 10.8: Arrheniusdarstellungen

Das DLTFS-Verfahren erlaubt die Überprüfung unterschiedlichster Zeitgesetze (linear, exponentiell, hyperbolisch ...).
In den folgenden Abschnitten wird dem interessierten Leser ein Einblick in einige Varianten des DLTS-Verfahrens geboten, der jedoch zum Verständnis des gesamten Buches nicht zwingend erforderlich ist, und daher beim ersten Lesen übergangen werden kann. In diesem Fall sollte die Lektüre im Abschnitt 10.4.1 fortgesetzt werden.

10.3 Vertiefte Betrachtung der DLTS

10.3.1 Zustände im Halbleiterinneren

Zunächst sollen noch einmal die Umladeprozesse tiefer Niveaus in einer Schottky-Diode sowie diejenigen von Grenzflächen- und Oxidzuständen in MIS-Kondensatoren genauer betrachtet werden.
Die Abb. 10.9 zeigt die Bandverbiegung in einer Schottky-Diode für zwei verschiedene Sperrspannungen U_1 und U_2 im stationären Zustand und die zugehörige Raumladungsverteilung $\rho(x)$ in der Schottky'schen Randschichtnäherung.

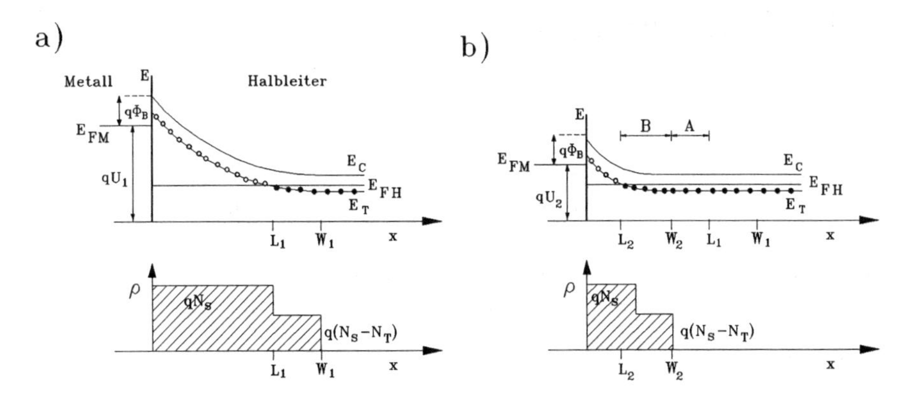

Abbildung 10.9: Bandverbiegung und zugehörige Raumladungsverteilung $\rho(x)$ in einer Schottky-Diode für zwei verschiedene Sperrspannungen im stationären Zustand

Man erkennt, daß der Abstand zwischen dem Ferminiveau E_{FH} im Halbleiter und dem Leitungsbandniveau E_C und damit die Konzentration n_0 freier Elektronen ortsabhängig sind. Ferner können lokal erhöhte Feldstärken über die Feldabhängigkeit der Wirkungsquerschnitte eine Ortsabhängigkeit der Konzentration der tiefen Zentren vortäuschen. Im folgenden soll zunächst die Ortsabhängigkeit der Einfang- und Emissionszeitkonstanten berücksichtigt werden, die dadurch verursacht wird, daß in der Umgebung des Schnittpunkts von Fermi- und Trapniveau die Besetzung der tiefen Niveaus ortsabhängig ist.
Der Abstand L_0 zwischen dem Schnittpunkt L_1 von Fermi- und Trapniveau und dem Ende der Sperrschicht W_1 ist durch die Differenz von Trapniveau E_T und Ferminiveau E_F im Inneren des Halbleiters vorgegeben und daher unabhängig von der anliegenden Spannung konstant:

$$L_0 := W_1 - L_1 = W_2 - L_2 = \frac{1}{q}\sqrt{\frac{2\epsilon_0\epsilon_{HL}(E_T - E_F)}{n_0}}, \tag{10.33}$$

sofern sich die Ladungsdichte nicht ändert.

Einfang

Zunächst werde angenommen, daß die Trapkonzentration N_T und der Einfangquerschnitt σ_n orts- und feldunabhängig seien. Dann setzt der Einfangprozeß ein, wenn die Diodenspannung in Richtung Durchlaßbereich geändert wird, von U_1 nach U_2 in Abb. 10.9. Damit verringert sich die Weite W der Raumladungszone auf einen Wert W_2 und der Schnittpunkt zwischen den Energien E_{FH} und E_T wandert von L_1 nach L_2. Unter den Annahmen, daß sich die Elektronenkonzentrationsänderung im Leitungsband in einem Zeitraum vollzieht, der klein gegen die Einfangzeitkonstante der Traps ist, und daß $N_T \ll N_D$ gilt, kann man die Zone, in welcher der Einfang stattfindet, in zwei Bereiche A und B einteilen: Ist $L_1 > W_2$, so existiert ein Bereich A der Länge $L := L_1 - W_2$, in dem die Konzentration der freien Elektronen konstant gleich $n_{0,H}$, der Konzentration im Halbleiterinneren, ist. Im Bereich B der Länge $L_0 = W_2 - L_2$ nimmt die Konzentration $n(x)$ der Elektronen im Leitungsband zum Rand der Sperrschicht bei $x = 0$ stark ab. Berücksichtigt man die Konzentrationsabhängigkeit der Einfangzeitkonstanten gemäß

$$\tau(x) = \frac{1}{n(x)c_n}, \tag{10.34}$$

so findet man im Bereich A einen konstanten Wert τ_A der Größe $1/(n_{0,H}c_n)$ und für den Bereich B eine ortsabhängige Zeitkonstante $\tau_B(x) := 1/(n_B(x)c_n)$. Damit kann die gesamte, zeitabhängige Trapladung pro Fläche, $N_T^-(t)$, durch Integration über den Bereich $W = A + B$ zwischen L_1 und L_2 ermittelt werden:

$$N_T^-(t) = \frac{N_T}{W}\left\{L\big[1 - \exp(-t/\tau_A)\big] + \int_B dx\,\big[1 - \exp(-t/\tau_B(x))\big]\right\}. \tag{10.35}$$

Die Ortsabhängigkeit der Konzentration $n_B(x)$ kann durch einen Boltzmannfaktor $\exp(-q\Phi(x)/k_BT)$ beschrieben werden, wobei $\Phi(x)$ das ortsabhängige elektrische Potential darstellt. In der Schottky-Parabelnäherung wächst dieses Potential quadratisch mit dem Abstand $W_2 - x$ vom Beginn der Raumladungszone am Übergang zwischen Bereich A und B (s. Abb. 10.9), $\Phi(x) \sim (W_2 - x)^2$. Damit ergibt sich für $n_B(x)$:

$$n_B(x) = n_{0,H}\exp\left(-\left(\frac{W_2 - x}{L_D}\right)^2\right), \tag{10.36}$$

wobei L_D wiederum die Debye-Länge bezeichnet. Mit der Substitution

$$Z(t) := \ln(tc_n n_{0,H}) \tag{10.37}$$

erhält man für den Integranden $I(t)$ im obigen Integral:

$$I(t) = 1 - \exp\left(-\exp\left[Z(t) - \left(\frac{W_2 - x}{L_D}\right)^2\right]\right). \tag{10.38}$$

Die Funktion $I(t)$ kann in guter Näherung durch die Sprungfunktion dargestellt werden:

$$I(t) = \begin{array}{ll} 1 & \text{für } Z \geq \left(\frac{W_2-x}{L_D}\right)^2 \\ 0 & \text{für } Z < \left(\frac{W_2-x}{L_D}\right)^2. \end{array} \tag{10.39}$$

Damit kann man für Zeiten $t > \tau_{c_n}$ eine Grenze $X(t)$ definieren:

$$X(t) := W_2 - L_D \sqrt{\ln\left(\frac{t}{\tau_{c_n}}\right)}. \tag{10.40}$$

Mittels dieser Grenze kann der zeitliche Verlauf des Einfangprozesses in den Bereichen A und B näherungsweise wie folgt charakterisiert werden: Im Bereich A hat man, wie bereits bekannt, einen Einfangprozess, der einem exponentiellen Zeitgesetz folgt. Im Bereich B werden die Traps sukzessiv von W_2 bis L_2 aufgefüllt. Der zeitliche Verlauf läßt sich im Bänderschema, s. Abb. 10.9, durch eine zur Energieachse parallele Ebene $X(t)$ beschreiben (s. obige Definition in Gleich. 10.40), die die Traps in besetzte und unbesetzte unterteilt und sich nach einem logarithmischen Zeitgesetz von W_2 nach L_2 bewegt. Der gesamte Einfangprozeß ist abgeschlossen, wenn diese Ebene L_2 erreicht hat. Die Zeitdauer t_L, die sie bis zum Erreichen von L_2 benötigt, läßt sich angeben zu:

$$t_L = \tau_{c_n} \exp\left(\frac{E_C - E_T}{k_B T}\right) = \tau_{en}. \tag{10.41}$$

Dieses Ergebnis veranschaulicht noch einmal das schon früher gewonnene, daß $\tau_{c_n} = \tau_{en}$ gilt, für den Fall, daß $E_F = E_T$ ist.
Man kann daher den Einfangprozeß in guter Näherung als Summe eines logarithmischen und eines exponentiellen Zeitgesetzes darstellen (s. Gleich. 10.35):

$$N_T^-(t) = \frac{N_T}{W}\left[(L - W_1)\left(1 - \exp\left(-t/\tau_{c_n}\right)\right) + L_D\sqrt{\ln\left(t/\tau_{c_n}\right)}\right]. \tag{10.42}$$

Diese Gleichung ist jedoch nur gültig für Zeitpunkte $t > t_L$ und setzt vor allem voraus, daß die Traps vollständig umgeladen werden. Sie berücksichtigt also noch nicht, daß die Traps in einem Bereich L um L_1 und L_2 nicht vollständig umgeladen sind. In diesen Bereichen wird somit aus der Messung der Zahl der umgeladenen Störzentren eine zu kleine Trapkonzentration bestimmt. Daher werden Messungen der Störstellenkonzentration im Bereich (L_1, L_2) fehlerhaft, sofern nicht durch die Größe des Spannungssprungs $U_1 - U_2$ dafür gesorgt wird, daß $L_1 - L_2 \gg 2L$ gilt.
Inhomogenitäten in der Trapkonzentration beeinflussen die Amplitude des Einfang-Signals nur, solange $n_{0,H} \gg N_T$ gilt. Hält man experimentell die Differenz der Sperrschichtweiten $\Delta W = W_1 - W_2$ für verschiedene Spannungspaare U_1, U_2 konstant, so ändert sich $N_T^-(t)$ nur dann, wenn die Trapkonzentration N_T ortsabhängig ist.

Durch Variation von U_1 und U_2 bei konstantem ΔW können verschiedene Bereiche der Länge W verglichen und so kann ohne Kenntnis der Dotierung deren lokale Homogenität überprüft werden.
In den bisherigen Überlegungen war immer angenommen worden, daß $N_D \gg N_T$ gilt. Ist dies nicht mehr der Fall, sondern gilt $N_T \gg N_D$, so ändert sich die Konzentration der Elektronen im Leitungsband während des Einfangprozesses. Für diesen Fall erhält man folgendes Resultat (s. [30]):

$$N_T^-(t) = N_T\left(1 - \exp\left(t/\tau\right)\right) \tag{10.43}$$

mit einer Zeitkonstante

$$\tau = \frac{1}{c_n(N_D - N_T)}. \tag{10.44}$$

Emission

Die aufgrund der Vorspannungsänderung von U_1 nach U_2 eingefangene Trapladung wird vollständig reemittiert, wenn wieder die Ausgangsspannung U_1 angelegt wird. Da die reduzierte effektive Zustandsdichte n_1 nicht ortsabhängig ist, kann die Emissionszeitkonstante $\tau_{en} = 1/(c_n n_1)$ nur über c_n vom Ort abhängen. Diese Größe kann z. B. durch ein inhomogenes elektrisches Feld implizit ortsabhängig werden.

10.3.2 Umladung von Grenzflächen- und Oxidzuständen

Bei der Betrachtung der Methode von Nicollian und Götzberger, der sog. Leitwertmethode (s. Kap. 4), war die Umladung von Grenzflächenzuständen im Rahmen einer Kleinsignaltheorie behandelt worden. Bei DLTS-Untersuchungen werden jedoch Spannungspulse mit großer Amplitude verwendet. Daher muß die Umladung von Grenzflächenzuständen für diesen Fall erneut betrachtet werden.

Konstante Konzentration an freien Ladungsträgern

Sind die Konzentrationen der freien Ladungsträger und die Einfangquerschnitte konstant, so kann die Gesamtzahl $N_c^-(t)$ der im Energieintervall (E_{F2}, E_{F1}) während des Einfangprozesses zum Zeitpunkt t bereits negativ geladenen Grenzflächenzustände pro Fläche angegeben werden:

$$N_c^-(t) = \int_{E_{F2}}^{E_{F1}} N_{SS}(E)\left(1 - \exp\left(-\frac{t}{\tau_c}\right)\right) dE. \tag{10.45}$$

Die Größe $N_{SS}(E)$ bezeichnet die auf die Energie bezogene Grenzflächenzustandsdichte. Für die Zahl aller während der anschließenden Emission noch negativ geladenen Grenzflächenzustände pro Fläche, $N_e^-(t)$, in dem Energieintervall (E_{F1}, E_{F2}) ergibt sich:

$$N_e^-(t) = \int_{E_{F2}}^{E_{F1}} N_{SS}(E) \exp\left(-\frac{t}{\tau_e(E)}\right) dE. \tag{10.46}$$

Der Einfangprozeß verläuft also exponentiell mit der Zeit, da bei energieunabhängigem Wirkungsquerschnitt σ_n und zeitunabhängiger Konzentration n_0 die Einfangzeitkonstante τ_c für alle Traps in dem Bereich (E_{F2}, E_{F1}) gleich ist. Da die Emissionszeitkonstante $\tau_e(E)$ bei konstantem σ_n exponentiell von der Energie abhängt, kann die Beschreibung des Emissionsprozesses in ähnlicher Weise erfolgen, wie sie im Fall der Diskussion des Einfangprozesses in Abschn. 10.3.1 durchgeführt wurde. Dort wurde die exponentielle Abnahme der Konzentration an freien Ladungsträgern mit dem Ort betrachtet. In diesem Fall muß die exponentielle Abhängigkeit von der Energie berücksichtigt werden. Daher folgt mit der Substitution

$$E_0(t) = k_B T \ln(t/\tau_{en}) \qquad \text{und} \qquad \tau_{en} = \frac{1}{c_n N_C} \tag{10.47}$$

der Ausdruck

$$N_e^-(t) = \int_{E_{F2}}^{E_{F1}} N_{SS}(E) \exp\left(-\exp\left[\frac{E_0 - E}{k_B T}\right]\right) dE. \tag{10.48}$$

Die doppelte Exponentialfunktion im Integranden läßt sich in guter Näherung durch die Einheitssprungfunktion ersetzen und man erhält:

$$N_e^-(t) = \int_{E_{F2}}^{E_{F1}} N_{SS}(E) dE \qquad \text{für } t > t'; \tag{10.49}$$

ansonsten gilt $N_e^-(t) = 0$. Dabei ergibt sich t' aus der Bedingung $E_0(t') = E_{F2}$. Bei weitgehend energieunabhängiger Grenzflächenzustandsdichte N_{SS} erhält man für $t > t'$:

$$N_e^-(t) = \left((E_{F1} - E_{F2}) - k_B T \ln\left(\frac{t - t'}{\tau_s}\right)\right) \cdot N_{SS}, \tag{10.50}$$

also einen logarithmischen Zeitverlauf für den Emissionsprozeß. In dieser Darstellung erhält E_0 die Bedeutung einer Grenzenergie, oberhalb derer in guter Näherung alle Zustände entleert, unterhalb derer sie jedoch gefüllt sind. Diese Grenzenergie wandert während der Emission nach einem logarithmischen Zeitgesetz vom Leitungsband in Richtung Valenzband.

Bisher wurde vorausgesetzt, daß der energetische Abstand $E_{F1} - E_{F2}$ während des Umladeprozesses konstant bleibt. Im Falle kleiner Grenzflächenzustandsdichten ist diese Annahme realistisch. Im allgemeinen muß jedoch berücksichtigt werden, daß die Umladung von Grenzflächenzuständen in einem Energieintervall ΔE zu einer

Änderung des Spannungsabfalls über dem Isolator mit der Kapazität pro Fläche C_{OX} führt:

$$\Delta U_{OX} = \frac{q}{C_{OX}} \int_{E_{F2}}^{E_{F1}} \Delta N_{SS}(E) dE. \tag{10.51}$$

Damit ändert sich bei konstant gehaltener Gesamtspannung auch der Spannungsabfall über dem Halbleiter und die Bandverbiegung in der Raumladungszone. Als Folge variieren der Abstand zwischen Ferminiveau und Leitungsband an der Grenzfläche und damit die Konzentration an freien Ladungsträgern während des Umladeprozesses. Dadurch wird der zeitliche Verlauf des Einfangprozesses beeinflußt. Man erhält für diesen Fall

$$\frac{dN_{SS}^-}{dt} = c_n n_s(t=0) \exp\left(-\frac{q^2 N_{SS} \Delta E}{C_{OX} k_B T}\right) \cdot \left(N_{SS} - N_{SS}^-\right), \tag{10.52}$$

wobei $n_s(t=0)$ die Konzentration der Elektronen zum Zeitpunkt $t=0$ bedeutet. Analytisch läßt sich diese Differentialgleichung nicht lösen. Für einen Zeitpunkt t kurz nach Einschalten des Füllpulses, in dem die Zahl der von den Grenzflächenzuständen eingefangenen Elektronen $N_{SS}^-(t)$ noch klein ist, gilt $N_{SS}^-(t) \ll N_{SS}$ und man erhält folgende Näherungslösung:

$$N_{SS}^-(t) = \frac{C_{OX} k_B T}{q^2} \ln\left(c_n n_s(t=0) \frac{q^2 N_{SS} F \Delta E}{C_{OX} k_B T} \cdot t\right), \tag{10.53}$$

also einen logarithmischen Zeitverlauf für den Einfangprozeß. Ist bereits eine namhafte Zahl von Zuständen besetzt, verlangsamt sich der Prozeß weiter. Grenzflächenzustände großer Dichte können daher oft nicht vollständig besetzt werden, da auch durch größere Füllpulsamplituden nicht genügend Elektronen bereitgestellt werden können. Man sagt dann, das Ferminiveau werde gepinnt.

10.3.3 Traps im Isolatorinneren

Bisher wurden nur energetisch verteilte Traps betrachtet, die in einem infinitesimal schmalen Bereich an der Halbleiter-Isolator-Grenzfläche liegen. Traps weit im Halbleiterinneren sind in der Regel wegen fehlender freier Ladungsträger nicht besetzbar. In einem schmalen Bereich an der Grenzfläche ist jedoch die Wechselwirkung von Isolatortraps über verschiedene Tunnelprozesse möglich.

Im folgenden werden ortsfeste Isolator-Traps mit einer Konzentration N_I angenommen, deren mittlerer Abstand voneinander so groß ist, daß eine Wechselwirkung zwischen benachbarten Traps vernachlässigt werden kann. Übergänge zwischen den Traps und benachbarten Halbleiterbändern durch Tunnelprozesse werden im Einfangquerschnitt in folgender Weise berücksichtigt:

$$\sigma(E,x) = \sigma_0(E) \exp\left(-\frac{x}{d_0}\right) \tag{10.54}$$

mit der Tunnelkonstanten d_0

$$d_0 = \frac{\hbar}{2\sqrt{2m_{eff}H_{eff}}}, \tag{10.55}$$

wobei H_{eff} die für den Tunnelprozeß effektive energetische Barrierenhöhe darstellt. Unter Berücksichtigung eines solchen orts- und energieabhängigen Wirkungsquerschnitts muß die Betrachtung des Einfang- und Emissionsprozesses modifiziert werden.

Einfangprozeß

Wird ein Füllpuls angelegt, so beginnt der Prozeß des Einfangs in die Isolatortraps. Da der Einfangquerschnitt nach Gleich. 10.54 mit zunehmendem Abstand zur Grenzfläche exponentiell abfällt, werden die Zustände dicht an der Grenzfläche schneller besetzt als die weiter im Isolatorinneren liegenden. Für die Zeitabhängigkeit von N_I^- — das sind die mit einem Elektron besetzten Isolatortraps — findet man:

$$N_I^-(E,x,t) = N_I(E,x)\left(1 - \exp\left[-t\sigma_0\bar{v}_{th}n_s\exp\left(-x/d_0\right)\right]\right). \tag{10.56}$$

Werden durch den Füllpuls Traps aus einem Energiebereich (E_{F2}, E_{F1}) und einem Volumen der Dicke d_I im Isolator geladen, so ergibt sich für ihre Gesamtzahl :

$$N_C^-(t) = \int_{E_{F2}}^{E_{F1}} \int_0^{d_I} N_I^-(E,x,t)\,dx\,dE. \tag{10.57}$$

Sind N_I und σ_0 weitgehend energieunabhängig, erhält man als Näherungslösung

$$N_C^-(t) = N_I \cdot (E_{F2} - E_{F1}) \int_0^{d_I} \left(1 - \exp\left[-\exp\left(-\frac{x_c - x}{d_0}\right)\right]\right) dx, \tag{10.58}$$

mit

$$x_c(t) = d_0 \ln\left(\frac{t}{\tau_c^0}\right) \qquad \text{und} \qquad \tau_c^0 = \frac{1}{\sigma\bar{v}_{th}n_s}. \tag{10.59}$$

Der Integrand kann wieder durch eine Sprungfunktion genähert werden, so daß sich in guter Näherung ein logarithmischer Zeitverlauf für den Einfangprozeß ergibt

$$N_C^-(t) = N_I \cdot (E_{F2} - E_{F1}) x_c(t). \tag{10.60}$$

Die Abb. 10.10 veranschaulicht den zeitlichen Verlauf des Einfangprozesses. Zu einem Zeitpunkt $t = t_1$ sind alle Isolatortraps zwischen $x = 0$ und $x = x_c(t_1)$ besetzt, während die weiter im Isolatorinneren liegenden Zentren noch leer sind. Damit kann der zeitliche Verlauf des Einfangprozesses durch eine zu den Probenkontakten parallele Trennwand charakterisiert werden, die die Isolatortraps in besetzte und unbesetzte unterteilt und die logarithmisch mit der Zeit von der Grenzfläche zum Gatekontakt wandert.

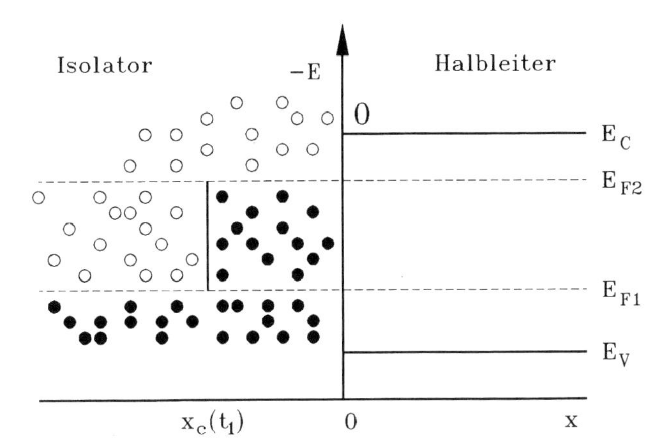

Abbildung 10.10: Einfangprozeß

Emissionsprozeß

Bei Abschalten des Füllpulses nach der Zeit t_p sind nahezu alle Traps im Isolator zwischen $x = 0$ und $x = x_c(t_p)$ im Energiebereich (E_{F1}, E_{F2}) besetzt. Wird das Ferminiveau an der Grenze nun wieder auf E_{F1} eingestellt, so beginnt der Emissionsprozeß aus Traps oberhalb E_{F1}. Zusätzlich zur Ortsabhängigkeit ist natürlich die unterschiedliche Aktivierungsenergie der Zentren zu beachten. Damit erhält man für die Emission aus Zentren im vorgegebenen Orts- und Energiebereich:

$$N_I^-(E,x,t) = N_I(E,x)\exp\left[-t\sigma_0(E,x)\bar{v}_{th}N_C\exp\left(-\frac{E}{k_BT}\right)\right]. \qquad (10.61)$$

Setzt man wieder energieunabhängige Parameter N_I und σ_0 voraus, so erhält man für die Gesamtzahl der zum Meßzeitpunkt t noch besetzten Traps pro Flächeneinheit $N_e^-(t)$:

$$N_e^-(t) = N_I \cdot \int_0^{d_I}\int_{E_{F2}}^{E_{F1}} \exp\left(-\exp\left(\frac{x_e - x}{d_0}\right)\right) dx dE, \qquad (10.62)$$

mit

$$x_e(E,t) = d_0 \ln\left(\frac{t}{\tau_e^0} - \frac{E}{k_BT}\right) \qquad \text{und} \qquad \tau_e^0 = \frac{1}{\sigma\bar{v}_{th}N_C}. \qquad (10.63)$$

Die Ortsintegration liefert daher analog dem Fall des Einfangprozesses

$$N_e^-(t) = N_I \cdot \int\limits_{E_{F2}}^{E_{F1}} (x_c(t_p) - x_e(E,t))\,dE. \qquad (10.64)$$

Die Abb. 10.11 veranschaulicht diesen Emissionsprozeß. Wie beim Einfang existiert eine Trennlinie, die die Isolatorzustände im E, x-Diagramm in besetzte und unbesetzte unterteilt und nach einem logarithmischen Zeitgesetz von der Grenzfläche zum Gatekontakt wandert.

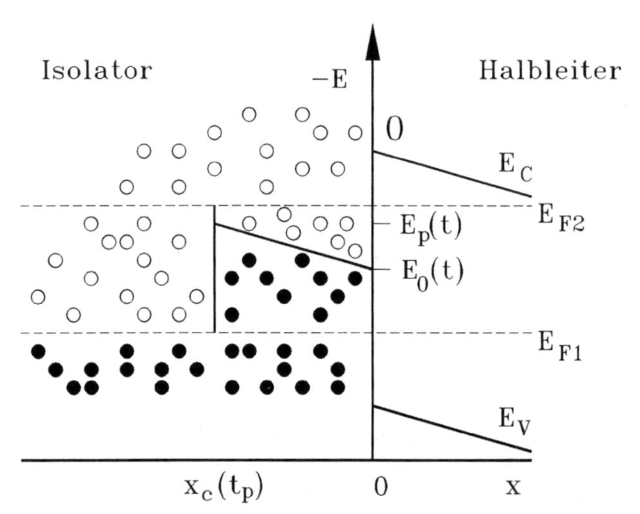

Abbildung 10.11: Emissionsprozeß

Auf dieser Trennlinie liegen zu jedem Zeitpunkt alle diejenigen Traps, die gleichzeitig emittieren. Da Zentren, die weiter im Isolatorinneren lokalisiert sind, einen geringeren effektiven Wirkungsquerschnitt aufweisen als solche direkt an der Grenzfläche, müssen Niveaus aus dem Isolatorinneren, die dieselbe Emissionszeitkonstante wie solche an der Grenzfläche haben sollen, energetisch entsprechend näher am Leitungsband liegen. Daher verläuft die im E, x-Diagramm zum Gatekontakt wandernde Trennlinie nicht mehr wie beim Einfang parallel zur Energieachse, sondern ist durch eine Steigung S charakterisiert, die von der Tunnelkonstante d_0 und der Temperatur bestimmt wird. Sind E_0 und E_p die Energiewerte, die die Trennlinie in Abb. 10.12 und 10.11 zum Zeitpunkt t bei $x = 0$, $x = x_c(t_p)$ erreicht hat, so gilt:

$$\begin{aligned} E_0(t) &= k_B T \ln(t/\tau_0^e) \\ E_p(t) &= E_0 - k_B T \frac{x_c(t)}{d_0} \\ S &= \frac{E_0(t) - E_p(t)}{x_c(t)} = \frac{k_B T}{d_0}. \end{aligned} \qquad (10.65)$$

Der zeitliche Verlauf des Emissionsprozesses kann, s. Abb. 10.12, in verschiedene Zeitbereiche (a-f) aufgeteilt werden.

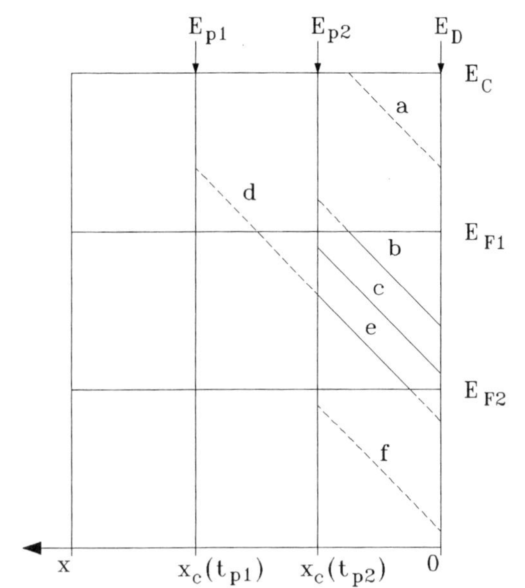

Abbildung 10.12: Zeitlicher Verlauf des Emissionsprozesses

Bei Abschalten des Füllpulses der Breite t_p seien Isolatortraps im Energieintervall (E_{F2}, E_{F1}) zwischen der Grenzfläche und $x_c(t_p)$ vollständig besetzt. Im ersten Zeitbereich nach Abschalten des Füllpulses erfolgt noch keine Emission, solange E_0 oberhalb E_{F2} liegt (a). Zuerst beginnen dann Zustände in einem Bereich nahe der Grenzfläche unterhalb E_{F2} zu emittieren: $E_p < E_{F2} < E_0$, (b). In dieser Zone wächst die Emissionsrate mit der Zeit. Zustände aus dem Bereich nahe x_c beginnen erst dann zu emittieren, wenn E_p den Wert von E_{F2} erreicht hat. In dem darauffolgenden Zeitintervall (c) erfaßt die Trennlinie Zustände aus dem gesamten besetzten Isolatorbereich. Die Emissionsrate ist daher in dieser Phase bei örtlich und energetisch homogener Verteilung der Traps konstant. In der nächsten Periode (e) verringert sich die Emissionsrate wieder, da Zustände unterhalb E_{F1} besetzt bleiben. Wenn E_p das tiefste umladbare Niveau erreicht hat, endet der Emissionsprozeß (f). Bei großen Füllpulsbreiten, oder wenn aufgrund der erhöhten Temperatur die Steigung der Trennlinie sehr groß ist, ist es möglich, daß E_0 bereits E_{F1} erreicht, bevor E_p gleich E_{F2} geworden ist (d). In diesem Fall bleibt die Emissionsrate wie in (c) konstant, sie ist jedoch geringer als in jenem Bereich.

Quantitativ erhält man

$$N_e^-(t) = N_I x_c \cdot \left\{ \begin{array}{ll} (a) & E_{F1} - E_{F2} \\ (b) & E_{F1} - E_{F2} - \frac{(E_0 - E_{F2})^2}{2(E_0 - E_p)} \\ (c) & E_{F1} - E_0 + \frac{E_0 - E_p}{2} \\ (d) & \frac{E_{F1} - E_{F2}}{E_0 - E_p} \cdot \left(\frac{E_{F1} - E_{F2}}{2} - E_p \right) \\ (e) & \frac{(E_{F1} - E_p)^2}{2(E_0 - E_p)} \\ (f) & 0 \end{array} \right\} \quad (10.66)$$

10.3.4 Energieauflösung

Bisher wurde das DLTS-Verfahren nur für Schottky-Dioden mit einem einzelnen tiefen Störniveau diskutiert. Sind Störstellen mit verschiedenen Energieniveaus vorhanden, so können diese nur separiert werden, wenn sie einen energetischen Mindestabstand haben. Jedes Niveau ist durch eine Temperaturkurve gemäß Abb. 10.3 charakterisiert. Liegen zwei Niveaus energetisch dicht beieinander, so überlagern sich die Temperaturkurven.

Die Abb. 10.13 zeigt eine durch Computersimulation berechnete DLTS-Temperaturkurve $C^g(T)$, die sich bei Existenz zweier Störniveaus mit den Aktivierungsenthalpien ΔH_n^1 und ΔH_n^2 ergibt.

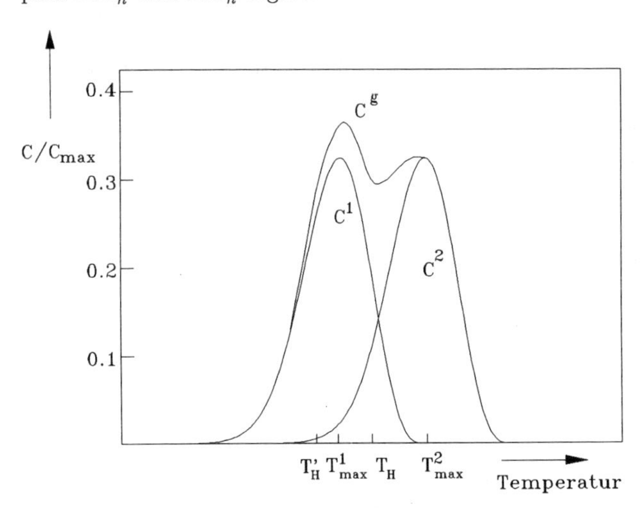

Abbildung 10.13: DLTS-Temperaturkurve $C^g(T)$ (Simulation) bei Existenz zweier Störniveaus mit den Aktivierungsenthalpien ΔH_n^1 und ΔH_n^2

Bei der Berechnung dieser Kurve ist vorausgesetzt, daß Konzentration, Einfangquerschnitt und Entropiefaktor für beide Trapniveaus identisch sind und daß $t_2 = 2t_1$

gilt. In die Abb. 10.13 sind zusätzlich die Temperaturkurven C^i eingetragen, die sich ergeben, wenn nur Traps mit der Aktivierungsenthalpie ΔH_n^i zum Meßsignal beitragen; die Amplituden dieser Kurven sind aufgrund der identischen Trapkonzentration gleich. Die Abbildungen zeigen, daß die Existenz zweier Maxima in der Hüllkurve C^g davon abhängt, wo sich die Einzelkurven C^i schneiden. Zwei Maxima sind mit Sicherheit dann auflösbar, wenn im Schnittpunkt T_H der Einzelkurven gilt:

$$C^i(T_H) < 0,5 \cdot C^i(T_{max}). \tag{10.67}$$

In diesem Fall ist nämlich

$$C^g(T_H) = C^1(T_H) + C^2(T_H) \tag{10.68}$$

höchstens gleich, bei relativ flachem Abfall der Einzelkurven zu beiden Seiten ihrer Maxima jedoch kleiner als die Amplitude der Hüllkurve bei $T_{max}(\Delta H_n^i)$. Damit ergibt sich der erforderliche energetische Mindestabstand $\Delta H_{min} = \Delta H_n^1 - \Delta H_n^2$ aus den Emissionszeitkonstanten $\tau_i = \tau_e(\Delta H_n^i)$ bei der Halbwertstemperatur T_H

$$\tau_1(T_H) = \frac{t_1}{\ln(4-\sqrt{8})} = \frac{1}{X_{n_1}\sigma_{n_1}\bar{v}_{th}N_C}\exp\left(\frac{\Delta H_n^1}{k_B T_H}\right) \tag{10.69}$$

$$\tau_2(T_H) = \frac{t_1}{\ln(4+\sqrt{8})} = \frac{1}{X_{n_2}\sigma_{n_2}\bar{v}_{th}N_C}\exp\left(\frac{\Delta H_n^2}{k_B T_H}\right) \tag{10.70}$$

$$\Delta H_{min} = k_B T_H \ln\left(\frac{X_{n_1}\sigma_{n_1}}{X_{n_2}\sigma_{n_2}}\frac{\ln(4+\sqrt{8})}{\ln(4-\sqrt{8})}\right) \approx 2,5 k_B T_H \tag{10.71}$$

für $X_{n_1}\sigma_{n_1} = X_{n_2}\sigma_{n_2}$. Daraus wird zum einen ersichtlich, daß die energetische Auflösbarkeit bei tiefen Temperaturen zunimmt und daher bei gleichem energetischen Abstand zwei flache Energieniveaus prinzipiell besser zu separieren sind als zwei tiefe. Aus der Gleich. 10.70 ergibt sich die andere Halbwertstemperatur T'_H des Energieniveaus 1 (s. Abb. 10.13), wenn in dieser Gleichung T_H durch T'_H und der Index 2 durch 1 ersetzt wird. Somit kann aus den beiden Gleichungen die Halbwertsbreite $\Delta T_H = T'_H - T_H$ der DLTS-Temperaturkurve als Funktion der Aktivierungsenthalpie ΔH_n^1 und des Emissionskoeffizienten c'_n berechnet werden:

$$\Delta T_H = \frac{\Delta H_n^1}{k_B}\left(\frac{1}{\ln(t_1 c'_n N_C) - \ln^2(4+\sqrt{8})} - \frac{1}{\ln(t_1 c'_n N_C) - \ln^2(4-\sqrt{8})}\right). \tag{10.72}$$

Im folgenden sind die Bedingungen zusammengefaßt, die zu einem exponentiellen Kapazitätsverlauf führen und damit die Anwendung der Standard-DLTS-Auswertung für Temperaturkurven gestatten:

- zum DLTS-Signal trägt nur ein Störniveau bei;
- das Störzentrum wechselwirkt nur mit einem Band;

- die örtliche Verteilung der Störstellen ist homogen in dem Bereich, wo Umladungen stattfinden;
- die zum Emissionssignal beitragenden Traps sind durch den Füllpuls vollständig besetzt worden;
- Einfangquerschnitt und Aktivierungsenthalpie sind temperaturunabhängig;
- das Konzentrationsverhältnis von 'tiefen' zu 'flachen' Störstellen ist hinreichend klein.

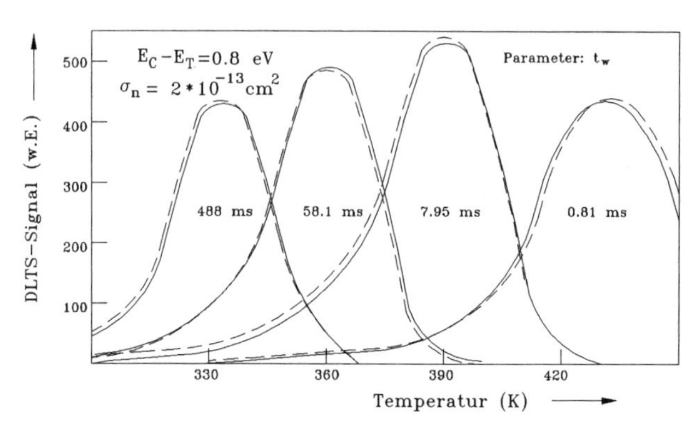

Abbildung 10.14: Vergleich von gemessener (gestrichelte Linien) und berechneter (durchgezogene Linien) Temperaturabhängigkeit der Aktivierungsenthalpie und des Einfangquerschnitts am Beispiel einer GaAs-Schottky-Diode

Aus den bisherigen Überlegungen wird deutlich, daß die Existenz eines linearen Arrhenius-Plots eine relativ schwache Bedingung für die Richtigkeit der Auswertung nach dem Standard-DLTS-Verfahren darstellt. Ein sicherer Hinweis für die Zulässigkeit dieser Methode ergibt sich jedoch dann, wenn mit den gewonnenen Parametern die theoretisch zu erwartenden Temperaturkurven berechnet werden und diese mit den experimentell ermittelten für alle Meßzeitfenster übereinstimmen. In Abb. 10.14 wird dies am Beispiel einer GaAs-Schottky-Diode verdeutlicht: Dort sind gemessene (punktierte Linien) und aus den Meßwerten für Aktivierungsenthalpie und Einfangquerschnitt berechnete Temperaturkurven (durchgezogene Linien) eingetragen. Die gute Übereinstimmung zwischen experimentellen und theoretischen Kurven zeigt, daß die Modellvorstellung, die der Auswertung der Meßkurven zugrundeliegt, das untersuchte System offenbar richtig beschreibt.

10.3.5 Temperaturabhängigkeit der DLTS-Signal-Maxima

In den bisherigen Überlegungen wurde stets vorausgesetzt, daß die Maximalwerte der Meßsignale temperaturunabhängig sind. Wird jedoch beim DLTS-Verfahren die Gleichgewichtsspannung an der Probe während eines Temperaturdurchlaufs konstant gehalten, so ändert sich bei konstanter Schottky-Barrierenhöhe Φ_B der Spannungsabfall

$$V_1 = U + V_D = U + \Phi_B - \frac{(E_T - E_F)_0}{q} \tag{10.73}$$

mit dem temperaturabhängigen Abstand zwischen Ferminiveau und Leitungsband. Liegt das Ferminiveau in dem untersuchten Temperaturintervall hinreichend weit von allen Trap-Niveaus entfernt, so daß diese im Halbleiterinneren entweder vollständig besetzt oder vollständig entleert sind, kann diese Temperaturabhängigkeit gut durch folgende Näherung beschrieben werden:

$$(E_T - E_F)_0 = k_B T \ln\left(\frac{N_C}{N_D - N_T}\right). \tag{10.74}$$

Damit werden neben L_0 auch C_∞ und C_{max} temperaturabhängig. Entsprechend muß beim CC-DLTS-Verfahren die Vorspannung zur Kompensation der Temperaturabhängigkeit von L_0 und $(E_C - E_F)_0$ nachgeregelt werden. Bei sinkender Temperatur verschiebt sich der Schnittpunkt zwischen Trap- und Ferminiveau in Richtung Schottky-Kontakt. Dadurch verkleinert sich der Bereich der im Gleichgewicht ionisierten und durch den Füllimpuls umladbaren Traps in der Sperrschicht, und damit sinken auch U_∞ und U_{max}.
Die Temperaturabhängigkeit des Ferminiveaus ist schwächer ausgeprägt, wenn es in der Nähe eines Störniveaus liegt, so daß die Störstellen mit dieser Energie nur teilweise besetzt sind. Im folgenden wird jedoch für die Berechnung des Fehlers der ungünstigste Fall der maximalen Temperaturabhängigkeit von $E_C - E_F$ angenommen. Wird $\Delta C(t)$ zur Bestimmung der Emissionszeitkonstante aus dem Maximum der Temperaturkurve nach T differenziert, so ergibt sich unter Berücksichtigung der T-Abhängigkeit von V_1 und $(E_C - E_F)_0$ sowie der von N_C und $\bar{v}_{th}$ eine (analytisch nicht lösbare) Bestimmungsgleichung für τ_e :

$$\exp\left(-\frac{t_1}{\tau_e}\right)\left(\frac{3D_V}{2V_1} + D_\tau t_1\right) = \exp\left(-\frac{t_2}{\tau_e}\right)\left(\frac{3D_V}{2V_1} + D_\tau t_2\right), \tag{10.75}$$

mit

$$D_V = \frac{dV_1}{dT} = \frac{k_B}{q}\left(\frac{3}{2} + \ln\left(\frac{N_C}{N_D - N_T}\right)\right) \tag{10.76}$$

und

$$D_\tau = \frac{d(1/\tau_e)}{dT} = \frac{1}{\tau_e}\left(\frac{\Delta H_N}{k_B T^2} + \frac{2}{T}\right) \tag{10.77}$$

bei konstant gehaltener Spannung, bzw. :

$$\exp\left(-\frac{t_1}{\tau_e}\right)\left(\frac{3D_V}{U_C} + D_\tau t_1\right) = \exp\left(-\frac{t_2}{\tau_e}\right)\left(\frac{3D_V}{U_C} + D_\tau t_2\right), \tag{10.78}$$

mit

$$U_C = \frac{(E_T - E_F)_0}{q}\left(1 - \frac{\epsilon_0\epsilon_{HL}F}{L_0 C_\infty}\right) \tag{10.79}$$

bei konstant gehaltener Kapazität. Diese Gleichungen liefern die alte Lösung, wenn die linken Terme in den Klammern gegenüber den rechten zu vernachlässigen sind. Bei dem in diesem Abschnitt verwandten Beispiel des Au-Donator-Niveaus in Si führt die Vernachlässigung der Temperaturabhängigkeit von C_{max} beim konventionellen DLTS-Verfahren zu keinem nennenswerten Fehler, während diejenige von U_{max} beim CC-DLTS-Verfahren besonders bei kleinen Meßzeitfenstern ins Gewicht fällt. In Abb. 10.15 ist das Verhältnis aus gemessener und tatsächlicher Emissionszeitkonstante als Funktion von τ_e aufgetragen, das sich bei der Auswertung von CC-DLTS-Temperaturkurven ohne Berücksichtigung der Temperaturabhängigkeit der Gleichgewichts-Regelspannung ergibt.

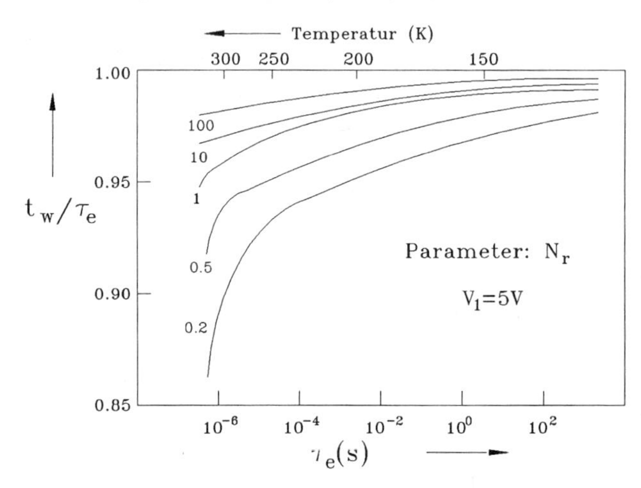

Abbildung 10.15: Verhältnis der Emissionszeitkonstanten

Die Kurven wurden mit den Daten des Gold-Donator-Niveaus in Silizium berechnet. Normalerweise werden jedoch Meßzeitfenster unterhalb einer Mikrosekunde bei CC-DLTS-Messungen nicht benutzt, so daß der auftretende Fehler die Auswertung des Arrhenius-Plots im Rahmen der Meßgenauigkeit im Falle des Gold-Donator-Niveaus nicht beeinflußt. Ferner ist ersichtlich, daß durch die Wahl der Gleichgewichtskapazität C auch der Quotient L_0/W und damit wesentlich der Fehler vorgegeben ist, der bei der Auswertung des Arrhenius-Plots entsteht.
Eine Temperaturabhängigkeit in der Amplitude der DLTS-Peaks kann auch durch Rekombinationszentren verursacht werden. Es ergibt sich die Konzentration N_M^- der Rekombinationszentren, die nach Abschalten des Füllimpulses ein Loch emittieren :

$$N_M^- = N_T^-(0) - N_T^-(\infty) = N_T\left(1 - \frac{c_p' N_V}{c_n' N_C}\exp\left(-\frac{\Delta H^{CV} - 2\Delta H_n}{k_B T}\right)\right)^{-1}, \tag{10.80}$$

wobei ΔH^{CV} die Aktivierungsenthalpie für Übergänge vom Valenz- ins Leitungsband darstellt.
Daraus ist ersichtlich, daß Rekombinationszentren in der oberen (unteren) Bandhälfte eine Abnahme (Zunahme) der Maxima mit steigender Temperatur bedingen. Die Parameter c_p'/c_n' und ΔH_n können aus dem Temperaturverhalten der Maxima prinzipiell unabhängig voneinander bestimmt und mit den Ergebnissen des Arrhenius-Plots verglichen werden.

10.3.6 Experimentelle Unterscheidbarkeit verschiedener Störstellen

In den bisherigen Modellrechnungen wurde für die verschiedenen Störstellentypen der gleiche SRH-Umlademechanismus zugrundgelegt. Dennoch zeigen die Berechnungen, deren Ergebnisse in den Tabellen 10.1 und 10.2 zusammengefaßt sind, daß wesentliche Unterschiede im zeitlichen Verlauf der Einfang- und Emissionsprozesse bestehen, die eine qualitative Unterscheidung der Traps bezüglich ihrer Lokalisierung und energetischen Verteilung in einem Halbleiterbauelement gestatten.

	Lokalis.	energet. Vert.	Einfang	Emission
1	Halbleiter	diskret	exp.	exp.
2	Grenzfl.	diskret	exp.	exp.
3	Grenzfl.	kontin.	exp.	log.
4	Isolator	diskret	log.	log.
5	Isolator	kontin.	log.	log.

Tabelle 10.1: Zeitlicher Verlauf von Einfang- und Emissionsprozessen bei verschiedenen Störstellentypen

In Tab. 10.2 sind verschiedene Methoden auf der Basis des DLTS-Verfahrens aufgeführt, mit denen experimentell die unterschiedlichen Störstellentypen aus Tab. 10.1 auch dann separiert werden können, wenn sie ähnlichen Zeitgesetzen unterliegen.

	2	3	4	5
1	a,c	a,c,e,f	b,d,e,f	b,d,e,f
2		a,c,e,f	b,d,e,f	a-f
3			a-f	b,d,e,f
4				a,b,c,e,f

Tabelle 10.2: Meßverfahren zur Unterscheidung der Störstellentypen aus Tab. 10.1

In der Tabelle 10.2 kennzeichnen die Buchstaben a - f die Aufnahme von DLTS- bzw. CC-DLTS-Signalen als Funktion von

- Gleichgewichts-Vorspannung (a)
- Füllpulsbreite (b)
- Füllpulsamplitude (c)
- Messung von Einfangstransienten (d)
- Messung von Emissionstransienten (e)
- Bestimmung der Temperaturabhängigkeit der Emissionsprozesse mittels DLTS-Temperaturkurven (f).

Die meiste Information liefern dabei die Temperaturkurven, wie in Abb. 10.16 exemplarisch am Beispiel verschiedener Systeme dargestellt ist.

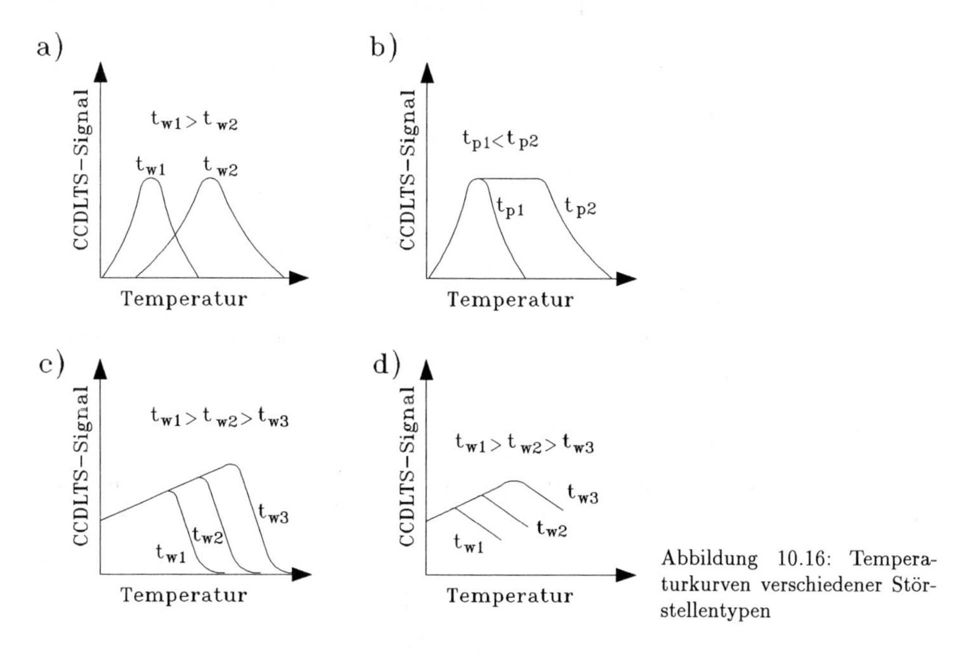

Abbildung 10.16: Temperaturkurven verschiedener Störstellentypen

Die Abb. 10.16 zeigt den schematischen Verlauf der Temperaturkurven verschiedener Störstellentypen. Kurven von Traps mit diskreten Energieniveaus weisen einen qualitativen Verlauf auf, wie er in Abb. 10.16(a) (Traps im Inneren oder an der Grenzfläche des Halbleiters) bzw. in Abb. 10.16(b) (Isolatortraps) dargestellt ist. Dagegen wird der qualitative Kurvenverlauf von energetisch kontinuierlich verteilten Zuständen in Abb. 10.16(c) (Grenzflächenzustände) bzw. Abb. 10.16(d) (Isolatorzustände) wiedergegeben. Die Kurven in den Abbn. 10.16(a)-(d) unterscheiden sich durch folgende charakteristische Merkmale:

- Die Maxima der Temperaturkurven der Traps mit diskreter energetischer Lage sind temperaturabhängig.
- Die Kurven der Traps mit diskreter Energielage sind nahezu symmetrisch zu einer zur Ordinate parallelen Achse durch ihr Maximum.
- Die Steilheit der Kurven der diskreten Niveaus ist nur durch die Unschärfe der Fermi-Funktion gegeben und nimmt mit fallender Temperatur zu.
- Aufgrund des logarithmischen Zeitgesetzes der Emission fallen zu verschiedenen Zeitfenstern mit konstantem Verhältnis t_2/t_1 gehörende Temperaturkurven von energetisch homogen verteilten Zuständen in weiten Bereichen zusammen.
- Bei nicht homogener energetischer Verteilung der Grenzflächen bzw. Isolatorzustände erfolgt eine Aufspaltung der einzelnen Temperaturkurven; auch hier können wie bei Traps mit diskreten Energieniveaus Maxima auftreten, jedoch liefern energetisch kontinuierlich verteilte Zustände im Gegensatz zu diskreten breitere und unsymmetrischere Kurven.
- Temperaturkurven von Grenzflächenzuständen zeigen einen steilen Abfall bei den Temperaturen, bei denen die Trennlinie zwischen besetzten und unbesetzten Zuständen im Energie-Orts-Diagramm das Gleichgewichts-Ferminiveau E_{F1} erreicht; dieser Abfall ist wesentlich schwächer bei Kurven von Isolator-Traps ausgeprägt, weil nach Abschluß der Emission aus grenzflächennahen Zuständen noch tiefer im Isolator lokalisierte Störzentren Ladungsträger emittieren können.

10.4 Differentielle Analyse und Hall-Effekt

Der folgende Abschnitt stellt zwei weitere Verfahren zur Analyse von Störstellen in Halbleitern vor.

10.4.1 Differentielle Analyse

Die energetischen Lagen E_T der verschiedenen Störniveaus und deren Entropie-Faktoren X_T können auch aus der Temperaturabhängigkeit der Ladungsträgerkonzentration gewonnen werden.
Betrachtet man die Ladungsbilanz für einen p-Halbleiter, der Akzeptorstörstellen bei der Energie E_A in einer Konzentration N_A und verschiedene tiefe Niveaus bei den Energien E_j in einer Konzentration von jeweils N_j enthält, so erhält man:

$$p + \sum_j N_j^+ = n + N_A^- = \frac{n_i^2}{p} + N_A^-, \tag{10.81}$$

wobei N_A^- die Konzentration der negativ geladenen Akzeptorstörstellen und $\sum_j N_j^+$ diejenige der positiv geladenen, tiefen Störniveaus darstellt. Es wird im folgenden lediglich **ein** Störniveau (E_T, N_T) betrachtet.
In Gleich. 10.81 wurde die für das thermodynamische Gleichgewicht gültige Relation $np = n_i^2$ benutzt. Im Gleichgewicht gilt darüberhinaus

$$\begin{aligned} N_T^+ &= N_T(1 - f(E_T)) = N_T\left(1 - \frac{1}{1+\exp\left(\frac{E_T-E_F}{k_BT}\right)}\right) = \\ &= N_T\frac{1}{1+\exp\left(-\frac{E_T-E_F}{k_BT}\right)} \end{aligned} \tag{10.82}$$

sowie

$$N_A^- = N_A f(E_A) = N_A\frac{1}{1+\exp\left(\frac{E_A-E_F}{k_BT}\right)}. \tag{10.83}$$

In den Nennern der rechts stehenden Terme in den Gleichn. 10.82 und 10.83 lassen sich über die Identität

$$\exp\left(-\frac{E_T-E_F}{k_BT}\right) = \exp\left(-\frac{E_T-E_V}{k_BT}\right)\cdot\exp\left(-\frac{E_V-E_F}{k_BT}\right)$$

und den entsprechenden Ausdruck für E_A die reduzierten effektiven Zustandsdichten $p_1(E_T)$ und $p_1(E_A)$ einführen. Man gelangt dann zu

$$N_A^- = N_A\frac{1}{1+\frac{p}{p_1(E_A)}} \qquad \text{und} \qquad N_T^+ = N_T\frac{1}{1+\frac{p_1(E_T)}{p}}. \tag{10.84}$$

Entsprechende Ausdrücke wurden in Kap. 2 bei der Ermittlung der Elektronenkonzentration im n-Halbleiter erhalten.
Weiterhin muß die Energie E als Funktion der Temperatur T mit der Gibbs'schen freien Energie G gemäß $E \hat{=} G = H - TS$ identifiziert werden, wobei H die freie Enthalpie darstellt (s. Kap. 1). Damit kann man die reduzierte effektive Zustandsdichte $p_1(E_T)$ umformen:

$$\begin{aligned} p_1(E_T) &= N_V\exp\left(-\frac{E_T-E_V}{k_BT}\right) \hat{=} N_V\exp\left(-\frac{G_T-E_V}{k_BT}\right) \\ &= N_V\exp\left(-\frac{H_T-E_V}{k_BT}\right)\cdot\exp\left(\frac{S_T}{k_B}\right) = p_1(H_T)\cdot X_T \end{aligned} \tag{10.85}$$

mit $X_T := \exp(S/k_B)$ als Entropiefaktor. Man erhält entsprechend $p_1(E_A) = p_1(H_A)\cdot X_A$ mit $X_A := \exp\left(\frac{S_A}{k_B}\right)$. Damit folgt aus Gleich. 10.81:

$$p + \frac{N_T}{1+\frac{X_T}{p}p_1(H_T)} = \frac{n_i^2}{p} + \frac{N_A}{1+\frac{p}{X_A p_1(H_A)}}. \tag{10.86}$$

Bei bekannter Zustandsdichte N_V und bekanntem Bandabstand als Funktion der Temperatur ist p also eine Funktion der folgenden Variablen:

$$p = p(N_T, N_A, H_T, H_A, X_T, X_A; T). \tag{10.87}$$

Im Prinzip lassen sich aus $p(T)$ also alle interessierenden Größen gewinnen. Als Folge des eindeutigen Zusammenhangs zwischen der Ladungsträgerkonzentration im thermodynamischen Gleichgewicht und dem Ferminiveau ist mit $p(T)$ auch $E_F(T)$ bekannt:

$$E_F(T) - E_V = k_B T \ln\left(\frac{N_V}{p(T)}\right). \tag{10.88}$$

Bleibt die Ladungsträgerkonzentration $p(T)$ konstant, so ändert sich E_F linear mit der Temperatur. In solchen Temperaturbereichen, in denen p nahezu konstant ist, sich also $E_F(T)$ nicht oder nur wenig ändert, verschwindet daher die Ableitung dp/dE_F und damit auch der Quotient aus dp/dT und dE_F/dT. Sobald jedoch durch die Temperaturänderung das Ferminiveau in die Nähe eines Störniveaus gelangt bzw. mit diesem zusammenfällt, variiert die Ladungsträgerkonzentration stark mit der Temperatur. Der Quotient dp/dE_F weist dann ein scharfes Maximum auf. Auf dieser Tatsache beruht eine sehr effiziente Auswertemethode, die sog. **differentielle Analyse**. Die Idee ist in folgender Weise zu verstehen. Die energetische Lage des Ferminiveaus im verbotenen Band eines Halbleiters mit tiefen Störniveaus kann durch Änderung der Temperatur immer um den konstanten Betrag ΔE_F von einer Bandkante zur anderen verschoben werden. Solange das Ferminiveau zwischen zwei Störniveaus liegt, ist die zugehörige Änderung der Ladungsträgerkonzentration nahezu Null. Überstreicht E_F bei der Verschiebung durch die Temperatur jedoch ein Störniveau, so wird $\Delta p/\Delta E_F$ maximal. Die Schärfe des Maximums und damit die Auflösung des Verfahrens sind umso größer, in je kleineren Schritten die Fermienergie ΔE_F variiert wird. Auf diese Weise erhält man ein Störstellenspektrum. Die quantitative Betrachtung zeigt, daß man mit diesem Verfahren nicht die Aktivierungsenthalpie ΔH bestimmt, sondern ΔG, so daß nicht allein ΔH, sondern auch der Entropie-Faktor X_T ermittelt werden kann. Quantitativ erhält man, indem man Gleich. 10.81 nach E_F differenziert (hier seien wieder mehrere Niveaus E_j angenommen):

$$-k_B T \frac{dp}{dE_F} = \sum_j N_j \frac{df(E_j)}{d(E_F/k_B T)} \cdot \left(1 + \frac{E_j - E_F}{k_B T} \cdot \frac{dk_B T}{dE_F}\right); \tag{10.89}$$

$f(E_j)$ ist die Fermi-Dirac-Verteilung für das Niveau E_j. Für $df(E_j)/d(E_F/k_B T)$ erhält man

$$\frac{df(E_j)}{d(E/k_B T)} = \frac{1}{4\cosh^2\left(\frac{E_j - E_F - k_B T \ln X_j}{2k_B T}\right)} = \frac{1}{4\cosh^2\left(\frac{G_j - G_F}{2k_B T}\right)}. \tag{10.90}$$

Der zweite Faktor auf der rechten Seite in Gleich. 10.89 ist annähernd 1 und kann hier vernachlässigt werden. Die Funktion dp/dE_F hat also die Form von $\cosh^{-2}[(G_j - G_F)/(2k_BT)]$ und weist ein Maximum auf, sobald $G_F = G_T$ für eines der Niveaus erfüllt ist. Auf diese Weise kann die Gibbs'sche Freie Energie G_T dieses Störniveaus bestimmt werden, und wenn H_T bekannt ist, über $G = H - TS$ auch der Entropiefaktor X_T. Die Abb. 10.17 zeigt den (mit den angegebenen Parametern) berechneten Verlauf von $p(T)$, die Abb. 10.18 den zugehörigen Verlauf des Ferminiveaus $E_F(T)$.

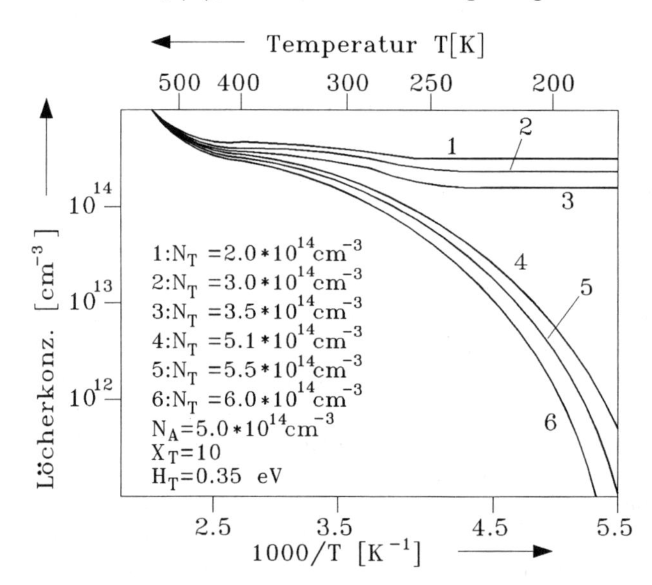

Abbildung 10.17: Temperaturabhängigkeit der Löcherkonzentration $p(T)$

Man erkennt zwei verschiedene typische Kurvenverläufe. Für $N_T \ll N_A$ (geringe Konzentration an tiefen Zentren im Vergleich zur flachen Dotierung, dargestellt in den Kurven 1,2 und 3) ist bei tiefen Temperaturen die Ladungsträgerkonzentration temperaturunabhängig, während sie bei $N_T \approx N_A$ proportional zur Aktivierungsenergie ansteigt, s. Kurven 4,5 und 6. Die Plateaus in den Kurven 1,2 und 3 um etwa $1000/T = 4{,}5\ \mathrm{K}^{-1}$ sind durch $N_A - N_T$ bestimmt, da alle flachen Störstellen der Konzentration N_A mit einem Elektron und alle tiefen Störstellen N_T mit einem Loch besetzt sind, dies wird durch die Lage des Ferminiveaus in diesem Temperaturbereich deutlich, s. Abb. 10.18.

In den höher kompensierten Proben (Kurven 4,5 und 6) liegt das Ferminiveau bei tiefen Temperaturen in der Nähe des Störniveaus, dieses Niveau dient als Elektronenspender, wenn die Temperatur erhöht wird. Daher nimmt die Löcherkonzentration exponentiell mit der Temperatur zu, bis das tiefe Niveau erschöpft ist. Bildet man nun, wie für die differentielle Analyse verlangt, dp/dE_F, s. Abb. 10.19, so erhält man einen $\cosh^{-2}$-Verlauf in der Nähe des Maximums für die Proben mit Konzentrationen $N_T \ll N_A$ und einen Pol für die überkompensierten Proben, da bei diesen ein Punkt in $E_F(T)$ existiert, an dem $dE_F/dT = 0$ gilt.

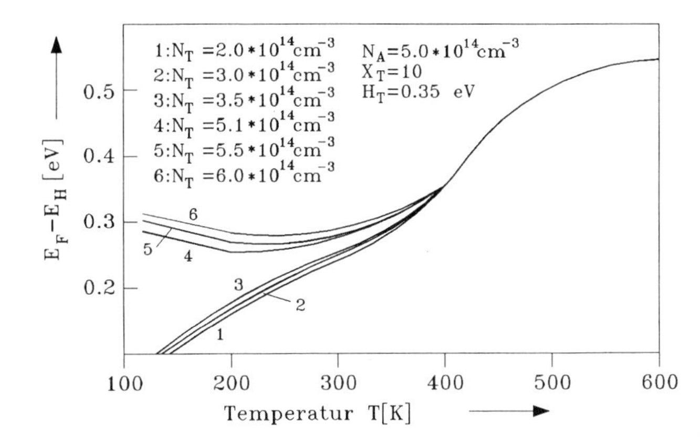

Abbildung 10.18: Temperaturabhängigkeit des Ferminiveaus E_F

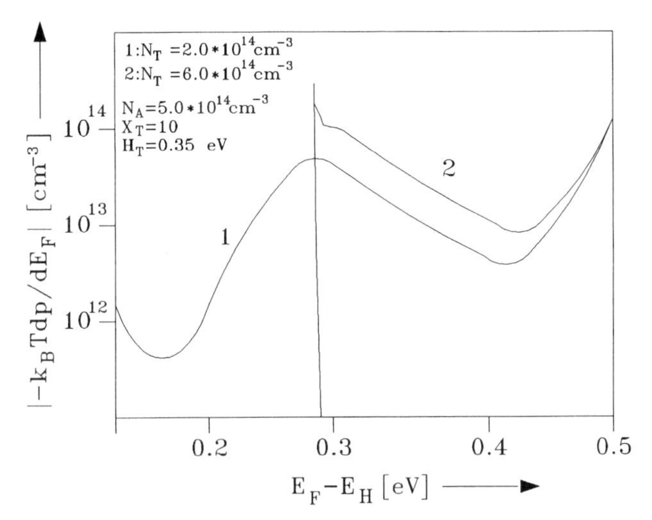

Abbildung 10.19: dp/dE_F als Funktion von $E_F - H_V$

Aus der Lage des Maximums kann man G_T ermitteln, und aus der Amplitude die Konzentration N_T. In Abb. 10.20 ist der Bereich der Besetzung der tiefen Zentren mit Elektronen für Proben mit Konzentrationen $N_T \approx N_A$ noch einmal herausgezeichnet und der Entropie-Faktor als Parameter variiert. Man erkennt, daß durch Anpassung an experimentelle Ergebnisse X_T ebenfalls ermittelt werden kann.

Man kann X_T also zum einen aus der differentiellen Analyse bei einer Probe mit $N_T \ll N_A$ ermitteln, denn diese liefert ΔG_T in Kombination mit der Bestimmung von ΔH_T an einer Probe mit $N_T \approx N_A$, oder zum anderen aus der Anpassung an den $p(T)$-Verlauf für eine Probe mit $N_A \approx N_T$. Die Abb. 10.21 zeigt ein solches Ergebnis für das Golddonator-Niveau in p-Silizium.

All den Überlegungen ist zu entnehmen, daß die Konzentration der Ladungsträger

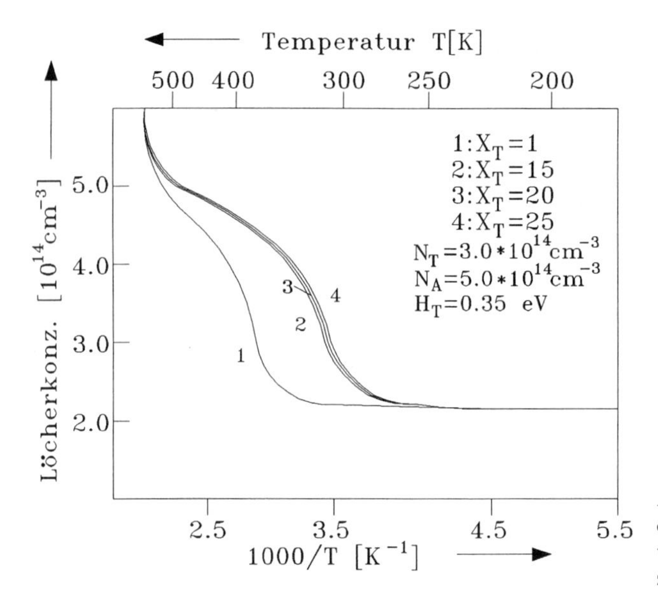

Abbildung 10.20: Besetzung der tiefen Zentren mit Elektronen für Proben mit Konzentrationen $N_T \approx N_A$

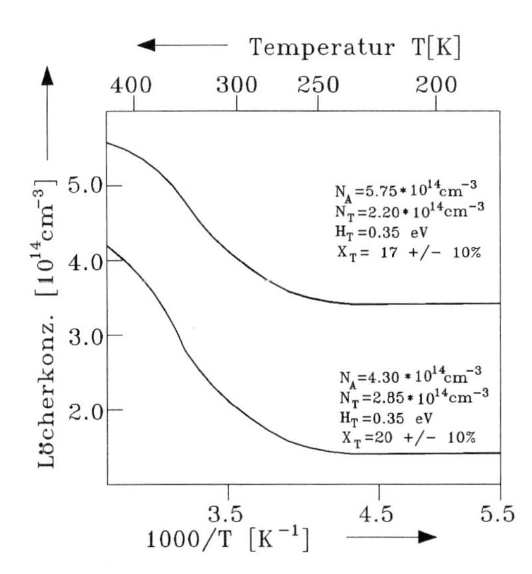

Abbildung 10.21: Besetzung der tiefen Zentren mit Elektronen für ein Golddonator-Niveau in p-Silizium.

als Funktion der Temperatur gemessen werden muß. Da die Leitfähigkeit immer das Produkt aus Ladungsträgerkonzentration und Beweglichkeit μ enthält, muß eine weitere Meßmethode hinzugenommen werden, die es gestattet, zusammen mit der Leitfähigkeit auch die Ladungsträgerkonzentration und die Beweglichkeit getrennt zu messen. Dies ist der Hall-Effekt.

10.4.2 Halleffekt

Die Abb. 10.22 zeigt den prinzipiellen Aufbau einer Anordnung zur Messung der Hallspannung. Ein quaderförmiger Halbleiterkristall wird an zwei Seiten mit ohmschen Kontakten versehen, durch die aus einer Gleichspannungsquelle U_0 ein Strom in x-Richtung fließt.

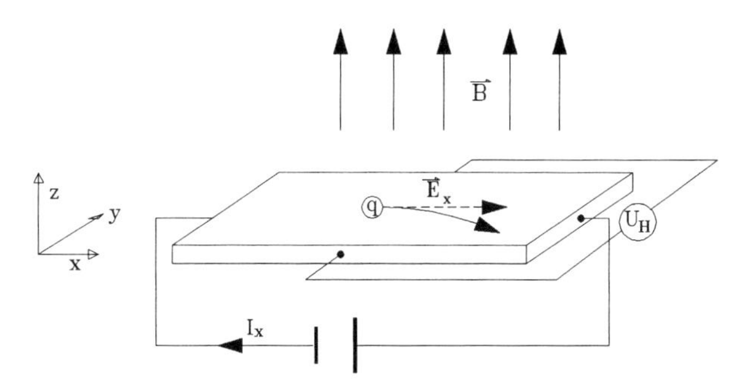

Abbildung 10.22: Prinzip einer Hall-Effekt-Messung

Die gesamte Probe befindet sich in einem homogenen Magnetfeld mit nur einer Komponente in z-Richtung $\mathcal{B}$. Auf die Ladungsträger wirkt dann eine Lorentzkraft F_L, so daß eine Aufladung der beiden y-Flächen resultiert und somit eine Spannung, die **Hallspannung** U_H, generiert wird. Aufgrund der folgenden vereinfachten Betrachtungen erhält man im stationären Zustand, s. Abb. 10.22:

$$F_L = qv_D \cdot \mathcal{B} = q\mathcal{E}_y = q\frac{U_H}{b}. \tag{10.91}$$

Mit den Bezeichnungen

$$qp \cdot v_D = \frac{I}{bd} = \frac{1}{\rho}\mathcal{E}_x \qquad \text{und} \qquad v_D = \mu_D \cdot \mathcal{E}_x \tag{10.92}$$

erhält man

$$U_H = R_H \frac{I\mathcal{B}}{d} \tag{10.93}$$

mit der Hallkonstanten $R_H := 1/(qp)$ für einen p-Halbleiter bzw. $R_H := -1/(qn)$ für einen n-Halbleiter.

Im Rahmen einer genaueren Betrachtung, ausgehend von der Boltzmanngleichung, erhält man

$$R_H = \frac{r}{qp} \qquad \text{sowie} \qquad R_H = -\frac{r}{qn} \tag{10.94}$$

mit $r =< \tau^2 > / < \tau >^2$, dem sog. **Streufaktor**, wobei τ eine Pulsrelaxationszeit darstellt. Dieser Streufaktor liegt im Bereich 0,8 bis 1,93, also in der Größenordnung von 1.

Da das Halbleitermaterial gewöhnlich nicht als Quader, sondern in Form dünner Scheiben, sog. 'Wafer', vorliegt, ist die in Abb. 10.17 angegebene klassische Hall-Effektanordnung technologisch ungünstig.

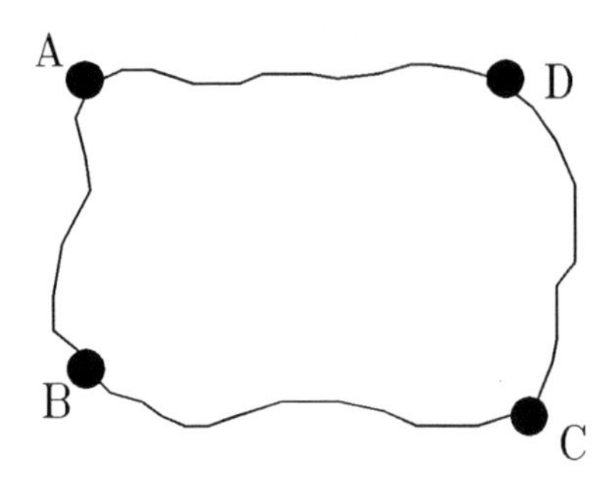

Abbildung 10.23: Probengeometrie einer Halleffekt-Messung

Es kann gezeigt werden, daß der spezifische Widerstand und die Hallbeweglichkeit an einer Probe mit beliebiger Form gemessen werden können, wenn die folgenden Bedingungen erfüllt sind : Die Kontakte müssen sich auf dem Rand der Probe befinden und die Kontaktflächen müssen vernachlässigbar klein gegen die Probenflächen sein. Die Dichte der Probe muß homogen sein und die Probenoberfläche muß ein einfach zusammenhängendes Gebiet sein, darf also keinerlei Löcher oder Durchbrüche aufweisen (s. Abb. 10.23).
Definiert man den Widerstand $R_{AB,CD}$ als Quotienten aus der Potentialdifferenz $V_D - V_C$ und dem Strom I_{AB} durch die Kontakte A und B, so läßt sich die folgende Identität beweisen:

$$\exp\left(-R_{AB,CD}d/\rho\right) + \exp\left(-R_{BC,DA}d/\rho\right) = 1. \tag{10.95}$$

Daraus ergibt sich unmittelbar, daß ρ durch die Bestimmung der Probendicke d und die beiden Widerstände $R_{AB,CD}$ und $R_{BC,DA}$ ermittelt werden kann.

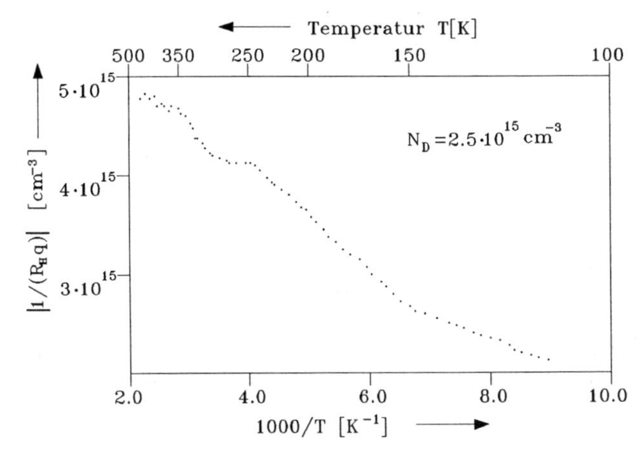

Abbildung 10.24: Hall-Messung an einer Siliziumprobe

Die Abb. 10.24 zeigt das Resultat einer Halleffektmessung an einer Siliziumprobe mit einer Donatorkonzentration von $N_D = 2.5 \cdot 10^{15}\text{cm}^{-3}$. Aufgetragen ist die Elektronenkonzentration $n = 1/(qR_H)$ als Funktion der reziproken Temperatur. Die Kurve zeigt die Existenz zweier Niveaus auf. Ob noch weitere Niveaus existieren, kann allein anhand dieser Darstellung nicht entschieden werden, sondern müßte mittels differentieller Analyse näher untersucht werden.

Kapitel 11

Quanteneffekte

In den vorangehenden Kapiteln wurden die physikalischen Zusammenhänge solcher Bauelemente dargestellt, deren Abmessungen groß gegen die mittlere freie Weglänge — die 'Kohärenzlänge' λ_K — der Ladungsträger sind. Diese charakteristische Länge ist definiert als diejenige Strecke, die eine 'Elektronenwelle' im Mittel durch ein Kristallgitter laufen kann, ohne eine Streuung[1] — und damit einen Phasensprung — zu erleiden. Da jedoch mit den für die Mikroelektronik entwickelten technologischen Mitteln (Lithographie und Ätzprozesse) mittlerweile Bauelemente hergestellt werden können, deren Abmessungen in der Größenordnung von λ_K liegen, werden nunmehr **Quanteneffekte** möglich, deren physikalische Grundlagen im folgenden näher erläutert werden. Die Dimensionen, in denen solche Effekte zu erwarten sind, werden durch λ_K bestimmt. Betrachtet man etwa die Streuung an Gitterfehlstellen oder Verunreinigungen als den bei tiefen Temperaturen dominierenden Prozeß, so findet man bei Störstellenkonzentrationen N_D von 10^{15}cm^{-3} einen mittleren Störstellenabstand $a = 1/\sqrt[3]{N_D}$ von etwa 0,1 μm. Berücksichtigt man noch, daß ein Elektron auf seinem Weg durch das Kristallgitter nicht an jeder passierten Störstelle gestreut wird, so kann man Kohärenzlängen im Sub-μm-Bereich erwarten.
Die soeben durchgeführte Abschätzung zeigt, daß die Beobachtung der erwähnten Quanteneffekte desto eher zu erwarten ist, je kleiner einerseits die Abmessungen der betrachteten Bauelemente sind und je höher andererseits der Reinheitsgrad der verwendeten Materialien ist. Diese beiden Anforderungen weisen die Herstellung solcher Komponenten wie selbstverständlich der Mikrosystemtechnik zu.

11.1 Quantisierung durch Einschränkung

11.1.1 Niedrigdimensionale Quantengase

Die Bewegung eines Elektrons in einem dreidimensional periodischen Kristallgitter kann, wie im Kap. 1 gezeigt wurde, durch Einführung der effektiven Masse m_{eff}

[1] Die entsprechende Größe im Teilchenbild ist die dem Leser seit langem vertraute mittlere freie Weglänge.

berücksichtigt werden. Die Dynamik des Elektrons kann so beschrieben werden, als sei dieses ein freies Teilchen mit der Masse m_{eff}. Die zeitunabhängige Schrödingergleichung lautet in diesem Fall:

$$\left\{\frac{\hat{p}_x^2}{2m_{eff}} + \frac{\hat{p}_y^2}{2m_{eff}} + \frac{\hat{p}_z^2}{2m_{eff}}\right\}\psi(x,y,z) = E\psi(x,y,z). \tag{11.1}$$

Der Hamiltonoperator in der Gleich. 11.1 kommutiert mit den Impulsoperatoren $\hat{p}_x$, $\hat{p}_y$ sowie $\hat{p}_z$. Die Eigenfunktionen $\psi_{\vec{k}}(x,y,z)$ des Problems sind daher durch ebene Wellen gegeben:

$$\psi_{\vec{k}}(x,y,z) = \alpha\exp(i\vec{k}\cdot\vec{r}) = \alpha\exp(ik_x\cdot x)\exp(ik_y\cdot y)\exp(ik_z\cdot z). \tag{11.2}$$

Der Quantenzustand ist durch die drei Quantenzahlen k_x, k_y, k_z eindeutig gekennzeichnet und die Gesamtenergie $E(k_x,k_y,k_z)$ des Elektrons beträgt:

$$E(k_x,k_y,k_z) = \frac{\hbar^2}{2m_{eff}}(k_x^2 + k_y^2 + k_z^2). \tag{11.3}$$

Dieser Relation entnimmt man, daß die Flächen konstanter Energie Kugeloberflächen sind.

Zweidimensionales Elektronengas Betrachtet man nun einen dünnen Film oder eine Raumladungszone der Dicke d_z, so wird einer der drei translatorischen Freiheitsgrade des Elektronengases eingeschränkt, da die entsprechende Koordinate (z. B. z) auf Werte zwischen 0 und d_z begrenzt wird. Ist die Dicke d_z der Schicht klein im Vergleich zur Kohärenzlänge λ_K, dann ist die Approximation als zweidimensionales Elektronengas berechtigt.
Die zeitunabhängige Schrödingergleichung erhält dann folgende Form:

$$\left\{\frac{\hat{p}_x^2}{2m_{eff}} + \frac{\hat{p}_y^2}{2m_{eff}} + \frac{\hat{p}_z^2}{2m_{eff}} + V(z)\right\}\psi(x,y,z) = E\psi(x,y,z). \tag{11.4}$$

Hierin bezeichnet E die Gesamtenergie des Systems. Das Potential $V(z)$ beschreibt die Einschränkung auf die xy-Ebene und kann als Potentialtopf der Breite d_z mit unendlich hohen Wänden in z-Richtung approximiert werden.
Für die Wellenfunktion $\psi(x,y,z)$ bietet sich folgender Separationsansatz an:

$$\psi(x,y,z) = \phi(x,y)\chi(z). \tag{11.5}$$

Dieser Ansatz liefert:

$$\left\{\frac{\hat{p}_x^2}{2m_{eff}} + \frac{\hat{p}_y^2}{2m_{eff}}\right\}\phi(x,y) = \epsilon\phi(x,y) \tag{11.6}$$

$$\left\{\frac{\hat{p}_z^2}{2m_{eff}} + V(z)\right\}\chi(z) = E_n\chi(z), \tag{11.7}$$

wobei die Gesamtenergie E als Summe von E_n und ϵ gegeben ist. Die Gleich. 11.7 beschreibt ein bereits bekanntes Problem, den Potentialtopf mit unendlich hohen Wänden; die Energieeigenwerte sind die diskreten Niveaus (s. Gleich. 1.46):

$$E_n = \frac{\hbar^2(\pi/d_z)^2}{2m_{eff}} \cdot n^2 \qquad \text{für } n = 1, 2, 3 \ldots \tag{11.8}$$

Somit verbleibt für die Funktion $\phi(x,y)$ folgende Differentialgleichung:

$$\left\{ \frac{\hat{p}_x^2}{2m_{eff}} + \frac{\hat{p}_y^2}{2m_{eff}} \right\} \phi(x,y) = \epsilon\phi(x,y). \tag{11.9}$$

Der Hamiltonoperator in Gleich. 11.9 ist der eines freien Teilchen der Masse m_{eff} und vertauscht mit den Impulsoperatoren $\hat{p}_x$ und $\hat{p}_y$. Die Eigenfunktionen sind daher ebene Wellen in der xy-Ebene:

$$\phi_{\vec{k}}(x,y) = \beta \exp(ik_x \cdot x) \exp(ik_y \cdot y). \tag{11.10}$$

Der Quantenzustand des Elektrons ist in diesem Fall durch die drei Quantenzahlen k_x, k_y und n eindeutig gekennzeichnet und die Gesamtenergie $E(k_x, k_y, n)$ des Elektrons beträgt:

$$E := E(k_x, k_y, n) = \frac{\hbar^2}{2m_{eff}}(k_x^2 + k_y^2) + E_n. \tag{11.11}$$

Die Kurven konstanter Energie sind konzentrische Kreise in der k_x, k_y-Ebene. Die Zustandsdichte $D(E)$ läßt sich wie im Fall des dreidimensionalen Elektronengases ermitteln. Steht den Elektronen ein rechteckiges Gebiet mit den Seitenlängen L_x und L_y zur Verfügung, so muß die Wellenfunktion die periodischen Randbedingungen $\phi_{\vec{k}}(x,y) = \phi_{\vec{k}}(x + L_x, y + L_y)$ erfüllen. Damit sind die erlaubten Werte für k_x und k_y bestimmt:

$$k_x = n\frac{2\pi}{L_x} \qquad k_y = m\frac{2\pi}{L_y} \qquad \text{mit} \quad n, m = 1, 2, 3 \ldots. \tag{11.12}$$

Ein einzelner Zustand nimmt also in der (k_x, k_y) Ebene die Fläche $\Phi_0 = 4\pi^2/(L_x L_y)$ ein. Die Elektronenzustände mit festen Werten der Energie liegen auf konzentrischen Kreisen in der k_x, k_y-Ebene. Aus der Fläche $2\pi k dk$ des umschlossenen Kreisrings kann die Anzahl dN der Zustände zwischen k und $k + dk$ ermittelt werden:

$$dN = 2\pi k dk \frac{L_x L_y}{4\pi^2} = \frac{L_x L_y}{2\pi} k dk. \tag{11.13}$$

Mit der Dispersionsrelation $E(k_x, k_y, n)$ nach Gleich. 11.11 kann die zweidimensionale energetische Zustandsdichte $D(E)$ gemäß $dn = dN/(L_x L_y) = D(E)dE$ berechnet werden:

$$D(E)dE = \frac{m_{eff}}{\pi\hbar^2} dE. \tag{11.14}$$

In Gleich. 11.14 ist ein Faktor 2 zur Berücksichtigung des Elektronenspins eingefügt worden. Man vergleiche auch die Ausführungen im ersten Kapitel.

Eindimensionales Quantengas Die Behandlung eindimensionaler Quantengase, sogenannter Quantendrähte, ist im Anschluß an die soeben berechneten zweidimensionalen Quantengase nicht mehr schwierig. Schränkt man einen der beiden verbliebenen translatorischen Freiheitsgrade eines zweidimensionalen Elektronengases (z. B. die y-Richtung) ein, indem man etwa einen dünnen Metallfilm einer lithographischen Strukturierung unterwirft und somit Leiterbahnen der Dicke d_z und Breite d_y erzeugt, so kann ein solches System als eindimensionales Elektronengas betrachtet werden, falls sowohl d_z als auch d_y klein gegen die Kohärenzlänge λ_K sind. Diese Beschränkung wird mathematisch durch einen zweidimensionalen Potentialtopf $V(y,z)$ mit unendlich hohen Wänden und den Seitenlängen d_z bzw. d_y beschrieben. Die Durchführung der Rechnung führt auf Wellenfunktionen der folgenden Art:

$$\psi(x,y,z) = \phi(y,z)\exp(ik_x x). \tag{11.15}$$

Lediglich in Richtung der Leiterbahn können sich laufende Wellen ausbreiten, wogegen es senkrecht zu dieser Richtung zur Ausbildung stehender Wellen und der entsprechenden, diskreten Energieniveaus $E_{n,m}$ kommt. Der Quantenzustand des Elektrons ist daher durch die drei Quantenzahlen n, m und k_x eindeutig gekennzeichnet, und die Gesamtenergie $E_{n,m}(k_x)$ des Elektrons beträgt:

$$E(k_x,m,n) = \frac{\hbar^2}{2m_{eff}}k_x^2 + E_{m,n}. \tag{11.16}$$

Die Zustandsdichte kann nach dem üblichen Verfahren berechnet werden. Es resultiert:

$$D(E)dE = g_{n,m}\frac{1}{\hbar}\sqrt{\frac{m_{eff}}{2E}}dE. \tag{11.17}$$

Die Berücksichtigung der Entartungsmöglichkeiten des Energieniveaus $E_{n,m}$ erfolgt durch einen Faktor $g_{n,m}$. Auch im Falle des zweidimensionalen Elektronengases hätte im Prinzip ein solcher Faktor berücksichtigt werden müssen, der die Besetzung der diskreten Energieniveaus E_n des eindimensionalen Potentialtopfes beschreibt. Dessen Niveaus sind jedoch proportional zu $1/n^2$ und daher **nicht** entartet, so daß als Folge der beiden Orientierungsmöglichkeiten des Elektronenspins im dort betrachteten Fall $g_n = 2$ galt.

Nulldimensionales Quantengas Beschränkt man schließlich auch den letzten verbleibenden Translationsfreiheitsgrad (x-Richtung) durch einen geeigneten lithographischen Verfahrensschritt auf einen Bereich der Länge d_x, so resultiert ein nulldimensionales Quantengas, sofern auch d_x klein gegen die Kohärenzlänge ist. Dieser wird durch einen dreidimensionalen Potentialtopf beschrieben (s. Kap. 1). Die Quantenzustände werden daher durch drei Quantenzahlen l, m, n gekennzeichnet, mit den zugehörigen diskreten Energieniveaus $E_{l,m,n}$.

11.1.2 Quantenkondensator und -transistor

In diesem Abschnitt soll gezeigt werden, daß die konsequente Ausnutzung moderner Technologien die Herstellung von Bauelementen ermöglicht, die die Manipulation von einzelnen Elektronen oder Löchern erlauben.

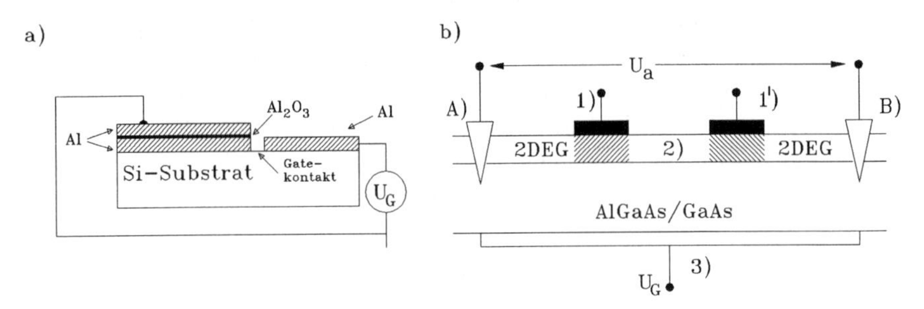

Abbildung 11.1: **Quantenkondensator (a):** Durch Oxidation einer Al-Schicht und erneutes Aufdampfen von Aluminium entsteht ein Tunnelkontakt, der bei geeigneter Prozeßführung in der Größenordnung von 50× 50 nm^2 liegt. Die Dicke der Oxidschicht beträgt nur etwa 1 nm. Durch Unterbrechung der Leiterbahn wird eine Gatekapazität in Reihe geschaltet. **Quantentransistor (b):** An der Grenzfläche einer Heterostruktur entsteht ein zweidimensionales Elektronengas, dessen Ladungsträgerdichte und energetische Lage durch eine an der Gateelektrode 3 anliegende Spannung U_G beeinflußt werden können. Zwischen den Kontakten A und B liegt die externe Spannung U_a an, die den Stromtransport durch das Bauelement bewirkt. Über die Kontakte 1 und 1′ werden durch geeignete Spannungen die Elektronen aus den schraffierten Bereichen verdrängt, so daß der mit 2 bezeichnete isolierte Bereich entsteht.

Grenzt man durch geeignete Maßnahmen ein bestimmtes Volumen aus einem Leitermaterial ab und unterbindet den ohmschen Ladungstransport durch diesen Bereich, indem man durch Anlegen äußerer Spannungen oder durch Abscheidung isolierender Zwischenschichten hohe Potentialwände errichtet (s. Abb. 11.1), die einen Ladungstransport normal zu diesen Schichten nur durch Tunnelprozesse gestatten, so kann der entstandene Bereich in guter Näherung als idealer Kondensator mit der Kapazität C beschrieben werden. Die Potentialwände wirken als Kondensatorplatten, welche die Ladungsträger voneinander trennen. Schaltet man eine weitere Gatekapazität C_G hinzu (s. Abb. 11.2), so lassen sich an diesem System eine Reihe interessanter Phänomene beobachten.
Enthält die Kapazität C eine Ladung $-nq$, d. h. n Elektronen, und die Gatekapazität C_G eine Ladung Q_G, wobei eine Gatespannung U_G über beiden Kapazitäten abfällt, so beträgt die Gesamtenergie E des Systems:

$$E = \frac{Q^2}{2C} + \frac{Q_G^2}{2C_G} - Q_G U_G, \tag{11.18}$$

wobei $Q = Q_G - nq$ die Gesamtladung darstellt. Berücksichtigt man, daß $U_G = Q/C + Q_G/C_G$ gelten muß, so findet man für die Energie $E(n)$ als Funktion der

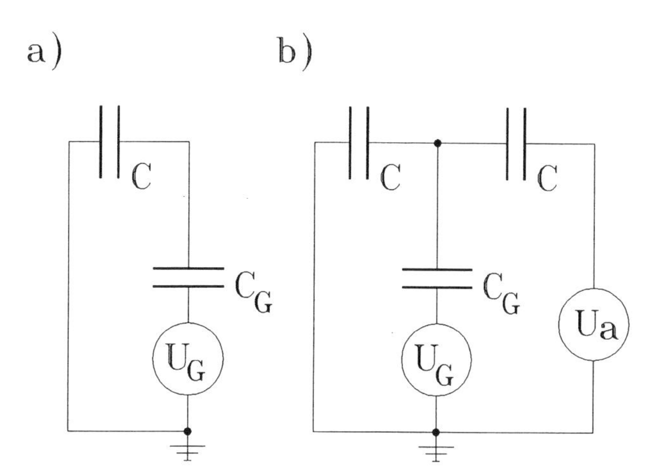

Abbildung 11.2: Ersatzschaltbilder eines Quantenkondensators (a) und Quantentransistors (b)

Elektronenzahl n bei gegebener Spannung U_G:

$$E(n) = \frac{1}{2(C + C_G)} (nq - C_G U_G)^2 - \frac{C_G}{2} U_G^2. \tag{11.19}$$

Das Minimum der Energie liegt bei $n = C_G U/q$, d. h. wenn man die Gatespannung U_G um $\Delta U := q/C_G$ ändert, erhöht oder verringert man die Gesamtladung des Systems um ein Elektron. Da Kapazitäten im Bereich von fF oder darunter bereits realisiert worden sind, erhält man für ΔU Werte von etwa 100 μV. Die Manipulation einzelner Elektronen durch 'makroskopische' Spannungen wird also möglich!
Um die Anzahl der Elektronen im Kondensator von n auf $n+1$ zu erhöhen, ist nach Gleich. 11.19 die Energie

$$\Delta E_n := E(n+1) - E(n) = \frac{2nq^2 - C_G U}{2(C + C_G)} \tag{11.20}$$

erforderlich. Bei verschwindender Gatespannung ist ΔE_n proportional zur Anzahl n der bereits vorhandenen Elektronen, deren Abstoßung überwunden werden muß. Diesen Effekt bezeichnet man daher auch als **Coulombblockade**.
Bei verschwindender Gatespannung U_G hat die Energie einen Wert von $n^2 q^2 / [2(C + C_G)] =: n^2 E_c$. Damit die Umladung des Kondensators durch thermisch angeregte Fluktuationen unterbleibt, muß $E_c \gg k_B T$ sein. Mit den bisher erreichbaren Kapazitäten führt dies auf Temperaturen im mK-Bereich.
Den durch Tunnelbarrieren abgetrennten Bereich kann man als einen durch n zusätzliche Elektronen aufgeladenen Potentialtopf mit den Energieniveaus $E_n := n^2 E_c$ auffassen. Damit diese auch für geringe Elektronenzahlen ($n = 1, 2, 3, \ldots$) definiert sind, muß die Unschärfe der Energie δE klein gegen E_C sein. Diese Energieunschärfe hat ihre Ursache in der Möglichkeit von Tunnelübergängen zwischen dem Potentialtopf und dem umgebenden Medium. Legt man eine Spannung U an einen solchen

Tunnelübergang und betrachtet den mittleren Strom $\bar{I}$, so kann man einen Tunnelwiderstand R_T gemäß $R_T := U/\bar{I}$ definieren. Überschüssige Ladungen im Potentialtopf bauen sich daher mit einer Zeitkonstanten $\tau := 1/(R_T C)$ ab. Diese Zeitkonstante ruft eine Energieunschärfe $\delta E = h/\tau$ hervor, so daß die Bedingung für die Ausbildung quantisierter Energieniveaus lautet:

$$\delta E \ll E_c \qquad \Rightarrow \qquad R_T \gg \frac{q^2}{h}. \tag{11.21}$$

Die Gleich. 11.21 ist durch Erhöhung der Potentialbarrieren stets erfüllbar.
Schaltet man nun zu der bisher betrachteten Anordnung einen weiteren Kondensator in Form eines Potentialwalls hinzu (s. Abb. 11.1b), so gelangt man zu einer Anordnung, die aus naheliegenden Gründen auch als Quantentransistor[2] bezeichnet und durch das Ersatzschaltbild nach Abb. 11.2 b) beschrieben wird.
Der Transport eines Elektrons als Folge einer äußeren Spannung U_a durch einen solchen Transistor ist nur über aufeinanderfolgende Tunnelprozesse durch die beiden Potentialwälle möglich. Hierbei wird eine Energie $-qU_a$ gewonnen. Ein solcher Prozess kann auf zwei verschiedene Weisen ablaufen:

- Abgabe eines Elektrons aus dem Kondensatorinnern an das Reservoir 2; Aufnahme eines Elektrons aus dem Reservoir 1 in das Kondensatorinnere;
- Aufnahme eines Elektrons aus dem Reservoir 1 in das Kondensatorinnere; Abgabe eines Elektrons aus dem Kondensatorinnern an das Reservoir 2.

Falls der Kondensator zunächst unbesetzt ist und keine Gatespannung anliegt ($U_G = 0$), so läuft der erste der beiden Prozesse über einen einfach positiv geladenen Zwischenzustand ab, der zweite über einen einfach negativ geladenen. In beiden Fällen muß zur Herstellung des jeweiligen Zwischenzustandes die Energie E_c aufgewandt werden. Die äußere Spannung U_a fällt zu gleichen Teilen über den beiden Potentialwällen ab. Im Zwischenzustand innerhalb des Kondensators hat ein Elektron daher die Energie $-qU_a/2$ gewonnen. Die zur Ausbildung dieses Zwischenzustandes nötige Gesamtenergie E_{int} beträgt also:

$$E_{int} = E_c - \frac{qU_a}{2}. \tag{11.22}$$

Nur falls $E_{int} \leq 0$ gilt, kann der Prozeß erfolgen. Ist bei gegebener externer Spannung U_a diese Bedingung zunächst nicht gegeben, so kann sie durch Variation der Gatespannung U_G erfüllt werden. Sobald die Gatespannung den benötigten Wert erreicht, setzt der Stromfluß ein, gemäß der Beziehung:

$$I = \frac{U_a}{R_T}. \tag{11.23}$$

[2] Ausführliche Erörterungen zur Theorie des Quantentransistors finden sich in [31].

Das Tunneln mehrerer Elektronen ist jedoch noch nicht möglich. Das gleichzeitige Tunneln von n Elektronen erfordert die Energie $E(n)$ (s. Gleich. 11.19), der Energiegewinn beträgt $n \cdot U_a/2$, so daß die Bedingung für diesen Prozeß lautet:

$$E(n, U_G) - n \cdot \frac{U_a}{2} \leq 0. \tag{11.24}$$

Sobald die Gatespannung U_G den entsprechenden Wert überschreitet, kann der Tunnelprozeß durch n Elektronen erfolgen und der Stromfluß sich entsprechend erhöhen. Da auf diese Weise der bei konstanter externer Spannung U_a fließende Strom von der Gatespannung U_G abhängt, bezeichnet man ein solches Bauelement auch als Quantentransistor.

Eine Coulombblockade kann auch an MIS-Feldeffekttransistoren beobachtet werden, falls deren Gateelektrode eine Fläche von etwa 1 μm^2 nicht überschreitet. Werden die Oberflächenzustände der Energie E_T mit einer Ladung vom Betrag Q besetzt, so müssen, um die Ladungsneutralität zu wahren, auf der Gateelektrode und am Ende der — als Plattenkondensator aufgefaßten — Raumladungszone entgegengesetzte Bildladungen der Beträge Q_G und Q_W aufgebracht werden (s. Abb. 11.3). Der FET soll sich im Verarmungszustand befinden.

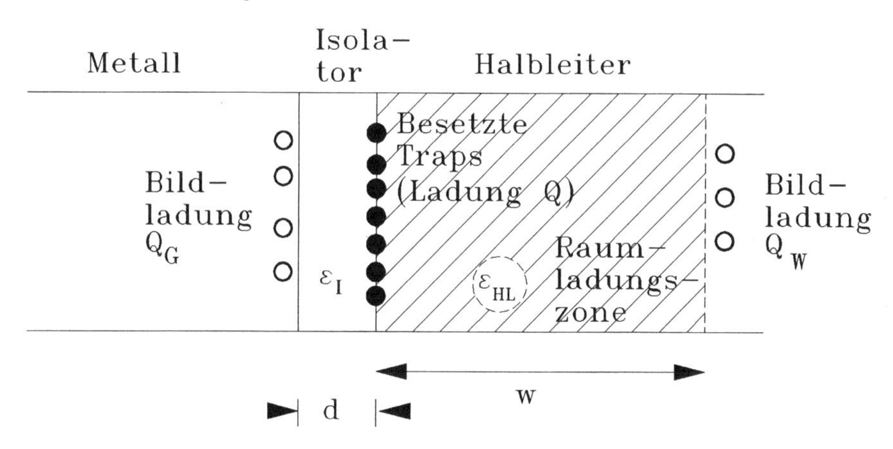

Abbildung 11.3: Die Besetzung der Oberflächenzustände bei E_T mit der Ladung Q ruft auf dem Gate die Ladung Q_G und am Ende der Raumladungszone die Ladung Q_W hervor.

Die Ladungsneutralität erfordert:

$$Q_W + Q_G = Q. \tag{11.25}$$

Die Größe der Ladungen Q_G und Q_W findet man leicht durch folgende Überlegung. Das Isolatormaterial zwischen Gateelektrode und Halbleiteroberfläche bildet einen Plattenkondensator der Dicke d mit einer relativen Dielektrizitätskonstanten ϵ_I und besitzt somit eine Kapazität $C_I = \epsilon_I \epsilon_0 A/d$. Die Raumladungszone des Halbleiters

(Weite w, Dielektrizitätskonstante ϵ_{HL}) besitzt eine Kapazität $C_S = \epsilon_{HL}\epsilon_0 A/w$. Die in der geladenen Anordnung gespeicherte Energie W beträgt:

$$W = \frac{Q_G^2}{2C_I} + \frac{Q_W^2}{2C_S} = \frac{Q_G^2}{2C_I} + \frac{(Q-Q_G)^2}{2C_S}. \tag{11.26}$$

Die Gleichgewichtsbedingung lautet:

$$\frac{dW}{dQ_G} = \frac{Q_G}{C_I} + \frac{Q_G - Q}{C_S} = 0. \tag{11.27}$$

Man findet dann:

$$\frac{Q_G}{Q} = \frac{C_I}{C_I + C_S} = \frac{w/\epsilon_{HL}}{w/\epsilon_{HL} + d/\epsilon_I} =: \alpha. \tag{11.28}$$

Die Bildladungen sind also durch die Dielektrizitätskonstanten der Materialien, die Dicke der Isolatorschicht und die Weite der Raumladungszone bestimmt.
Die betrachteten Ladungen Q, Q_G und Q_W stammen aus dem Halbleiterinneren. Die Bildladung Q_G muß gegen die äußere Potentialdifferenz $U_a = (E_{F_M} - E_{F_{HL}})/q$ auf die Gatelektrode gebracht werden. Die Ladung $-Q$ muß die Potentialdifferenz $(E_C - E_{F_{HL}})/q$ überwinden, wobei E_C die Energie der Unterkante des Leitungsbandes an der Halbleiter-Isolatorgrenze ist. Die Bildladung Q_W wird von der Fermienergie des Halbleiters $E_{F_{HL}}$ aus auf das Niveau E_{C0} der Unterkante des Leitungsbandes im Volumenmaterial gehoben (s. Abb. 11.4).

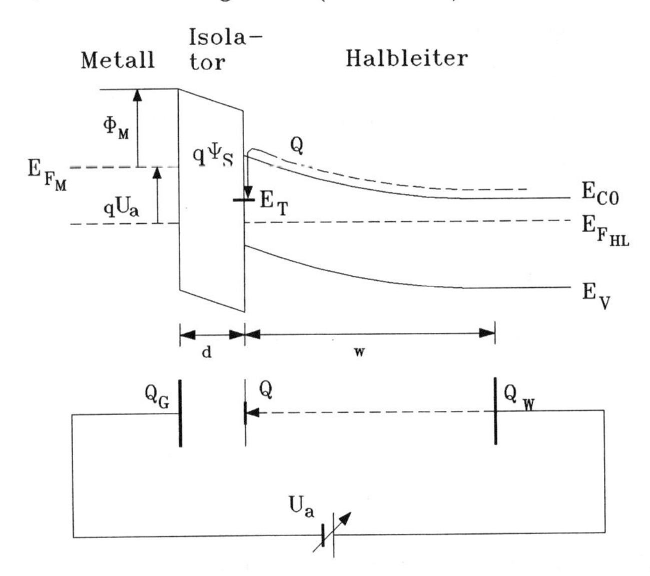

Abbildung 11.4: Generation von Oberflächen- und Bildladungen unter variabler äußerer Spannung U_a

Damit beträgt die aufzuwendende gesamte Energiedifferenz ΔE des skizzierten Ladungstransports:

$$\Delta E = Q_G U_a + (Q - Q_G)\frac{E_{C0} - E_{F_{HL}}}{q} - Q\frac{E_C - E_{F_{HL}}}{q} =$$
$$= \left(\alpha U_a + (1-\alpha)\frac{E_{C0} - E_{F_{HL}}}{q} - \frac{E_C - E_{F_{HL}}}{q}\right) \cdot Q. \qquad (11.29)$$

Diese Energiedifferenz kann Werte bis zu 250 meV pro Elementarladung q erreichen (s. [32]).
Die Gesamtenergie $W(Q)$ lautet gemäß Gleich. 11.26 unter Verwendung von Gleich. 11.28:

$$W(Q) = \left(\frac{\alpha^2}{2C_I} + \frac{(1-\alpha)^2}{2C_S}\right) Q^2. \qquad (11.30)$$

Bei einer Änderung der Ladung Q ändert sich $W(Q)$ gemäß:

$$\frac{dW(Q)}{dQ} = \left(\frac{\alpha^2}{C_I} + \frac{(1-\alpha)^2}{C_S}\right) Q. \qquad (11.31)$$

Die Änderung der Energie $W(Q)$ ist proportional zur bereits vorhandenen Ladung Q in den Oberflächenzuständen. Der Transport einer bestimmten Ladungsmenge δQ in diese Traps erfordert daher eine Energiemenge, die proportional zur bereits vorhandenen Ladung ist. Somit ist es gerechtfertigt, auch in diesem Fall von einer Coulombblockade der Besetzung zu sprechen.
Die Defektdichten moderner Halbleiter-Isolatorgrenzflächen betragen typischerweise etwa $10^{10}\,\mathrm{cm^{-2}eV^{-1}}$ (s. [32]). Bei einer Bandverbiegung von 1 eV treten unterhalb einer Gateelektrode von 0.25 $\mu\mathrm{m}^2$ Fläche im Mittel 25 Oberflächenzustände auf, die in der beschriebenen Weise besetzt werden können. Der Besetzungsgrad ist dabei durch die Coulombblockade bestimmt. Variiert man die äußere Spannung U_a, so können der Einfang oder die Emission **einzelner** Elektronen gesteuert werden.

11.1.3 HEMFET's

Die Leitfähigkeit σ eines Materials ist im Modell von Drude (s. Kap. 3) durch das Produkt $qn\mu$ gegeben, wobei n die Konzentration der Ladungsträger und μ deren Beweglichkeit bezeichnet. Zur Erhöhung der Leitfähigkeit stehen also zwei Parameter, die Ladungsträgerkonzentration und die Beweglichkeit, zur Verfügung. Die Ladungsträgerkonzentration in einem dotierten Halbleitermaterial kann durch eine höhere Dotierung gesteigert werden. Gleichzeitig erhöhen die zusätzlichen Störstellen im Material die Wahrscheinlichkeit von Streuprozessen, verringern somit die Beweglichkeit der Ladungsträger und vermindern die gewünschte Steigerung der Leitfähigkeit erheblich.
Kombiniert man jedoch durch Molekularstrahlepitaxie ein Halbleitermaterial I mit der Austrittsarbeit χ_1 und den Bandenergien E_{C1} und E_{V1} mit einem Halbleitermaterial II, das die Austrittsarbeit χ_2 und die Bandenergien E_{C2} und E_{V2} besitzt,

so lassen sich bei geeigneter Wahl der Dotierung zweidimensionale Elektronengase mit sehr hoher Beweglichkeit realisieren, wie nun im einzelnen gezeigt werden soll. Unterstellt man für eine erste Näherung, daß sich die Vakuumniveaus der beiden Materialien aneinander angleichen, so resultiert daraus eine Leitungsbanddiskontinuität $|\Delta E_C| = |\chi_1 - \chi_2|$. Damit ist auch die Valenzbanddiskontinuität $|\Delta E_V|$ festgelegt.

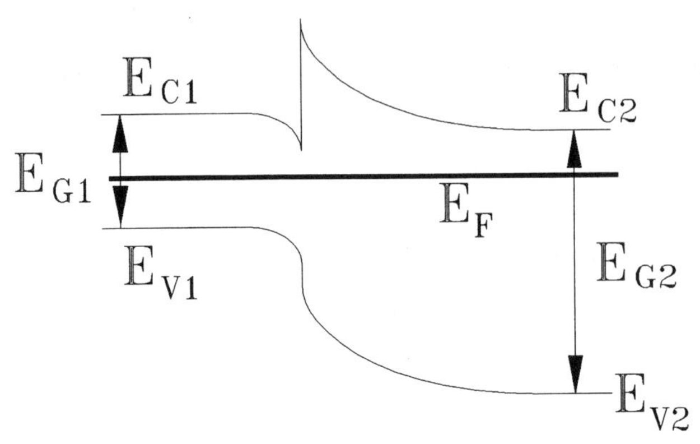

Abbildung 11.5: Bandverbiegung an einem Heteroübergang aus zwei Halbleitermaterialien

Im thermischen Gleichgewicht ist die Fermienergie E_F im gesamten Gebiet konstant. Diese Forderung ist in der Übergangsschicht nur durch eine Bandverbiegung $e\Psi(x) := E_C(x) - E_C(\infty)$ zu erfüllen. Hierin bezeichnet $E_C(\infty)$ die Energie des Leitungsbands im Volumenmaterial, weit von der betrachteten Grenzschicht entfernt. Das Potential $\Psi(x)$ der Bandverbiegung muß einer Poissongleichung genügen, die in voller Allgemeinheit folgendermaßen lautet (s. Kap. 4):

$$\frac{d^2\Psi(x)}{dx^2} = \frac{q}{\epsilon\epsilon_0}\left(N_D^+(x) - N_A^-(x) - n(x) + p(x)\right). \tag{11.32}$$

Wie üblich bezeichnen $n(x)$ und $p(x)$ die Elektronen- bzw. Löcherkonzentration sowie N_D^+ und N_A^- die Konzentrationen der ionisierten Donator- und Akzeptorstörstellen.

Für das Weitere spezialisieren wir uns auf das Beispiel eines Heteroübergangs aus zwei n-dotierten Materialien mit den Dotierungskonzentrationen $N_{D,1}$ und $N_{D,2}$ sowie den Dielektrizitätskonstanten ϵ_1 und ϵ_2.

Die Gleich. 11.32 lautet dann:

$$\frac{d^2\Psi_i(x)}{dx^2} = \frac{q}{\epsilon_i\epsilon_0}\left(N_{D,i}^+(x) - n_i(x)\right), \tag{11.33}$$

wobei $i = 1$ für $x \leq 0$ und $i = 2$ für $x > 0$ gilt.

Weiterhin wird angenommen, daß die Störstellen vollständig ionisiert ($N_{D,i}^+(x) = N_{D,i}$) und die Halbleitermaterialien nicht entartet sind, daß also

$$\begin{aligned} n_i(x) &= N_{C,i} \exp\left(-\frac{E_{C,i}(x) - E_F}{k_B T}\right) = \\ &= N_{C,i} \exp\left(-\frac{E_{C,i}(\infty) - E_F}{k_B T}\right) \exp\left(-\frac{E_{C,i}(x) - E_{C,i}(\infty)}{k_B T}\right) = \\ &= N_{D,i} \exp\left(-\frac{e\Psi_i(x)}{k_B T}\right) \end{aligned} \tag{11.34}$$

gilt. Damit resultiert folgende Differentialgleichung zur Bestimmung der Bandverbiegung ($i = 1$ für $x \leq 0$ und $i = 2$ für $x > 0$):

$$\frac{d^2\Psi_i(x)}{dx^2} = \frac{q}{\epsilon_i \epsilon_0} N_{D,i} \left\{1 - \exp\left(-\frac{e\Psi_i(x)}{k_B T}\right)\right\}. \tag{11.35}$$

Berücksichtigt man, daß die Bandverbiegung $\Psi_i(x)$ und das zugehörige elektrische Feld $d\Psi_i/dx$ im Volumenmaterial ($x \to \pm\infty$) verschwinden müssen, so kann man Gleich. 11.35 integrieren:

$$\frac{d\Psi_i}{dx} = \sqrt{\frac{2qN_{D,i}}{\epsilon_i \epsilon_0}} \sqrt{\Psi_i(x) + \frac{k_B T}{q}\left[\exp(-\frac{q\Psi_i(x)}{k_B T}) - 1\right]}. \tag{11.36}$$

Die implizite Gleichung 11.36 für die Bandverbiegung $\Psi_i(x)$ ist nicht geschlossen lösbar. Für die hier betrachtete Anwendung interessiert jedoch nur die Größe der Bandverbiegungen $\Psi_1(0)$ und $\Psi_2(0)$ am Ort des Heteroübergangs. Sie entscheiden, ob und wann sich ein zweidimensionales Elektronengas bildet und wie dieses von einer äußeren Spannung abhängt.
Zur Ermittlung der gesuchten Abhängigkeit berücksichtigen wir zunächst die Stetigkeit der dielektrischen Verschiebung am Übergang:

$$\epsilon_1 \left(\frac{d\Psi_1}{dx}\right)_{x=0} = \epsilon_2 \left(\frac{d\Psi_2}{dx}\right)_{x=0}. \tag{11.37}$$

Setzt man aus Gleich. 11.36 ein, so resultiert:

$$\frac{N_{D,1}}{N_{D,2}} \left\{\tfrac{q\Psi_1(0)}{k_B T} + \exp\left\{-\tfrac{q\Psi_1(0)}{k_B T}\right\} - 1\right\} = \frac{\epsilon_2}{\epsilon_1} \left\{\tfrac{q\Psi_2(0)}{k_B T} + \exp\left(-\tfrac{q\Psi_2(0)}{k_B T}\right) - 1\right\}. \tag{11.38}$$

Andererseits gilt nach Definition für die Bandverbiegungen:

$$\Psi_1(0) - \Psi_2(0) = \frac{1}{q}[E_{C,1}(0) - E_{C,2}(0)] - \frac{1}{q}[E_{C,1}(\infty) - E_{C,2}(\infty)] + U_{ex}. \tag{11.39}$$

Damit folgt:

$$\Psi_1(0) - \Psi_2(0) = \frac{1}{q}\Delta E_C(0) + \frac{k_B T}{q}\ln\left(\frac{N_{D,2}N_{C,1}}{N_{D,1}N_{C,2}}\right) + U_{ex} =: U_0 + U_{ex}. \qquad (11.40)$$

Hierin stellt U_{ex} ein externes Potential dar, das im Betrieb variiert werden kann, wogegen U_0 die Materialeigenschaften des Übergangs zusammenfaßt.
Die Gleichn. 11.38 und 11.40 bestimmen die gesuchten Bandverbiegungen $\Psi_1(0)$ und $\Psi_2(0)$ eindeutig, sind jedoch nicht geschlossen lösbar.
Die Idee, die der Herstellung von HEM-(High Electron Mobility)-Devices zugrunde liegt, besteht nun darin, dasjenige der beiden Halbleitermaterialien, das die größere Bandlücke aufweist (im folgenden Material II), mit einer hohen Donatorkonzentration zu versehen und das andere Material nur schwach zu dotieren. Dann entsteht ein zweidimensionales Elektronengas im schwach dotierten Halbleitermaterial I. Dort besitzen die Ladungsträger aufgrund der geringen Konzentration ionisierter Störstellen höhere Beweglichkeiten als im Material II.

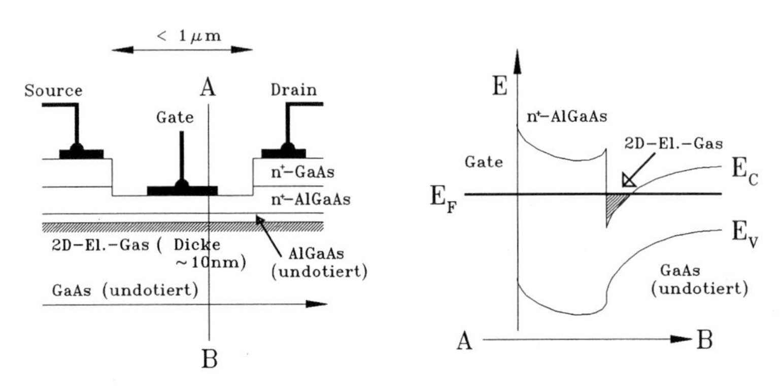

Abbildung 11.6: HEMFET (High Electron Mobility Field Effect Transistor)

Die hohe Konzentration $N_{D,2}$ geht einher mit einer starken Bandverbiegung $\Psi_2(0)$, so daß in der Gleich. 11.38 der Term $\exp(-q\Psi_2(0)/k_B T)$ vernachlässigt werden kann. Mit der Definition $\alpha := \epsilon_2 N_{D,2}/(\epsilon_1 N_{D,1})$ erhält man aus Gleich. 11.38:

$$\Psi_1(0) - \Psi_2(0) = (\alpha - 1)\left\{\Psi_1(0) - \frac{k_B T}{q}\right\} - \frac{k_B T}{q}\exp\left[\frac{-q\Psi_1(0)}{k_B T}\right]. \qquad (11.41)$$

Der Vergleich mit Gleich. 11.40 liefert:

$$U_0 + U_{ex} = (\alpha - 1)\left\{\Psi_1(0) - \frac{k_B T}{q}\right\} - \frac{k_B T}{q}\exp\left[\frac{-q\Psi_1(0)}{k_B T}\right]. \qquad (11.42)$$

Werden die Dotierungen so gewählt, daß $\alpha = 1$ erreicht wird, so folgt:

$$\Psi_1(0) = -\frac{k_B T}{q} \ln\left(\frac{q}{k_B T}(U_0 - U_{ex})\right). \tag{11.43}$$

Damit ist die Tiefe des gebildeten Potentialtopfes abhängig von der angelegten Spannung U_{ex}. Die Umsetzung dieses Prinzips in ein konkretes Bauelement stellt der HEMFET (High Electron Mobility Field Effect Transistor) dar, dessen Prinzip die Abb. 11.6 zeigt. Dieses Bauelement verbindet hohe Elektronenkonzentrationen mit hohen Beweglichkeiten und ist daher besonders für Anwendungen im Hochfrequenzbereich interessant.
Die in diesem Abschnitt vorgestellten HEMFET's stellen neben dem MOSFET aus Silizium eine weitere Realisierung der Idee des Feldeffekttransistors dar. Dessen Prinzip umfaßt, wie bereits mehrfach erläutert, die Steuerung eines Stromflusses zwischen dem Source- und dem Drainkontakt durch Influenz mittels einer externen Ladung auf einem dritten, sog. Gatekontakt. Dieser Kontakt muß gegen die beiden übrigen Kontakte elektrisch isoliert sein, damit die Ladung auf dem Gate und die gleich große Influenzladung, die aber entgegengesetztes Vorzeichen besitzt, aufrecht erhalten werden können. Die technologische Realisierung dieses Prinzips ist auf verschiedene Weisen möglich:

- Wählt man Silizium als Basismaterial, so steht mit dem Siliziumdioxid (SiO_2) eine Isolatorschicht zur Verfügung, die durch thermische Oxidation des Ausgangsmaterials leicht herstellbar ist und eine so geringe Grenzflächenzustandsdichte an der Halbleiter-Isolator-Grenzfläche aufweist, daß die entsprechende Influenzladung (s. o.) im Verarmungsfall als Raumladung ausgebildet werden muß. Durch Einsatz lithographischer Verfahren in Kombination mit Ätz- und Bedampfungstechniken werden aus diesen Substraten MOSFET's auf Si-Basis hergestellt (s. [4]). Die isolierende Oxidschicht verhindert, daß Ladungen vom Gatekontakt in die Raumladungszone fließen und dort mit der Influenzladung rekombinieren. Die Streuung der Ladungsträger an den ionisierten Störstellen im Kanal stellt einen ernsthaften Nachteil dieser Anordnung dar.

- Für die III-V-Halbleiter existiert kein Oxid, insbesonders kein arteigenes Oxid, das eine hinreichend geringe Grenzflächenzustandsdichte aufweist. In ternären Halbleitern, wie etwa $Ga_xAl_{1-x}As$, kann jedoch die Größe der Bandlücke durch Variation der Anteile von Ga und Al in weiten Grenzen variiert werden (s. Abb. 11.11). Durch Einsatz moderner Technologien — z. B. Molekularstrahlepitaxie — kann die Zusammensetzung solcher Schichten aus III-V-Halbleitern innerhalb weniger Monolagen geändert werden, so daß Potentialschwellen in der soeben diskutierten Art (s. Abb. 11.6) resultieren. Diese Stufen verhindern die Rekombination von Gate- und Influenzladung und übernehmen damit dieselbe Aufgabe wie die Oxidschicht im Falle des Siliziums. Darüberhinaus zeichnet sich der HEMFET gegenüber dem MOSFET durch die weitaus geringere Zahl ionisierter Störstellen im stromführenden Kanal aus, was zur erwähnten höheren Beweglichkeit der Ladungsträger führt.

Durch diese Ausführungen soll noch einmal deutlich gemacht werden, daß durch konsequente Umsetzung des Grundprinzips des Feldeffekttransistors — ausgehend von der Heil'schen Idee der Ladungssteuerung in Metallen — auch für die III-V-Halbleiter, die kein dem Silizium äquivalentes arteigenes Oxid besitzen, durch Ausnutzung modernster technologischer Verfahren eine intelligente Lösung gefunden werden konnte. Es ist ein wesentliches Anliegen des vorliegenden Buches, solche Zusammenhänge aufzudecken.

11.1.4 Quantentransport in einer Dimension

Die Abbildung 11.7 zeigt eine Anordnung, die vielfach als 'Quantenpunkt' bezeichnet wird und die eine Quantisierung der Transporteigenschaften aufweist.

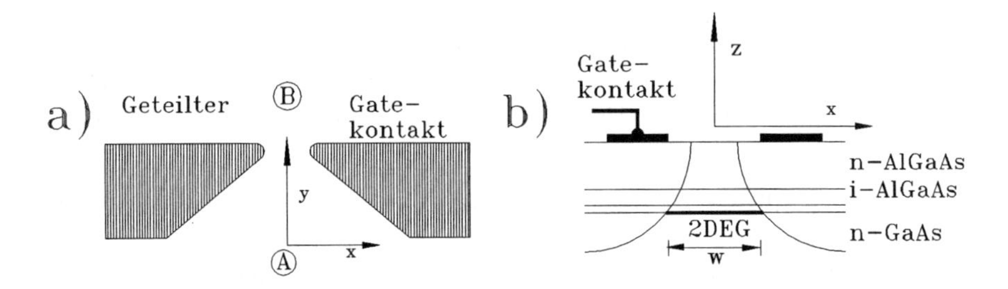

Abbildung 11.7: 'Quantenpunkt': Aufsicht (a) und Querschnitt (b); bei diesem Bauelement handelt es sich um einen Feldeffekttransistor, dessen Gatekontakt in der skizzierten Weise durchbrochen ist (sog. 'split-gate'), so daß das zweidimensionale Elektronengas, wie in (b) angedeutet, zwischen den beiden Hälften des Gatekontakts eingesperrt wird. Sobald die Breite w dieser Zone die Kohärenzlänge der Elektronen unterschreitet, werden Quanteneffekte beobachtbar.

Zwischen den Punkten A und B liegt eine Spannung U_{ex} an, die einen Strom zwischen diesen beiden Punkten verursacht. Der Ladungstransport wird von einem eindimensionalen Elektronengas getragen, das sich in einem Potentialtopf der Breite w befindet. Die räumliche und energetische Tiefe dieses Potentialtopfes werden durch die Gatespannung U_G zwischen den beiden Metallkontakten 1 und 2 festgelegt. Die Abb. 11.8 zeigt die Energieniveaus des eindimensionalen Elektronengases als Funktion dieser Gatespannung.

Bei einer Temperatur in der Nähe des absoluten Nullpunkts tragen nur die Energiebänder unterhalb der Fermienergie E_F zum Ladungstransport bei. Der Beitrag des l-ten Niveaus zum Gesamtstrom[3] beträgt:

$$I_l = q \int_{\mu_A}^{\mu_A + qU_{ex}} dE \; D_l(E) v_l(E), \qquad (11.44)$$

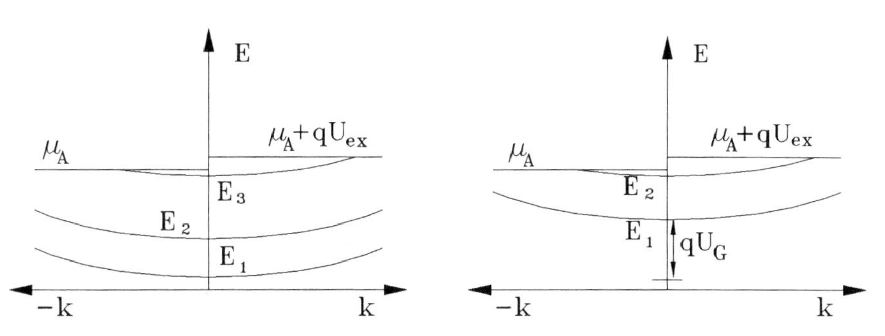

Abbildung 11.8: Energieniveaus des eindimensionalen Elektronengases als Funktion der Gatespannung U_G; das Leitungsband spaltet in die entsprechenden Niveaus gemäß Gleich. 11.16 auf.

wobei μ_A das chemische Potential des Elektronengases am Ort A (s. Abb. 11.7) bezeichnet.
Für die eindimensionale Zustandsdichte $D_l(E)$ gilt (s. Gleich. 11.17), wenn der Entartungsgrad $g_{n,m} = 2$ gesetzt wird:

$$D_l(E) = \frac{1}{\pi}\frac{dk}{dE_l}. \tag{11.45}$$

Die Geschwindigkeit $v_l(E)$ berechnet man gemäß:

$$v_l(E) = \frac{1}{\hbar}\frac{dE_l}{dk}. \tag{11.46}$$

Damit folgt aus Gleich. 11.44:

$$I_l = q \int_{\mu_A}^{\mu_A + qU_{ex}} dE \quad \frac{1}{\pi}\frac{dk}{dE_l}\frac{1}{\hbar}\frac{dE_l}{dk} = \frac{2q^2}{h}U_{ex}. \tag{11.47}$$

Ist E_n das letzte noch besetzte Niveau ($E_n < E_F < E_{n+1}$), so folgt für den Gesamtstrom:

$$I = \sum_{l=1}^{n} I_l = n \cdot \frac{2q^2}{h}U_{ex}. \tag{11.48}$$

Der Leitwert G der Anordnung beträgt also:

$$G := \frac{I}{U_{ex}} = n \cdot \frac{2q^2}{h} =: n \cdot G_0. \tag{11.49}$$

Somit ist der Leitwert eines solchen Bauelements in ganzzahligen Vielfachen von $2q^2/h$ quantisiert, wie die Abb. 11.9 zeigt.
Da G_0 in Gleich. 11.49 ausschließlich durch Naturkonstanten bestimmt wird, können die beschriebenen Bauelemente als Normale in der Meßtechnik Verwendung finden.

[3]Im Falle des eindimensionalen Ladungstransports wird die Unterscheidung zwischen Strom I und Stromdichte j hinfällig.

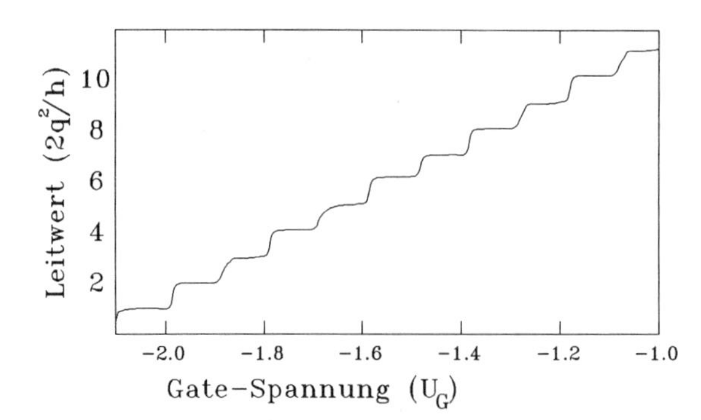

Abbildung 11.9: Quantisierung des Leitwertes in eindimensionalen Elektronengasen

11.2 Quanteneffekte durch Überstrukturen

Die Verwendung moderner Herstellungsverfahren, wie der Molekularstrahlepitaxie (MBE, 'molecular beam epitaxy'), eröffnet die Möglichkeit, den hergestellten Einkristallen zusätzlich zur dreidimensionalen Gitterperiodizität eine weitere Periodizität in der Richtung des Schichtwachstums aufzuprägen (sog. 'Übergitterstruktur'). Die Periodenlänge kann hierbei bis auf die Größenordnung einiger weniger Gitterkonstanten reduziert werden. Damit wird die mittlere freie Weglänge der Elektronen — zumindest bei tiefen Temperaturen — unterschritten, so daß der Ladungstransport in Richtung des Schichtwachstums durch die Übergitterstruktur beeinflußt wird.
Somit zeichnet sich ein Übergitter durch eine gegenüber dem zugrundeliegenden Kristallgitter in einer Richtung (im folgenden o. B. d. A. die x-Richtung) geänderte Gitterkonstante d aus.
Das Potential kann in dieser Richtung als Folge von Potentialtöpfen der Breite a im Abstand b ($a + b = d$) angenähert werden (s. auch Kap. 1.2.2). Für dieses Problem lautet die Schrödingergleichung:

$$(\hat{\mathcal{H}}_0 + \hat{\mathcal{H}}_1)\Psi_j(x) = \epsilon_j \Psi_j(x). \tag{11.50}$$

Hierin ist $\hat{\mathcal{H}}_0$ der Hamiltonoperator eines einzelnen Potentialtopfs, wogegen $\hat{\mathcal{H}}_1$ den Einfluß der übrigen Potentialtöpfe zusammenfaßt. Wäre $\hat{\mathcal{H}}_1 = 0$, so läge das bekannte und bereits gelöste Potentialtopfproblem mit Wellenfunktionen $\Phi_j(x)$ und Energien ϵ_j^0 vor.
Bei der Lösung der Gleich. 11.50 läßt man sich von der Idee leiten, daß der Einfluß der benachbarten Potentialtöpfe eine schwache Störung bewirkt, so daß die gesuchte Wellenfunktion $\Psi_j(x)$ als Überlagerung einer Eigenfunktion $\Phi_j(x)$ des betrachteten Potentialtopfs mit Eigenfunktionen $\Phi_j(x - md)$ der übrigen Potentialtöpfe an den Orten $x_m = md$ dargestellt werden kann:

$$\Psi_j(x) = \sum_{m=-\infty}^{+\infty} c_{j,m} \Phi_j(x - md). \tag{11.51}$$

Die Translationsinvarianz und die Normierungsbedingung erfordern

$$c_{j,m} = \exp(ikmd). \tag{11.52}$$

Aus den periodischen Randbedingungen $\Psi_j(x) = \Psi_j(x + Nd)$ folgt

$$k_m = \frac{2\pi m}{d}. \tag{11.53}$$

Geht man mit dem Ansatz aus Gleich. 11.51 in die Schrödingergleichung hinein, so folgt:

$$\begin{aligned} (\hat{\mathcal{H}}_0 + \hat{\mathcal{H}}_1)\Psi_j &= \epsilon_j \Psi_j \\ &= \epsilon_j^0 \Phi_j(x) + \sum_{m=-\infty}^{+\infty} c_{j,m} \hat{\mathcal{H}}_1 \Phi_j(x - md). \end{aligned} \tag{11.54}$$

Die Multiplikation von Gleich. 11.54 mit $\Phi_j^*(x)$ und anschließende Integration über x liefern:

$$\epsilon_j = \epsilon_j^0 + \sum_{m=-\infty}^{+\infty} c_{j,m} t_{j,m}. \tag{11.55}$$

Die Koeffizienten $t_{j,m}$ sind folgendermaßen definiert:

$$t_{j,m} := \int_{-\infty}^{\infty} dx \; \Phi_j^*(x) \hat{\mathcal{H}}_1 \Phi_j(x - md). \tag{11.56}$$

In einer ersten Näherung werden nur die unmittelbar benachbarten Terme ($m = 0, \pm 1$) berücksichtigt. Dann resultiert:

$$\epsilon_j = \epsilon_j^0 + t_{j,0} + t_{j,1} \exp(ikd) + t_{j,-1} \exp(-ikd). \tag{11.57}$$

Anhand der Definition in Gleich. 11.56 kann man folgende Beziehung ableiten:

$$t_{j,-1} = t_{j,1}^*. \tag{11.58}$$

Damit findet man schließlich:

$$\epsilon_j(k) = \epsilon_j^0 + t_{j,0} + 2\mathrm{Re}(t_{j,1}) \cos(kd). \tag{11.59}$$

Aus dem Energieniveau ϵ_j^0 des isolierten Potentialtopfs wird also in dieser Näherung ein um $t_{j,0}$ verschobenes Energieband der Breite $4\mathrm{Re}(t_{j,1}) \cos(kd)$. Die Stärke der Aufweitung ist abhängig vom Wert des Überlappintegrals $t_{j,1}$.
Die folgende Abbildung 11.10 zeigt die Aufweitung der diskreten Energieniveaus des einzelnen Potentialtopfs zu Energiebändern als Funktion des Abstands b der Potentialtöpfe.

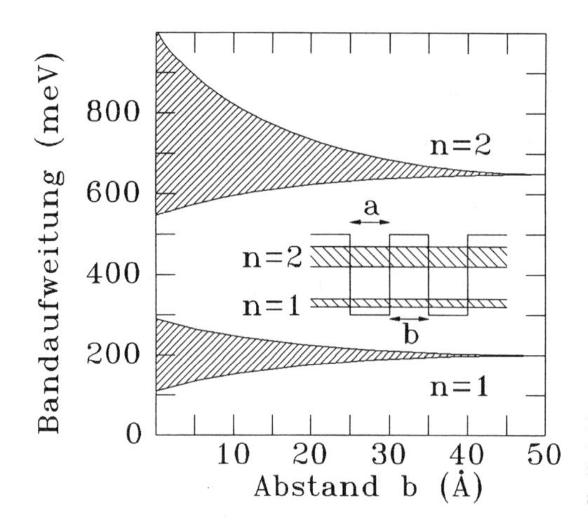

Abbildung 11.10: Aufweitung der diskreten Energieniveaus des einzelnen Potentialtopfs zu Energiebändern als Funktion des Abstands b der Potentialtöpfe

Diese verbreiterten Energieniveaus werden auch als Subbänder oder Minibänder bezeichnet. Rechnungen ergeben Aufweitungen im Bereich einiger zehn bis hundert meV; die Lücken zwischen den Minibändern liegen in der gleichen Größenordnung. Die verschiedenen Varianten von Übergittern sollen nun kurz vorgestellt werden.

Kompositionsübergitter Die Größe der Bandlückenenergie E_G ist für ternäre Halbleiter ($A_xB_{1-x}C$) abhängig vom relativen Anteil x der einzelnen Komponenten (s. Abb. 11.11). In dieser Abbildung markieren die jeweils zugrunde liegenden binären Halbleiter AC und BC die Endpunkte einer Verbindungsstrecke, längs derer der relative Anteil der Komponente A von $x = 1$ auf $x = 0$ abfällt. Man bemerkt, daß die binären Verbindungen GaAs und AlAs nahezu identische Gitterkonstanten besitzen. Daher ist es möglich, Schichten mit wechselnden Anteilen von Ga und Al epitaktisch aufzubauen.

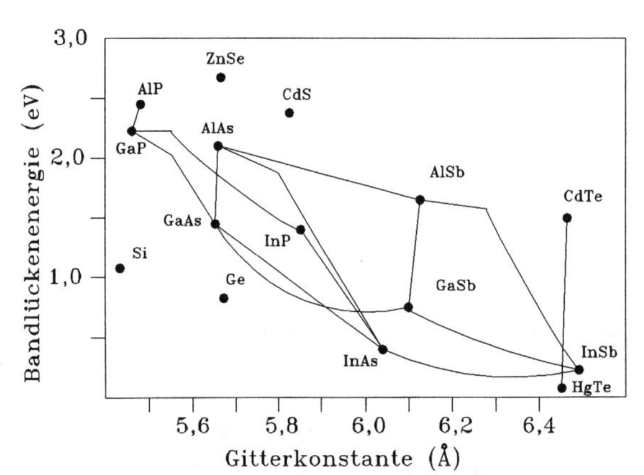

Abbildung 11.11: Abhängigkeit der Bandlückenenergie einiger ternärer Halbleiter von der Zusammensetzung

Wechselt man daher während des epitaktischen Aufbaus solcher Halbleiter jeweils nach wenigen Monolagen von einer Zusammensetzung, die einer Bandlücke E_{G1} entspricht, zu einer anderen Zusammensetzung mit zugehöriger Energielücke $E_{G2} \neq E_{G1}$, so erhält man eine periodische Folge von Potentialtöpfen, wie sie die Abbildung 11.12 zeigt.

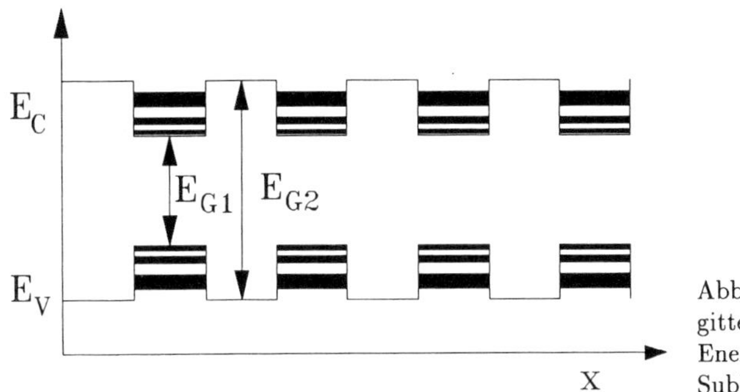

Abbildung 11.12: Kompositionsübergitter: Periodische Variation der Energielücke und Ausbildung von Subbändern

Man erkennt die Ausbildung von Subbändern innerhalb der Übergitterstruktur. Energetische Breite und Bandabstand dieser Subbänder können durch Wahl der Anteile von Ga und Al in bestimmten Grenzen eingestellt werden und liegen im meV-Bereich. Dieser Energiebereich legt die Anwendung für den Nachweis infraroter Strahlung nahe.

Dotierungsübergitter Eine weitere Variante von Halbleiterbauelementen mit Überstruktur stellen die Dotierungsübergitter dar. Wechselt man während des epitaktischen Aufbaus eines Element- oder eines binären Halbleiters jeweils nach wenigen Monolagen den Dotierungstyp, so erhält man eine kontinuierliche Folge p- und n-dotierter Bereiche im Abstand weniger Gitterkonstanten (s. Abb. 11.13).

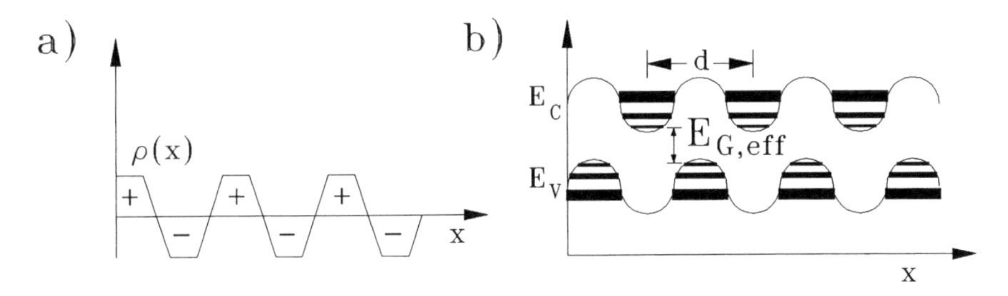

Abbildung 11.13: Dotierungsübergitter: a) Raumladungsverteilung b) Potentielle Energie als Funktion des Ortes; Ausbildung von Subbändern

In den Grenzbereichen rekombinieren die Ladungsträger; die verbleibenden Raumladungen führen zu der oben dargestellten Ladungsverteilung. Die potentielle Energie erhält man durch zweimalige Integration der Raumladungsdichte.

Es resultiert eine räumlich periodische Variation der Energielücke. Die Größe der Aufweitung und der effektive Bandabstand $E_{G,eff}$ sind abhängig von der vorliegenden Ladungsdichte und lassen sich daher z. B. durch Lichteinstrahlung modulieren. Aus der Tatsache, daß die Valenzbandmaxima um eine halbe Übergitterperiode gegen die Leitungsbandminima verschoben sind, resultiert eine räumliche Trennung der jeweiligen Ladungsträger. Die Rekombimation von Elektronen und Löchern wird dadurch stark erschwert, so daß sich die entsprechenden Lebensdauern um mehrere Größenordnungen erhöhen können. Diese Tatsache kann zur Erhöhung der Nachweisempfindlichkeit von Strahlungsdetektoren oder des Wirkungsgrades von Solarzellen ausgenutzt werden.

11.2.1 Modulationsübergitter

Eine Kombination der beiden bisher besprochenen Typen stellen die Modulationsübergitter dar. Variiert man während der Herstellung eines Kompositionsübergitters die Stärke der Dotierung in der Weise, daß die Bereiche mit großer Bandlücke hoch dotiert werden, diejenigen mit geringer Bandlücke jedoch nur schwach, so resultiert eine periodische Bandverbiegung, wie sie die Abb. 11.14 zeigt.

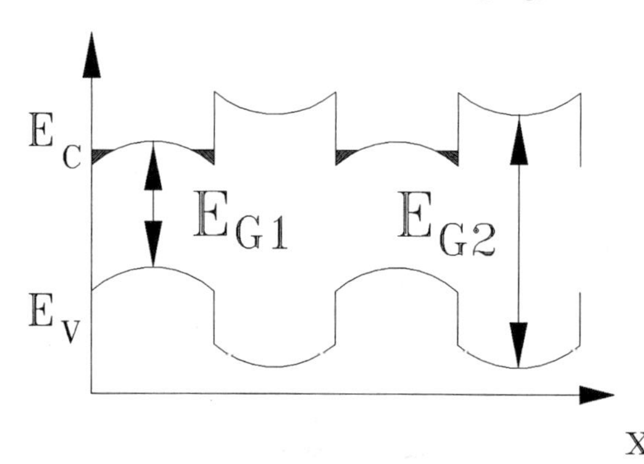

Abbildung 11.14: Modulationsübergitter: Periodische Bandverbiegung; in den schraffierten Bereichen liegt ein zweidimensionales Elektronengas mit hoher Beweglichkeit vor.

Der Bandverlauf stellt eine periodische Wiederholung des bereits vom HEMFET bekannten Heteroübergangs dar. Die Ladungsträger halten sich in den schwach dotierten Bereichen auf und besitzen demzufolge sehr hohe Beweglichkeiten parallel zu Potentialwänden des Übergitters.

11.3 Quanteneffekte in Magnetfeldern

Die Behandlung von Magnetfeldern in der Quantenmechanik erfordert eine Erweiterung der Ein-Elektronen-Schrödingergleichung. Wenn das betrachtete Elektron einem Magnetfeld $\vec{B}(\vec{r})$ unterliegt, so muß die Schrödingergleichung in folgender Weise modifiziert werden:

$$\frac{\hbar}{i}\frac{\partial\psi(\vec{r},t)}{\partial t} = \left\{\frac{1}{2m_{eff}}\left(\vec{p}+q\vec{A}\right)^2 + V(\vec{r})\right\}\psi(\vec{r},t). \tag{11.60}$$

Hierbei bezeichnet $\vec{A}$ das Vektorpotential, das als Folge von $\nabla\cdot\vec{B}=0$ stets existiert und aus dem das Magnetfeld gemäß $\vec{B}=\nabla\times\vec{A}$ berechnet werden kann (s. [6, 4, 5]). Wie sich zeigen läßt, führt diese Erweiterung zum Auftreten eines zusätzlichen Phasenfaktors $\exp(i\Phi)$ in der Wellenfunktion. Die zusätzliche Phase Φ ist gegeben durch:

$$\Phi = \frac{q}{\hbar}\int\limits_C \vec{A}\cdot d\vec{s}, \tag{11.61}$$

wobei das Integral über denjenigen Weg C zu bilden ist, den das Elektron unter dem Einfluß des Magnetfeldes zurückgelegt hat.

11.3.1 Zweidimensionales Quantengas im Magnetfeld

In diesem Abschnitt soll ein zweidimensionales, auf die xy-Ebene beschränktes Elektronengas betrachtet werden, das einem räumlich homogenen, transversalen Magnetfeld $\vec{B}=B_0\vec{e}_z$ unterworfen ist (s. Abb. 11.15).

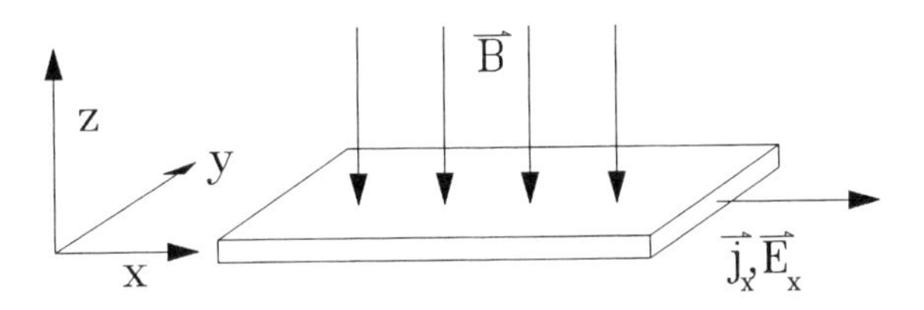

Abbildung 11.15: Dünnfilm der Dicke d mit transversalem Magnetfeld

Das Vektorpotential $\vec{A}$ wird zu $(0, B_0x, 0)$ gewählt. Diese sog. **Landau-Eichung** vereinfacht die folgenden Rechnungen erheblich. Der Hamiltonoperator des Problems hat dann folgende Gestalt:

$$\hat{\mathcal{H}} = \frac{1}{2m_{eff}}\left(\hat{p}_x^2 + (\hat{p}_y + qxB_0)^2 + \hat{p}_z^2\right) + V(z). \tag{11.62}$$

Die Wellenfunktion $\psi(x,y,z)$ eines Elektrons innerhalb des Leiters läßt sich (s. o.) als Produkt $\phi(x,y)\chi(z)$ darstellen. Dann separiert man die Schrödingergleichung in folgender Weise:

$$\frac{1}{2m_{eff}}\left(\hat{p}_x^2 + (\hat{p}_y + qxB_0)^2\right)\phi(x,y) = \epsilon\phi(x,y) \tag{11.63}$$

$$\left(\frac{1}{2m_{eff}}\hat{p}_z^2 + V(z)\right)\chi(z) = E_n\chi(z), \tag{11.64}$$

wobei erneut $E = E_n + \epsilon$ gilt. Wiederum beschreibt die Gleich. 11.64 einen Potentialtopf; die Energie-Eigenwerte sind also erneut die diskreten Niveaus:

$$E_n = \frac{\hbar^2(\pi/d_z)^2}{2m_{eff}} \cdot n^2 \qquad \text{für } n = 1, 2, 3 \ldots \tag{11.65}$$

Somit verbleibt folgende Differentialgleichung zur Bestimmung von $\phi(x, y)$:

$$\frac{1}{2m_{eff}} \left\{ \hat{p}_x^2 + \hat{p}_y^2 + 2qB_0 x \hat{p}_y + (qB_0 x)^2 \right\} \phi(x, y) = \epsilon\phi(x, y). \tag{11.66}$$

Der Hamiltonoperator in Gleich. 11.66 vertauscht mit dem Impulsoperator $\hat{p}_y$, nicht jedoch mit $\hat{p}_x$. Da kommutierende Operatoren gemeinsame Eigenfunktionen besitzen, muß $\phi(x, y)$ folgende Gestalt haben:

$$\phi(x, y) = \zeta(x) \cdot \exp(ik_y y). \tag{11.67}$$

Setzt man diesen Ansatz in Gleich. 11.66 ein, erhält für $\zeta(x)$:

$$\frac{1}{2m_{eff}} \left(\hat{p}_x^2 - \hbar^2 k_y^2 + 2qB_0 x \hbar k_y + (qB_0)^2 x^2 \right) \zeta(x) = \epsilon\zeta(x). \tag{11.68}$$

Durch Einführung der Zyklotronfrequenz $\omega_c := qB_0/m_{eff}$ sowie einer charakteristischen 'magnetischen' Länge $l_M = \sqrt{\frac{\hbar}{m_{eff}\omega_c}}$ läßt sich Gleich. 11.68 umformen:

$$\left[\frac{\hat{p}_x^2}{2m_{eff}} + \frac{m_{eff}\omega_c^2}{2}(x - x_0)^2 \right] \zeta(x) = \epsilon\zeta(x). \tag{11.69}$$

Die Länge x_0 ist gegeben durch $x_0 = k_y l_M^2$. Die Gleich. 11.69 beschreibt einen gegen den Ursprung verschobenen harmonischen Oszillator (s. Kap. 1). Damit sind die Energie-Eigenwerte gegeben durch

$$\epsilon_m = \hbar\omega_c \left(m + \frac{1}{2} \right) \qquad \text{für } m = 0, 1, 2, 3, \ldots \,. \tag{11.70}$$

Die Gesamtenergie ist damit gegeben durch $E = E_n + \epsilon_m$. Das Magnetfeld bewirkt also eine zusätzliche Aufspaltung der Bänder. Die Elektronen können z. B. das Leitungsband nicht mehr kontinuierlich von der unteren Bandkante an besetzen, sondern sind auf diskrete Werte innerhalb des Bandes beschränkt. Die Kurven konstanter Energie sind äquidistante, konzentrische Kreise im Abstand $\Delta E = \hbar\omega_c$ in der k_x, k_y-Ebene. Das zweidimensionale Elektronengas ohne äußeres Magnetfeld besitzt zwischen zwei solchen Kreisen eine Anzahl N von

$$N = D(E)\Delta E = D(E)\hbar\omega_c = \frac{m_{eff}}{\pi\hbar^2}\hbar\frac{qB_0}{m_{eff}} = qB_0/(\pi\hbar) \tag{11.71}$$

Zuständen. Diese Zustände 'kondensieren' bei Einschalten des Magnetfeldes auf den erlaubten Energieniveaus $\hbar\omega_c(n + 1/2)$, die somit alle den Entartungsgrad $qB_0/(\pi\hbar)$

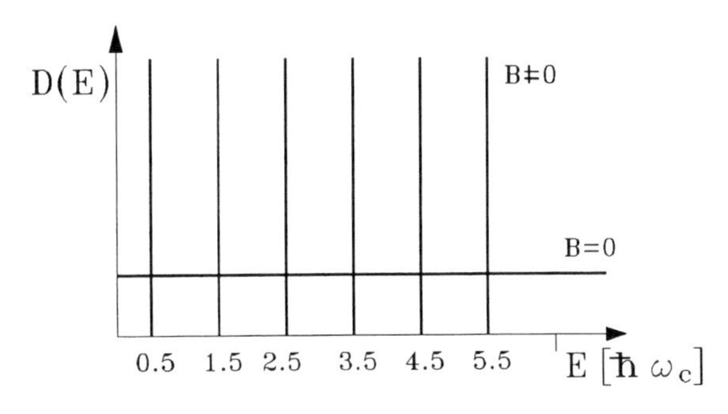

Abbildung 11.16: Zweidimensionale Zustandsdichte $D(E)$; ohne äußeres Magnetfeld ist $D(E)$ konstant, nach Einschalten des Magnetfelds 'kondensieren' die Zustände auf den Landauniveaus $\hbar\omega_c(n + 1/2)$.

aufweisen, so daß die Zustandsdichte $D_B(E)$ bei eingeschaltetem Magnetfeld aus einer Summe diskreter Peaks der Höhe $qB_0/(\pi\hbar)$ besteht (s. Abb. 11.16).
Diese Landauzustände werden gemäß der Fermiverteilung mit Elektronen besetzt. Für sehr tiefe Temperaturen nimmt diese Verteilung die Form einer Stufenfunktion an, so daß die Landauniveaus unterhalb der Fermikante vollständig besetzt und für den Ladungstransport zur Verfügung stehen, diejenigen oberhalb von E_F jedoch völlig leer sind. Gelingt es nun, die relative Lage der Landau-Niveaus zur Fermi-Energie zu verändern, so kann die Ladungsträgerkonzentration diskontinuierlich geändert werden. Sobald ein weiteres Landauniveau die Fermienergie unterschreitet, erhöht sich die Ladungsträgerkonzentration n_0 sprunghaft um $qB_0/(\pi\hbar)$. Liegen m Niveaus unterhalb von E_F, so gilt $n_0 = mqB_0/(\pi\hbar)$.
Nutzt man als zweidimensionales Elektronengas die Inversionsschicht im Kanal eines Feldeffektransistors, so kann die Lage der Landauniveaus durch Variation der Gatespannung U_G gegenüber der Fermienergie verschoben werden (s. Abb. 11.17).

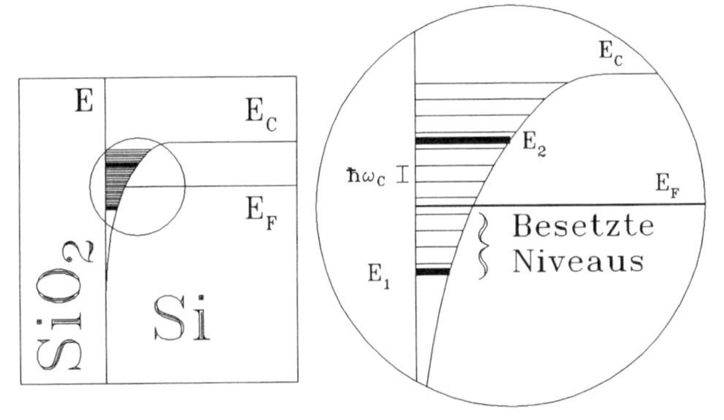

Abbildung 11.17: Energieniveaus im Inversionskanal eines Feldeffekttransistors: die Beschränkung normal zur Gateelektrode führt zur Ausbildung der Potentialtopfniveaus E_1 und E_2; das äußere Magnetfeld spaltet die kontinuierlichen Energiebänder in diskrete Landauniveaus $\hbar\omega_c(n + 1/2)$ auf. Durch Variation der Gatespannung kann deren Lage gegenüber dem Ferminiveau verändert werden.

Erhöht man U_G, so vergrößert sich die Raumladungszone, d. h. die räumliche Breite und energetische Tiefe des Potentialtopfs erhöhen sich, die Niveaus E_i — und auch die zugehörigen Landauniveaus — verschieben sich zu tieferen Energien, wobei weitere Landauniveaus die Fermienergie unterschreiten, mit Elektronen besetzt werden und somit die Anzahl der Ladungsträger in der Inversionsschicht ansteigt.

11.3.2 Quanten-Hall-Effekt

Die Charakterisierung der elektrischen Eigenschaften von Materialien erfolgt häufig durch Ausnutzung des Hall-Effekts (s. auch Kap. 10.4.2). Ein Elektron, das einer treibenden Lorentzkraft, die durch ein magnetisches Feld $\vec{B} = B_0\vec{e}_z$ und ein elektrisches Feld $\vec{E}$ verursacht wird, sowie einer bremsenden Reibungskraft unterliegt, erfüllt im Gleichgewicht die folgende Bewegungsgleichung:

$$\vec{F} = q(\vec{E} + \vec{v} \times \vec{B}) + \frac{m_{eff}}{\tau}\vec{v} = 0, \tag{11.72}$$

oder in Komponentenschreibweise:

$$\begin{pmatrix} m_{eff}/\tau & qB_0 & 0 \\ -qB_0 & m_{eff}/\tau & 0 \\ 0 & 0 & m_{eff}/\tau \end{pmatrix} \cdot \begin{pmatrix} v_x \\ v_y \\ v_z \end{pmatrix} = -q \begin{pmatrix} E_x \\ E_y \\ E_z \end{pmatrix}. \tag{11.73}$$

Man erkennt, daß bei dieser Wahl der Magnetfeldrichtung die Komponenten der elektrischen Feldstärke und der Geschwindigkeit in z-Richtung nicht mit den Komponenten in x- und y-Richtung koppeln. Nach Einführung der Zyklotronfrequenz ω_c sowie der elektrischen Leitfähigkeit $\sigma = q^2 n\tau/m_{eff}$ erhält man:

$$\begin{pmatrix} j_x \\ j_y \end{pmatrix} = \frac{\sigma}{\sqrt{1+(\omega_c\tau)^2}} \begin{pmatrix} 1 & -\omega_c\tau \\ \omega_c\tau & 1 \end{pmatrix} \cdot \begin{pmatrix} E_x \\ E_y \end{pmatrix} \tag{11.74}$$

$$j_z = \sigma E_z. \tag{11.75}$$

Eine typische Anordnung zur Messung der elektrischen Eigenschaften eines planaren Bauelements mittels des Hall-Effekts hat eine Gestalt, wie sie in Abb. 11.18 dargestellt ist.

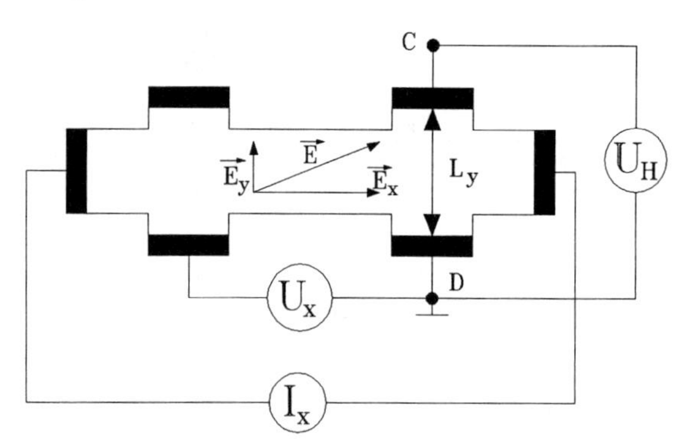

Abbildung 11.18: Anordnung zur Messung des Halleffekts

Mißt man die zwischen den Elektroden C und D generierte Spannung $U_H = E_y \cdot L_y$, so hat die Messung zur Folge, daß in y-Richtung kein Strom fließt und damit für die zugehörige Komponente der Stromdichte $j_y = 0$ gilt. Aus Gleich. 11.74 folgt dann:

$$j_x = \frac{\sigma}{\omega_c \tau} E_y = \frac{q n_0}{B_0} E_y. \tag{11.76}$$

Die Gleich. 11.76 gilt unabhängig davon, ob der betrachtete Ladungstransport in einem zwei- oder dreidimensionalen Elektronengas stattfindet. Im zweiten Fall bedeutet $\vec{j}$ die Flächenstromdichte (die pro Zeit- und Flächeneinheit transportierte Ladungsmenge) und n_0 die Konzentration, d. h. die Anzahl der Ladungsträger pro Volumeneinheit.

Im 2D-Fall stellt n_0 die Anzahl der Ladungsträger pro Flächeneneinheit dar und $\vec{j}$ beschreibt die pro Zeit- und Längeneinheit transportierte Ladungsmenge.

Der Quotient aus der Hallspannung U_H und dem in x-Richtung fließenden Gesamtstrom I_x wird als Hallwiderstand R_H bezeichnet.

Für einen dreidimensionalen Leiter der Dicke L_z und Breite L_y findet man:

$$R_H = \frac{B_0}{q n_0 L_z}. \tag{11.77}$$

Der Hallwiderstand ist abhängig von der Dicke L_z des betrachteten Leiterelements. Im Falle eines zweidimensionalen Elektronengases findet man mittels $I_x = j_x L_y$ für den Hallwiderstand

$$R_H = \frac{B_0}{q n_0}. \tag{11.78}$$

Führt man diese Messung an dem obenerwähnten Feldeffekttransistor durch, so findet man bei einer Ladungsträgerkonzentration $n_0 = kqB_0/(\pi\hbar)$ einen Hallwiderstand von:

$$R_H = \frac{1}{k}\frac{\pi\hbar}{e^2} \qquad \text{mit} \quad k = 1, 2, 3 \ldots. \tag{11.79}$$

Variiert man die Gatespannung, so ändert sich der Hallwiderstand genau dann, wenn ein Landauniveau die Fermienergie unterschreitet. Zwischen diesen Sprüngen bleibt R_H konstant, unabhängig von der Gatespannung.

Bei der Betrachtung von Gleich. 11.79 erkennt man, daß der Hallwiderstand eines solchen zweidimensionalen Elektronengases **ausschließlich** von Naturkonstanten abhängt. Solche Anordnungen bieten daher die Möglichkeit zur Realisierung universeller Widerstandsnormale, die unabhängig von den Eigenschaften der verwendeten Materialien sind. Für den Nachweis dieses Effekts wurde K. v. Klitzing im Jahre 1985 mit dem Nobelpreis für Physik ausgezeichnet.

11.4 Quanteninterferenzeffekte

Der Wellenvektor $\vec{k}(\vec{r})$, der die Ortsabhängigkeit der Zustandsfunktion $\psi(\vec{r})$ eines quantenmechanischen Objekts gemäß $\exp\left(i\vec{k}\cdot\vec{r}\right)$ beschreibt, ist über die de-Broglie-Relation mit dem Impuls $\vec{p}(\vec{r})$ des Objekts verbunden. Es gilt folgender Zusammenhang für den Wellenvektor $\vec{k}(\vec{r})$ bzw. die Wellenlänge $\lambda(\vec{r})$:

$$|\vec{p}(\vec{r})| = \frac{h}{\lambda(\vec{r})} \qquad \text{bzw.} \qquad \vec{p}(\vec{r}) = \hbar\vec{k}(\vec{r}). \tag{11.80}$$

Damit ist die Phasendifferenz $d\phi$, die längs einer Strecke $d\vec{r}$ auftritt (s. Abb. 11.19), gegeben durch:

$$d\phi = d\vec{r}\cdot\vec{k}(\vec{r}) = \frac{1}{\hbar}d\vec{r}\cdot\vec{p}(\vec{r}). \tag{11.81}$$

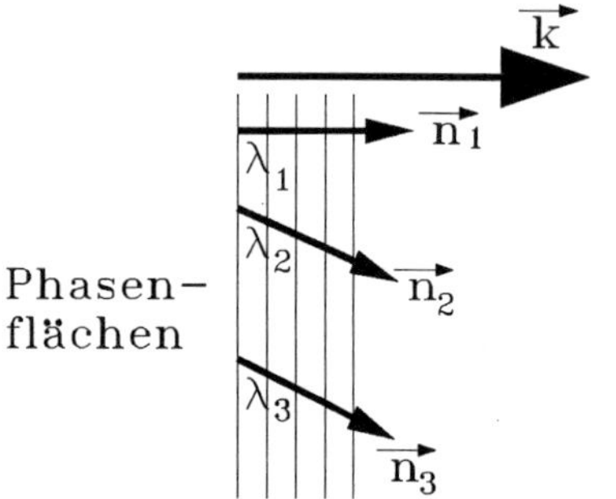

Abbildung 11.19: Abhängigkeit der Wellenlänge einer in Richtung $\vec{k}$ fortschreitenden ebenen Welle von der Beobachtungsrichtung $\vec{n}$: $2\pi/\lambda(\vec{n}) = \vec{k}\cdot\vec{n}$.

Die Phasenänderung ϕ_{AB}, die nach Durchlaufen einer Kurve C_{AB} vom Punkt A zum Punkt B auftritt, erhält man durch Integration der Gleich. 11.81 längs dieser Kurve:

$$\phi_{AB} = \int d\phi = \frac{1}{\hbar}\int\limits_{C_{AB}} d\vec{r}\cdot\vec{p}(\vec{r}). \tag{11.82}$$

Falls der Impulsvektor stets tangential zum Integrationsweg C_{AB} orientiert ist, so vereinfacht sich Gleich. 11.82 zu

$$\phi_{AB} = \frac{1}{\hbar}\int\limits_{C_{AB}} ds\, p(s). \tag{11.83}$$

mit der Bogenlänge s als Integrationsvariabler.
Ist der betrachtete Vorgang darüberhinaus stationär, so bleibt die Gesamtenergie E erhalten und es gilt mit dem ortsabhängigen Potential $V(s)$:

$$E = \frac{p(s)^2}{2m} + V(s) \qquad \Rightarrow \qquad p(s) = \sqrt{2m}\sqrt{E - V(s)}. \tag{11.84}$$

Damit erhält man aus Gleich. 11.83:

$$\phi_{AB} = \frac{\sqrt{2m}}{\hbar} \int_{C_{AB}} ds \sqrt{E - V(s)}. \tag{11.85}$$

Stehen einer quantenmechanischen Partikel verschiedene Wege C^j_{AB} vom Punkt A zum Punkt B zur Verfügung, so ist die Wellenfunktion ψ_B am Ort B durch Superposition über alle möglichen Wege C^j_{AB} gegeben:

$$\psi_B = \chi_A \sum_j \exp\left(i\phi^j_{AB}\right). \tag{11.86}$$

Hierbei sind die ϕ^j_{AB} die gemäß Gleich. 11.85 berechneten Phasendifferenzen und χ_A ein vom Ausgangspunkt A abhängiger Normierungsfaktor.
Stehen etwa einem Elektron, um von der Source- (Punkt A) zur Drain-Elektrode (Punkt B) eines FET's zu gelangen, zwei Wege I und II von gleicher Länge L zur Verfügung, welche sich auf unterschiedlichen elektrischen Potentialen (V_1 und V_2) befinden, so gilt für die Phasendifferenzen:

$$\begin{aligned} \phi_1 &= \frac{\sqrt{2m}}{\hbar} L\sqrt{E - V_1} \\ \phi_2 &= \frac{\sqrt{2m}}{\hbar} L\sqrt{E - V_2}. \end{aligned} \tag{11.87}$$

Für die Aufenthaltswahrscheinlichkeit des Elektrons am Ort B gilt dann:

$$\begin{aligned} |\psi_B|^2 &= |\chi_A|^2 \left|e^{i\phi_1} + e^{i\phi_2}\right|^2 = |\chi_A|^2 \left(1 + e^{i(\phi_1 - \phi_2)} + e^{i(\phi_2 - \phi_1)} + 1\right) = \\ &= 2|\chi_A|^2 \left(1 + \cos[\phi_1 - \phi_2]\right) = \\ &= 2|\chi_A|^2 \left(1 + \cos\left[\frac{L\cdot\sqrt{2m}\left(\sqrt{E-V_1} - \sqrt{E-V_2}\right)}{\hbar}\right]\right). \end{aligned} \tag{11.88}$$

Damit ist der Source-Drain-Strom abhängig von den beiden Potentialen V_1 und V_2 und kann durch deren Variation moduliert werden. Eine solche Anordnung stellt eine weitere Möglichkeit dar, einen Quantentransistor zu realisieren.
Eine Störstelle im Kanal eines FET's kann ebenfalls als Streuzentrum fungieren und einem Elektron mehrere mögliche Bahnen zur Verfügung stellen (s. Abb. 11.20).
Eine solche Störstelle beeinflußt den Source-Drain-Strom und damit den Leitwert des Bauelements. Die hervorgerufene Interferenz kann zur Erhöhung der Aufenthaltswahrscheinlichkeit eines Elektrons am Ort B führen, diese kann aber auch drastisch verringert werden. Liegen im Kanal eines typischen FET etwa N Streuzentren vor, so ist die relative Schwankung der Streuzentrenzahl in solchen Transistoren gegeben durch die Standardabweichung des Mittelwerts $\sigma = 1/\sqrt{N}$. Beträgt die Kanalfläche $(0.5\mu\text{m})^2$ und die Kanaldicke 10 nm, so liegen bei einer Dotierung von $10^{18}\,\text{cm}^{-3}$ im

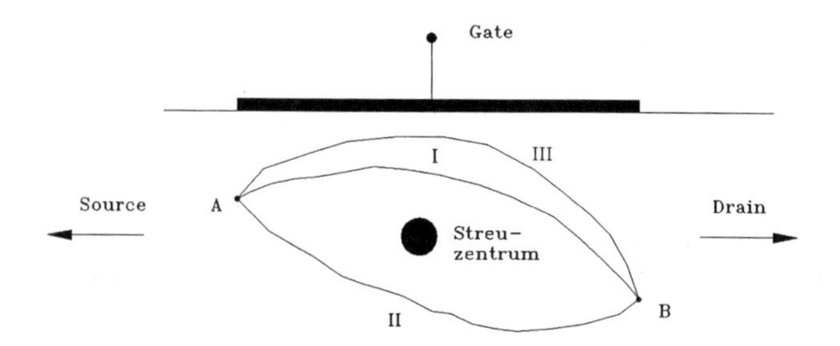

Abbildung 11.20: Die verschiedenen Bahnen, auf denen ein Elektron ein Streuzentrum passieren kann, liegen auf unterschiedlichem Potential $V(\vec{r})$ und rufen daher unterschiedliche Phasendifferenzen hervor.

Kanal etwa 2500 Streuzentren vor, so daß für σ ein Wert von 2 % resultiert. Bei einer Dotierung von $10^{16}\,\mathrm{cm}^{-3}$ verbleiben nur noch 25 Streuzentren im Kanal und σ erreicht 20 %. Die Leitwertschwankungen solcher Transistoren können zum Studium der Störstelleneigenschaften herangezogen werden.

11.4.1 Aharonov-Bohm-Effekt

Die folgende Abbildung (11.21) zeigt eine Anordnung, wie sie typischerweise zur Demonstration des sogenannten 'Aharonov-Bohm'-Effekts benutzt wird, der auf einer durch ein externes Magnetfeld verursachten Quanteninterferenz beruht.

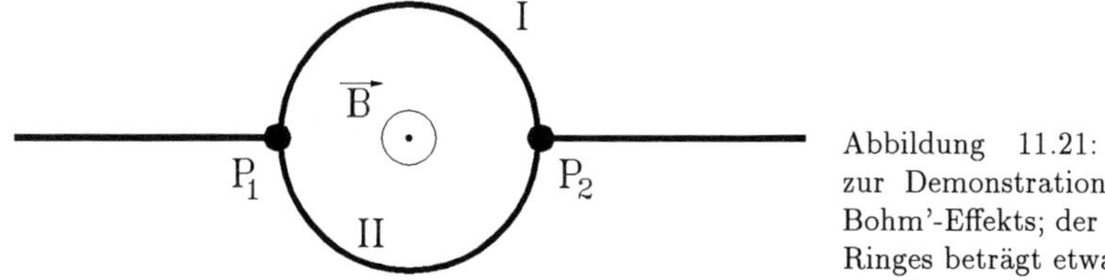

Abbildung 11.21: Ringanordnung zur Demonstration des 'Aharonov-Bohm'-Effekts; der Durchmesser des Ringes beträgt etwa 100 nm.

Senkrecht zur Ringebene liegt ein räumlich homogenes Magnetfeld $\vec{B} = B_0\vec{e}_z$ vor — und damit ein Vektorpotential $\vec{A} = \frac{1}{2}\vec{B} \times \vec{r}$. Einem Elektron stehen vom Punkt P_1 zum Punkt P_2 somit zwei geometrisch gleiche, als Folge des Magnetfeldes jedoch verschiedene Wege (I oder II) zur Verfügung. Die zugehörigen Phasenfaktoren sind gegeben durch:

$$\begin{aligned}\Phi_I &= \frac{q}{\hbar}\int\limits_I \vec{A}\cdot \mathrm{d}\vec{s} = \frac{q}{2\hbar}B_0R^2\int\limits_0^\pi \mathrm{d}\phi = \frac{q\pi}{2\hbar}B_0R^2 \\ \Phi_{II} &= \frac{q}{\hbar}\int\limits_{II} \vec{A}\cdot \mathrm{d}\vec{s} = -\Phi_I. \end{aligned} \qquad (11.89)$$

Die Wellenfunktion ψ_{P_2} des Elektrons am Ort P_2 ist daher durch Überlagerung der beiden Wellenfunktionen $\psi^0_{P_2}\exp(i\Phi_I)$ und $\psi^0_{P_2}\exp(i\Phi_{II})$ gegeben. $\psi^0_{P_2}$ stellt die

Wellenfunktion ohne Anwesenheit eines Magnetfeldes dar. Damit findet man für die Aufenthaltswahrscheinlichkeit des betrachteten Elektrons am Ort P_2:

$$\begin{aligned} |\psi_{P_2}|^2 &= |\psi^0_{P_2}|^2 \left[\exp(i\Phi_I) + \exp(-i\Phi_I)\right] \cdot \left[\exp(-i\Phi_I) + \exp(i\Phi_I)\right] = \\ &= 4|\psi^0_{P_2}|^2 \cos^2(2\Phi_I) = 4|\psi^0_{P_2}|^2 \cos^2(\frac{q\pi}{2\hbar} R^2 B_0). \end{aligned} \qquad (11.90)$$

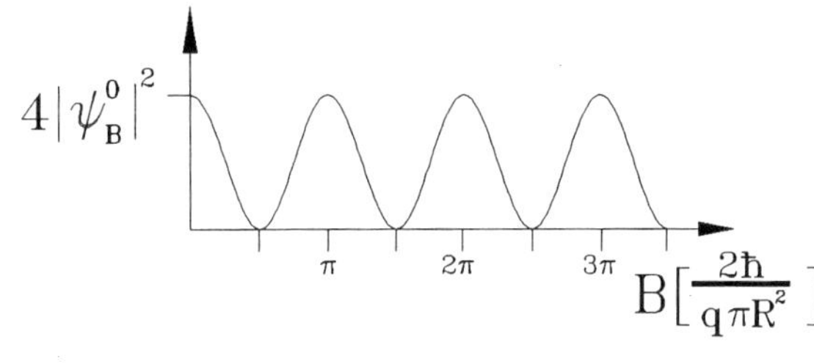

Abbildung 11.22: Periodische Variation des Stroms durch ein Ringelement als Funktion der angelegten Magnetfeldstärke.

Die Aufenthaltswahrscheinlichkeit eines Elektrons am Ort P_2 (und damit der elektrische Strom durch das Bauelement) schwankt also bei Variation der Magnetfeldstärke periodisch zwischen dem Maximalwert und Null hin und her, wie es in der Abbildung 11.22 dargestellt ist. Solche Bauelemente können einerseits zur Steuerung des fließenden Stroms, andererseits auch zur Messung von Magnetfeldern eingesetzt werden.

Literaturverzeichnis

[1] S. Wolf und R. Tauber. *Silicon Processing for the VLSI Era: Vol. 1:Process Technology.* Lattice Press, Sunset Beach, California, 1986.

[2] H. Beneking. *Halbleiter-Technologie.* B.G.Teubner, Stuttgart, 1990.

[3] A. Heuberger. *Mikromechanik.* Springer, Berlin, 1993.

[4] R. Jelitto. *Quantenmechanik I.* Aula Verlag, Wiesbaden, 1994.

[5] L. Landau und I. Lifschitz. *Lehrbuch der Theoretischen Physik - Band III: Quantenmechanik.* Akademie-Verlag, Berlin, 1980.

[6] R. Feynman. *The Feynman Lectures on Physics.* Addison Wesley, New York, 1964.

[7] J. Callaway. *Quantum theory of the solid state.* Academic Press, New York, 1974.

[8] W. Ludwig. *Festkörperphysik.* Aula Verlag, Wiesbaden, 1988.

[9] C. Kittel. *Einführung in die Festkörperphysik.* Oldenbourg Verlag, München, 1994.

[10] H. Ibach und H. Lüth. *Einführung in die Festkörperphysik.* Springer Verlag, Berlin, 1990.

[11] E. Spenke. *Elektronische Halbleiter.* Springer, Berlin, 1965.

[12] W. Shockley und W. Read. Statistics of the Recombinations of Holes and Electrons. *PhysRev* **87**, 835–843, 1952.

[13] R.N. Hall. Electron-Hole Recombination in Germanium. *PhysRev* **87**, 387, 1952.

[14] L. Terman. An Investigation of Surface States at a Silicon/Silicon Dioxide Interface employing Metal-Oxide-Silicon Diodes. *SolStatElec* **5**, 285, 1962.

[15] A. Goetzberger, V. Heine und E. Nicollian. Surface States in Silicon from Charges in the Oxide Coating. *ApplPhysLett* **12**, 95, 1968.

[16] E. Nicollian und A. Goetzberger. MOS Conductance Technique for Measuring Surface State Parameters. *ApplPhysLett* **7**, 216, 1965.

[17] A. Grove, M. Deal, E. Snow und C. Sah. Simple Physical Model for the Space-Charge Capacitance of the Metal-Oxide-Semiconductor Structure. *JApplPhys* **33**, 2458, 1964.

[18] J. Bardeen. Surface States and Rectification at a Semiconductor Contact. *PhysRev* **71**, 717, 1947.

[19] C. Mead und W. Spitzer. Fermi-Level Position at Metal-Semiconductor Interfaces. *PhysRev* **134A**, 713, 1964.

[20] C. Garrett und W. Brattain. Physical Theory of Semiconductor Surfaces. *PhysRev* **99**, 376, 1955.

[21] E. Spenke. *pn-Übergänge*. Springer, Berlin, 1995.

[22] J. Bardeen und W. Brattain. The Transistor, A Semiconductor Triode. *PhysRev* **74**, 230, 1948.

[23] S. Sze. *Physics of Semiconductor Devices*. J.Wiley and Sons Inc., New York, 1982.

[24] W. Gaertner. *Einführung in die Physik des Transistors*. Springer, Berlin, 1963.

[25] A. Schlachetzki. *Halbleiter-Elektronik*. B.G.Teubner, Stuttgart, 1990.

[26] H. Vogel. *Gerthsen-Physik*. Springer Verlag, Heidelberg, 1995.

[27] D. Schroeder. *Semiconductor Material and Device Characterization*. J.Wiley and Sons Inc., New York, 1990.

[28] D. Lang. Deep-Level-Transient-Spectroscopy: A New Method to Characterize Traps in Semiconductors. *JApplPhys* **45**, 3023–3032, 1974.

[29] D. Lang. Space-Charge Spectroscopy in Semiconductors. in P. Bräunlich, (Hrsg.), *Thermally Stimulated Relaxation in Solids*, Nummer **37** in Topics in Applied Physics. Springer, 1979.

[30] R. Kassing, P. van Staa, L. Cohausz, W. Mackert und H. Hoffman. Determination of the Entropy-Factor of the Gold Donor Level in Silicon by Resistivity and DLTS-Measurements. *ApplPhys* **A 34**, 41–47, 1984.

[31] F. Sols, M. Macucci, U. Ravaioli und K. Hess. Theory for a quantum modulated transistor. *JApplPhys* **66,8**, 3892–3906, 1989.

[32] M. Schulz. Coulomb energy of traps in semiconductor space-charge regions. *JApplPhys* **74,4**, 2649–2657, 1993.